现代数学基础

86

分析学 (第二版)
Analysis (Second Edition)

■ Elliott H. Lieb   Michael Loss 著
■ 王斯雷 译   鲁剑锋 校

中国教育出版传媒集团

高等教育出版社·北京

 International Press

图字:01-2006-4198 号

图书在版编目(CIP)数据

分析学:第二版 /(美)埃利奥特·H. 利布
(Elliott H. Lieb),(美)迈克尔·劳斯
(Michael Loss)著;王斯雷译. -- 北京:高等教育出版社,2024.3
(现代数学基础)
书名原文:Analysis: 2nd Edition
ISBN 978-7-04-061901-0

Ⅰ.①分… Ⅱ.①埃… ②迈… ③王… Ⅲ.①数学分析 - 教材 Ⅳ.① O17

中国国家版本馆 CIP 数据核字(2024)第 052080 号

Fenxixue

策划编辑	和 静	责任编辑	和 静	封面设计	赵 阳 王 琰	版式设计 童 丹
责任校对	张 薇	责任印制	朱 琦			

出版发行	高等教育出版社		网 址	http://www.hep.edu.cn
社 址	北京市西城区德外大街4号			http://www.hep.com.cn
邮政编码	100120		网上订购	http://www.hepmall.com.cn
印 刷	北京七色印务有限公司			http://www.hepmall.com
开 本	787mm×1092mm 1/16			http://www.hepmall.cn
印 张	20.75			
字 数	370 千字		版 次	2024年3月第1版
购书热线	010-58581118		印 次	2024年3月第1次印刷
咨询电话	400-810-0598		定 价	89.00 元

本书如有缺页、倒页、脱页等质量问题,请到所购图书销售部门联系调换
版权所有 侵权必究
物 料 号 61901-00

献给 Christiane 和 Ute

作者的话

本书是 *Analysis (2nd Edition)* 的中译本 (英文版由美国数学会出版). 能将此分析学的著作介绍给中国读者, 我们感到十分高兴. 希望这本介绍数学分析及其应用的书能被中国读者接受.

中国科学界近年所表现出的活力给我们留下了很深的印象, 我们也很欣喜地看到中美学术界间越来越紧密的交流. 希望此书的翻译出版能为此尽一份微薄之力. 我们感谢丘成桐教授对本书翻译的组织, 感谢浙江大学王斯雷教授的精心翻译, 感谢郭伟博士认真细致的编辑工作. 我们还要感谢美国数学会无偿提供本书的版权, 从而使此书的翻译出版成为可能. 普林斯顿大学博士生鲁剑锋在本书校对中给予了宝贵的帮助. 此外, 他还更正了原书中由他及别人发现的许多纰漏, 从而使中文版更为准确. 我们在此表示感谢.

作者
2006年1月

第二版序言

自从四年前本书出版以来, 我们收到了许多同事和学生的有益的评注, 他们不仅指出了打印错误 (已及时在我们的网页上发布, 其网址列在下面[①]), 而且还指出了有利于改进和澄清的有益建议.

我们也想增加一些符合本书宗旨的、希望对学生和使用者有帮助的内容.

这就导致了第二版, 该版包含了所有的更正和一些新条目, 其中主要是第十二章. 我们给出了一些关于 Laplace 算子和 Schrödinger 算子特征值的内容, 例如极小极大原理、相干态、半经典逼近以及如何利用它们得到特征值和特征值之和的界. 此外还增加了其他内容, 如包括紧致性原理的关于 Sobolev 空间的进一步研究 (第八章) 以及 Poincaré, Nash 和对数型 Sobolev 不等式等, 后面两个不等式可用来得到半群的光滑性质.

第一章 (测度与积分) 补充了一些利用简单函数来推出积分理论的讨论, 以及如何通过 "真简单函数" 使之更加简化, 同时增加了 Egoroff 定理. 第六章 (分布) 增加了关于 Yukawa 位势等几方面的内容.

当然, 第二版还增加了更多的习题.

为避免与第一版发生冲突和混淆, 我们有意识地将新增内容放在每章的最后, 当然从逻辑上说这个位置未必为最佳; 另外新内容的插入也尽可能地最少. (7.11 节关于 $\exp\{-t\sqrt{p^2+m^2}\}$ 的演算以及定理 2.16 的新证明为主要的例外.)

[①] 网址为 http://www.math.gatech.edu/~loss/Analysis.html

　　我们非常感谢许许多多的联系人, 为了防止不经意的遗漏, 在此就不一一列出他们的名字了. 但我们希望朋友们能接受我们深深的谢意, 并竭诚希望他们能告诉我们在第二版中发现的错误. 我们将会在网站上公示.

　　我们特别要感谢 Eric Carlen 给予我们的许多帮助, 他建议我们在第一章中加入测度论中常用的 "简单函数" 处理, 并任由我们使用他关于 "真简单函数" 的注记. 他还建议我们增加上面提到的第八章中的内容.

　　我们还非常感谢美国数学会出版者 Donald Babbitt, 是他要求我们写第二版并帮助我们获得美国数学会必要的资源. 我们再次有幸得到了 Janet Pecorelli 的帮助. 对于她在此项目中的出色发挥以及耐心地迁就我们不计其数的内容修改, 我们表示由衷的感谢. 对于 Mary Letourneau 极好的文字和技术加工, Daniel Ueltschi 进行的校对, 在此一并表示感谢.

2001 年 1 月

第一版序言

粗略地看一看目录, 读者就会发现这本分析学引论有些不同寻常, 因此也许有必要阐明我们撰写这样一本包含基础积分论、位势论、重排、微分方程正则性估计以及变分学等众多内容的书的宗旨和动机.

最初, 我们是想把现代分析学的要点介绍给物理学家和其他自然科学家, 使得他们能够理解诸如量子力学的某些近代发展. 根据个人的经验, 我们发现此项工作与将分析学教给数学系的学生有一些不同. 目前已有许多这方面的优秀教材, 但是它们大多注重概念本身, 而不够重视与数学其他分支的有用联系. 这是作者个人口味问题, 但对许多时间有限的学生 (和教师) 来说, 他们不愿意按部就班地了解基本原理, 而是更愿意能够直接通过实际运用来掌握知识.

本书取材于我们认为在研究中有用以及应用分析学家不可或缺的知识, 诸如测度论与积分学、Fourier 变换、常用函数空间 (包括 Sobolev 空间)、分布理论等的基本知识. 我们的目的是引导初学者最方便地掌握这些内容, 并使他们能阅读和理解当代文献. 同时我们希望以严格而又符合教学的方式完成这一切.

在我们的陈述中, 不等式起了重要作用, 其中有些不是很标准的, 例如 Hardy-Littlewood-Sobolev 不等式、Hanner 不等式和重排不等式. 我们将这些以及其他不常见的内容, 例如 $H^{1/2}$ 和 H_A^1 空间都列入本书的范围, 完全是出于教学上的原因: 这些内容给学生提供了严格分析学中的某些难题 (即需要多写几行才能证明的一些有趣的定理), 但又是利用本书中的基本工具就可以解决的. 用这种方式, 我们希望初学者能尝到研究数学的甜头, 并体会到数学是学无止境的.

我们的方法始终是 "直接入手", 即我们尝试着尽可能直接证明定理而不用一般的抽象理论. 偶尔我们有漂亮的证明, 但是避免不必要的抽象, 例如应用在 L^p 空间中不是必需的 Baire 纲定理或者 Hahn-Banach 定理. 我们的偏好是试图了解 L^p 空间, 然后让读者在别处去学习 Banach 空间的一般理论 (许多优秀教材都有), 而不是相反. 另外值得注意的是, 我们努力不去说, "存在一个常数使得 ……", 而是通常给出该常数, 或至少给出它的一个估计. 对自然科学以及数学系的学生来说, 知道如何计算是十分重要的. 当今, 在通常强调纯粹存在性定理的数学课程中, 这一点往往被忽视.

从某种观点看, 本书中的论题是高级的与基础的两者奇妙的混合, 但我们相信读者会认为它们是一个整体. 例如, 绝大多数教材严格区分 "实分析" 和 "泛函分析", 但是我们认为这种区分不过是人为的. 没有函数的分析不可能得到深远的发展. 另一方面, 在一本书中引用了许多量子力学的例子, 却不提 Hilbert 空间, 也似乎令人惊奇. 只有结合了算子论, Hilbert 空间 (线性代数水平之上) 才成为真正有意思的理论, 我们未能引入这部分内容, 是因为好多优秀教材里都有. 对传统次序最大的调整也许是在处理 Lebesgue 积分方面. 第一章我们介绍了理解和应用积分所必需的知识内容, 而没有花费精力去证明 Lebesgue 测度存在性; 知道它的存在性就足够了. 最后等读者熟悉了相关内容, 其证明作为定理 6.22 (正分布为正测度) 的推论在习题 6.5 中给出.

读者需要知道的知识: 虽然我们或多或少从 "零" 开始, 但我们还是期望读者知道一些基础知识, 所有这些知识均可在优秀微积分课程中学到. 它们包括: 向量空间, 极限, 下极限, 上极限, $\mathbb{R}^n$ 中的开集、闭集和紧集, 函数的连续性和可微性 (尤其是多元情形), 收敛性和一致收敛性 (一般意义下的 "一致" 的概念), Riemann 积分的定义和基本性质, 分部积分 (Gauss 定理是其特殊情形).

如何阅读本书: 本书虽有很多内容, 但下述内容是主要的. 一年二十五周的课程可以涵盖它.

第一章. 积分的基本概念可从 1.1, 1.2, 1.5~1.8, 1.10, 1.12 (仅读命题叙述) 和 1.13 学到.

第二章. 关于 L^p 空间的基本理论在 2.1~2.4, 2.7, 2.9, 2.10, 2.14~2.19.

第三章. 对于初次学习重排, 3.3, 3.4, 3.7 已经足够. 这对巧妙地运用积分是很有用的练习.

第四章. 阅读 Young 不等式 (4.2) 和 HLS 不等式 (4.3) 非最佳形式的证明.

第五章. Fourier 变换在众多应用中是基本的. 阅读 5.1~5.8.

第六章. 6.1~6.18, 6.20, 6.21, 6.22 (仅读命题叙述).

第七章. 7.1~7.10, 7.17, 7.18, $H^{1/2}$ 空间和 H_A^1 空间是专门的例子, 在量子力学中有用, 初读时可以略去.

第八章. 除 8.4 之外的所有内容. Sobolev 不等式对偏微分方程是本质的, 就算不知道其证明, 也必须熟悉其命题叙述.

第九章. 位势理论对于物理学和数学都是经典而基本的. 9.1~9.5, 9.7, 9.8 是最重要的, 9.10 是 Harnack 不等式的有用推广, 值得学习.

第十章. 重点是了解如何从偏微分方程的弱解得到强解. 10.1, 10.2 与 10.3 的命题叙述应当学习, 其证明暂时不需要.

第十一章. 变分学作为求解某些偏微分方程的手段, 是非常有用和重要的. 这里给出的所有的例子以及 11.1~11.17 值得一学. 不仅因为它们本身的重要价值, 而且还因为它们用了本书前面几章的许多内容.

关于记号. 本书是围绕定理编排的, 但在定理前后常常给出一些相关的注记. 符号 "●" 表示介绍一个新思想或讨论, 而 "■" 表示定理证明的结束. 公式在每一节中分别编号, 例如记号 1.6(2) 表示在 1.6 节中的公式 (2). 习题 1.15 是指第一章的习题 15. 为避免不必要的列举, (2) 是指同一节中标号为 (2) 的公式; 类似地, 习题 15 是指本章的习题 15. 第一次出现的术语用黑体字.

Walter Thirring 说过, 有三件事情是开始容易结束难, 首先是战争, 第二是爱情, 第三是颤音.[①] 在此, 我们可以增添第四件事情 —— 书. 这些年来, 许多学生和同事帮助我们在某些内容上摆正了方向, 还帮助我们改正和删去了某些严重的错误和不妥之处. 我们要感谢 Almut Burchard, Eric Carlen, E. Brian Davies, Evans Harrell, Helge Holden, David Jerison, Richard Laugesen, Carlo Morpurgo, Bruno Nachtergaele, Barry Simon, Avraham Soffer, Bernd Thaller, Lawrence Thomas, Kenji Yajima, 我们在美国佐治亚理工大学和普林斯顿大学的学生以及若干未署名的审稿人. 我们要感谢 Lorraine Nelson 打印了大部分手稿. 我们还要感谢 Janet Pecorelli 为本书最终出版所作的努力.

---

①译者注: 这里, 颤音指钢琴演奏中的装饰性颤音, 常见于华彩乐章.

目　录

第一章　测度与积分

1.1　引言

　　本书用到的最重要的分析工具是积分. 学分析学的学生在微积分课程中接触到这个概念, 其中积分被定义为 Riemann 积分. 以这种观点定义积分有其深刻的历史背景, 并且在数学的很多领域中都非常有用, 但它远远不能满足现代分析的需要. Riemann 积分的困难是, 它只能定义在特殊的函数类上, 而这个函数类关于函数序列 (甚至单调序列) 的点态极限是不封闭的. 分析学一直以来就被称为是一门取极限的艺术, 处理一个不允许取极限的积分理论, 就像研究数学只考虑有理数而把无理数排除在外一样.

　　如果考虑 n 个变量的实值函数的图像, 那么函数的积分可以看成该图像下方的 $n+1$ 维体积, 问题是该如何定义这个体积. Riemann 积分试图把它定义为 "底乘高": 将事先确定的一些 n 维小立方体视为底, 当变量取遍该立方体时, 把函数在该立方体上的某个 "典型" 值作为高. 但这样做的困难是, 对于那些不足够连续的函数, 可能无法合理给出这个 "高".

　　Lebesgue 等人的想法是有用且意义深远的, 即从 "另外方向" 计算 $n+1$ 维体积: 先计算出使函数值大于某个数 y 的集合的 n 维体积, 这个体积是数 y 的单调非增函数, 并具有较好的性质, 因而可以对它作 Riemann 积分.

　　用这种方法定义的积分不仅适用于一大类函数 (这一函数类关于点态极限

封闭), 而且大大简化了通常使分析学家感到很麻烦的问题: 积分与极限的次序是否可交换.

本章我们首先用最简要的方法来概述定义积分所必需的测度的基本概念, 然后再证明几个最重要的收敛定理, 用以交换积分与极限的次序. 很多测度论中的细节这里将不做讨论, 因为这是个很长也很复杂的问题, 不少教材 (例如 [Rudin, 1987]) 都有叙述. 略去测度理论的最重要的理由是在应用时用不到这些复杂的细节. 例如, 我们都知道

$$\int (f+g) = \left(\int f \right) + \left(\int g \right)$$

这个极为重要的事实, 并能恰当地使用它而不去记它的证明 (事实上这需要一些思考), 有兴趣的读者可以在习题 9 中完成这个证明. 尽管这样, 我们还是要强调: 这个理论是 20 世纪数学的伟大成就之一, 是长期不懈地寻找以正确的观点讨论积分理论所达到的顶峰. 我们把测度论的研究推荐给读者是因为它是本书最终所依赖的基础.

在处理积分之前, 先回顾一下要用到的一些基本结论及记号. 把实数全体记为 $\mathbb{R}$, 复数全体记为 $\mathbb{C}$, 用 $\bar{z}$ 来表示 z 的复共轭. 我们还假定读者已经具备 n **维 Euclid 空间**

$$\mathbb{R}^n = \{(x_1, \cdots, x_n) : x_i \in \mathbb{R}\}$$

上微积分学的基本知识. $\mathbb{R}^n$ 中两点 y 和 z 的 **Euclid 距离**定义为 $|y-z|$, 其中对 $x \in \mathbb{R}^n$,

$$|x| := \left(\sum_{i=1}^{n} x_i^2 \right)^{1/2}.$$

(记号 $a := b$ 及 $b =: a$ 表示 a 定义为 b.) 我们还希望读者已经知道一些基本不等式, 如**三角不等式**

$$|x| + |y| \geqslant |x-y|.$$

开集 (一个集合, 其每点都是完全含于该集中的某个球的中心)、**闭集** (开集的补集)、**紧集** ($\mathbb{R}^n$ 中的有界闭子集)、**连通集** (见习题 1.23)、极限、Riemann 积分以及可微函数等概念都假设是读者已知的. 用 $[a,b]$ 来表示 $\mathbb{R}$ 中**闭区间** $a \leqslant x \leqslant b$, (a,b) 表示**开区间** $a < x < b$, 记号 $\{a : b\}$ 表示所有满足条件 b 的 a 型元素组成的集合. 这里再引进一个常用的记号

$$C^k(\Omega),$$

它表示在开集 $\Omega \subset \mathbb{R}^n$ 上 k 阶连续可微 (即偏导数 $\partial^k f/\partial x_{i_1}, \cdots, \partial x_{i_k}$ 在 Ω 上存在且连续) 的复值函数全体. 如果对所有的 k, $f \in C^k(\Omega)$, 则记 $f \in C^\infty(\Omega)$.

一般来说, 如果 f 是一个从集合 A (例如 $\mathbb{R}^n$ 的某个子集) 到集合 B (例如实数集) 的函数, 则就把这记为 $f : A \to B$. 若 $x \in A$, 则写 $x \mapsto f(x)$, 箭头左边的一竖用以辨认单点 x 的像而非整个集合 A 的像.

集合的**特征函数**是一类很重要的函数. 设 A 是一集合, 定义

$$\chi_A(x) = \begin{cases} 1, & x \in A, \\ 0, & x \notin A. \end{cases} \tag{1}$$

用这类函数可以构造出更一般的函数 (见定理 1.13, 层饼表示定理). 注意到 $\chi_A \chi_B = \chi_{A \cap B}$.

集合 $A \in \mathbb{R}^n$ 的**闭包**是 $\mathbb{R}^n$ 中包含 A 的闭集中最小的一个, 记为 $\overline{A}$, 因此 $\overline{\overline{A}} = \overline{A}$. 一个连续函数 $f : \mathbb{R}^n \to \mathbb{C}$ 的**支集**用 $\mathrm{supp}\{f\}$ 来表示, 它是 $\mathbb{R}^n$ 中使得 $f(x)$ 不为零的点 x 所成集合的闭包, 即

$$\mathrm{supp}\{f\} = \overline{\{x \in \mathbb{R}^n : f(x) \neq 0\}}.$$

需要注意的是上述定义用了拓扑空间的语言, 后面的 1.5 节将给出可测函数本性支集的定义. $C^\infty(\Omega)$ 中具有有界支集的函数全体用记号 $C_c^\infty(\Omega)$ 表示. 下标 c 代表 "紧", 因一个集合是紧的当且仅当它是有界闭集.

这里有一个具有紧支集且在 $\mathbb{R}^n$ 上无穷可微的函数的典型例子, 其支集是单位球 $\{x \in \mathbb{R}^n : |x| \leqslant 1\}$:

$$j(x) = \begin{cases} \exp\left[-\dfrac{1}{1-|x|^2}\right], & |x| < 1, \\ 0, & |x| \geqslant 1. \end{cases} \tag{2}$$

作为练习请读者验证 $j \in C^\infty(\mathbb{R}^n)$.

用这个例子可以证明 $\mathbb{R}^n$ 上熟知的 **Urysohn 引理**. 令 $\Omega \in \mathbb{R}^n$ 为一开集, $K \subset \Omega$ 为一紧集, 那么存在非负函数 $\psi \in C_c^\infty(\Omega)$ 满足: 对所有 $x \in K$, $\psi(x) = 1$. 习题 15 给出了此定理的证明概要.

1.2　测度论的基本概念

在试图定义一个集合的测度之前必须先研究**可测集**的构造, 即那些可以通过一种明确的方式赋予一个数值的集合. 当然并非所有的集合都是可测的.

通常我们从集合 Ω 开始, 它的元素被称为**点**. 读者可以认为 Ω 是 $\mathbb{R}^n$ 的子集, 但它完全可以代表比这广泛得多的集合, 比如在定义 "泛函积分" 时, 可以把 Ω 看成路径空间中路径的集合.

一个由 Ω 的某些子集构成的集合 Σ, 如果满足下面的几条公理, 则称它是一个 σ-**代数**:

(i) 若 $A \in \Sigma$, 则 $A^c \in \Sigma$, 其中 $A^c := \Omega \sim A$ 为 A 在 Ω 中的补集 (一般地, $B \sim A := B \bigcap A^c$).

(ii) 若 $A_1, A_2, \cdots$ 是 Σ 中的一可数集合族, 则它们的并 $\bigcup_{i=1}^{\infty} A_i$ 也是 Σ 中元素.

(iii) $\Omega \in \Sigma$.

注意到从这些假设能推出 $\varnothing \in \Sigma$ 以及 Σ 关于可列交的封闭性: 如果 $A_1, A_2, \cdots \in \Sigma$, 则 $\bigcap_{i=1}^{\infty} A_i \in \Sigma$. 另外还有 $A_1 \sim A_2 \in \Sigma$.

显然 Ω 的任意一个子集族 $\mathcal{F}$ 都能扩充成一个 σ-代数 (Ω 的所有子集组成的集合即是一个 σ-代数). 在这些扩充中有一个是特殊的, 即包含 $\mathcal{F}$ 的所有 σ-代数的交集, 记为 Σ, 也就是说: Ω 的子集 $A \in \Sigma$ 当且仅当 A 属于每一个包含 $\mathcal{F}$ 的 σ-代数. 很容易验证 Σ 也是一个 σ-代数, 并且是**包含 $\mathcal{F}$ 的最小的 σ-代数**, 称为**由 $\mathcal{F}$ 生成的 σ-代数**. 一个重要例子是, $\mathbb{R}^n$ 中所有 Borel 集构成的 σ-代数 $\mathcal{B}$, 它由 $\mathbb{R}^n$ 的开集生成, 也可以由 $\mathbb{R}^n$ 中的**开球**, 即所有形如

$$B_{x,R} = \{y \in \mathbb{R}^n : |x - y| < R\} \tag{1}$$

的集合生成. 由上述公理 (i), 这个 Borel σ-代数包含了所有闭集. 利用选择性公理还可以证明 $\mathcal{B}$ 并不包含 $\mathbb{R}^n$ 的所有子集, 但不管是这个结论还是选择性公理, 读者都不必知道.

测度 (有时为强调起见称为**正测度**) μ 定义为从某个 σ-代数 Σ 到非负实数集 (包含正无穷) 的一个函数, 它满足 $\mu(\varnothing) = 0$ 以及下述关键的**可数可加性**: 如果 $A_1, A_2, \cdots$ 是 Σ 中一列互不相交的集合, 则

$$\mu\left(\bigcup_{i=1}^{\infty} A_i\right) = \sum_{i=1}^{\infty} \mu(A_i). \tag{2}$$

可数可加性是本质的要求, 认识到这一点是数学史上的重大突破. 一直以来, 构造一个有限可加的测度 (即在 (2) 中将 ∞ 改成任一有限数) 是很容易的, 但这样建立起来的积分理论是不能令人满意的. 由于 $\mu(\varnothing) = 0$, 有限可加性作

为一种特殊情形包含在等式 (2) 中. 另外, 等式 (2) 还有其他三个重要的推论:

$$\mu(A) \leqslant \mu(B), \qquad 若\ A \subset B, \tag{3}$$

$$\lim_{j \to \infty} \mu(A_j) = \mu\left(\bigcup_{i=1}^{\infty} A_i\right), \qquad 若\ A_1 \subset A_2 \subset A_3 \subset \cdots, \tag{4}$$

$$\lim_{j \to \infty} \mu(A_j) = \mu\left(\bigcap_{i=1}^{\infty} A_i\right), \qquad 若\ A_1 \supset A_2 \supset A_3 \supset \cdots\ 且\ \mu(A_1) < \infty. \tag{5}$$

利用 σ-代数的性质, 读者能很容易证明 (3) 到 (5) 式.

一个**测度空间**由三部分组成: 集合 Ω、σ-代数 Σ 及测度 μ. 如果 $\Omega = \mathbb{R}^n$ (或者更一般地 Ω 具有开子集, 从而可以定义 $\mathcal{B}$) 并且 $\Sigma = \mathcal{B}$, 则称 μ 是 **Borel 测度**. 我们经常把 Σ 中的元素称为**可测集**, 注意到 Ω' 是 Ω 的可测子集时, 总可以定义子测度空间 (Ω', Σ', μ), 其中 Σ' 由 Ω' 的所有可测子集组成, 这称为 μ **在 Ω' 上的限制**.

$\mathbb{R}^n$ 中一个简单但很重要的例子是 **Dirac δ-测度** δ_y: 对于任意但取定的点 $y \in \mathbb{R}^n$,

$$\delta_y(A) = \begin{cases} 1, & y \in A, \\ 0, & y \notin A. \end{cases} \tag{6}$$

换句话说, 利用 1.1(1) 中特征函数的定义,

$$\delta_y(A) = \chi_A(y). \tag{7}$$

这里的 σ-代数可以是 $\mathcal{B}$, 也可以是 $\mathbb{R}^n$ 所有子集组成的集合.

第二个例子对我们来说也是最重要的例子, 即 $\mathbb{R}^n$ 上的 **Lebesgue 测度**, 其构造不那么容易, 但它能正确地给出 "好" 集合的 Euclid 体积. 这里将不给出它的构造, 因为它在很多书例如 [Rudin, 1987] 中都能找到, 有兴趣的读者可以按照第六章习题 5 的方法, 利用定理 6.22 (正分布为正测度) 去完成. 此处取 Σ 为 $\mathcal{B}$, 且记集合 $A \in \mathcal{B}$ 的测度 (或称为体积) 为 $\mathcal{L}^n(A)$ 或采用记号

$$|A| := \mathcal{L}^n(A).$$

球的 Lebesgue 测度是

$$\mathcal{L}^n(B_{x,r}) = |B_{0,1}|r^n = \frac{2\pi^{n/2}r^n}{n\Gamma(n/2)} = \frac{1}{n}|\mathbb{S}^{n-1}|r^n, \tag{8}$$

其中

$$|\mathbb{S}^{n-1}| = 2\pi^{n/2}/\Gamma(n/2)$$

是 $\mathbb{R}^n$ 中单位球面 $\mathbb{S}^{n-1}$ 的面积.

　　Lebesgue 测度是平移不变的, 即对任意固定的点 $y \in \mathbb{R}^n$, $\mathcal{L}^n(A) = \mathcal{L}^n(\{x + y : x \in A\})$. 除了常数因子外, 此测度是 $\mathbb{R}^n$ 上唯一的平移不变测度. 通过可数可加的方法把古典测度 (8) 推广到包含所有球的 σ-代数, 这个已经得到的重要结果使积分理论达到了较完备的程度.

　　一个小小的麻烦与零测集有关, 其原因是零测集的子集未必是可测集. 通过以下方式可构造反例: 在平面 $\mathbb{R}^2$ 中取一直线 l, 这是个 Borel 集并且 $\mathcal{L}^2(l) = 0$, 现取 l 的任一一维非 Borel 子集 γ, 可以证明 γ 也不是二维意义下的 Borel 集, 故此时说 $\mathcal{L}^2(\gamma) = 0$ 是没有意义的. 为克服这个困难, 我们可以把所有零测集的子集规定为可测集并且让它们的测度也都为零, 然后为了保持一致性, 这些新的集合就必须和 B 中的 Borel 集进行加或者减得到更多的可测集, 通过这种方式将 Lebesgue 测度扩展到一个比原先 $\mathcal{B}$ 更大的集类上, 这个新的集类构成一个 σ-代数 (习题 10). 此扩充 (称为**完备化**) 固然有其优点, 但本书不用它, 因为它对我们无实际意义, 并且会带来问题, 如 $\mathbb{R}^n$ 中可测集与某个超平面的交集可以是不可测的. 所以对于我们来说, $\mathcal{L}^n$ 只定义在 $\mathcal{B}$ 上.

　　但在一种情况下, 零测集的子集扮演了重要角色. 给定一测度空间 (Ω, Σ, μ), 如果某个性质只在 Ω 内某个零测集的子集上不成立, 那么称这个性质 μ-几乎处处 (μ-a.e., 或者在 μ 事先约定的情况下, 简单记为 a.e.) 成立.

　　Lebesgue 测度有两个重要性质, 分别称为**内正则性**和**外正则性** (见定理 6.22 和习题 6.5). 对每个 Borel 集 A,

$$\mathcal{L}^n(A) = \inf\{\mathcal{L}^n(O) : A \subset O \text{ 且 } O \text{ 是开集}\}, \quad \text{外正则性}, \tag{9}$$

$$\mathcal{L}^n(A) = \sup\{\mathcal{L}^n(C) : C \subset A \text{ 且 } C \text{ 是紧集}\}, \quad \text{内正则性}. \tag{10}$$

利用定理 1.3 (单调类定理) 以及与定理 1.18 证明相类似的思路, 在习题 26 中读者可证明等式 (9) 和 (10).

　　Lebesgue 测度的另一个重要性质是它的 σ-**有限性**. 测度空间 (Ω, Σ, μ) 称为 σ-有限的, 如果存在可数个集合 $A_1, A_2, \cdots$ 使得对任意 $i = 1, 2, \cdots$ 有 $\mu(A_i) < \infty$, 并且 $\Omega = \bigcup_{i=1}^{\infty} A_i$. 如果 σ-有限性成立, 我们还可以让所有的 A_i 均不相交, 比如在 $\mathcal{L}^n$ 情形, 可以令 A_i 为单位方体.

　　作为本节的最后一个内容, 我们来阐明**乘积 σ-代数**和**乘积测度**. 给定两空

间 Ω_1, Ω_2, 分别带有 σ-代数 Σ_1, Σ_2, 可以构造**乘积空间**

$$\Omega = \Omega_1 \times \Omega_2 = \{(x_1, x_2) : x_1 \in \Omega, x_2 \in \Omega_2\}.$$

例如取 Ω_1 为 $\mathbb{R}^m$, Ω_2 为 $\mathbb{R}^n$, 那么 $\Omega = \mathbb{R}^{m+n}$. Ω 中集合的乘积 σ-代数 $\Sigma = \Sigma_1 \times \Sigma_2$ 定义为包含所有矩形的最小 σ-代数, 即由所有矩形生成的 σ-代数, 其中矩形是指形如

$$A_1 \times A_2 = \{(x_1, x_2) : x_1 \in A_1, x_2 \in A_2\}$$

的集合, 此处 A_1, A_2 分别是 Σ_1 及 Σ_2 中的元. 我们将会看到, Σ 定义为最小的 σ-代数对 Fubini 定理 (见 1.10 和 1.12 节) 是至关重要的.

其次设 $(\Omega_1, \Sigma_1, \mu_1)$ 和 $(\Omega_2, \Sigma_2, \mu_2)$ 是两个测度空间, 那么一个很基本而不平凡的结果是: Ω 的乘积 σ-代数 Σ 上存在唯一的对所有矩形满足 "乘积性质"

$$\mu(A_1 \times A_2) = \mu_1(A_1)\mu_2(A_2)$$

的测度 μ. 这个测度被称为**乘积测度**, 用记号 $\mu_1 \times \mu_2$ 来表示, 其构造见定理 1.10 (乘积测度). σ-代数 Σ 具有**截面性质**: 任取一集合 $A \in \Sigma$, 定义 $A_1(x_2) \subset \Omega_1$ 为 $\{x_1 \in \Omega_1 : (x_1, x_2) \in A\}$, 那么对任意 x_2, $A_1(x_2) \in \Sigma_1$. 将指标 1 和 2 对换可以得到类似的结论.

截面性质关键依赖于 Σ 是被定义为包含所有矩形的最小 σ-代数. 其证明如下: 令 $\Sigma' \subset \Sigma$ 由所有满足截面性质的可测集 $A \in \Sigma$ 组成, $\varnothing$ 及 $\Omega_1 \times \Omega_2$ 显然都属于 Σ', 此外, 所有矩形也都属于 Σ'. 由于对任意一族 $\{A^i\}$, 都有恒等式

$$\left(\bigcup_i A^i\right)_2 (x_1) = \left(\bigcup_i A_2^i(x_1)\right),$$

所以截面性质对 Σ' 中集合的可数并也成立, 并且从 $A_2^c(x_1) = (A_2(x_1))^c$ 可以推出当 $A \in \Sigma'$ 时, 有 $A^c \in \Sigma'$, 所以 Σ' 是一个 σ-代数, 由于它包含了所有矩形从而一定等于最小的 σ-代数 Σ. 这里用到的证明方法在证明定理 1.10 时还会使用.

用同样的思路很容易证明对任意三个 σ-代数 $\Sigma_1, \Sigma_2, \Sigma_3$, 包含所有立方体的最小 σ-代数 $\Sigma = \Sigma_1 \times \Sigma_2 \times \Sigma_3$ 也具有截面性质, 也就是说, 对任意 $A \in \Sigma$ 以及 $x_1 \in \Omega_1$,

$$A_{23}(x_1) = \{(x_2, x_3) : (x_1, x_2, x_3) \in A\} \in \Sigma_2 \times \Sigma_3,$$

这里的立方体指的是形如 $A_1 \times A_2 \times A_3$ 的集合, 其中 $A_i \in \Sigma_i, i = 1, 2, 3$.

再回到 Lebesgue 测度, 我们会发现如果 $\mathcal{B}^m$ 表示 $\mathbb{R}^m$ 中的 Borel σ-代数, 那么 $\mathcal{B}^m \times \mathcal{B}^n = \mathcal{B}^{m+n}$. 但要注意到如果一开始就像上文叙述的那样把 Lebesgue 测度扩充到 Borel 零测集的不可测子集, 那么截面性质不再成立, 其反例在上文中已经提及, 即当把实直线上的不可测集看成平面的子集时, 它是零测集的子集. 保证截面性质成立是我们把 Lebesgue 测度限制在 Borel σ-代数上的主要原因. 从中还可以看出: 完备化后的 Borel σ-代数和它自身作积仍然是不完备的: 如果是完备的, 那么它一定包含上面反例中的集合, 但它又不满足截面性质, 而前面已经证明乘积一定具有这种截面性质. 另一方面, 如果对乘积完备化, 那么可以证明截面性质对几乎所有的截面都是成立的.

• 至此, 我们避开了测度论中许多困难定理的证明. 但下面的定理 1.3 是测度论的中心, 在 1.10 节讨论乘积测度以及 1.12 节证明 Fubini 定理时都要用到. 鉴于它的重要性, 同时也作为 "纯测度论" 证明的一个例子, 我们将给出它的一些证明细节, 读者在初次阅读本书时可以只掌握这个定理的内容而跳过其证明.

一个**单调类** $\mathcal{M}$ 是由某些集合组成的类且满足以下两个条件:

若 $A_i \in \mathcal{M}$ $(i = 1, 2, \cdots)$, 且 $A_1 \subset A_2 \subset \cdots$, 那么 $\bigcup_i A_i \in \mathcal{M}$;

若 $B_i \in \mathcal{M}$ $(i = 1, 2, \cdots)$, 且 $B_1 \supset B_2 \supset \cdots$, 那么 $\bigcap_i B_i \in \mathcal{M}$.

显然, 所有的 σ-代数均为单调类, 集合 Ω 的所有子集组成的集合也是一个单调类, 所以任一子集族都包含在某个单调类中.

一个集族 $\mathcal{A}$ 被称为**代数**, 如果 $\mathcal{A}$ 中的任意两个集合 A 和 B, 它们的差 $A \sim B, B \sim A$ 以及并 $A \cup B$ 仍在 $\mathcal{A}$ 中. 这样, σ-代数就是一个关于可数多个这种运算封闭的代数. 注意到从某代数 $\mathcal{A}$ 出发构造 σ-代数时, 相当于把所有 $\mathcal{A}$ 中集合的可列并添加进去得到一个集族 $\mathcal{A}_1$, 但此时它关于交运算已经不封闭; 下一步把所有 $\mathcal{A}_1$ 中集合的可列交也添加进去得到 $\mathcal{A}_2$, 但它关于可列并又不封闭. 重复此过程, 通过 "超限归纳法", 一个足以让人害怕的主意, 而得到一个 σ-代数. 下面的定理避开了这一点而只简单地指出 σ-代数是代数的单调 "极限". 下文的关键词是 "σ-代数".

1.3　单调类定理

设 Ω 为一集合, $\mathcal{A}$ 是由 Ω 子集组成的代数, 且包含了 Ω 本身以及空集, 那么存在包含 $\mathcal{A}$ 的最小单调类 $\mathcal{S}$, 这个 $\mathcal{S}$ 同时也是包含 $\mathcal{A}$ 的最小 σ-代数.

证明 设 $\mathcal{S}$ 是所有包含 $\mathcal{A}$ 的单调类的交, 即 $Y \in \mathcal{S}$ 当且仅当 Y 属于每个包含 $\mathcal{A}$ 的单调类. 我们留给读者去验证 $\mathcal{S}$ 也是包含 $\mathcal{A}$ 的单调类, 从而由定义, 它是这种单调类中最小的一个.

首先注意到只需证明 $\mathcal{S}$ 关于取余运算和有限并运算封闭. 有了这两个封闭性后, 对 $A_1, A_2, \cdots \in \mathcal{A}$, $B_n := \bigcup_{i=1}^{n} A_i$ 就是 $\mathcal{S}$ 中一单调递增集列, 由于 $\mathcal{S}$ 是单调类, $\bigcup_{i=1}^{\infty} A_i \in \mathcal{S}$, 从而它关于可列并运算是封闭的. 另外, 从公式

$$\left(\bigcap_{i=1}^{\infty} A_i \right)^c = \left(\bigcup_{i=1}^{\infty} A_i^c \right)$$

可以看出, 如果 $\mathcal{S}$ 关于取余运算是封闭的, 那么它一定包含其中元素的可列交, 这样 $\mathcal{S}$ 就成为 σ-代数, 再因为 σ-代数一定是单调类, 故 $\mathcal{S}$ 是包含 $\mathcal{A}$ 的最小 σ-代数.

接下来证明 $\mathcal{S}$ 关于有限并是封闭的. 固定集合 $A \in \mathcal{A}$, 考查集族 $\mathcal{C}(A) = \{B \in \mathcal{S} : B \cup A \in \mathcal{S}\}$. 因为 $\mathcal{A}$ 是代数, 所以 $\mathcal{C}(A)$ 包含了 $\mathcal{A}$. 再取 $\mathcal{C}(A)$ 中任一递增集列 $\{B_n\}$, $A \cup B_i$ 显然也是 $\mathcal{S}$ 中的递增集列, 由于 $\mathcal{S}$ 是单调类,

$$A \cup \left(\bigcup_{i=1}^{\infty} B_i \right) = \bigcup_{i=1}^{\infty} (A \cup B_i)$$

属于 $\mathcal{S}$, 从而 $\bigcup_{i=1}^{\infty} B_i \in \mathcal{C}(A)$. 类似地读者可证明 $\mathcal{C}(A)$ 中递减集可列交的封闭性. 综合这两点, $\mathcal{C}(A)$ 是包含 $\mathcal{A}$ 的单调类. 最后再由 $\mathcal{C}(A) \subset \mathcal{S}$ 以及 $\mathcal{S}$ 是包含 $\mathcal{A}$ 的最小单调类这个事实, 推得 $\mathcal{C}(A) = \mathcal{S}$.

再取定 $\mathcal{S}$ 中任一元 A, 考查 $\mathcal{C}(A) = \{B \in \mathcal{S} : B \cup A \in \mathcal{S}\}$. 从上段讨论中得知 $\mathcal{A}$ 是 $\mathcal{C}(A)$ 的子集, 再对这个新的 $\mathcal{C}(A)$ 几乎完全重复上一小段的讨论, 就会发现它也是单调类, 从而有 $\mathcal{C}(A) = \mathcal{S}$, 这样就证明了 $\mathcal{S}$ 关于有限并的封闭性.

最后看一下取余运算的问题. 令 $\mathcal{C} = \{B \in \mathcal{S} : B^c \in \mathcal{S}\}$, 它显然包含了 $\mathcal{A}$, 因为 $\mathcal{A}$ 是代数. 任取 $\mathcal{C}$ 中一递增集列 B_i $(i = 1, 2, \cdots)$, B_i^c 是 $\mathcal{S}$ 中的递减集列, 由于 $\mathcal{S}$ 是单调类,

$$\left(\bigcup_{i=1}^{\infty} B_i \right)^c = \bigcap_{i=1}^{\infty} B_i^c$$

属于 $\mathcal{S}$. 类似地, 若 B_i $(i = 1, 2, \cdots)$ 为 $\mathcal{C}$ 中任一递减集列, 那么 B_i^c 是 $\mathcal{S}$ 中的递增集列, 从而

$$\left(\bigcap_{i=1}^{\infty} B_i \right)^c = \bigcup_{i=1}^{\infty} B_i^c$$

也属于 $\mathcal{S}$, 再一次得到 $\mathcal{C} = \mathcal{S}$, 从而证明了 $\mathcal{S}$ 关于可列交和取余运算的封闭性. ∎

作为单调类定理的应用, 我们叙述测度的唯一性定理, 它阐明了应用单调类定理的一种典型方法, 这种方法在 1.10 节中很有用.

1.4　测度的唯一性定理

设 Ω 为一集合, $\mathcal{A}$ 是由 Ω 的某些子集组成的代数, Σ 是包含 $\mathcal{A}$ 的最小 σ-代数, 令 μ_1 是强 σ-有限测度, 即存在集列 $\{A_i\} \subset \mathcal{A}$ (不仅是 $A_i \in \Sigma$), 使得每个 A_i 的 μ_1 测度有限, 并且 $\bigcup_{i=1}^{\infty} A_i = \Omega$, 那么如果 μ_2 为另一测度并且在 $\mathcal{A}$ 上与 μ_1 一致, 则在整个 Σ 上 $\mu_1 = \mu_2$.

证明　首先在 μ_1 是 Ω 上有限测度的假设下证明本定理. 考虑集合

$$\mathcal{M} = \{A \in \Sigma : \mu_1(A) = \mu_2(A)\}.$$

显然, 此集族包含了 $\mathcal{A}$, 我们要证明 $\mathcal{M}$ 是单调类, 由前面的定理 1.3, $\mathcal{M} = \Sigma$. 令 $A_1 \subset A_2 \subset \cdots$ 为 $\mathcal{M}$ 的一个递增集列. 定义 $B_1 = A_1, B_2 = A_2 \sim A_1, \cdots, B_n = A_n \sim A_{n-1}, \cdots$, 则这些集合互不相交并且 $\bigcup_{i=1}^{n} B_i = A_n$, 特别地

$$\bigcup_{i=1}^{\infty} B_i = \bigcup_{i=1}^{\infty} A_i.$$

利用测度的可数可加性,

$$\mu_1 \left(\bigcup_{i=1}^{\infty} A_i \right) = \sum_{i=1}^{\infty} \mu_1(B_i) = \lim_{n\to\infty} \sum_{i=1}^{n} \mu_1(B_i)$$

$$= \lim_{n\to\infty} \mu_1(A_n) = \lim_{n\to\infty} \mu_2(A_n) = \mu_2 \left(\bigcup_{i=1}^{\infty} A_i \right).$$

从而 $\bigcup_{i=1}^{\infty} A_i \in \mathcal{M}$. 再对任意 $A \in \mathcal{M}$, 由于 $\mu_i(A^c) = \mu_i(\Omega) - \mu_i(A), i = 1, 2$, 以及 $\mu_1(\Omega) = \mu_2(\Omega) < \infty$, 所以 $A^c \in \mathcal{M}$, 从而易证 $\mathcal{M}$ 是单调类, 其证明细节留给读者.

其次回到 σ-有限的情形. 上面已经证明了在 μ_1 为有限测度情形下定理成立, 故对任意满足 $\mu(A_0) < \infty$ 的 $A_0 \in \mathcal{A}$ 以及任意 $B \in \Sigma$, 有 $\mu_1(B \cap A_0) = \mu_2(B \cap A_0)$. 为证明这一点, 只要注意到 $A_0 \cap \Sigma$ 是 A_0 上 σ-代数并且是包含代数 $A_0 \cap \mathcal{A}$ 的最小 σ-代数 (为什么?). 回忆一下假设条件, 存在一集列 $\{A_i\} \subset \mathcal{A}$,

每个 A_i 都具有有限 μ_1-测度并且 $\bigcap_{i=1}^{\infty} A_i = \Omega$, 不失一般性可假设这些集合是互不相交的 (为什么?). 现对 $B \in \Sigma$,

$$\mu_1(B) = \mu_1 \left(\bigcup_{i=1}^{\infty} (A_i \cap B) \right) = \sum_{i=1}^{\infty} \mu_1(A_i \cap B) = \sum_{i=1}^{\infty} \mu_2(A_i \cap B) = \mu_2(B). \quad \blacksquare$$

1.5 可测函数与积分的定义

设 $f : \Omega \to \mathbb{R}$ 是 Ω 上的实值函数, 给定一个 σ-代数 Σ, 称 f 是**可测函数** (关于 Σ), 如果对每个 t, **水平集**

$$S_f(t) := \{x \in \Omega : f(x) > t\} \tag{1}$$

均可测, 即 $S_f(t) \in \Sigma$. 经常地, 用 f 是 Σ-可测的或不那么准确地用 f 是 μ-可测的 (当 Σ 上具有测度 μ 时) 来表示可测性. 但注意可测性并不需要有测度!

更一般地, 如果 $f : \Omega \to \mathbb{C}$ 是复函数, 那么当它的实部 $\text{Re} f$ 和虚部 $\text{Im} f$ 都可测时, 称 f 是可测的.

注 在 (1) 中我们可以用 $\geqslant, \leqslant$ 或 $<$ 来代替 $>$, 所得到的定义是等价的, 要明白这一点只需注意到

$$\{x \in \Omega : f(x) > t\} = \bigcup_{j=1}^{\infty} \{x \in \Omega : f(x) \geqslant t + 1/j\}.$$

如果 Σ 取 $\mathbb{R}^n$ 上的 Borel σ-代数 $\mathcal{B}$, 则显然每个连续函数都是 Borel 可测的, 事实上, 此时 $S_f(t)$ 为开集. Borel 可测函数的其他例子为上半连续或下半连续函数. 回忆一下一个实值函数 f 称为**下半连续的**, 是指 $S_f(t)$ 为开集, f 为**上半连续的**是指集合 $\{x \in \Omega : f(x) < t\}$ 是开的. f 如果既上半连续又下半连续, 那么它一定是**连续**的. 若 f 上半连续, 要证其可测性, 只需注意集合 $\{x : f(x) < t + 1/j\}$ 是可测的, 因为

$$\{x \in \Omega : f(x) \leqslant t\} = \bigcap_{j=1}^{\infty} \{x : f(x) < t + 1/j\},$$

所以 $\{x : f(x) \leqslant t\}$ 是可测集, 从而

$$S_f(t) = \Omega \sim \{x : f(x) \leqslant t\}$$

也是可测集.

　　将上述推理稍微深入一步就会发现: 对 Σ-可测函数 f, 对任意 Borel 集 $A \subset \mathbb{R}$, $\{x : f(x) \in A\}$ 是 Σ-可测集.

　　一个有趣的练习 (见习题 3, 4, 18) 是证明当 f, g 为可测函数时, 对任意的复数 λ, γ, 函数 $x \mapsto \lambda f(x) + \gamma g(x)$, $x \mapsto f(x)g(x)$, $x \mapsto |f(x)|$ 和 $x \mapsto \phi(f(x))$ 也都是可测的, 这里 ϕ 是从 $\mathbb{C}$ 到 $\mathbb{C}$ 的任一 Borel 可测函数. 同样地, 函数 $x \mapsto \max\{f(x), g(x)\}$ 和 $x \mapsto \min\{f(x), g(x)\}$ 也都是可测的. 进一步, 当 $f^1, f^2, f^3, \cdots$ 是一列可测函数时, $\limsup_{j \to \infty} f^j(x)$ 及 $\liminf_{j \to \infty} f^j(x)$ 也都是可测函数.

　　因此, 一可测序列 $\{f^j\}$ 如果 μ-几乎处处收敛到函数 $f(x)$, 那么 f 也是可测的 (确切地说, f 可以在一个零测集上重新定义而成为可测的). 我们要求读者自行证明所有这些论断, 或至少参阅其他标准教材.

　　如果可测函数只是定义在几乎处处, 这会引起某些概念的混乱, 例如函数的**严格正性**这个概念. 补救的方法是, 对可测集 A 上的非负可测函数 f, 只要集合 $\{x \in A : f(x) = 0\}$ 具有零测度, 我们就称 f 是严格正可测函数.

　　同样的问题也出现在可测函数支集的定义中. 给定 Borel 测度 μ, 设 f 是 $\mathbb{R}^n$ 上或任意拓扑空间上的 Borel 可测函数, 我们知道开集是可测的, 即它们是 σ-代数中的元素, 记 ω 为对 μ-几乎处处 $x \in \omega$ 满足 $f(x) = 0$ 的开集, ω^* 为所有这种 ω 的并 (注意它可以是空集), 现定义函数 f 的**本性支集** ess $\mathrm{supp}\{f\}$ 为集合 ω^* 的补集, 显然它是闭的, 从而是可测集. 作为例子, 我们考查 $\mathbb{R}$ 上函数 f: x 为有理数时, $f(x) = 1$; x 为无理数时, $f(x) = 0$, 测度 μ 取为 Lebesgue 测度. 显然对几乎处处的 $x \in \mathbb{R}$, $f(x) = 0$, 所以 ess $\mathrm{supp}\{f\} = \varnothing$. 注意到 ess $\mathrm{supp}\{f\}$ 不仅依赖于 σ-代数, 还和测度 μ 有关. 作为一个简单的练习, 请读者验证当 μ 是 Lebesgue 测度且 f 连续时, ess $\mathrm{supp}\{f\}$ 和 1.1 节中定义的 $\mathrm{supp}\{f\}$ 是一致的.

　　为简单起见, 本书以后将采用 $\mathrm{supp}\{f\}$ 来表示 ess $\mathrm{supp}\{f\}$.

　　下面用测度 μ 来定义可测函数的积分 (注意函数的可测性与测度没有关系).

　　首先假设 $f : \Omega \to \mathbb{R}^+$ 是 Σ-可测的非负实值函数 (本书中记号 $\mathbb{R}^+$ 表示 $\{x \in \mathbb{R} : x \geqslant 0\}$), 定义

$$F_f(t) = \mu(S_f(t)),$$

也就是说 $F_f(t)$ 是使得 $f > t$ 的集合的测度. 由于 $t_1 \geqslant t_2$ 时 $S_f(t_1) \subset S_f(t_2)$, $F_f(t)$ 显然关于 t 单调不增, 从而 $F_f(t) : \mathbb{R}^+ \to \mathbb{R}^+$ 是一个单调不增函数, 作为微积分的一个基本练习 (也是 Riemann 积分定理的基础部分), 请读者证明这种函数的 Riemann 积分总是有意义的 (尽管它的值可能为 $+\infty$), 用这个 Riemann

积分可以定义函数 f 在 Ω 上的**积分**, 也就是说,

$$\int_\Omega f(x)\mu(\mathrm{d}x) := \int_0^\infty F_f(t)\mathrm{d}t. \tag{2}$$

(注意到有时候我们把这个积分简写为 $\int f$ 或 $\int f\mathrm{d}\mu$, 记号 $\mu(\mathrm{d}x)$ 用来表明积分的测度是 μ, 也有些作者可能会写成 $\mathrm{d}\mu(x)$ 或者 $\mathrm{d}\mu x$. 当 μ 是 Lebesgue 测度时, 一般用 $\mathrm{d}x$ 代替 $\mathcal{L}^n(\mathrm{d}x)$.) 引进 Heaviside 阶梯函数 θ; $s>0$ 时, $\theta(s)=1$; $s\leqslant 0$ 时, $\theta(s)=0$, 则可以启发式地验证, (2) 式与通常的积分定义是一致的, 因为形式上

$$\int_0^\infty F_f(t)\mathrm{d}t = \int_0^\infty \left\{\int_\Omega \theta(f(x)-t)\mu(\mathrm{d}x)\right\}\mathrm{d}t$$
$$= \int_\Omega\left\{\int_0^{f(x)}\mathrm{d}t\right\}\mu(\mathrm{d}x) = \int_\Omega f(x)\mu(\mathrm{d}x). \tag{3}$$

如果 f 是非负可测函数并且 $\int f\mathrm{d}\mu<\infty$, 那么称 f 是一个**可和** (或**可积**) **函数**.

一个重要的事实 (后文中用不到, 所以此处不证明) 是当 f **Riemann 可积**时, 其 Riemann 积分与 (2) 式定义的值相等. 但第六章将用到它的一种特殊情况, 见习题 21.

更一般地, 设 $f:\Omega\to\mathbb{C}$ 是 Ω 上的复值函数, 由于我们可以把 $f(x)$ 写为 $g(x)+\mathrm{i}h(x)$, 它事实上包含了两个实值函数 g 和 h, 而反过来, 这两个函数又都可以看成两个非负函数的差, 即

$$g(x) = g_+(x) - g_-(x), \tag{4}$$

其中

$$g_+(x) = \begin{cases} g(x), & \text{若 } g(x)>0, \\ 0, & \text{若 } g(x)\leqslant 0. \end{cases} \tag{5}$$

换种写法, $g_+(x)=\max(g(x),0)$, $g_-(x)=-\min(g(x),0)$, 它们分别称为 g 的**正部**和**负部**. 如果 f 可测, 那么根据前面的叙述, 所有这四个函数均可测. 如果 g_+,g_-,h_+,h_- 都是可积的, 那么称 f 也是可积的并且定义

$$\int f := \int g_+ - \int g_- + \mathrm{i}\int h_+ - \mathrm{i}\int h_-. \tag{6}$$

等价地, f 可积当且仅当 $x \mapsto |f(x)| \in \mathbb{R}^+$ 是可积的. 需要强调的是, 只有在 f 可积时才能定义其积分. 试图对不可积函数进行积分就像打开潘多拉的盒子一样, 会得出一些错误的结果以及悖论, 但也有一个值得注意的例外: 若 f 非负且不可积, 则我们常稍稍妄用记号而把它写为 $\int f = +\infty$. 按照这种约定, 关系式 $\int g < \int f$ $(f \geqslant 0, g \geqslant 0)$ 蕴含了当 g 不可积时, f 也一定不可积, 这个约定在叙述上带来不少方便.

另一个有趣 (但不那么平凡) 的练习 (见习题 9) 是验证积分的线性性质. 设 f, g 均可积, 那么对任意 λ 和 $\gamma \in \mathbb{C}$, $\lambda f + \gamma g$ 也可积, 并且有

$$\int_\Omega (\lambda f + \gamma g)\mathrm{d}\mu = \lambda \int_\Omega f\mathrm{d}\mu + \gamma \int_\Omega g\mathrm{d}\mu. \tag{7}$$

这里的难点在于计算可积函数线性组合的水平集.

可测集上的特征函数组成了一类重要的可测函数, 其定义见 1.1(1) 式. 显然

$$\int_\Omega \chi_A \mathrm{d}\mu = \mu(A),$$

所以 χ_A 可积当且仅当 $\mu(A) < \infty$.

有时我们会使用记号 $\chi_{\{\cdots\}}$, 其中 $\{\cdots\}$ 表示满足条件 $\cdots\cdots$ 的集合. 比如, 当 f 是可测函数时, $\chi_{\{f>t\}}$ 是集合 $S_f(t)$ 的特征函数, 所以对于 $t \geqslant 0$, $\int \chi_{\{f>t\}}$ 正好就是 $F_f(t)$.

为以后需要, 我们证明 $\chi_{\{f>t\}}$ 是 x 和 t 的二元可测函数, 为此必须说明 $\chi_{\{f>t\}}$ 的水平集是 $\Sigma \times \mathcal{B}^1$-可测的, 这里 $\mathcal{B}^1$ 指的是半直线 $\mathbb{R}^+$ 上的 Borel σ-代数. 用 $s \geqslant 0$ 作为参量, (x,t)-空间中的水平集具有形式

$$\{(x,t) \in \Omega \times \mathbb{R}^+ : \chi_{\{f>t\}}(x) > s\}.$$

$s \geqslant 1$ 时水平集是空集, 所以可测; 对于 $0 \leqslant s < 1$, 由于 $\chi_{\{f>t\}}$ 取值只有 0 或 1, 所以水平集不依赖于 s 的值. 事实上它正好是 "f 图像下方" 的集合, 即集合 $G = \{(x,t) \in \Omega \times \mathbb{R}^+ : 0 \leqslant t < f(x)\}$, 它是所有形如 $S_f(r) \times [0,r]$ 的集合之并, 其中 r 为有理数 (回忆 $[a,b]$ 表示闭区间 $a \leqslant x \leqslant b$, 而 (a,b) 表示开区间 $a < x < b$). 由于有理数集可数, 所以 G 是矩形的可数并, 从而是可测的. 证明 $G \subset \mathbb{R}^{n+1}$ 可测还有另一方法, 但本质上与上述证法相同, 即注意到

$$G = \{(x,t) : f(x) - t \geqslant 0\} \cap \{t : t > 0\},$$

由于函数 $f(x) - t$ 是 $\mathcal{L}^{n+1}$-可测的 (为什么?), 故使得此可测函数非负的集合是可测集, 从而 G 也是可测集.

积分的定义提示我们应该把积分看成集合 $G \in \Sigma \times \mathcal{B}^1$ 的 $\mu \times \mathcal{L}^1$ 测度, 于是很自然地引入下面的定义

$$(\mu \times \mathcal{L}^1)(G) := \int_0^\infty \int_\Omega \chi_{\{f>a\}}(x)\mu(\mathrm{d}x)\mathrm{d}a = \int_\Omega f(x)\mu(\mathrm{d}x). \tag{8}$$

为使这个定义合理, 一个必要条件是它关于 x 和 a 的积分次序无关. 事实上, 对每个 $x \in \Omega$, 总有 $\int_0^\infty \chi_{\{f>a\}}(x)\mathrm{d}a = f(x)$ (即使对于不可测函数), 从而联系积分的定义, 有

$$\int_0^\infty \int_\Omega \chi_{\{f>a\}}(x)\mu(\mathrm{d}x)\mathrm{d}a = \int_\Omega \int_0^\infty \chi_{\{f>a\}}(x)\mathrm{d}a\mu(\mathrm{d}x). \tag{9}$$

这是 **Fubini 定理**关于积分交换的第一个基本例子, 以后我们将在定理 1.10 中看到, 这种积分交换对任意集合 $A \in \Sigma \times \mathcal{B}^1$ 都成立, 并且我们把 $(\mu \times \mathcal{L}^1)(A)$ 定义为 $\int_{\mathbb{R}} \mu(\{x : (x,a) \in A\})\mathrm{d}a$, 还要证明这样定义的 $\mu \times \mathcal{L}^1$ 是 $\Sigma \times \mathcal{B}^1$ 上的测度.

● 简要叙述了以上的基础之后, 我们现在可以证明一个基本的收敛定理, 它是由 Levi 和 Lebesgue 给出的 (下面都假定在测度空间 (Ω, Σ, μ) 中讨论).

设 $f^1, f^2, f^3, \cdots$ 是测度空间 (Ω, Σ, μ) 上递增的可积函数列, 即对每个 j, $f^{j+1}(x) \geqslant f^j(x)$, μ-a.e. $x \in \Omega$. 因为可数个零测集的并的测度仍然为零, 所以序列 $f^1(x), f^2(x), \cdots$ 对几乎所有的 x 都不减. 这个单调性使得对几乎每个 x 都能定义

$$f(x) := \lim_{j \to \infty} f^j(x).$$

而对于那些使得上述极限不存在的 x, 我们定义 $f(x)$ 为零. 此极限当然可以是 ∞, 但它几乎处处是有定义的. 显然数列 $I_j := \int_\Omega f^j \mathrm{d}\mu$ 也是不减的, 故可以定义

$$I := \lim_{j \to \infty} I_j.$$

1.6 单调收敛定理

设 $f^1, f^2, f^3, \cdots$ 是测度空间 (Ω, Σ, μ) 上递增的可积函数列, f, I 定义如上, 那么 f 是可测的. 进一步, I 有限当且仅当 f 可积, 此时还成立 $I = \int_\Omega f \mathrm{d}\mu$, 也就是说,

$$\lim_{j \to \infty} \int_\Omega f^j(x)\mu(\mathrm{d}x) = \int_\Omega \lim_{j \to \infty} f^j(x)\mu(\mathrm{d}x), \tag{1}$$

此处须注意, 当 f 不可积时, (1) 式左边应理解为 ∞.

证明　可以认为 f^j 均非负, 否则由 f^1 的可积性, 可用 $f^j - f^1$ 代替 f^j 进行讨论. 为计算 $\int f^j$, 先计算

$$F_{f^j}(t) = \mu(\{x : f^j(x) > t\}).$$

由定义, 集合 $\{x : f(x) > t\}$ 正好是递增可数集列 $\{x : f^j(x) > t\}$ 的并, 从而由 1.2(4), $\lim_{j\to\infty} F_{f^j}(t) = F_f(t)$ 对每个 t 均成立, 并且收敛显然也是单调的.

为证此定理, 只需证明单调函数 Riemann 积分的相应定理, 即

$$\lim_{j\to\infty} \int_0^\infty F_{f^j}(t)\mathrm{d}t = \int_0^\infty F_f(t)\mathrm{d}t. \tag{2}$$

其中每个函数 $F_{f^j}(t)$ 均单调 (关于 t), 函数族关于指标 j 也是单调的, 点态收敛到 $F_f(t)$, 这是个简单的练习, 只要注意到 Riemann 上和与下和均收敛.　■

● 上述定理还可以解释为: 定义在非负函数上的泛函 $f \mapsto \int f$ 关于单调序列的逐点收敛表现出泛函的连续性. 易知在一般情形下 $f \mapsto \int f$ 不连续, 也就是说即使 f^j 是正函数列且 f^j 几乎处处收敛到 f, 一般情况下, 甚至此极限存在 (见下述引理后的注) 时, $\lim_{j\to\infty} \int f^j = \int f$ 也不一定成立. 但下面的结论是正确的: $f \mapsto \int f$ 逐点下半连续, 即 f^j 逐点收敛到 f 时, $\liminf_{j\to\infty} \int f^j \geqslant \int f$ (见习题 2). 此事实的确切表述即为 Fatou 引理.

1.7　Fatou 引理

设 $f^1, f^2, f^3, \cdots$ 是测度空间 (Ω, Σ, μ) 上非负可积函数列, 那么

$$f(x) := \liminf_{j\to\infty} f^j(x)$$

可测并且

$$\liminf_{j\to\infty} \int_\Omega f^j(x)\mu(\mathrm{d}x) \geqslant \int_\Omega f(x)\mu(\mathrm{d}x).$$

此式左端如果有限, 则 f 可积.

◆ 注意: "非负" 是关键.

证明　定义 $F^k(x) = \inf_{j\geqslant k} f^j(x)$, 由

$$\{x : F^k(x) \geqslant t\} = \bigcap_{j\geqslant k}\{x : f^j(x) \geqslant t\},$$

以及 1.5 节的注可知, 每个 $F^k(x)(k = 1, 2, \cdots)$ 都是可测的, 且因为 $F^k(x) \leqslant f^k(x)$, $F^k(x)$ 还都是可积的. $F^k(x)$ 显然是递增的, 极限为 $\sup_{k \geqslant 1} \inf_{j \geqslant k} f^j(x)$, 或者由定义写成 $\liminf_{j \to \infty} f^j(x)$, 于是我们有

$$\liminf_{j \to \infty} \int_\Omega f^j(x)\mu(\mathrm{d}x) := \sup_{k \geqslant 1} \inf_{j \geqslant k} \int_\Omega f^j(x)\mu(\mathrm{d}x)$$

$$\geqslant \lim_{k \to \infty} \int_\Omega F^k(x)\mu(\mathrm{d}x) = \int_\Omega f(x)\mu(\mathrm{d}x).$$

最后一个等式成立是根据单调收敛定理, 它说明当等式左端有限时 f 可积; 第一个等式是定义, 中间的不等式来自熟知的事实 $\inf_j \int h^j \geqslant \inf_j \int (\inf_j h^j) = \int (\inf_j h^j)$, 因为 $\inf_j h^j$ 不依赖于 j. ∎

注 在 $f^j(x)$ 在 Ω 上几乎处处收敛到 $f(x)$ 的情况下, Fatou 引理是说:

$$\liminf_j \int_\Omega f^j(x)\mu(\mathrm{d}x) \geqslant \int_\Omega f(x)\mu(\mathrm{d}x).$$

即使是这种情况下, 不等式仍可以是严格成立的. 例如, 考查集合 $\mathbb{R}$ 上的函数列 $f^j(x)$, $|x| \leqslant j$ 时取值为 $1/j$, 否则为零. 显然对所有的 j, $\int_{\mathbb{R}} f^j(x)\mathrm{d}x = 2$, 但 $f^j(x)$ 对每个 x 都点态趋向于零.

● 至此我们仅对非负函数考查了积分与极限的可交换性. 接下来的定理仍由 Lebesgue 证明. 该定理取消了上述限制, 在应用中是经常用到的一个定理, 也是分析中最重要的定理之一. 它和单调收敛定理可以互相简单地推导, 所以在这个意义下两者是等价的.

1.8 控制收敛定理

设 $f^1, f^2, \cdots$ 是测度空间 (Ω, Σ, μ) 上的复值可积函数列并且几乎处处收敛到函数 f, 如果存在一个 (Ω, Σ, μ) 上的非负可积函数 $G(x)$ 使得对所有的 $j = 1, 2, \cdots$ 都成立 $|f^j(x)| \leqslant G(x)$, 那么 $|f(x)| \leqslant G(x)$ 并且

$$\lim_{j \to \infty} \int_\Omega f^j(x)\mu(\mathrm{d}x) = \int_\Omega f(x)\mu(\mathrm{d}x).$$

♦ 注意: 存在控制函数 G 是关键条件.

证明　显然 f^j 的实部 R^j 及虚部 I^j 均满足与 f^j 自身一样的假设, 同样对 R^j 和 I^j 的正部和负部也是如此, 所以只需对非负函数 f^j 及 f 证明结论成立即可. 由 Fatou 引理,

$$\liminf_{j\to\infty} \int_\Omega f^j \geqslant \int_\Omega f.$$

再用一次 Fatou 引理,

$$\liminf_{j\to\infty} \int_\Omega (G(x) - f^j(x))\mu(\mathrm{d}x) \geqslant \int_\Omega (G(x) - f(x))\mu(\mathrm{d}x),$$

这是由于对所有 j 及 $x \in \Omega$, $G(x) - f^j(x) \geqslant 0$. 综合这两式便得到

$$\liminf_{j\to\infty} \int_\Omega f^j(x)\mu(\mathrm{d}x) \geqslant \int_\Omega f(x)\mu(\mathrm{d}x) \geqslant \limsup_{j\to\infty} \int_\Omega f^j(x)\mu(\mathrm{d}x). \qquad \blacksquare$$

注　可以稍加改动上述定理而得到一个很有用的推广, 即把控制函数 $G(x)$ 换成满足如下条件的序列 $G^j(x)$: 存在可积函数 G 使得

$$\int_\Omega |G(x) - G^j(x)|\mu(\mathrm{d}x) \to 0, \quad \text{当 } j \to \infty$$

以及 $0 \leqslant |f^j(x)| \leqslant G^j(x)$. 这样, 如果 $f^j(x)$ 几乎处处收敛到 f, 那么极限和积分可以交换,

$$\lim_{j\to\infty} \int_\Omega f^j(x)\mu(\mathrm{d}x) = \int_\Omega f(x)\mu(\mathrm{d}x).$$

为证这一点, 先假设 $f^j(x) \geqslant 0$ 并注意到由于 $(G - f^j)_+ \leqslant G$, 用控制收敛定理就能得到

$$\int (G - f^j)_+ \to \int (G - f)_+, \quad \text{当} j \to \infty.$$

再因为 $G^j - f^j \geqslant 0$ (见 1.5(5)), 故

$$\int (G - f^j)_- = \int (G - G^j + G^j - f^j)_- \leqslant \int (G - G^j)_-.$$

由假设, 最后一个积分当 $j \to \infty$ 时是趋于零的. 显然 $f(x) \leqslant G(x)$, 故

$$\lim_{j\to\infty} \int (G - f^j) = \int (G - f)_+ = \int (G - f).$$

f 取复值的一般情形可以直接推得.

• 定理 1.8 是用 Fatou 引理证明的, 但有趣的是, 用定理 1.8 可以反过来证明下述引理. 假设 f^j 是一列非负可测函数且逐点收敛到某函数 f, 如引理 1.7 的注所提到的那样, 极限和积分不能交换, 因为直觉上, 序列 f^j 可能会 "溢出到无穷". 下面的定理取自 [Brézis-Lieb], 它把这种直观更加精确化, 并且引入一个修正项使 Fatou 引理从不等式变成一个等式. 此定理在后文中没有使用, 但它在测度论中有其内在的价值, 并且已经有效地解决了变分学中的一些问题. 我们将给出此定理的一个简单形式, 读者可以从原文上找到它的一般形式: 那里 $f \mapsto |f|^p$ 被换成一类更广泛的函数 $f \mapsto j(f)$.

1.9　Fatou 引理中的余项

设 f^j 为某测度空间上的复值可测函数列且几乎处处收敛到函数 f (根据定理 1.5 的注, 它是可测的), 若对于某固定的 $0 < p < \infty$, 函数列 f^j 一致 p 次可积, 即存在一与 j 无关的常数 C, 使得

$$\int_\Omega |f^j(x)|^p \mu(\mathrm{d}x) < C.$$

那么有

$$\lim_{j \to \infty} \int_\Omega \left| |f^j(x)|^p - |f^j(x) - f(x)|^p - |f(x)|^p \right| \mu(\mathrm{d}x) = 0. \tag{1}$$

注　(1) 由 Fatou 引理, $\int |f|^p \leqslant C$.

(2) 对 (1) 式用三角不等式可以得到

$$\int |f^j|^p = \int |f|^p + \int |f - f^j|^p + o(1), \tag{2}$$

这里 $o(1)$ 是 $j \to \infty$ 时的无穷小量. 从中可以看出修正项是 $\int |f - f^j|^p$, 它用来度量序列 f^j 的 "溢出度". 等式 (2) 的一个明显推论是: 对所有 $0 < p < \infty$, 如果 $\int |f - f^j|^p \to 0$ 并且 f^j 几乎处处收敛于 f, 那么

$$\int |f^j|^p \to \int |f|^p.$$

事实上, 只需假设 $\int |f - f^j|^p \to 0$ 就能直接证明这一点. 当 $1 \leqslant p < \infty$ 时, 它是 2.4 节三角不等式的简单推论; 当 $0 < p < 1$ 时可以用基本不等式 $|a+b|^p \leqslant |a|^p + |b|^p$ 得到它, 其中 a, b 为任意的复数. (2) 式的另一推论是, 对任意 $0 < p < \infty$, 如果 $\int |f^j|^p \to \int |f|^p$ 且 f^j 几乎处处收敛到 f, 那么

$$\int |f - f^j|^p \to 0.$$

证明 先假设下列不等式成立: 对任意 $\varepsilon > 0$, 存在一个常数 C_ε 使得对所有的 $a, b \in \mathbb{C}$ 有

$$\left| |a+b|^p - |b|^p \right| \leqslant \varepsilon |b|^p + C_\varepsilon |a|^p. \tag{3}$$

其次根据假设, 把 f^j 写成 $f + g^j$ 使得 $g^j \to 0$ a.e., 我们断言

$$G_\varepsilon^j = \left(\left| |f+g^j|^p - |g^j|^p - |f|^p \right| - \varepsilon |g^j|^p \right)_+ \tag{4}$$

满足 $\lim\limits_{j \to \infty} \int G_\varepsilon^j = 0$. 这里 $(h)+$ 和通常一样表示函数 h 的正部. 为证明这一点, 首先注意到

$$\left| |f+g^j|^p - |g^j|^p - |f|^p \right| \leqslant \left| |f+g^j|^p - |g^j|^p \right| + |f|^p \leqslant \varepsilon |g^j|^p + (1+C_\varepsilon)|f|^p,$$

从而 $G_\varepsilon^j \leqslant (1+C_\varepsilon)|f|^p$. 此外, $G_\varepsilon \to 0$ a.e., 从而由定理 1.8 (控制收敛定理), (4) 式成立. 于是

$$\int \left| |f+g^j|^p - |g^j|^p - |f|^p \right| \leqslant \varepsilon \int |g^j|^p + \int G_\varepsilon^j.$$

下面要证明 $\int |g^j|^p$ 一致有界. 事实上,

$$\int |g^j|^p = \int |f - f^j|^p \leqslant 2^p \int (|f|^p + |f^j|^p) \leqslant 2^{p+1} C.$$

从而

$$\limsup_{j \to \infty} \int \left| |f+g^j|^p - |g^j|^p - |f|^p \right| \leqslant \varepsilon D.$$

由 ε 的任意性, 定理得证.

最后要证明 (3). 因函数 $t \mapsto |t|^p$ 当 $p > 1$ 时是凸的, 所以对任意 $0 < \lambda < 1$, 有 $|a+b|^p \leqslant (|a|+|b|)^p \leqslant (1-\lambda)^{1-p}|a|^p + \lambda^{1-p}|b|^p$, 取 $\lambda = (1+\varepsilon)^{-1/(p-1)}$ 就得到了 (3) 在 $p > 1$ 时的情形. 当 $0 < p < 1$ 时有更简单的不等式 $|a+b|^p - |b|^p \leqslant |a|^p$, 其证明留给读者. ∎

• 有了以上收敛定理作为工具, 我们转向 Fubini 定理, 即定理 1.12 的证明. 这里证明的是此定理的最一般形式, 步骤如下: 首先在 1.10 节证明它的简单形式, 从中推出 1.5(9); 再简单推广定理 1.10 以推出定理 1.12 的一般形式.

1.10　乘积测度

设 $(\Omega_1,\Sigma_1,\mu_1),(\Omega_2,\Sigma_2,\mu_2)$ 是两个 σ-有限的测度空间, A 是 $\Sigma_1\times\Sigma_2$ 中的可测集, 对每个 $x\in\Omega_2$, 置 $f(x):=\mu_1(A_1(x))$, 而对每个 $y\in\Omega_1$, 令 $g(y):=\mu_2(A_2(y))$ (注意到 1.2 节最后的叙述, 这些截面是可测的, 所以上述定义合理), 那么 f 为 Σ_2-可测的, g 为 Σ_1-可测的, 并且

$$(\mu_1\times\mu_2)(A):=\int_{\Omega_2}f(x)\mu_2(\mathrm{d}x)=\int_{\Omega_1}g(y)\mu_1(\mathrm{d}x). \tag{1}$$

此外, 上式定义的测度 μ_1,μ_2 的乘积 $\mu_1\times\mu_2$ 是 $\Sigma_1\times\Sigma_2$ 上的 σ-有限测度.

证明　f 和 g 的可测性证明与 1.2 节中证明截面性质相类似, 用单调类定理, 留作习题 22 请读者自行完成.

考查 $\Sigma_1\times\Sigma_2$ 中任一列互不相交的集合 A^i $(i=1,2,\cdots)$, 显然它们的截面 $A_1^i(x)$ $(i=1,2,\cdots)$ 可测 (见 1.2 节), 而且也是互不相交的, 从而

$$\mu_1\left(\left(\bigcup_{i=1}^{\infty}A^i\right)_1(x)\right)=\sum_{i=1}^{\infty}\mu_1(A_1^i(x)).$$

再由单调类定理就得到 $\mu_1\times\mu_2$ 的可数可加性. 类似地, (1) 式中第二个积分也定义了一个可数可加测度.

我们现在来验证定理 1.4 (测度的唯一性定理) 的假设. 定义 $\mathcal{A}$ 为矩形的有限并组成的集合, 它包含了空集和 $\Omega_1\times\Omega_2$. 容易看到 $\mathcal{A}$ 是一个代数, 因为 $\mathcal{A}$ 中元的差仍然能写成矩形的有限并, 这可以由下面的等式得到:

$$(A_1\times B_1)\cap(A_2\times B_2)=(A_1\cap A_2)\times(B_1\cap B_2)$$

和

$$(A_1\times B_1)\sim(A_2\times B_2)=[(A_1\sim A_2)\times B_1]\cup[(A_1\cap A_2)\times(B_1\sim B_2)].$$

根据假设, 存在一列集合 $A_i\subset\Omega_1$ 满足: 对任意 $i=1,2,\cdots$ 有 $\mu_1(A_i)<\infty$ 并且

$$\bigcup_{i=1}^{\infty}A_i=\Omega_1.$$

类似地, 存在一列集合 $B_j\subset\Omega_2$ 满足 $\mu_2(B_j)<\infty, j=1,2,\cdots$, 且

$$\bigcup_{j=1}^{\infty}B_j=\Omega_2.$$

显然矩形集 $\{A_i \times B_j\}$ 是可数的, 它覆盖了 $\Omega_1 \times \Omega_2$, 并且对每对指标 i, j, 有

$$(\mu_1 \times \mu_2)(A_i \times B_j) = \mu_1(A_i)\mu_2(B_j) < \infty.$$

因此, 由 (1) 中两个积分定义的测度在定理 1.4 强意义下是 σ-有限的. 注意到 (1) 中两个积分在 $\mathcal{A}$ 中是一致的, 再由定义, $\Sigma_1 \times \Sigma_2$ 是包含 $\mathcal{A}$ 的最小 σ-代数, 根据定理 1.4 就能推出, (1) 对 $\Sigma_1 \times \Sigma_2$ 中任意集合都成立. ∎

• 下面给出上述定理的一个推广, 它是证明 Fubini 定理重要的一步.

1.11　乘积测度的交换性和结合性

设 $(\Omega_i, \Sigma_i, \mu_i)(i = 1, 2, 3)$ 是 σ-有限的测度空间, 对于 $A \in \Sigma_2 \times \Sigma_1$, 定义反射集

$$RA := \{(x, y) : (y, x) \in A\}.$$

这在 $\Sigma_1 \times \Sigma_2$ 和 $\Sigma_2 \times \Sigma_1$ 之间定义了一个一一对应. 于是, 乘积测度 $\mu_1 \times \mu_2$ 在下述意义下是可交换的: 对每个 $A \in \Sigma_1 \times \Sigma_2$ 都有

$$(\mu_2 \times \mu_1)(RA) = (\mu_1 \times \mu_2)(A).$$

此外, 它还是可结合的, 即

$$(\mu_1 \times \mu_2) \times \mu_3 = \mu_1 \times (\mu_2 \times \mu_3). \tag{1}$$

证明　交换性是定理 1.10 的显然推论. 为证结合性, 只需注意到与 $(\mu_1 \times \mu_2) \times \mu_3, \mu_1 \times (\mu_2 \times \mu_3)$ 相关的两个 σ-代数同是包含立方体并的最小单调类, 且两个测度在立方体上是一致的, 故 (1) 成立. ∎

1.12　Fubini 定理

考虑 σ-有限的测度空间 $(\Omega_i, \Sigma_i, \mu_i), i = 1, 2$, 令 f 是 $\Omega_1 \times \Omega_2$ 上的 $\Sigma_1 \times \Sigma_2$-可测函数, 如果 $f \geqslant 0$, 那么下列三个积分相等 (在三者都可以是无穷的意义下):

$$\int_{\Omega_1 \times \Omega_2} f(x, y)(\mu_1 \times \mu_2)(\mathrm{d}x\mathrm{d}y), \tag{1}$$

$$\int_{\Omega_1} \left(\int_{\Omega_2} f(x, y)\mu_2(\mathrm{d}y) \right) \mu_1(\mathrm{d}x), \tag{2}$$

$$\int_{\Omega_2} \left(\int_{\Omega_1} f(x,y) \mu_1(\mathrm{d}x) \right) \mu_2(\mathrm{d}y). \tag{3}$$

如果 f 是复值的, 那么在附加

$$\int_{\Omega_1 \times \Omega_2} |f(x,y)| (\mu_1 \times \mu_2)(\mathrm{d}x\mathrm{d}y) < \infty \tag{4}$$

的条件下, 定理仍然成立.

注 σ-有限是实质性条件, 习题 19 要求读者构造一个反例来说明这个问题.

证明 将定理的第一部分分别应用到 $\mathrm{Re}f$, $\mathrm{Im}f$ 的正部和负部即得到定理的第二部分. 为证第一部分的 (1), (2), (3), 回忆定理 1.10 (乘积测度) 及 1.5 节末的论述, 积分 (1) 的值由

$$(\mu_1 \times \mu_2 \times \mathcal{L}^1)(G) \tag{5}$$

给出, 其中 $G = \{(x,y,t) \in \Omega_1 \times \Omega_2 \times \mathbb{R} : 0 \leqslant t < f(x,y)\}$, 即 G 是 f 图像下方的区域. 注意到由前一节的推论, (5) 与它各因子的次序无关, 所以可把它理解成

$$(\mathcal{L}^1 \times (\mu_1 \times \mu_2))(G), \quad (\mu_1 \times (\mathcal{L}^1 \times \mu_2))(R_1 G)$$

或者

$$(\mu_2 \times (\mathcal{L}^1 \times \mu_1))(R_2 G),$$

其中 R_1, R_2 是恰当的反射. 由前面的推论, 这些数值都相等, 从而由定义可知

$$\int_{\Omega_1 \times \Omega_2} f(x,y)(\mu_1 \times \mu_2)(\mathrm{d}x\mathrm{d}y) = \int_0^\infty (\mu_1 \times \mu_2)(\chi_{f>t})\mathrm{d}t,$$

$$\int_{\Omega_1} \mu_1(\mathrm{d}x) \int_{\Omega_2} f(x,y)\mu_2(\mathrm{d}y) = \int_{\Omega_1} \mu_1(\mathrm{d}x) \int_0^\infty \mu_2(\chi_{f(x,\cdot)>t})\mathrm{d}t,$$

同样再交换 μ_1, μ_2 的位置便可得到结论. ∎

• 下面的定理是 Fubini 定理应用的一个基本例子. 同时在实际应用中也极为有用, 因为它允许我们在很多情况下把处理一个普通函数的积分简化为处理特征函数 (仅取 $0, 1$ 值) 的积分.

1.13　层饼表示定理

设 ν 为正实半轴 $[0,+\infty\}$ Borel 集上的测度, 使得

$$\phi(t) := \nu([0,t)) \tag{1}$$

对每个 $t > 0$ 均有限 (注意到 ϕ 是满足 $\phi(0) = 0$ 的单调函数, 且是 Borel 可测的). 再设 (Ω, Σ, μ) 为一个测度空间, f 是 Ω 上的任意非负可测函数, 那么有

$$\int_\Omega \phi(f(x))\mu(\mathrm{d}x) = \int_0^\infty \mu(\{x : f(x) > t\})\nu(\mathrm{d}t). \tag{2}$$

特别地, 取 $\nu(\mathrm{d}t) = pt^{p-1}\mathrm{d}t, p > 0$ 时, 有

$$\int_\Omega f(x)^p \mu(\mathrm{d}x) = p\int_0^\infty t^{p-1}\mu(\{x : f(x) > t\})\mathrm{d}t. \tag{3}$$

再取 $p = 1$, μ 为 $x \in \mathbb{R}^n$ 处的 Dirac δ-测度, 则有

$$f(x) = \int_0^\infty \chi_{\{f>t\}}(x)\mathrm{d}t. \tag{4}$$

注　(1) 我们把 (4) 称为 f 的层饼表示 (用 Riemann 和来逼近 $\mathrm{d}t$ 积分, 其意义将更加明显).

(2) 此定理容易推广到 ν 为两正测度之差, 即 $\nu = \nu_1 - \nu_2$ 的情形. 这种能写成两正测度之差的测度称为**符号测度**, 使这个测度 ν 能用 (1) 表达的函数 ϕ 称为**有界变差**函数. 对于符号测度, 定理成立需要如下的额外条件: 对于给定的 f 以及测度 ν_1 和 ν_2, (2) 中两个被积函数至少有一个可积, 例如:

$$\int_\Omega \sin[f(x)]\mu(\mathrm{d}x) = \int_0^\infty (\cos t)\mu(\{x : f(x) > t\})\mathrm{d}t.$$

(3) 若 $\phi(t) = t$, 则等式 (2) 恰是 f 积分的定义式.

(4) 我们的证明要用 Fubini 定理, 但也可利用积分的原始定义, 通过计算集合 $\{x : \phi(f(x)) > t\}$ 的 μ-测度得到定理. 此方法 (留给读者) 对于非严格单调的 ϕ 会显得过于冗长.

证明　回忆等式

$$\int_0^\infty \mu(\{x : f(x) > t\})\nu(\mathrm{d}t) = \int_0^\infty \int_\Omega \chi_{\{f>t\}}(x)\mu(\mathrm{d}x)\nu(\mathrm{d}t)$$

以及 1.5 节中提到的 $\chi_{\{f>t\}}(x)$ 的二元可测性, 再用定理 1.12 (Fubini 定理), 上式右端等于

$$\int_\Omega \left(\int_0^\infty \chi_{\{f>t\}}(x)\nu(\mathrm{d}t) \right) \mu(\mathrm{d}x).$$

再注意到

$$\int_0^\infty \chi_{\{f>t\}}(x)\nu(\mathrm{d}t) = \int_0^{f(x)} \nu(\mathrm{d}t) = \phi(f(x)),$$

结论立刻得证. ∎

• 水平集概念的另一应用是所谓的 "浴缸原理", 它可以用来解决简单的极小化问题. 此类问题不断出现并且有时令人混淆, 直到有了合适的角度去理解它 (例如见 12.2, 12.8 两小节). 我们把这个证明留给读者, 它只是运用水平集的一个简单的练习.

1.14   浴缸原理

设 (Ω, Σ, μ) 为一测度空间, f 是 Ω 上的实值可测函数, 且对所有 $t \in \mathbb{R}$, $\mu(\{x : f(x) < t\})$ 都有限. 给定 $G > 0$, 定义 Ω 上一可测函数类

$$\mathcal{C} = \{g : \text{对一切 } x, 0 \leqslant g(x) \leqslant 1 \text{ 且 } \int_\Omega g(x)\mu(\mathrm{d}x) = G\}.$$

那么极小化问题

$$I = \inf_{g \in \mathcal{C}} \int_\Omega f(x)g(x)\mu(\mathrm{d}x) \tag{1}$$

的解是

$$g(x) = \chi_{\{f<s\}}(x) + c\chi_{\{f=s\}}(x), \tag{2}$$

此时

$$I = \int_{f<s} f(x)\mu(\mathrm{d}x) + cs\mu(\{x : f(x) = s\}), \tag{3}$$

其中

$$s = \sup\{t : \mu(\{x : f(x) < t\}) \leqslant G\}, \tag{4}$$

$$c\mu(\{x : f(x) = s\}) = G - \mu(\{x : f(x) < s\}). \tag{5}$$

如果 $G = \mu(\{x : f(x) < s\})$ 或者 $G = \mu(\{x : f(x) \leqslant s\})$, 那么由 (2) 给出的极小元是唯一的.

要了解为什么这好像是在注满一个浴缸 (同时也为了构造定理 1.14 的证明), 可把函数 f 的图像想象成一个浴缸, 取 μ 为 Lebesgue 测度, 然后用总质量为 G 而密度 $g(x)$ 不大于 1 的液体去注满这个浴缸.

● 下面的定理给出了构造测度的一个工具, 初次阅读时可以跳过, 因为它在第六章证明定理 6.22 (正分布为正测度) 时才会用到. 通常, 一个 "测度" 仅在某集族上给出, 且只满足有限可加性. 为得到一个真正的测度, 第一步把这个 "测度" 推广成定义在所有子集上的一个外测度 (下面定理 1.15 的 (i), (ii), (iii) 给出定义. 注意一个外测度未必是有限可加的). 第二步是把这个外测度限制在一个集类 σ-代数上使之可数可加. 这是非常一般化的构造方法, 其思想由 Carathéodory 给出.

1.15 由外测度构造测度

设 Ω 是一个集合, μ 是定义在 Ω 的子集族上的外测度, 即 μ 是一个非负函数, 满足:

(i) $\mu(\varnothing) = 0$,

(ii) 若 $A \subset B$, $\mu(A) \leqslant \mu(B)$,

(iii) 对 Ω 的任意可列子集族都成立

$$\mu\left(\bigcup_{i=1}^{\infty} A_i\right) \leqslant \sum_{i=1}^{\infty} \mu(A_i).$$

定义 Σ 为满足 **Carathéodory 准则** 的子集族, 即 $A \in \Sigma$, 如果

$$\mu(E) = \mu(E \cap A) + \mu(E \cap A^c) \tag{1}$$

对任意 $E \subset \Omega$ 都成立. 那么, 这样定义的 Σ 是一个 σ-代数, 并且 μ 在它上面的限制是一个可数可加测度, Σ 中的集合称为可测集.

证明 显然 $\varnothing \in \Sigma, \Omega \in \Sigma$, 故 Σ 非空, 从 $A \in \Sigma$ 容易推出 $A^c \in \Sigma$. 另外, 请读者自行验证, 可测集的任意有限并以及有限交仍然是可测集 (见习题 8), 从而 Σ 是一个代数.

其次证明 μ 是 Σ 上的有限可加测度. 设 E 为 Ω 的任意子集, $B_1, B_2, \cdots, B_m$ 为一族互不相交的可测集, 那么

$$\mu(E) = \mu\left(E \cap \left(\bigcup_{i=1}^{m} B_i\right)\right) + \mu\left(E \cap \left(\bigcup_{i=1}^{m} B_i\right)^c\right)$$

$$\leqslant \sum_{i=1}^{m} \mu(E \cap B_i) + \mu\left(E \cap \left(\bigcap_{i=1}^{m} B_i^c\right)\right). \tag{2}$$

等式成立是因为上文已经提到, 可测集的有限并仍为可测集, 而不等式成立是根据条件 (iii). 此外, 由于 B_i 均互不相交, 所以对每个 $i = 1, 2, \cdots,$

$$E \cap B_i = E \cap \left(\bigcap_{j<i} B_j^c\right) \cap B_i,$$

从而 (2) 式右端等于

$$\sum_{i=1}^{m-1} \mu\left(E \cap \left(\bigcap_{j<i} B_j^c\right) \cap B_i\right) + \mu\left(E \cap \left(\bigcap_{j<m} B_j^c\right) \cap B_m\right) + \mu\left(E \cap \left(\bigcap_{j=1}^{m} B_j^c\right)\right). \tag{3}$$

由 B_m 的可测性, (3) 式最后两项的和等于

$$\mu\left(E \cap \left(\bigcap_{j=1}^{m-1} B_j^c\right)\right), \tag{4}$$

从而将 m 替换成 $m-1$ 时, (2) 式右端项不变. 按此方式把 $m-1$ 再替换成 $m-2$, 如此进行下去, 最后可以把 (2) 式右端化为 $\mu(E)$, 所以

$$\mu\left(E \cap \left(\bigcap_{i=1}^{m} B_i\right)\right) = \sum_{i=1}^{m} \mu(E \cap B_i). \tag{5}$$

特别地, 在上式中取 $E = \Omega$ 便得到了有限可加性.

现取可数个互不相交的集合 $B_1, B_2, \cdots,$ 根据条件 (iii)

$$\mu\left(E \cap \left(\bigcup_{i=1}^{\infty} B_i\right)\right) = \mu\left(\bigcup_{i=1}^{\infty}(E \cap B_i)\right) \leqslant \sum_{i=1}^{\infty} \mu(E \cap B_i),$$

从而由 (ii),

$$\mu\left(E \cap \bigcup_{i=1}^{m} B_i\right)$$

是递增列, 且

$$\lim_{m \to \infty} \mu\left(E \cap \left(\bigcup_{i=1}^{m} B_i\right)\right) \leqslant \mu\left(E \cap \left(\bigcup_{i=1}^{\infty} B_i\right)\right) \leqslant \sum_{i=1}^{\infty} \mu(E \cap B_i).$$

结合 (5) 式我们得到

$$\lim_{m\to\infty} \mu\left(E\cap\left(\bigcup_{i=1}^{m} B_i\right)\right) = \mu\left(E\cap\left(\bigcup_{i=1}^{\infty} B_i\right)\right) = \sum_{i=1}^{\infty} \mu(E\cap B_i). \qquad (6)$$

再根据

$$\mu\left(E\cap\left(\bigcup_{i=1}^{m} B_i\right)^c\right) \geqslant \mu\left(E\cap\left(\bigcup_{i=1}^{\infty} B_i\right)^c\right),$$

$\bigcup_{i=1}^{m} B_i$ 的可测性以及 (5) 和 (6), 可得

$$\mu(E) \geqslant \mu\left(E\cap\left(\bigcup_{i=1}^{\infty} B_i\right)\right) + \mu\left(E\cap\left(\bigcup_{i=1}^{\infty} B_i\right)^c\right). \qquad (7)$$

当 $\mu(E) = \infty$ 时, 由 (iii), (1) 式对任意 A 均成立, 特别地, 对集合的任意并 (可数或者不可数) 也成立. (5) 式在 $\mu(E\cap\bigcup_{i=1}^{m} B_i) = \infty$ 时是平凡的. 如果 $\mu(E\cap\bigcup_{i=1}^{m} B_i)$ 有限, 则只需简单地用 $E' := E\cap\bigcup_{i=1}^{m} B_i$ 代替 E, 从而 $\mu(E') < \infty$, (5) 式仍成立, 从而 (6), (7) 式也都成立, 根据 (iii), $\bigcup_{i=1}^{\infty} B_i$ 是可测的.

在 (6) 式中令 $E = \Omega$ 就能得到可数可加性, 即

$$\mu\left(\bigcup_{i=1}^{\infty} B_i\right) = \sum_{i=1}^{\infty} \mu(B_i). \qquad (8)$$

证明了互不相交可测集的可数并仍是可测集之后, 就能直接验证 Σ 是一个 σ-代数, 以及 μ 在 Σ 上的可数可加性. ∎

● 本章和下一章中的一些定理都涉及可测函数列的逐点收敛性, 读者或许会认为这种收敛可能很 "混乱" 而且不规则, 事实上这完全有可能. 一致收敛性只是个别现象, 而并不普遍. 然而, Egoroff 的著名并且用途甚广的定理指出, 对于有限测度空间, 除去一个测度可以任意小的集合, 处处收敛性总蕴含着一致收敛性.

1.16 Egoroff 定理

设 (Ω,Σ,μ) 为有限测度空间, $f, f^1, f^2, \cdots$ 为 Ω 上复值可测函数, 且当 $j \to \infty$ 时, 对几乎所有 $x \in \Omega$, $f^j(x)$ 收敛到 $f(x)$. 则对任意 $\varepsilon > 0$, 存在集合 $A_\varepsilon \subset \Omega$, 使得 $\mu(A_\varepsilon) > \mu(\Omega) - \varepsilon$, 并且 $f^j(x)$ 在 A_ε 上一致收敛到 $f(x)$, 即对任意的 $\delta > 0$, 存在正整数 N_δ, 使得 $j > N_\delta$ 时, $|f^j(x) - f(x)| < \delta$ 对所有的 $x \in A_\varepsilon$ 都成立.

证明 取 $\delta > 0$, 在点 x 处收敛意味着存在一个正整数 $M(\delta, x)$, 使得 $|f^j(x) - f(x)| < \delta$ 对任意 $j > M(\delta, x)$ 都成立. 令 N 为另一正整数, 定义 $S(\delta, N) = \{x : M(\delta, x) \leqslant N\}$, 显然它关于 N 和 δ 都不减. 这些集合都是可测的, 是因为 $\{x : M(\delta, x) \leqslant N\} = \bigcup_{M=1}^{N} \bigcap_{j>M} B_j$, 其中 $B_j = \{x : |f^j(x) - f(x)| < \delta\}$. 再令 $S(\delta) = \bigcup_N S(\delta, N)$, 由于几乎所有的 x 都在某个 $S(\delta, N)$ 中, 故 $\mu(S(\delta)) = \mu(\Omega)$. 可数可加性在这里起了关键性作用.

因此, 对每个 $\delta > 0$ 及 $\tau > 0$, 存在正整数 N 使得 $\mu(S(\delta, N)) > \mu(\Omega) - \tau$. 设 $\delta_1 > \delta_2 > \cdots$ 为收敛到零的数列, 相应地取 N_j 满足 $\mu(S(\delta_j, N_j)) > \mu(\Omega) - 2^{-j}\varepsilon$, 令 $A_\varepsilon := \bigcap_j S(\delta_j, N_j)$, 那么显然 f^j 在 A_ε 上一致收敛到 f.

为证明结论, 我们还必须说明 $\mu(A_\varepsilon^c) \leqslant \varepsilon$, 而这是 de Morgan 法则 $(\bigcap_j S(\delta_j, N_j))^c = \bigcup_j S(\delta_j, N_j)^c$ 的简单推论, 注意到此式右端项的测度小于 ε. ■

1.17 简单函数与真简单函数

测度论及 Lebesgue 积分的威力和精妙之处在于它们能简洁而巧妙地处理函数及其极限. 然而, 从定理 1.16 中看出, 可测函数这个被扩展的概念, 其实并没有比 19 世纪数学家们考虑的函数类型 (主要是连续函数) 跨出很远. 我们将再稍深入一点探讨一下这个思想, 同时略加探讨上文建立积分理论的方法与较常见的通过简单函数引入积分的方法之间的联系. 事实上我们将进一步沿着这个方向, 追溯到 E. Carlen 提出的 "真简单函数".

给定一测度空间 (Ω, Σ, μ), 我们已经有了可测集、可测函数以及可测集上特征函数等概念. 可测集上特征函数的积分定义为这个集合的测度. 接着可以定义**简单函数** f, 它是只取有限个值的可测函数, 或者说 $f(x) = \sum_{j=1}^{N} C_j \chi_j(x)$, 其中 $C_j \in \mathbb{C}$, χ_j 是某可测集 A_j 上的特征函数 (f 按这种形式有多种表示, 通常要求 A_j 互不相交以及 C_j 各不相同, 就能使表示唯一, 但通常不这样做更方便, 所以我们不强加这样的要求). 在任何情形, 总可以定义 $\int_\Omega f \mathrm{d}\mu = \sum_{j=1}^{N} C_j \mu(A_j)$, 并且很容易验证此定义与 f 的表示无关. 最后, 一个非负可测函数 f 的积分可定义为所有满足对一切 x, $0 \leqslant g(x) \leqslant f(x)$ 的简单函数 g 的积分的上确界. 此定义显然与 1.5(2) 相一致, 这一点只要考查那些对适当的 t, 其 A_j 恰为 $S_f(t)$ (见 1.5(1)) 的简单函数就可以了. 这两个定义的等价性源于 1.5(2) 式右端的积分是一个 Riemann 积分, 从而可以用有限和去逼近. 同时注意到任意非负可测函数 f 都可以用一列非负递增的简单函数 f^j 从下方逼近它, 即 $f \geqslant f^{j+1} \geqslant f^j \geqslant 0$.

这种方式定义积分有其优点, 比如它使得 $\int(f + g) = \int f + \int g$ 的证明变得简单. 但此时仍然存在着如何理解可测集的问题. 一个可测集, 可以很奇特, 但从测度的角度看, 它离一个 "好" 的集合并不远.

回忆一下我们首先从一个代数 $\mathcal{A}$ (包含了 Ω 和 $\varnothing$, 见 1.2 节最末) 开始, 接着定义 σ-代数 Σ 为包含 $\mathcal{A}$ 的最小 σ-代数. 单调类定理将 Σ 看成一个更加 "自然" 的概念 —— 包含 $\mathcal{A}$ 的最小的单调类. 若能通过 $\mathcal{A}$ 直接定义积分, 会更加方便. 为此我们先定义**真简单函数** f 为

$$f(x) = \sum_{j=1}^{N} C_j \chi_j(x),$$

其中 $C_j \in \mathbb{C}$, χ_j 是代数 $\mathcal{A}$ 中某集合 A_j 上的特征函数 (如前所述, 可以选择互不相交的 A_j 以及互不相同的 C_j).

一个重要的例子是 $\Omega = \mathbb{R}^n$ 时, $\mathcal{A}$ 为所有**半开矩形**有限并 (包括空集) 组成的集类, 这里的半开矩形是指具有以下形式的集合:

$$A = \{x \in \mathbb{R}^n : a_i < x_i \leqslant b_i, 1 \leqslant i \leqslant n\}, \tag{1}$$

其中 $a_i < b_i$ $(1 \leqslant i \leqslant n)$. 这种集合的有限并成为一个代数 (为什么?) 但不是 σ-代数, 对此差异的混淆在历史上曾带来许多问题. 如果让 a_i, b_i 只取有理数, 则甚至可以让 $\mathcal{A}$ 成为可数代数. 由 $\mathcal{A}$ 生成的 σ-代数是 Borel σ-代数 (这个 σ-代数同时也可以由开集生成, 但 $\mathbb{R}^n$ 中所有开集组成的集类并不是一个代数. 如果想从开集出发得到一个代数, 而不直接成为完全的 Σ-代数, 那么可以通过取所有的开集、闭集以及它们的有限并和有限交而得到. 与 (1) 不同, 这种代数的优点之一是, 它可以在一般距离空间上定义, 但它无法像 (1) 那样简单地用式子刻画出来). 我们可以将测度取为 Lebesgue 测度 $\mathcal{L}^n$, 它在 $\mathcal{A}$ 上的定义是显然的, 但同样也可以考虑定义在这个 σ-代数上的任意其他测度 μ.

在一般情况下我们认为集合 Ω、代数 $\mathcal{A}$ 以及相应的 Σ 都是事先给定的, 再假定测度 μ 也是给定的, 但额外要求 Ω 像定理 1.4 (测度的唯一性) 中那样是强 σ-有限的, 即 Ω 可以用 $\mathcal{A}$ 中的可列个有限测度集覆盖 (不用 Σ 中的其他集合), 这点对于 $\mathbb{R}^n$ 上的 Lebesgue 测度, 取上述代数 $\mathcal{A}$ 是可以办到的. 为下文需要, 我们把 $\mathcal{A}$ 替换成由 $\mathcal{A}$ 中所有有限测度集组成的子代数, 从而可以假设

$$\mu(A) < \infty, \quad \text{对所有 } A \in \mathcal{A}. \tag{2}$$

这样一来, 强 σ-有限就是指 Ω 可以由 $\mathcal{A}$ 中的可数个集合覆盖 (因为 $\mathcal{A}$ 中集合的测度均有限), 所有的真简单函数也都有界并且是可积的.

有一个问题是, 可积函数能否用真简单函数在积分意义下 (或者用下一章的语言来说, 在 $L^1(\Omega)$ 意义下) 去逼近? 下面的定理给出了肯定回答, 从中也得到一个启示: 虽然 Σ 中集合比 $\mathcal{A}$ 中多出很多, 但这些集合在估计积分时作用并不大.

1.18 真简单函数逼近

设 (Ω, Σ, μ) 为一测度空间, Σ 由某代数 $\mathcal{A}$ 生成, 并且 Ω 在前述强意义下是 σ-有限的, 又设 f 为复值可积函数, $\varepsilon > 0$, 那么存在一个真简单函数 h_ε, 使得

$$\int_\Omega |f - h_\varepsilon| \mathrm{d}\mu < \varepsilon. \tag{1}$$

证明 此定理的证明将再一次表明定理 1.3 (单调类定理) 的实用性. 不失一般性, 可以假设 f 是实值的, 并且 $f \geqslant 0$ (为什么?). 考虑到 1.17 节的结论: 对任意 $\varepsilon > 0$, 存在简单函数 f_ε 使得 $\int_\Omega |f - f_\varepsilon| \mathrm{d}\mu < \varepsilon$, 我们只需证明当 f 是 μ-有限可测集 C 上的特征函数时 (1) 式成立即可.

定义 $\mathcal{B}$ 由满足下述条件的 Σ 中 μ-有限可测集 B 组成: 对任意 $\varepsilon > 0$, 存在 $A_\varepsilon \in \mathcal{A}$ 满足

$$\mu(B \triangle A_\varepsilon) < \varepsilon, \tag{2}$$

其中 $X \triangle Y := (X \sim Y) \cup (Y \sim X)$ 表示集合 X, Y 的**对称差**.

显然 $\mathcal{A} \subset \mathcal{B}$, 我们的目标是证明 $\mathcal{B} = \widetilde{\Sigma}$, 其中 $\widetilde{\Sigma}$ 是指 Σ 中所有 μ-有限可测集组成的类.

暂时先假设 $\mu(\Omega) < \infty$. 若 B_j 是 $\mathcal{B}$ 中递增列, 令 $\beta = \bigcup_k B_k$, 因为 $\mu(\Omega) < \infty$, 故 $\mu(\beta) < \infty$. 我们要证明存在某个 $A \in \mathcal{A}$ 使得 $\mu(\beta \triangle A) \leqslant \varepsilon$.

令 $\sigma_j := \beta \sim B_j$, 并取 j 足够大使得 $\mu(\sigma_j) < \varepsilon/2$. 由定义, 可以找到 $A_j \in \mathcal{A}$ 使得 $\mu(B_j \triangle A_j) < \varepsilon/2$. 现计算 $\beta \triangle A_j = (\beta \sim A_j) \cup (A_j \sim \beta)$ 的测度: 首先, 因为 $A_j \sim \beta \subset A_j \sim B_j$, 所以 $\mu(A_j \sim \beta) \leqslant \mu(A_j \sim B_j)$; 其次, 令 $X = B_j \sim A_j$, $Y = \sigma_j \sim A_j \subset \sigma_j$, 有 $\beta \sim A_j = X \cup Y$, 则

$$\mu(\beta \sim A_j) \leqslant \mu(X) + \mu(Y) \leqslant \mu(X) + \mu(\sigma_j)$$
$$= \mu(B_j \sim A_j) + \mu(\sigma_j) \leqslant \mu(B_j \sim A_j) + \varepsilon/2.$$

将关于 $\mu(A_j \sim \beta)$ 和 $\mu(\beta \sim A_j)$ 的不等式相加得到

$$\mu(\beta \triangle A_j) \leqslant \mu(A_j \sim B_j) + \mu(B_j \sim A_j) + \varepsilon/2 \leqslant \mu(B_j \triangle A_j) + \varepsilon/2 \leqslant \varepsilon.$$

类似地可以得到 $\mathcal{B}$ 中递减列的交也属于 $\mathcal{B}$, 从而 $\mathcal{B}$ 是单调类. 此时若再暂时假设 $\Omega \in \mathcal{A}$, 那么由单调类定理, $\mathcal{B} = \Sigma$, 则定理证毕.

一般情形下使用单调类定理的障碍在于条件 $\Omega \in \mathcal{A}$ 未必满足. 注意到我们只需逼近一开始提到的 μ-有限可测集 C. 由假设, 存在 $\mathcal{A}$ 中集合 $A_1, A_2, \cdots$ 使得 $\Omega = \bigcup_{j=1}^{\infty} A_j$, 从而存在一个有限数 J, 使得当定义 $\Omega' = \bigcup_{j=1}^{J} A_j$ 时, 集合 $C' := \Omega' \bigcap C \subset C$ 很接近 C, 即 $\mu(C \sim C') < \varepsilon/2$. 现对上述证明做如下改动: (1) 把 Ω 替换成 Ω'; (2) 把 C 换成 C'; (3) 将代数 $\mathcal{A}$ 替换成子代数 $\mathcal{A}' \subset \mathcal{A}$, 即包含在 Ω' 中的集合 $A \in \mathcal{A}$ (验证 $\mathcal{A}'$ 是一个代数). 由于 $\Omega' \in \mathcal{A}'$, 可以找到 $A \in \mathcal{A}'$ 使得 $\mu(C' \triangle A) < \varepsilon/2$. ■

1.19　用 C^∞ 函数逼近

设 Ω 是 $\mathbb{R}^n$ 的开子集, μ 为 Ω 的 Borel σ-代数上的测度, $\mathcal{A}$ 是由 1.17(1) 所定义的半开矩形组成的代数并且 Ω 是强 σ-有限的, 另外还假设每个包含在 Ω 内的有限闭矩形具有有限的 μ-测度, 如果 f 是一个 μ-可测函数, 则对每个 $\varepsilon > 0$, 存在函数 $g_\varepsilon \in C^\infty(\mathbb{R}^n)$ 使得

$$\int_\Omega |f - g_\varepsilon| \mathrm{d}\mu < \varepsilon. \tag{1}$$

注　(1) 因为 $g_\varepsilon \in C^\infty(\mathbb{R}^n)$, 所以它一定属于 $C^\infty(\Omega)$.

(2) 不同于定理 (2.16), 这个推论给出了用 $C^\infty(\mathbb{R}^n)$ 函数逼近的另一途径. 但定理 2.16 中用卷积逼近的方式在很多场合是很有用的.

证明　根据定理 1.18, 只需证明, 对于那些具有有限测度的 Ω 中半开矩形 H 的特征函数, 能用一个 $C^\infty(\mathbb{R}^n)$ 中函数在 (1) 式意义下任意逼近即可, 而这是容易办到的. 为简单起见, 此处只给出 $\mathbb{R}^1$ 情形的证明, 推广到 $\mathbb{R}^n$ 的过程是平凡的.

在 $\mathbb{R}^1$ 情形, 矩形 H 是一区间 (a, b). 由于 Ω 是开的, 根据假设, 它包含了某个闭集 $G = [a + \delta, b + \delta]$, 且 $\mu(G) < \infty$.

令 $h_\varepsilon(x) := f(x/\varepsilon)$, 其中

$$f(x) = \begin{cases} \exp\left[-\{\exp[x/(1-x)] - 1\}^{-1}\right], & \text{若 } 0 < x < 1, \\ 0, & \text{若 } x \leqslant 0, \\ 1, & \text{若 } x \geqslant 1, \end{cases}$$

这是一个无穷可微函数. 令

$$
g_\varepsilon(x) = \begin{cases} h_\varepsilon(x - a - \varepsilon), & \text{若 } x \leqslant a + \varepsilon, \\ 1, & \text{若 } a + \varepsilon \leqslant x \leqslant b, \\ h_\varepsilon(x - b), & \text{若 } x \geqslant b. \end{cases}
$$

容易验证 g_ε 也是无穷可微的. 当 $\varepsilon \to 0$ 时, 对每个 x, 有 $g_\varepsilon(x) \to \chi_H(x)$. 且这个收敛在 $x \geqslant b$ 时单调递减, 在 $x < b$ 时单调递增, 但此结论在这里用不到. 重要的一点是当 $\varepsilon < \delta$ 时, $0 \leqslant g_\varepsilon(x) \leqslant \chi_G(x) + \chi_H(x)$, 因此, 由控制收敛定理即得 (1). ■

习题

1. 完成定理 1.3 的证明 (单调类定理).

2. 对于 1.5 节注中关于连续函数的叙述, 证明函数 f 连续 (在通常的 ε, δ 定义下) 当且仅当 f 既上半连续又下半连续. 证明 f 在 x 处上半连续当且仅当对每个收敛到 x 的序列 $x_1, x_2, \cdots$, 都有 $f(x) \geqslant \limsup_{n \to \infty} f(x_n)$.

3. 证明 1.5 节中的断言: 对任意 Borel 集 $A \subset \mathbb{R}$ 和任意 σ-代数 Σ, 当函数 f 为 Σ-可测的时, 集合 $\{x : f(x) \in A\}$ 是 Σ-可测的.

4. (习题 3 的续): 设 $\phi : \mathbb{C} \to \mathbb{C}$ 是 Borel 可测函数, f 是复值 Σ-可测函数, 证明 $\phi(f(x))$ 是 Σ-可测的.

5. 证明定理 1.6 (单调收敛定理) 中等式 (2).

6. 按照 1.13 节中注 (4) 的提示, 不用 Fubini 定理, 给出层饼表示定理的另一个证明.

7. 证明定理 1.14 (浴缸原理).

8. 证明定理 1.15 的证明第一段中关于有限并以及有限交的断言 (从外测度出发构造一个测度).

   ▶ 提示: 对任意两个可测集 A, B 及 E, 证明

   $$
   \mu(E) = \mu(E \cap A \cap B) + \mu(E \cap A^c \cap B) + \mu(E \cap A \cap B^c) + \mu(E \cap A^c \cap B^c).
   $$

   以此证明 $A \cap B$ 是可测的.

9. 按照下面所给步骤验证 1.5(7), 即积分的线性性, 以下 f 和 g 均为非负可积函数.
   a) 证明 $f + g$ 也是可积的, 事实上, 这由 $\int (f+g) \leqslant 2(\int f + \int g)$ 便可得到.
   b) 对任意正整数 N, 找出两个只取有限个值的函数 f_N, g_N, 使得 $|\int f - \int f_N| \leqslant C/N, |\int g - \int g_N| \leqslant C/N$ 并且 $|\int (f+g) - \int (f_N + g_N)| \leqslant C/N$, 其中 C 为不

依赖于 N 的常数.

c) 对上面的 f_N, g_N 证明: $\int (f_N + g_N) = \int f_N + \int g_N$, 从而证明非负函数的积分可加性.

d) 用类似的方法证明对于 $f, g \geqslant 0$, $\int (f - g) = \int f - \int g$.

e) 用 c) 和 d) 证明积分的线性性.

10. 证明将 σ-代数中的集合减去或加上零测集的子集仍然得到一个 σ-代数, 并且将测度扩展后仍然是一个测度.

11. 证明定理 1.15 中构造的测度是完备的, 也就是说, 每一个零测度可测集的子集都是可测的.

12. 给 $f_n(x)$ 加上一个简单的条件, 使得

$$\sum_{n=0}^{\infty} \int_{\Omega} f_n(x) \mu(\mathrm{d}x) = \int_{\Omega} \left\{ \sum_{n=0}^{\infty} f_n(x) \right\} \mu(\mathrm{d}x).$$

13. 设 $f(x) = |x|^{-p} \chi_{\{|x| < 1\}}(x)$ 为 $\mathbb{R}^n$ 上函数, 用下面两种方法计算 $\int f \, \mathrm{d}\mathcal{L}^n$: (i) 作极坐标变换, 用标准的微积分方法. (ii) 计算 $\mathcal{L}^n(\{x : f(x) > a\})$, 再用 Lebesgue 积分的定义.

14. 证明由 1.1(2) 式定义的 $j(x)$ 是无穷可微的.

15. **Urysohn 引理**: 设 Ω 为 $\mathbb{R}^n$ 中开集, $K \subset \Omega$ 为紧集, 证明存在一个 $\psi \in C_c^{\infty}(\Omega)$ 满足对任意 $x \in K$, $\psi(x) = 1$.

    ▶ 提示: (a) 把 K 替换为略微大一些的紧集 K_ε, 即 $K \subset K_\varepsilon \subset \Omega$; (b) 用距离函数 $d(x, K_\varepsilon) = \inf\{|x - y| : y \in K_\varepsilon\}$ 构造函数 $\psi_\varepsilon \in C_c^0(\Omega)$ 满足: 在 K_ε 上 $\psi_\varepsilon = 1$; $x \notin K_{2\varepsilon} \subset \Omega$ 时, $\psi_\varepsilon(x) = 0$; (c) 取 $j_\varepsilon(x) = \varepsilon^{-n} j(x/\varepsilon)$, j 同习题 14, $\int j = 1$ (这里 $\int$ 表示 Riemann 积分), 定义 $\psi(x) = \int j_\varepsilon(x - y) \psi_\varepsilon(y) \mathrm{d}y$ (仍然是 Riemann 积分); (d) 验证 ψ 具有所要求的性质. 为证 $\psi \in C_c^{\infty}(\Omega)$, 需要在积分号下求导数. 它的合理性可用微积分的标准定理来验证.

16. 设 Ω 为 $\mathbb{R}^n$ 中开集, $\phi \in C_c^{\infty}(\Omega)$. 证明存在 $C_c^{\infty}(\Omega)$ 中两非负函数 ϕ_1 和 ϕ_2 使得 $\phi = \phi_1 - \phi_2$.

17. 证明一族连续函数的下确界是上半连续的.

18. 关于测度的若干简单事实:

    a) 证明条件 $\{x : f(x) > a\}$ 对所有的 $a \in \mathbb{R}$ 成立当且仅当它对所有的有理数 a 成立.

    b) 对有理数 a, 证明

    $$\{x : f(x) + g(x) > a\} = \bigcup_{b \text{ 为有理数}} (\{x : f(x) > b\} \cap \{x : g(x) > a - b\}).$$

    c) 用类似的方法证明: 当 f 和 g 均为可测函数时, fg 也是可测的.

19. 缺少了 σ-有限这个条件, Fubini 定理将不再成立, 请给出一个反例.

▶ 提示: 在 $[0,1]$ 分别取 Lebesgue 测度和计数测度 (集合的**计数测度**是指这个集合内的元素个数).

20. 如果 f, g 是定义在 $\mathbb{R}^n$ 的同一个开子集上的连续函数, 并且它们在除去某个零测集上都相等, 那么这两个函数处处相等.

21. 证明如果 $f: \mathbb{R}^n \to \mathbb{C}$ 一致连续且可积, 那么它的 Riemann 积分和 Lebesgue 积分是相等的.

22. 定理 1.10 (乘积测度) 断言函数 f 和 g 是可测的, 模仿 1.2 节中截面性质的证明, 用单调类定理证明之.

23. 我们稍后将会用到连通开集的概念, 在基础拓扑学里, 拓扑空间 Ω 具有两种连通的概念.

1) 拓扑连通: $\Omega \neq A \cup B$, 其中 A, B 为拓扑空间 Ω 的任意非空开集, 且 $A \cap B = \varnothing$.

2) 路径连通: Ω 中任意两点都可以用完全落在 Ω 内的连续曲线连接. 路径连通能够推出拓扑连通, 反之则不然.

a) 定义什么是 "连续曲线".

b) 证明如果 $\Omega \subset \mathbb{R}^n$ 为开集, 则拓扑连通能推出路径连通.

▶ 提示: 路径连通定义了点与点之间的一个关系.

24. 在与 Egoroff 定理一样的假设条件下, 证明如果

$$\int_\Omega |f^j|^2 \mathrm{d}\mu < 1 \text{ 且 } \int_\Omega |f|^2 \mathrm{d}\mu < \infty,$$

那么对任意 $0 < p < 2$, 当 $j \to \infty$ 时 $\int_\Omega |f^j - f|^p \mathrm{d}\mu \to 0$. 构造一个反例, 说明 $p = 2$ 时结论可以不成立.

25. 和 Egoroff 定理关系很密切的一个定理是 **Lusin 定理**. 设 μ 为 $\mathbb{R}^n$ 上 Borel 测度, Ω 为 $\mathbb{R}^n$ 的可测子集且 $\mu(\Omega) < \infty$. 令 f 为 Ω 上复值可测函数, 则对任意 $\varepsilon > 0$, 存在连续函数 f_ε, 使得它与 f 在除去一个测度小于 ε 的集合上相等.

▶ 提示: 利用 Urysohn 引理.

26. 模仿定理 1.18 的证明, 利用单调类定理证明 Lebesgue 测度是内、外正则的.

27. 参见定理 1.18, 找反例说明不能断言一个可测集 B 可用代数 $\mathcal{A}$ 中的集合从内逼近. 考虑 $\mathbb{R}^n$ 和由 1.17(1) 定义的半矩形组成的代数, 找出 $\mathbb{R}^n$ 的一个具有有限测度的闭集, 使它不包含 $\mathcal{A}$ 中的任意集合.

28. 证明由 1.17(1) 中所有半开矩形生成的 σ-代数 Σ 是 $\mathbb{R}^n$ 上的 Borel σ-代数, 并明确地证明开矩形和闭矩形都在 Σ 中.

第二章 L^p 空间

本章及以后两章的内容旨在研究函数的基本概念和性质, 也是本书其余章节的中心议题. 本章主要讨论 p 次可积函数的定义和性质.

此专题无须用到定义域的任何度量性质, 例如 $\mathbb{R}^n$ 的 Euclid 结构, 所以可在更一般的情形下讨论之. 尽管后文中不会用到一般情形的结论, 但它们在其他场合有时会很重要. 首次阅读时可以把 Ω 看成 $\mathbb{R}^n$ 中的 Lebesgue 可测集, 把 Ω 空间上的测度 $\mu(\mathrm{d}x)$ 当成 $\mathbb{R}^n$ 上的 Lebesgue 测度 $\mathrm{d}x$.

2.1 L^p 空间的定义

设 Ω 为带有一正测度 μ 的测度空间, $1 \leqslant p < \infty$, 定义 $L^p(\Omega, \mathrm{d}\mu)$ 如下:

$$L^p(\Omega, \mathrm{d}\mu) = \{f : f : \Omega \to \mathbb{C} \text{ 是 } \mu\text{-可测函数, 且 } |f|^p \text{ 是 } \mu\text{-可积的}\}. \qquad (1)$$

在不至于引起混淆的情形下, 我们常略去记号中的 μ 而简单地记为 $L^p(\Omega)$. 另外, 在大多数场合下我们把 Ω 视为 $\mathbb{R}^n$ 中的 Lebesgue 可测集, 而把 μ 看成 Lebesgue 测度.

不考虑 $p < 1$ 的情形是因为对 $p < 1$ 下面的 3(c) 不成立.

由不等式 $|\alpha + \beta|^p \leqslant 2^{p-1}(|\alpha|^p + |\beta|^p)$ 可知, 如果函数 f, g 属于 $L^p(\Omega)$, 那么对任意复数 a, b, 函数 $af + bg$ 也属于 $L^p(\Omega)$, 所以 $L^p(\Omega)$ 是向量空间.

对每一个 $f \in L^p(\Omega)$, 定义它的**范数**为

$$\|f\|_p = \left(\int_\Omega |f(x)|^p \mu(\mathrm{d}x) \right)^{1/p}. \tag{2}$$

有时为了不引起混淆, 我们也把它记为 $\|f\|_{L^p(\Omega)}$. 此范数满足以下三个重要性质, 从而使得它成为真正的范数:

(a) $\|\lambda f\|_p = |\lambda| \|f\|_p$, 对任意 $\lambda \in C$.
(b) $\|f\|_p = 0$ 当且仅当 $f(x)$ 几乎处处为零. $\qquad(3)$
(c) $\|f + g\|_p \leqslant \|f\|_p + \|g\|_p$.

(严格地说, (2) 式只定义了一个半范数, 因为 3(b) 只对几乎处处 $x \in \Omega$ 成立, 即 $\|f\|_p = 0$ 不一定有 $f \equiv 0$. 下文中我们将定义等价类, 使 (2) 成为等价类上的范数.) 性质 (a) 是显然的, (b) 可以从积分的定义得到, 性质 (c) 被称为**三角不等式**, 它并不那么显然, 但可以从定理 2.4 (Minkowski 不等式) 立即得到. 三角不等式与**范数的凸性**是同一回事, 即如果 $0 \leqslant \lambda \leqslant 1$, 那么有

$$\|\lambda f + (1 - \lambda)g\|_p \leqslant \lambda \|f\|_p + (1 - \lambda)\|g\|_p.$$

我们定义 $L^\infty(\Omega, \mathrm{d}\mu)$ 为

$$\begin{aligned} L^\infty(\Omega, \mathrm{d}\mu) = \{f : f : \Omega \to \mathbb{C}, f \text{ 是 } \mu\text{-可测的, 并且}\\ \text{存在一个正的有限常数 } K, \text{ 使得 } |f(x)| \leqslant K, \mu\text{-a.e. } x \in \Omega\}. \end{aligned} \tag{4}$$

对 $f \in L^\infty(\Omega)$, 定义范数

$$\|f\|_\infty = \inf\{K : |f(x)| \leqslant K, \mu\text{-a.e. } x \in \Omega\}. \tag{5}$$

注意到此范数依赖于测度 μ, 称为 $|f|$ 的**本性上确界**, 记为 $\operatorname{ess\,sup}_x |f(x)|$ (注意不要和记号 ess supp 混淆, 后者多一个 p). 和一般上确界不同, ess sup 忽略了 μ-零测集. 比如, 设 $\Omega = \mathbb{R}$, x 是有理数时 $f(x) = 1$, 否则 $f(x)$ 为零, 那么 (关于 Lebesgue 测度) $\operatorname{ess\,sup}_x |f(x)| = 0$, 但 $\sup_x |f(x)| = 1$.

容易验证 L^∞ 范数同样具有上面的性质 (a), (b), (c). 注意如果把 ess sup 替换成 sup, 那么 (b) 不成立, 另外对几乎所有的 x, $|f(x)| \leqslant \|f\|_\infty$.

我们留给读者去验证对某个 q, 若 $f \in L^\infty(\Omega) \cap L^q(\Omega)$, 那么对所有的 $p > q$, 有 $f \in L^p(\Omega)$ 并且

$$\|f\|_\infty = \lim_{p \to \infty} \|f\|_p. \tag{6}$$

这个等式是把由 (4) 定义的空间记为 $L^\infty(\Omega)$ 的原因.

p 的**对偶指标** $(1 \leqslant p \leqslant \infty)$ 是一个很重要的概念, 稍后我们将明白它的意义, 它经常记为 p' 或 q 并由下式给出:

$$\frac{1}{p} + \frac{1}{p'} = 1, \tag{7}$$

因此, 1 与 ∞ 是对偶的, 2 与 2 也是对偶的.

不幸的是, 上面定义的范数不能区分所有不同的可测函数, 即从 $\|f-g\|_p = 0$ 中只能推出 $f(x) = g(x)$, μ-a.e. 成立. 为克服此种麻烦, 我们重新定义 $L^p(\Omega, \mathrm{d}\mu)$ 使得它的元素是函数等价类而不是函数, 也就是说, 取一个 $f \in L^p(\Omega)$, 可以定义等价类 $\widetilde{f}$, 它由所有与 f μ-几乎处处相等的函数组成. 如果 h 是这样的函数, 则记为 $f \sim h$. 此外如果 $f \sim h$ 及 $h \sim g$, 那么 $f \sim g$. 这样一来, 两个集合 $\widetilde{f}$ 与 $\widetilde{k}$ 或者相同或者不相交. 现在我们可以定义

$$\|\widetilde{f}\|_p := \|f\|_p,$$

其中 $f \in \widetilde{f}$. 此定义不依赖于 f 的选择.

由此我们得到了两个线性空间, 第一个由函数组成, 而第二个由函数的等价类组成 (请读者自行思考等价类的集合如何构成一个线性空间). 首先在第一个空间中, 从 $\|f-g\|_p = 0$ 推不出 $f = g$, 但在第二个空间中可以. 有些作者用不同的记号来区分这两个空间, 但所有的作者都同意第二个空间应当称为 $L^p(\Omega)$. 然而大多数作者最终会不知不觉地陷入诱人的陷阱而说出 "设 f 为 $L^p(\Omega)$ 中函数" 这种在第二个定义下没有意义的语句. 请读者们记住, 我们一般也会犯同样的错误, 所以今后当说到 L^p 函数且写 $f = g$ 时, 我们心里要明白事实上它指的是 f 和 g 为 μ-几乎处处相等的两个函数. 但当主体变为诸如连续函数时, $f = g$ 则是指对所有的 x, $f(x) = g(x)$. 特别注意, 如果 f 是一个 L^p 函数, 那么问它在某一点上取值多少, 如 $f(0)$ 是没有意义的.

• 一个集合 $K \subset \mathbb{R}^n$ 称为**凸集**, 如果对任意 $x, y \in K$ 以及 $0 \leqslant \lambda \leqslant 1$, 总有 $\lambda x + (1-\lambda)y \in K$. 凸集 $K \subset \mathbb{R}^n$ 上的凸函数 f 是一个实值函数, 满足

$$f(\lambda x + (1-\lambda)y) \leqslant \lambda f(x) + (1-\lambda)f(y) \tag{8}$$

对所有的 $x, y \in K$ 及 $0 \leqslant \lambda \leqslant 1$ 都成立. 如果 $y \neq x$ 及当 $0 < \lambda < 1$ 时, (8) 式不等号严格成立, 那么称 f 是**严格凸**的. 更一般地, 称函数 f 在一点 $x \in K$ 是**严格凸**的, 如果对 $y \neq z$, $0 < \lambda < 1$, 当 $x = \lambda y + (1-\lambda)z$ 时, 一定有

$f(x) < \lambda f(y) + (1 - \lambda)f(z)$ 成立. 如果 (8) 式不等号反向, 则称 f 是**凹**的 (换句话说, f 凹等价于 $-f$ 是凸的). 容易证明当 K 是开集时, K 上的凸函数是连续的.

函数 $f : K \to \mathbb{R}$ 的图像在 $x \in K$ 点的**支撑平面**是 $\mathbb{R}^{n+1}$ 中过点 $(x, f(x))$ 且在 f 图像下方的一张平面. 一般地, 点 x 处的支撑平面不一定存在, 但如果函数 f 在 K 上是凸的, 那么在 K 的任一内点处存在 f 的至少一张支撑平面. 由此, 存在一个向量 $V \in \mathbb{R}^n$ (依赖于 x), 使得对任意 $y \in K$,

$$f(y) \geqslant f(x) + V \cdot (y - x). \tag{9}$$

如果在 x 处的支撑平面是唯一的, 那么称作**切平面**. 如果 f 是凸的, 那么 f 在 x 点存在切平面等价于 f 在 x 处可微.

$n = 1$ 时 f 为凸函数未必能推出 f 在 x 处可微. 但如果 x 是区间 K 的内点, 那么 f 在点 x 处总是存在**右导数** $f'_+(x)$ 及**左导数** $f'_-(x)$, 其中

$$f'_+(x) := \lim_{\varepsilon \searrow 0} [f(x + \varepsilon) - f(x)]/\varepsilon.$$

见 [Hardy-Littlewood-Pólya] 及习题 18.

2.2　Jensen 不等式

设 $J : \mathbb{R} \to \mathbb{R}$ 是一凸函数, f 是集合 Ω 上关于某 Σ-代数可测的实值函数, μ 为 Σ 上测度. 由于 J 是凸函数, 所以 J 是连续的, 并且 $(J \circ f)(x) := J(f(x))$ 也是 Ω 上的 Σ-可测函数. 再假设 $\mu(\Omega) = \int_\Omega \mu(\mathrm{d}x)$ 有限, 如果 $f \in L^1(\Omega)$, 令 $\langle f \rangle$ 为 f 的积分平均, 即

$$\langle f \rangle = \frac{1}{\mu(\Omega)} \int_\Omega f \mathrm{d}\mu,$$

则

(i) $[J \circ f]$ 的负部 $[J \circ f]_-$ 总属于 $L^1(\Omega)$, 且 $\int_\Omega (J \circ f)(x)\mu(\mathrm{d}x)$ 有定义, 尽管它可能是无穷.

(ii)

$$\langle J \circ f \rangle \geqslant J(\langle f \rangle). \tag{1}$$

如果 J 在 $\langle f \rangle$ 处严格凸, 那么 (1) 中等号成立当且仅当 f 恒为常数.

证明　由 J 的凸性, 其图像在每一点至少有一条支撑线, 所以, 存在常数 $V \in \mathbb{R}$, 使得对任意 $t \in \mathbb{R}$,

$$J(t) \geqslant J(\langle f \rangle) + V(t - \langle f \rangle), \tag{2}$$

从而有

$$[J(f)]_-(x) \leqslant |J(\langle f \rangle)| + |V||\langle f \rangle| + |V||f(x)|,$$

再注意到 $\mu(\Omega) < \infty$, (i) 得证.

如果在 (2) 式中将 t 替换为 $f(x)$, 并且在 Ω 上积分, 那么就得到了 (1).

现在假设 J 在 $\langle f \rangle$ 处是严格凸的, 那么对所有 $t > \langle f \rangle$ 或者所有 $t < \langle f \rangle$, (2) 式不等号均严格成立. 如果 f 不是常数, 那么 $f(x) - \langle f \rangle$ 可以在正测集上是正的, 也可以在正测集上是负的, 从而证明了最后一个断言.　∎

• 下面的不等式的重要性不论怎样高估都不为过, 它有多种证明, 这里给出的未必是最简单的, 目的只是让读者看到它和 Jensen 不等式的联系. 读者可以在习题中找到另一证明.

2.3　Hölder 不等式

设 p, q 为对偶指标, 即 $1/p + 1/q = 1$, 这里 $1 \leqslant p \leqslant \infty$, 再令 $f \in L^p(\Omega)$, $g \in L^q(\Omega)$, 那么由 $(fg)(x) = f(x)g(x)$ 所定义的函数积属于 $L^1(\Omega)$, 并且

$$\left| \int_\Omega fg \mathrm{d}\mu \right| \leqslant \int_\Omega |f||g| \mathrm{d}\mu \leqslant \|f\|_p \|g\|_q. \tag{1}$$

(1) 的第一个不等式中等号成立当且仅当

(i) 存在某个实常数 θ, 使得 $f(x)g(x) = e^{i\theta}|f(x)||g(x)|$ μ-a.e. 成立.

如果 f 不恒为零, 那么 (1) 中第二个不等式等号成立当且仅当存在常数 $\lambda \in \mathbb{R}$, 使得:

(iia) 如果 $1 < p < \infty$, 那么 $|g(x)| = \lambda|f(x)|^{p-1}$ μ-a.e. $x \in \Omega$;

(iib) 如果 $p = 1$, 那么 $|g(x)| \leqslant \lambda$ μ-a.e. $x \in \Omega$, 且 $f(x) \neq 0$ 时, $|g(x)| = \lambda$;

(iic) 如果 $p = \infty$, 那么 $|f(x)| \leqslant \lambda$ μ-a.e. $x \in \Omega$, 且 $g(x) \neq 0$ 时, $|f(x)| = \lambda$.

注　(1) 在特殊情形 $p = q = 2$ 时, (1) 即为 **Schwarz 不等式**

$$\left| \int_\Omega fg \right|^2 \leqslant \int_\Omega |f|^2 \int_\Omega |g|^2. \tag{2}$$

(2) 如果 $f_1, \cdots, f_m$ 均为 Ω 上函数, $f_i \in L^{p_i}(\Omega)$, 且 $\sum_{j=1}^m 1/p_i = 1$, 那么

$$\left| \int_\Omega \prod_{j=1}^m f_i \mathrm{d}\mu \right| \leqslant \prod_{j=1}^m \|f_i\|_{p_i}. \tag{3}$$

这是 (1) 的一个推广, 只要取 $f := f_1, g := \prod_{j=2}^m f_j$, 再对 $\int_\Omega |g|^p$ 进行归纳.

证明 (1) 式中第一个不等式是平凡的, 所以我们可以假设 $f \geqslant 0, g \geqslant 0$ (注意为使等式成立, 条件 (i) 是必需的). $p = \infty$ 或者 $q = \infty$ 的情形也是平凡的, 所以还可假设 $1 < p, q < \infty$. 令集合 $A = \{x : g(x) > 0\} \subset \Omega$, $B = \Omega \sim A = \{x : g(x) = 0\}$, 由于

$$\int_\Omega f^p \mathrm{d}\mu = \int_A f^p \mathrm{d}\mu + \int_B f^p \mathrm{d}\mu,$$

以及 $\int_\Omega g^p \mathrm{d}\mu = \int_A g^p \mathrm{d}\mu$ 和 $\int_\Omega fg \mathrm{d}\mu = \int_A fg \mathrm{d}\mu$, 可以看出, 为证明 (1), 只需假设 $\Omega = A$ (为什么 $\int fg \mathrm{d}\mu$ 有定义?). 在 $\Omega = A$ 上引进新的测度 $\nu(\mathrm{d}x) = g(x)^q \mu(\mathrm{d}x)$, 再令 $F(x) = f(x)g(x)^{-q/p}$ (由于 $g(x) > 0$ a.e., 所以此式是有意义的), 那么关于测度 ν 我们有 $\langle F \rangle = \int_\Omega fg \mathrm{d}\mu / \int_\Omega g^q \mathrm{d}\mu$. 另一方面令 $J(t) = |t|^p$, 则 $\int_\Omega J \circ F \mathrm{d}\nu = \int_\Omega f^p \mathrm{d}\mu$, 所以由 Jensen 不等式立刻推得 (1). ∎

2.4 Minkowski 不等式

设 Ω 和 Γ 为两个测度空间, μ 和 ν 分别是这两个空间上的 σ-有限测度, f 是 $\Omega \times \Gamma$ 上非负函数, 并且 $\mu \times \nu$-可测, 令 $1 \leqslant p < \infty$, 那么

$$\int_\Gamma \left(\int_\Omega f(x, y)^p \mu(\mathrm{d}x) \right)^{1/p} \nu(\mathrm{d}y) \geqslant \left(\int_\Omega \left(\int_\Gamma f(x, y) \nu(\mathrm{d}y) \right)^p \mu(\mathrm{d}x) \right)^{1/p}, \tag{1}$$

上式中左端有限意味着右端也有限.

当 $1 < p < \infty$ 时, (1) 中等号成立和积分有限意味着, 存在一个 μ-可测函数 $\alpha : \Omega \to \mathbb{R}^+$ 及 ν-可测函数 $\beta : \Gamma \to \mathbb{R}^+$, 使得

$$f(x, y) = \alpha(x)\beta(y), \quad \mu \times \nu\text{-a.e. } (x, y).$$

(1) 的一个特殊情形是**三角不等式**: 设 $f, g \in L^p(\Omega, \mathrm{d}\mu)$ (可以是复值函数), 那么

$$\|f + g\|_p \leqslant \|f\|_p + \|g\|_p, \quad 1 \leqslant p \leqslant \infty. \tag{2}$$

若 $1 < p < \infty$ 并且 f 不恒为零, 那么 (2) 式中等号成立当且仅当存在某个 $\lambda \geqslant 0$ 使得 $g = \lambda f$.

证明 首先注意到函数

$$\int_\Omega f(x,y)^p \mu(\mathrm{d}x) \quad \text{和} \quad H(x) := \int_\Gamma f(x,y)\nu(\mathrm{d}y)$$

均为可测函数, 这可以根据定理 1.12 (Fubini 定理) 以及 f 的 $\mu \times \nu$-可测性得到. 可以假设 f 在某 $\mu \times \nu$-正测集上大于零, 否则结论是平凡的. 还可以假设 (1) 式右端有限, 否则先考虑 f 的截断使其有限, 再利用单调收敛定理去除截断, 此处将再一次用到 σ-有限性.

(1) 式右端项可以写成

$$\int_\Omega H(x)^p \mu(\mathrm{d}x) = \int_\Omega \left(\int_\Gamma f(x,y)\nu(\mathrm{d}y) \right) H(x)^{p-1} \mu(\mathrm{d}x)$$
$$= \int_\Gamma \left(\int_\Omega f(x,y)H(x)^{p-1} \mu(\mathrm{d}x) \right) \nu(\mathrm{d}y).$$

后一个等式由 Fubini 定理得到. 对最后一项用定理 2.3 (Hölder 不等式), 有

$$\int_\Omega H(x)^p \mu(\mathrm{d}x) \leqslant \int_\Gamma \left(\int_\Omega f(x,y)^p \mu(\mathrm{d}x) \right)^{1/p}$$
$$\times \left(\int_\Omega H(x)^p \mu(\mathrm{d}x) \right)^{\frac{p-1}{p}} \nu(\mathrm{d}y). \tag{3}$$

两边同除以

$$\left(\int_\Omega H(x)^p \mu(\mathrm{d}x) \right)^{(p-1)/p},$$

由于对 f 的假设, 上式既不为零也不是无穷大, 因此得 (1).

利用 Hölder 不等式时, 等号成立意味着对 ν-a.e. y, 存在一个数 $\lambda(y)$ (不依赖于 x), 使得

$$\lambda(y)H(x) = f(x,y), \quad \mu\text{-a.e. } x. \tag{4}$$

上文已经提到, H 是 μ-可测的, 为证 λ 是 ν-可测的, 只需注意到

$$\lambda(y) \int_\Omega H(x)^p \mu(\mathrm{d}x) = \int_\Omega f(x,y)^p \mu(\mathrm{d}x),$$

而由 Fubini 定理, 上式右端项是 ν-可测的, 从而结论成立.

剩下要证 (2). 首先注意到

$$|f(x) + g(x)| \leqslant |f(x)| + |g(x)|, \tag{5}$$

故问题归结为对非负函数证明 (2) 式. p 取 1 或无穷时结论是显然的. 故命 $1 < p < \infty$. 设 $F(x,1) = |f(x)|, F(x,2) = |g(x)|$, 并取 ν 为集合 $\Gamma = \{1,2\}$ 上的计数测度, 即 $\nu(\{1\}) = \nu(\{2\}) = 1$, 那么不等式 (2) 是 (1) 的特殊情形 (此处还用到了 Fubini 定理).

(2) 式中等号成立要求存在常数 λ_1, λ_2 (与 x 无关), 使得成立

$$|f(x)| = \lambda_1(|f(x)| + |g(x)|) \quad \text{和} \quad |g(x)| = \lambda_2(|f(x)| + |g(x)|). \tag{6}$$

由此, 对某个常数 λ, $|g(x)| = \lambda|f(x)|$ 几乎处处成立. 但 (5) 中等号成立意味着 $g(x) = \lambda f(x)$ 对某非负实数 λ 成立. ∎

● 若 $1 < p < \infty$, 那么 $L^p(\Omega)$ 具有另一几何结构, 从中能得到很多结果, 其中包括 $L^p(\Omega)$ 对偶空间的刻画定理 2.14 以及与弱收敛性有关的 Mazur 定理 2.13. 此几何结构称为**一致凸性**, 将在下节研究, 我们将讨论的是由 Hanner 给出的最佳形式, 它改进了三角 (或凸性) 不等式

$$\|f + g\|_p \leqslant \|f\|_p + \|g\|_p,$$

其证明源于 [Ball-Carlen-Lieb].

2.5 Hanner 不等式

设 f, g 均属于 $L^p(\Omega)$, 若 $1 \leqslant p \leqslant 2$, 则有

$$\|f + g\|_p^p + \|f - g\|_p^p \geqslant (\|f\|_p + \|g\|_p)^p + \big|\|f\|_p - \|g\|_p\big|^p, \tag{1}$$

$$(\|f + g\|_p + \|f - g\|_p)^p + \big|\|f + g\|_p - \|f - g\|_p\big|^p \leqslant 2^p(\|f\|_p^p + \|g\|_p^p). \tag{2}$$

若 $2 \leqslant p < \infty$, 则不等号反向.

注 当 $\|f\|_p = \|g\|_p$ 时, (2) 式是三角不等式 $\|f + g\|_p \leqslant \|f\|_p + \|g\|_p$ 的改进, 这是因为 $t \mapsto |t|^p$ 为凸函数, 故 (2) 式左端不小于 $2\|f + g\|_p^p$. 更确切地, 容易证明 (习题 4), 对于 $1 \leqslant p \leqslant 2$ 及 $\|f - g\|_p \leqslant \|f + g\|_p$, (2) 式左端不小于

$$2\|f + g\|_p^p + p(p-1)\|f + g\|_p^{p-2}\|f - g\|_p^2.$$

定理 2.5 的几何意义将在习题 5 中讨论.

证明 (1) 和 (2) 式在 $p = 2$ 时均为等式 ((1) 此时称为**平行四边形恒等式**), $p = 1$ 时退化为三角不等式. 在 (1) 式中将 f, g 分别替换为 $f + g, f - g$ 即得 (2) 式. 于是我们在 $p \neq 2$ 时集中证明 (1) 式. 不妨假设 $R := \|g\|_p \leqslant 1$, 且 $\|f\|_p = 1$, 对 $0 \leqslant r \leqslant 1$, 定义

$$\alpha(r) = (1 + r)^{p-1} + (1 - r)^{p-1}$$

及

$$\beta(r) = [(1 + r)^{p-1} - (1 - r)^{p-1}]r^{1-p},$$

并令 $p < 2$ 时 $\beta(0) = 0$, $p > 2$ 时 $\beta(0) = \infty$. 我们首先断言函数 $F_R(r) = \alpha(r) + \beta(r)R^p$ 在 $r = R$ 处, 当 $p < 2$ 时取到极大值, $p > 2$ 时取到极小值, 两种情形都有 $F_R(R) = (1 + R)^p + (1 - R)^p$. 为证此断言, 求导计算

$$\mathrm{d}F_R(r)/\mathrm{d}r = \alpha'(r) + \beta'(r)R^p$$
$$= (p - 1)[(1 + r)^{p-2} - (1 - r)^{p-2}](1 - (R/r)^p),$$

这表示 $F_R(r)$ 的导数仅在 $r = R$ 处为 0, 且从 $r \neq R$ 处的导数符号即可证明 $r = R$ 为前述的极大值或极小值点. 进一步, 对任意 $0 \leqslant r \leqslant 1$, $p < 2$ 时有 $\beta(r) \leqslant \alpha(r)$, $p > 2$ 时有 $\beta(r) \geqslant \alpha(r)$, 从而若 $R > 1$, 则

$$\alpha(r) + \beta(r)R^p \leqslant \alpha(r)R^p + \beta(r) \quad (\text{若 } p < 2)$$

以及

$$\alpha(r) + \beta(r)R^p \geqslant \alpha(r)R^p + \beta(r) \quad (\text{若 } p > 2).$$

于是无论在哪种情形下, 对所有的 $0 \leqslant r \leqslant 1$ 以及所有非负实数 A 和 B, 都有

$$\alpha(r)|A|^p + \beta(r)|B|^p \leqslant |A + B|^p + |A - B|^p, \quad p < 2, \tag{3}$$

$p > 2$ 时不等号反向, 特别注意在 $r = B/A \leqslant 1$ 时等号成立.

事实上, (3) 式及 $p > 2$ 时的反向不等式对复数 A 和 B 也成立 (所以我们在 (3) 式中写成 $|A|, |B|$). 为说明这一点, 只需对 $A = a$, $B = be^{\mathrm{i}\theta}$ 的情形加以考虑, 其中 $a, b > 0$. 于是只要证明 $(a^2 + b^2 + 2ab\cos\theta)^{p/2} + (a^2 + b^2 - 2ab\cos\theta)^{p/2}$ 当 $p < 2$ 时, 在 $\theta = 0$ 处取到极小值, $p > 2$ 时在 $\theta = 0$ 处取到极大值即可, 而这点又只需注意到 $x \mapsto x^r$ 在 $0 < r < 1$ 时是凹函数, $r > 1$ 时是凸函数.

为证明 (1), 只要证明当 $1 \leqslant p < 2$ 时,

$$\int \{|f + g|^p + |f - g|^p\}\mathrm{d}\mu \geqslant \alpha(r) \int |f|^p \mathrm{d}\mu + \beta(r) \int |g|^p \mathrm{d}\mu \tag{4}$$

对每个 $0 \leqslant r \leqslant 1$ 都成立, 以及当 $p > 2$ 时反向不等式成立. 但对 (4) 式, 则只要证明它逐点成立, 即把 f, g 均看成复数. 这样, 我们只要证明 $p < 2$ 时,

$$|f+g|^p + |f-g|^p \leqslant \alpha(r)|f|^p + \beta(r)|g|^p,$$

以及 $p > 2$ 时的反向不等式. 但根据 (3), 这是显然的. ∎

• 讨论函数 $\|f + tg\|_p^p = \int |f + tg|^p$ 关于 $t \in \mathbb{R}$ 的可微性是很有用的. 注意到此函数关于 t 是凸的, 所以它总存在左、右导数. 对 $p = 1$, 它可能不可微, 但在下文将看到, $p > 1$ 时它是可微的.

2.6 范数的可微性

设 f, g 为 $L^p(\Omega)$ 中函数, $1 < p < \infty$. 定义在 $\mathbb{R}$ 上的函数

$$N(t) = \int_\Omega |f(x) + tg(x)|^p \mu(\mathrm{d}x)$$

可微, 并且它在 $t = 0$ 处的导数是

$$\frac{\mathrm{d}}{\mathrm{d}t} N|_{t=0} = \frac{p}{2} \int_\Omega |f(x)|^{p-2} \{\overline{f}(x)g(x) + f(x)\overline{g}(x)\} \mu(\mathrm{d}x). \tag{1}$$

注 (1) 注意对 $p > 1$, $|f|^{p-2}f$ 是有定义的, 即使当 $f = 0$ 时, 它也可被定义为 0, 后文中我们经常采用这个约定. 另外函数 $|f|^{p-2}$ 和 $|f|^{p-2}\overline{f}$ 均属于 $L^{p'}(\Omega)$.

(2) 这种范数的导数称为 **Gateaux 导数**或**方向导数**.

证明 微积分中一个基本事实是, 对于复数 f, g,

$$\lim_{t\to 0}[|f+tg|^p - |f|^p]/t = \frac{p}{2}|f|^{p-2}(\overline{f}g + f\overline{g}),$$

换句话说, $|f + tg|^p$ 可微. 于是问题转化为积分与求导的交换, 为此, 利用不等式 (对 $|t| \leqslant 1$)

$$|f|^p - |f-g|^p \leqslant \frac{1}{t}\{|f+tg|^p - |f|^p\} \leqslant |f+g|^p - |f|^p,$$

它可以从函数 $x \mapsto x^p$ 的凸性 (即 $|f + tg|^p \leqslant (1-t)|f|^p + t|f+g|^p$) 得出. 由于 $|f|^p, |f+g|^p$ 及 $|f-g|^p$ 均为确定的可积函数, 利用控制收敛定理即可交换积分与求导的次序. ∎

2.7　L^p 空间的完备性

设 $1 \leqslant p \leqslant \infty$, $f^i(i = 1, 2, 3, \cdots)$ 为 $L^p(\Omega)$ 中一 **Cauchy 序列**, 即当 $i, j \to \infty$ 时, $\|f^i - f^j\|_p \to 0$ (即对每个 $\varepsilon > 0$, 存在一个 N, 使得对任意的 $i > N, j > N$, 有 $\|f^i - f^j\|_p < \varepsilon$), 那么存在唯一的 $f \in L^p(\Omega)$, 使得当 $i \to \infty$ 时, $\|f^i - f\|_p \to 0$, 我们把这记为

$$f^i \to f, \quad \text{当 } i \to \infty,$$

并且称 f^i 在 $L^p(\Omega)$ 中**强收敛于** f.

此外, 存在一个子序列 $f^{i_1}, f^{i_2}, \cdots$ (其中 $i_1 < i_2 < \cdots$) 以及 $L^p(\Omega)$ 中一非负函数 F, 使得

(i) 对所有 k, μ-a.e. x, $|f^{i_k}(x)| \leqslant F(x)$. 　　　　　　　　　　　　(1)

(ii) $\lim\limits_{k \to \infty} f^{i_k}(x) = f(x)$, μ-a.e. x. 　　　　　　　　　　　　(2)

注　"收敛" 及 "强收敛" 可相互通用, 有时也用 "依范数收敛".

证明　首先提出一个重要且常常要用到的证明方法, 即我们只需证明某个子列是强收敛的. 这是因为, 当已知一子列 f^{i_k} 在 $L^p(\Omega)$ 中强收敛于 f (当 $k \to \infty$) 时, 利用三角不等式

$$\|f^i - f\|_p \leqslant \|f^i - f^{i_k}\|_p + \|f^{i_k} - f\|_p,$$

可以看出对任意 $\varepsilon > 0$, 由于 f^i 是 Cauchy 序列, 我们可选择 k 足够大, 使得右端后一项不超过 $\varepsilon/2$; 选择 i 与 k 均足够大, 可以让右端前一项也小于 $\varepsilon/2$. 从而在 i 足够大时, $\|f^i - f\|_p < \varepsilon$, 这样就得到了整个序列的收敛性, 即 $f^i \to f$. 事实上我们还证明了当这个极限存在时, 它一定也是唯一的.

为找出这样的收敛子列, 取 i_1, 使得对任意 $n \geqslant i_1$, 都有 $\|f^{i_1} - f^n\|_p \leqslant 1/2$, 根据 Cauchy 序列定义, 这样的 i_1 存在. 再选择 i_2, 使得对任意 $n \geqslant i_2$, 都有 $\|f^{i_2} - f^n\|_p < 1/4$. 按照这个步骤, 我们可以得到子序列 f^{i_k}, 使得对任意 $k = 1, 2, \cdots$, 有 $\|f^{i_k} - f^{i_{k+1}}\|_p \leqslant 2^{-k}$. 考查单调正函数列

$$F_l(x) := |f^{i_1}(x)| + \sum_{k=1}^{l} |f^{i_k}(x) - f^{i_{k+1}}(x)|, \tag{3}$$

由三角不等式,

$$\|F_l\|_p \leqslant \|f^{i_1}\|_p + \sum_{k=1}^{l} 2^{-k} \leqslant \|f^{i_1}\|_p + 1,$$

从而利用单调收敛定理, F_l 在 μ-几乎处处意义下收敛到一正函数 $F \in L^p(\Omega)$, 从而 F 是几乎处处有限的. 于是序列

$$f^{i_{k+1}}(x) = f^{i_1}(x) + (f^{i_2}(x) - f^{i_1}(x)) + \cdots + (f^{i_{k+1}}(x) - f^{i_k}(x)) \qquad (4)$$

对几乎每个 x 均绝对收敛, 从而对同样的这些 x, 它也收敛到某个数 $f(x)$. 由于 $|f^{i_k}(x)| \leqslant F(x)$ 及 $F \in L^p(\Omega)$, 由控制收敛定理知道 f 也属于 $L^p(\Omega)$. 仍然由控制收敛定理, 当 $k \to \infty$ 时, $\|f^{i_k} - f\|_p \to 0$, 这是因为 $|f^{i_k}(x) - f(x)| \leqslant F(x) + |f(x)| \in L^p(\Omega)$. 从而子序列 f^{i_k} 在 $L^p(\Omega)$ 中强收敛到 f. ∎

• 接下来的投影引理是一致凸性质 (定理 2.5) 的一个应用, 它将在后文中用到.

2.8 凸集投影引理

设 $1 < p < \infty$, K 为 $L^p(\Omega)$ 的凸集 (即从 $f, g \in K$ 可以推得, 对任意 $0 \leqslant t \leqslant 1$, 成立 $tf + (1-t)g \in K$), 同时也是**依范数闭集** (即对 K 中任一 Cauchy 序列 $\{g^i\}$, 其极限 g 也属于 K). 令 $f \in L^p(\Omega)$ 为 K 外的任意函数, 定义距离

$$D = \text{dist}(f, K) = \inf_{g \in K} \|f - g\|_p, \qquad (1)$$

那么存在一个函数 $h \in K$, 使得 $D = \|f - h\|_p$, 并且 K 中每个函数 g 均满足

$$\text{Re} \int_\Omega [(g - h)(\overline{f} - \overline{h})] |f - h|^{p-2} \mathrm{d}\mu \leqslant 0. \qquad (2)$$

证明 我们将在 $p \leqslant 2$ 以及 $f = 0$ 的假设下, 利用一致凸性质 2.5(2) 证明此引理, 其余情形留给读者. 设 h^j $(j = 1, 2, \cdots)$ 是 K 中极小化序列, 即 $\|h^j\|_p \to D$, 我们证明它是 Cauchy 序列. 首先注意到 $j, k \to \infty$ 时, $\|h^j + h^k\|_p \to 2D$ (因为 $\|h^j + h^k\|_p \leqslant \|h^j\|_p + \|h^k\|_p \to 2D$, 但 $\frac{1}{2}(h^j + h^k) \in K$, 故 $\|h^j + h^k\|_p \geqslant 2D$), 利用 2.5(2), 有

$$(\|h^j + h^k\|_p + \|h^j - h^k\|_p)^p + \left| \|h^j + h^k\|_p - \|h^j - h^k\|_p \right|^p \leqslant 2^p \{\|h^j\|_p^p + \|h^k\|_p^p\},$$

右端项当 $j, k \to \infty$ 时收敛到 $2^{p+1} D^p$. 设 $\|h^j - h^k\|_p$ 不收敛到 0, 但 (对无穷多个 j, k) 有下界 $b > 0$, 于是有

$$|2D + b|^p + |2D - b|^p \leqslant 2^{p+1} D^p,$$

从中得到 $b = 0$ (因为函数 $x \mapsto |2D + x|^p$ 严格凸, 导致了 $|2D + x|^p + |2D - x|^p > 2|2D|^p$, 除非 $x = 0$), 从而 h^j 是 Cauchy 序列, 再因 K 是闭集, 故极限 $h \in K$.

为验证 (2), 取定 $g \in K$ 并令 $g_t = (1 - t)h + tg \in K$, 其中 $1 \leqslant t \leqslant 1$, 那么 (注意到 $f = 0$) $N(t) := \|f - g_t\|_p^p \geqslant D^p$, 而 $N(0) = D^p$. 因为 $N(t)$ 是可微的 (定理 2.6), 我们有 $N'(0) \geqslant 0$, 这正是 (2) 式 (利用 2.6(1)). ∎

2.9 连续线性泛函与弱收敛

定理 2.7 ($L^p(\Omega)$ 空间的完备性) 提到的强收敛概念并不是 $L^p(\Omega)$ 中唯一有用的收敛概念, 另外一个概念 —— **弱收敛**需要引入连续线性泛函, 下面给出它的定义 (事实上这个概念不必局限于 $L^p(\Omega)$ 空间, 它可以在任意赋范线性空间上定义). 由于下面的原因, 弱收敛往往比强收敛更加有用. 我们知道 $\mathbb{R}^n$ 中的有界闭集 A 是紧集, 即 A 中每一个序列 $x^1, x^2, \cdots$ 都有一子列收敛到 A 中某个元素. 但类似的紧性结论在 $L^p(\mathbb{R}^n)$ 中, 甚至在 $L^p(\Omega)$ 中 (其中 Ω 为 $\mathbb{R}^n$ 的紧集) 也是错误的. 我们将在下文中对任意的 p, 构造 $L^p(\mathbb{R}^n)$ 中有界函数列, 使它在 $L^p(\mathbb{R}^n)$ 中没有收敛的子列.

如果把强收敛改成弱收敛, 情况将得到改善. 这里我们要得出的主要结果是定理 2.18——Banach-Alaoglu 定理, 它指出 $1 < p < \infty$ 时, 在弱收敛的意义下每个有界集必是紧的.

一个从 $L^p(\Omega)$ 到复数集的映射 L 称为**线性泛函**, 如果对任意 $f_1, f_2 \in L^p(\Omega)$ 以及 $a, b \in \mathbb{C}$,

$$L(af_1 + bf_2) = aL(f_1) + bL(f_2) \tag{1}$$

都成立; 称线性泛函 L 是**连续线性泛函**, 如果对每个强收敛的序列 f^i, 当 $f^i \to f$ 时, 有

$$L(f^i) \to L(f); \tag{2}$$

如果存在某个有限常数 K, 使得

$$|L(f)| \leqslant K\|f\|_p, \tag{3}$$

则称线性泛函 L 是**有界线性泛函**. 作为一个简单的练习, 我们留给读者去证明: 对于线性映射,

$$\text{有界} \iff \text{连续}. \tag{4}$$

$L^p(\Omega)$ 上连续线性泛函 (连续性是关键的) 全体组成的空间称为 $L^p(\Omega)$ 的**对偶空间**, 记为 $L^p(\Omega)^*$, 它也是复数域上的线性空间 (因为 $L^p(\Omega)^*$ 中元素的和以及数乘仍然是 $L^p(\Omega)^*$ 中的元). 在这个新空间中可以定义如下范数:

$$\|L\| = \sup\{|L(f)| : \|f\|_p \leqslant 1\}. \tag{5}$$

请读者自行验证此定义 (5) 满足 2.1 节 (a, b, c) 给出的范数所需要满足的三条重要性质: $\|\lambda L\| = |\lambda| \|L\|$, $\|L\| = 0 \Leftrightarrow L = 0$ 以及三角不等式.

弄清楚 $L^p(\Omega)$ (或其他线性空间) 的对偶空间中的元素非常重要, 因为如果知道了对偶空间的每个元素对 f 的作用, 即对任意 $L \in L^p(\Omega)^*$, $L(f)$ 都已知, 那么 $L^p(\Omega)$ 中的元素 f 就可以被唯一确定 (在定理 2.10 中将会看到这一点).

弱收敛.

令 $f, f^1, f^2, f^3, \cdots$ 为 $L^p(\Omega)$ 中函数列, 称 f^i 弱收敛于 f (写成 $f^i \rightharpoonup f$), 如果对任意 $L \in L^p(\Omega)^*$, 有

$$\lim_{i \to \infty} L(f^i) = L(f). \tag{6}$$

一个显然但很重要的事实是, 强收敛蕴含了弱收敛, 即如果 $i \to \infty$ 时, $\|f^i - f\|_p \to 0$, 那么对所有的连续线性泛函 L, 均有 $\lim\limits_{i \to \infty} L(f^i) = L(f)$. 特别地, 强收敛和弱收敛的极限如果都存在, 那么它们一定相等 (定理 2.10).

随之而来的两个问题是: (a) $L^p(\Omega)^*$ 是什么? (b) 什么情况下函数列 f^i 弱收敛而非强收敛到 f? 对于第一个问题, 用 Hölder 不等式 (定理 2.3) 立即推出, 当 $\frac{1}{p'} + \frac{1}{p} = 1$ 时, $L^{p'}(\Omega)$ 是 $L^p(\Omega)^*$ 的子集. 设函数 $g \in L^{p'}(\Omega)$, 通过

$$L_g(f) = \int_\Omega g(x)f(x)\mu(\mathrm{d}x) \tag{7}$$

作用在任意函数 $f \in L^p(\Omega)$ 上, 则容易验证 L_g 是线性的并且是连续的. 更深入的问题是 (7) 式是否给出了所有 $L^p(\Omega)^*$ 中的元素? 当 $1 \leqslant p < \infty$ 时, 回答是肯定的, 而当 $p = \infty$ 时结论不成立.

暂时承认这个结论, 我们可以启发式地回答问题 (b), 但还需假设 $\Omega = \mathbb{R}^n$ 及 $1 < p < \infty$. 对于 $f^k \rightharpoonup f$ 而不强收敛于 f, 有下述三种基本情况, 我们就 $n = 1$ 的情形加以说明.

(i) f^k "振荡着消失": 一个例子是, $f^k(x)$ 在 $0 \leqslant x \leqslant 1$ 时为 $\sin kx$, 其他点为零.

(ii) f^k "喷涌而上": 比如 $f^k(x) = k^{1/p}g(kx)$, 其中 g 为 $L^p(\mathbb{R})$ 中任一取定的函数, 此序列在 x 靠近 0 时变得非常大.

(iii) f^k "徘徊至无穷": 例如 $f^k(x) = g(x+k)$, 其中 g 为 $L^p(\mathbb{R}^1)$ 中任一取定的函数.

在上述每种情形下, f^k 均弱收敛到零, 但不强收敛到零 (或是其他任何函数), 这些都留给读者自行证明, 本章下面要证明的几个定理会对读者有所帮助.

讨论弱收敛, 我们首先证明 $L^p(\Omega)^*$ 有足够多的元素用以确定 $L^p(\Omega)$ 中的函数. 以下大部分证明通常都要用到 **Hahn-Banach 定理**, 但我们不采用这种方法, 原因如下: 首先, 有兴趣的读者可以在很多教材上找到这些证明; 其次对 $L^p(\Omega)$ 情形, 没有必要利用 Hahn-Banach 定理. 相比于抽象的方法, 我们更喜欢用直接和具体的办法, 特别是在采用抽象方法得不出更多重要启示的时候.

2.10　函数由线性泛函唯一确定

设 $f \in L^p(\Omega)$ 满足

$$L(f) = 0, \quad \text{对所有 } L \in L^p(\Omega)^*. \tag{1}$$

(在 $p = \infty$ 的情形, 我们还需假设测度空间是 σ-有限的, 但利用超限归纳法可以去掉这个限制.) 那么

$$f = 0,$$

从而, 若 $f^i \rightharpoonup k$ 并且 $f^i \rightharpoonup h$, 那么 $k = h$.

证明　当 $1 < p < \infty$ 时, 定义

$$g(x) = |f(x)|^{p-2}\overline{f}(x),$$

此处要求 $f(x) \neq 0$, 否则令 $g(x) = 0$. 由 $f \in L^p(\Omega)$ 立刻得到 $g \in L^{p'}(\Omega)$. 另外, $\int gf = \|f\|_p^p$, 但 2.9(7) 中已经提到, 泛函 $h \to \int gh$ 是连续线性泛函, 从而由 (1) 的假设, $\int gf = \|f\|_p^p = 0$, 此即 $f = 0$.

当 $p = 1$ 时, 取

$$g(x) = \overline{f}(x)/|f(x)|.$$

同样地, 要求 $f(x) \neq 0$, 否则令 $g(x) = 0$, 于是 $g \in L^\infty(\Omega)$, 重复上述讨论. 当 $p = \infty$ 时, 令 $A = \{x : |f(x)| > 0\}$, 若 f 不恒为零, 则 $\mu(A) > 0$. 取 A 的任一可测子集 B, 使得 $0 < \mu(B) < \infty$, 这种集合的存在性用到了测度的 σ-有限性. 当 $x \in B$ 时, 定义 $g(x) = \overline{f}(x)/|f(x)|$, 否则为零. 显然 $g \in L^1(\Omega)$, 再引用前面的讨论即得所证. ■

2.11 范数的下半连续性

对 $1 \leqslant p \leqslant \infty$, L^p-范数是弱下半连续的, 也就是说, 如果 f^j 在 $L^p(\Omega)$ 中弱收敛于 f, 那么

$$\liminf_{j \to \infty} \|f^j\|_p \geqslant \|f\|_p. \tag{1}$$

在 $p = \infty$ 时, 我们需要额外假设: 测度 μ 是 σ-有限的.

进一步, 如果 $1 < p < \infty$, 且 $\lim\limits_{j \to \infty} \|f^j\|_p = \|f\|_p$, 那么当 $j \to \infty$ 时, f^j 强收敛到 f.

注 此定理的第二部分在实际中非常有用, 因为它通常提供了一种判断序列强收敛的方法. 对此与 1.5 节中下半连续的关系, 参见习题 1.2, 并可与定理 1.9 之后的注 (2) 做比较.

证明 当 $1 \leqslant p < \infty$ 时, 与证明定理 2.10 一样, 考虑泛函

$$L(h) = \int gh, \quad \text{其中 } g(x) = |f(x)|^{p-2}\overline{f}(x).$$

因为 $L(f) = \|f\|_p^p$, 由 Hölder 不等式,

$$\|f\|_p^p = \lim_{j \to \infty} L(f^j) \leqslant \|g\|_q \liminf_{j \to \infty} \|f^j\|_p,$$

其中 $1/p + 1/q = 1$, 再根据 $\|g\|_q = \|f\|_p^{p-1}$, 即得 (1).

当 $p = \infty$ 时, 假设 $\|f\|_\infty =: a > 0$, 并考虑集合

$$A_\varepsilon = \{x \in \Omega : |f(x)| > a - \varepsilon\}.$$

由于空间 (Ω, μ) 是 σ-有限的, 存在一列有限测度集 B_k, 使得 $A_\varepsilon \cap B_k$ 递增到 A_ε. 如果 $x \in A_\varepsilon \cap B_k$, 令 $g_{k,\varepsilon} = f(x)/|f(x)|$, 否则取为零. 再由 Hölder 不等式,

$$\mu(A_\varepsilon \cap B_k) \liminf_{j \to \infty} \|f^j\|_\infty \geqslant \lim_{j \to \infty} \int g_{k,\varepsilon} f^j = \int_{A_\varepsilon \cap B_k} |f(x)|\mathrm{d}\mu,$$

这里, 最后一个等式成立是因为 f^j 弱收敛到 f. 但

$$\int_{A_\varepsilon \cap B_k} |f(x)|\mathrm{d}\mu \geqslant (a - \varepsilon)\mu(A_\varepsilon \cap B_k),$$

故对任意的 $\varepsilon > 0$, $\liminf\limits_{j \to \infty} \|f^j\|_\infty \geqslant \|f\|_\infty - \varepsilon$.

这样我们已经证明了 (1) 式. 为证明第二个断言 ($1 < p < \infty$), 首先注意到从 $\lim\limits_{j \to \infty} \|f^j\|_p = \|f\|_p$ 可以推出 $\lim\limits_{j \to \infty} \|f^j + f\|_p = 2\|f\|_p$ (显然 $f^j + f \rightharpoonup 2f$, 再由 (1), $\liminf\limits_{j \to \infty} \|f^j + f\|_p \geqslant 2\|f\|_p$, 但根据三角不等式, $\|f^j + f\|_p \leqslant \|f^j\|_p + \|f\|_p$). 对于 $p \leqslant 2$, 用一致凸性质 2.5(2)($p > 2$ 的情形留给读者), 并令 $g = f^j$, 两边取极限 (令 $A_j = \|f + f^j\|_p, B_j = \|f - f^j\|_p$) 得到

$$\limsup_{j \to \infty} \{(A_j + B_j)^p + |A_j - B_j|^p\} \leqslant 2^{p+1}\|f\|_p^p.$$

由 $1 < p < \infty$ 时函数 $x \mapsto |A + x|^p$ 的严格凸性以及 $A_j \to 2\|f\|_p$, B_j 必须收敛到零. ∎

● 下面的定理指出, 弱收敛序列的范数是有界的.

2.12　一致有界原理

设 $f^1, f^2, \cdots$ 为 $L^p(\Omega)$ 中序列并具有如下性质: 对每个 $L \in L^p(\Omega)^*$, 数列 $L(f^1), L(f^2), \cdots$ 有界, 那么范数序列 $\|f^j\|_p$ 是有界的, 即存在某个常数 $C > 0$, 使得 $\|f^j\|_p < C$.

证明　假设定理不成立, 我们来推出矛盾. 这里只对 $1 < p < \infty$ 的情形加以考虑, $p = 1$ 或 ∞ 时证明只需作稍微的改动即可, 留给读者作为练习.

首先, 由于下面的原因, 我们可以假设 $\|f^j\|_p = 4^j$. 通过选择子列 (仍采用指标 $j = 1, 2, 3, \cdots$), 显然可以让 $\|f^j\|_p \geqslant 4^j$, 然后将序列 f^j 替换成

$$F^j = 4^j f^j / \|f^j\|_p,$$

它满足定理的假设, 因为

$$L(F^j) = (4^j / \|f^j\|_p) L(f^j)$$

显然是有界的. 利用 $\|F^j\|_p = 4^j$, 我们下一步将构造一个 L, 使得 $L(F^j)$ 不满足有界性, 从而得到矛盾.

令 $T_j(x) = |F^j(x)|^{p-2} \overline{F^j}(x) / \|F^j\|_p^{p-1}$, 并定义模为 1 的复数列 σ_n 如下: 取 $\sigma_1 = 1$, 递归地定义 σ_n, 要求 $\sigma_n \int T_n F^n$ 与

$$\sum_{j=1}^{n-1} 3^{-j} \sigma_j \int T_j F^n$$

有相同的辐角. 从而,

$$\left|\sum_{j=1}^{n} 3^{-j}\sigma_j \int T_j F^n\right| \geqslant 3^{-n}\int T_n F^n = 3^{-n}\|F^n\|_p = (4/3)^n.$$

现定义线性泛函 L 为

$$L(h) = \sum_{j=1}^{\infty} 3^{-j}\sigma_j \int T_j h.$$

由 $\|T_j\|_{p'} = 1$ 以及 Hölder 不等式, 它显然是连续的.

以下估计 $|L(F^k)|$ 的下界.

$$|L(F^k)| \geqslant \left|\sum_{j=1}^{k} 3^{-j}\sigma_j \int T_j F^k\right| - \left(\sum_{j=k+1}^{\infty} 3^{-j}\right)4^k$$

$$\geqslant 3^{-k}4^k - 3^{-k}4^k \frac{1/3}{1-(1/3)} = \frac{1}{2}\left(\frac{4}{3}\right)^k,$$

当 $k \to \infty$ 时它显然趋于 ∞, 这与 $L(F^k)$ 的有界性相矛盾. ∎

• 下一个定理 [Mazur] 指出怎样从弱收敛序列构建强收敛序列, 它在变分问题极小元的存在性证明中非常有用. 事实上, 我们将在第十一章讨论电容器问题时用到它. 此定理在更广泛条件下也是成立的, 比如它对 $L^1(\Omega)$ 及 $L^\infty(\Omega)$ 均成立. 事实上, 它对任意赋范空间都成立 (见 [Rudin 1991], 定理 3.13). 本书利用引理 2.8 (凸集上的投影) 证明了 $1 < p < \infty$ 的情形, 最一般情况下的证明要用到 Hahn-Banach 定理, 后者又涉及了选择公理, 读者可以在很多教材上找到这些证明. 这里给出的证明更具构造性与直观性.

2.13 强收敛的凸组合

设 $1 < p < \infty$, $f^1, f^2, \cdots$ 为 $L^p(\Omega)$ 中弱收敛到 $F \in L^p(\Omega)$ 的函数列, 则存在 $L^p(\Omega)$ 中函数列 $F^1, F^2, \cdots$, 强收敛到 F, 并且每个这样的 F^j 均为 $f^1, \cdots, f^j$ 的凸组合. 也就是说, 对每个 j, 存在非负实数 $c_1^j, \cdots, c_j^j$, 使得 $\sum_{k=1}^{j} c_k^j = 1$, 并且函数列

$$F^j := \sum_{k=1}^{j} c_k^j f^k$$

强收敛到 F.

证明　首先, 考查集合 $\widetilde{K} \subset L^p(\Omega)$, 它包含所有 f^j 及其有限凸组合, 即所有形如 $\sum_{k=1}^{m} d_k f^k$ 的函数, 其中 m 为任意正整数, $\sum_{k=1}^{m} d_k = 1$ 且 $d_k \geqslant 0$. 集合 $\widetilde{K}$ 显然是凸的, 即对所有的 $1 \leqslant \lambda \leqslant 1$, $f, g \in \widetilde{K} \Rightarrow \lambda f + (1-\lambda)g \in \widetilde{K}$.

接下来, 定义集合 K 为 $\widetilde{K}$ 和它的所有极限点的并, 也就是说, 把 $\widetilde{K}$ 中所有 Cauchy 序列在 $L^p(\Omega)$ 中的极限都添加到 $\widetilde{K}$, 我们证明: (a) K 是凸集; (b) K 是闭集. 为证明 (a), 只需注意到如果 $f^j \to f, g^j \to g$ (其中 $f^j, g^j \in \widetilde{K}$), 那么 $\lambda f^j + (1-\lambda)g^j \in \widetilde{K}$ 且收敛到 $\lambda f + (1-\lambda)g$. 为证明 (b), 读者可以利用三角不等式证明 "Cauchy 序列的 Cauchy 序列仍是 Cauchy 序列" (这里我们模仿了从有理数出发构造实数的过程).

于是定理等价于证明弱极限 $F \in K$. 假设此不成立, 则由引理 2.8 (凸集上的投影), 存在函数 $h \in K$, 使得 $D = \mathrm{dist}(F, K) = \|F - h\|_p > 0$. 在 2.8(2) 中, 我们考查过这样的函数

$$l(x) = [\overline{F}(x) - \overline{h}(x)]|F(x) - h(x)|^{p-2},$$

它属于 $L^{p'}(\Omega)$, 并且证明了连续线性泛函 $L(g) := \int lg$ 对所有的 $g \in K$, 均满足

$$\mathrm{Re}L(g) - \mathrm{Re}L(h) \leqslant 0. \tag{1}$$

但 $L(F - h) = \|F - h\|_p^p$, 故

$$\mathrm{Re}L(F) - \mathrm{Re}L(h) > 0, \tag{2}$$

这是因为 $F - h$ 不是零函数. 由假设 $L(f^j) \to L(F)$, 而 $f^j \in K$, 故 (1) 和 (2) 相矛盾. ∎

• 最后我们确定 $L^p(\Omega)$ 的对偶 $L^p(\Omega)^*$ 的构造, 此处假设 $1 \leqslant p < \infty$, 这就是 **F. Riesz 表示定理**. 这里不给出 $L^\infty(\Omega)$ 的对偶, 因为该空间很大, 但用处却不大, 并且它的构造需要用到选择公理.

2.14　$L^p(\Omega)$ 空间的对偶

当 $1 \leqslant p < \infty$ 时, 在下述意义下, $L^p(\Omega)$ 的对偶空间是 $L^q(\Omega)$, 其中 $1/p + 1/q = 1$: 对每个 $L \in L^p(\Omega)^*$, 均存在唯一的 $v \in L^q(\Omega)$, 使得

$$L(g) = \int_\Omega v(x)g(x)\mu(\mathrm{d}x) \tag{1}$$

(在 $p = 1$ 时, 需要额外假设测度空间 (Ω, μ) 是 σ-有限的). 在所有情形下, 甚至 $p = \infty$ 时, 由 (1) 定义的 L 均属于 $L^p(\Omega)^*$, 并且它的范数 (由 2.9(5) 定义)

$$\|L\| = \|v\|_q. \tag{2}$$

证明 当 $1 < p < \infty$ 时, 给定 $L \in L^p(\Omega)^*$, 定义集合 $K = \{g \in L^p(\Omega) : L(g) = 0\} \subset L^p(\Omega)$. 显然 K 是凸集并且还是闭的 (这里用到了 L 的连续性). 假设 $L \neq 0$, 则存在一个 $f \in L^p(\Omega)$, 使得 $L(f) \neq 0$, 从而 $f \notin K$. 由引理 2.8 (凸集上的投影), 存在 $h \in K$, 使得对所有 $k \in K$, 有

$$\mathrm{Re} \int uk \leqslant 0, \tag{3}$$

这里 $u(x) = |f(x) - h(x)|^{p-2}[\overline{f}(x) - \overline{h}(x)]$, 显然 u 属于 $L^q(\Omega)$. 但 K 是一线性空间, 所以当 $k \in K$ 时, $-k \in K$, $ik \in K$. 对所有 $k \in K$, 第一点说明 $\mathrm{Re} \int uk = 0$, 第二点说明 $\int uk = 0$.

现令 g 为 $L^p(\Omega)$ 中任意函数, 并将它写成 $g = g_1 + g_2$, 其中

$$g_1 = \frac{L(g)}{L(f - h)}(f - h), \quad g_2 = g - g_1.$$

(注意到 $L(f - h) = L(f) \neq 0$.) 容易验证 $L(g_2) = 0$, 即 $g_2 \in K$. 据此

$$\int ug = \int ug_1 + \int ug_2 = \int ug_1 = L(g)A,$$

其中 $A = \int u(f - g)/L(f - h) \neq 0$, 这是因为 $\int u(f - h) = \int |f - h|^p$. 从而, (1) 式中的 v 等于 u/A. 为证 v 的唯一性, 只需注意到对 $\omega \in L^q(\Omega)$, 若 $\int (v - \omega)g = 0$ 对所有 $g \in L^p(\Omega)$ 都成立, 那么取 $g = \overline{(v - \omega)}|v - \omega|^{q-2} \in L^p(\Omega)$, 即可推出矛盾. (2) 的证明比较容易, 我们将它留给读者.

当 $p = 1$ 时, 先假设 Ω 具有有限测度, 此时, 由 Hölder 不等式知, $L^1(\Omega)$ 上的连续线性泛函 L 可以限制在 $L^p(\Omega)$ 上, 且由于对所有 $p \geqslant 1$, 有

$$|L(f)| \leqslant C\|f\|_1 \leqslant C\mu(\Omega)^{1/q}\|f\|_p, \tag{4}$$

故它仍是连续的. 根据上述对 $p > 1$ 情形时的证明, 存在唯一的 $v_p \in L^q(\Omega)$, 使得对所有 $f \in L^p(\Omega)$, 成立 $L(f) = \int v_p(x)f(x)\mu(\mathrm{d}x)$. 进一步, 由于 $r \geqslant p$ 时, $L^r(\Omega) \subset L^p(\Omega)$ (由 Hölder 不等式), 对每个 p, v_p 的唯一性表明它事实上与 p 无关, 也就是说, 这个函数 (我们现在称它为 v) 属于任意一个 $L^r(\Omega)$ 空间, 这里 $1 < r < \infty$.

如果取对偶指标 p, q $(p > 1)$, 并在 (4) 式中令 $f = |v|^{q-2}\overline{v}$, 那么

$$\int |v|^q = L(f) \leqslant C(\mu(\Omega))^{1/q} \left(\int |v|^{(q-1)p} \right)^{1/p} = C(\mu(\Omega))^{1/q} \|v\|_q^{q-1},$$

从而对所有 $q < \infty$, 均有 $\|v\|_q \leqslant C(\mu(\Omega))^{1/q}$. 我们断言: $v \in L^\infty(\Omega)$; 事实上还有 $\|v\|_\infty \leqslant C$. 设 $\mu(\{x \in \Omega : |v(x)| > C + \varepsilon\}) = M > 0$, 那么 $\|v\|_q \geqslant (C + \varepsilon)M^{1/q}$, 当 q 足够大时它超过了 $C\mu(\Omega)^{1/q}$, 从而 $v \in L^\infty(\Omega)$, 并且当 $p > 1$ 时, 对任意 $f \in L^p(\Omega)$, 都有 $L(f) = \int v(x)f(x)\mathrm{d}\mu$. 若给定 $f \in L^1(\Omega)$, 则有 $\int |v(x)f(x)|\mathrm{d}\mu < \infty$. 将 $f(x)$ 替换为 $f^k(x)$, 其中当 $|f(x)| \leqslant k$ 时, $f^k(x) = f(x)$, 否则为零. 注意到 $|f^k(x)| \leqslant |f(x)|$, 且当 $k \to \infty$ 时, $f^k(x)$ 逐点收敛到 $f(x)$, 从而由控制收敛定理, f^k 在 $L^1(\Omega)$ 中收敛到 f, vf^k 也在 $L^1(\Omega)$ 中收敛到 vf, 因此

$$L(f) = \lim_{k \to \infty} L(f^k) = \lim_{k \to \infty} \int v f^k \mathrm{d}\mu = \int v f \mathrm{d}\mu.$$

上述结论可以推广到 $\mu(\Omega) = \infty$ 的情形, 但还需假设 Ω 为 σ-有限, 这样,

$$\Omega = \bigcup_{j=1}^\infty \Omega_j,$$

其中每个 $\mu(\Omega_j)$ 均有限, 且 $j \neq k$ 时, $\Omega_j \cap \Omega_k = \varnothing$. $L^1(\Omega)$ 中任意函数 f 都可以写成

$$f(x) = \sum_{j=1}^\infty f_j(x),$$

其中 $f_j = \chi_j f$, χ_j 为集合 Ω_j 上的特征函数. $f_j \mapsto L(f_j)$ 于是成为 $L^1(\Omega_j)^*$ 中元素, 从而存在 $v_j \in L^\infty(\Omega_j)$, 使得 $L(f_j) = \int_{\Omega_j} v_j f_j = \int_{\Omega_j} v_j f$. 重要的是, 每个 v_j 的 L^∞ 范数均小于 $C = \|L\|$. 此外, 在整个 Ω 上定义函数 v, 使得对每个 $x \in \Omega_j$, $v(x) = v_j(x)$, 它显然可测, 并且其 L^∞ 范数小于 C. 这样, 由测度 μ 的可数可加性, 我们得到 $L(f) = \int_\Omega vf$. 唯一性的证明留给读者. ∎

• 我们的下一个目标是 Banach-Alaoglu 定理, 即定理 2.18. 同样, 它也可以在更一般的条件下讨论, 但此处我们只限制在 Ω 为 $\mathbb{R}^n$ 的子集以及 $\mu(\mathrm{d}x)$ 为 Lebesgue 测度这种特殊情形. 证明这个定理需要用到 $1 < p < \infty$ 时 $L^p(\Omega)$ 空间的可分性. 为证明可分性, 则必须先讨论连续函数在 $L^p(\Omega)$ 中的稠密性. 接下来的定理就来证明这个事实, 它是最基本的定理之一, 其重要性怎么说都不过分. 它使我们能用 C_c^∞ 函数逼近 $L^p(\Omega)$ 函数 (引理 2.19). 读者可能要问, 那为何还要引进

$L^p(\Omega)$ 空间, 而不一开始就直接限制在 C^∞ 函数类上讨论呢? 回答是, 连续函数的全体在 $L^p(\Omega)$ 中不完备, 也就是说, 对于连续函数全体, 类似于定理 2.7 的结论不成立, 因为连续函数的极限未必是连续的. 作为准备, 我们需要 2.15 到 2.17 节内容.

2.15　卷积

设 f, g 为 $\mathbb{R}^n$ 上两个函数 (复值), 定义它们的卷积函数 $f * g$ 为

$$f * g(x) = \int_{\mathbb{R}^n} f(x-y)g(y)\mathrm{d}y. \tag{1}$$

注意到通过变量替换就有 $f * g = g * f$, 需要留神的是我们必须确保 (1) 式有意义. 一个方法是让 $f \in L^p(\mathbb{R}^n), g \in L^{p'}(\mathbb{R}^n)$, 这样, 由 Hölder 不等式, (1) 式对所有 x 都有意义, 另外由引理 2.20 ($L^p(\mathbb{R}^n)$ 对偶空间函数卷积的连续性) 以及定理 4.2 (Young 不等式), 我们将会看到更多的结论. 在 f, g 均属于 $L^1(\Omega)$ 时, (1) 式对几乎所有的 $x \in \mathbb{R}^n$ 都有意义, 并且定义了一个 $L^1(\mathbb{R}^n)$ 中的可测函数 (见习题 7). 事实上, 定理 4.2 表明, 当 $f \in L^p(\mathbb{R}^n)$ 和 $g \in L^q(\mathbb{R}^n)$, 并且 $1/p + 1/q > 1$ 时, (1) 式几乎处处有限, 并且定义了 $L^r(\mathbb{R}^n)$ 中可测函数, 其中 $1 + 1/r = 1/p + 1/q$. 接下来的定理证明了 $q = 1$ 的情形.

2.16　C^∞ 函数逼近

设 j 是 $L^1(\mathbb{R}^n)$ 中函数, 满足 $\int_{\mathbb{R}^n} j = 1$. 对 $\varepsilon > 0$, 定义 $j_\varepsilon(x) := \varepsilon^{-n} j(x/\varepsilon)$, 于是 $\int_{\mathbb{R}^n} j_\varepsilon = 1$, 并且 $\|j_\varepsilon\|_1 = \|j\|_1$. 对 $1 \leqslant p < \infty$, 令 $f \in L^p(\mathbb{R}^n)$ 并定义卷积

$$f_\varepsilon := j_\varepsilon * f.$$

那么

$$f_\varepsilon \in L^p(\mathbb{R}^n) \quad \text{且} \quad \|f_\varepsilon\|_p \leqslant \|j\|_1 \|f\|_p. \tag{1}$$

$$\varepsilon \to 0 \text{ 时}, f_\varepsilon \text{ 在 } L^p(\mathbb{R}^n) \text{ 中强收敛到 } f. \tag{2}$$

如果 $j \in C_c^\infty(\mathbb{R}^n)$, 那么 $f_\varepsilon \in C^\infty(\mathbb{R}^n)$, 且 (见下面的注 (3))

$$D^\alpha f_\varepsilon = (D^\alpha j_\varepsilon) * f. \tag{3}$$

注　(1) 上述定理是对空间 $\mathbb{R}^n$ 叙述的, 但它对 $\mathbb{R}^n$ 的任意可测子集 Ω 也成立. 给定 $f \in L^p(\Omega)$, 定义 $\widetilde{f} \in L^p(\mathbb{R}^n)$: 当 $x \in \Omega$ 时, 令 $\widetilde{f}(x) = f(x)$; $x \notin \Omega$ 时, 令 $\widetilde{f}(x) = 0$. 然后定义

$$f_\varepsilon(x) = (j_\varepsilon * \widetilde{f})(x), \quad x \in \Omega.$$

(1) 式在 $L^p(\Omega)$ 中成立是因为

$$\|f_\varepsilon\|_{L^p(\Omega)} \leqslant \|f_\varepsilon\|_{L^p(\mathbb{R}^n)} \leqslant \|j\|_1 \|\widetilde{f}\|_{L^p(\mathbb{R}^n)} = \|j\|_1 \|f\|_{L^p(\Omega)}.$$

类似地, (2) 式在 $L^p(\Omega)$ 中也成立. 如果 Ω 是开集 (从而 $C^\infty(\Omega)$ 有定义), 那么把 $C^\infty(\mathbb{R}^n)$ 替换成 $C^\infty(\Omega)$, f 替换成 $\widetilde{f}$ 时, 第三个断言显然也成立.

　　(2) 在引理 2.19 中我们将看到, 定理 2.16 可以用另一种方式推广: $C^\infty(\mathbb{R}^n)$ 逼近元 $j_\varepsilon * f$ 可修改, 使之属于 $C_c^\infty(\mathbb{R}^n)$, 而结论 (1) 和 (2) 仍然成立. 引理 2.19 的证明非常简单, 但鉴于其重要性, 我们仍单独将它列为一节.

　　(3) 第六章将定义 L^p 函数 f 的分布导数, 记为 $D^\alpha f$, 那么将有 $(D^\alpha j_\varepsilon) * f = j_\varepsilon * D^\alpha f$.

　　(4) 在定理 1.19 (用 C^∞ 函数逼近) 中证明了, 任意 $f \in L^1(\mathbb{R}^n)$ 都可以用 $C^\infty(\mathbb{R}^n)$ 函数逼近 (在 $L^1(\mathbb{R}^n)$ 范数下), 我们这里的目标之一是更明确地指出: $C^\infty(\mathbb{R}^n)$ 函数可以由卷积生成. 然而这不是我们唯一关心的; 结论 (2) 在后文中也非常重要, 定理 1.18 (真简单函数逼近) 在证明中扮演了关键角色.

　　证明　(1) 式是 4.2 节要证明的 Young 不等式, 只需用其证明过程 (A) 的简单情形 4.2(4), 但需要用 1 代替 $C_{p',q,r;n}$. 此简单情形是很简单的练习, 仅用 Hölder 不等式即可推得, 在以下证明中将随意应用此情形. 这里预先用了第四章的结果, 请读者谅解.

　　为证明 (2), 需要证明对每个 $\delta > 0$, 均可以找到 $\varepsilon > 0$, 使得 $\|f_\varepsilon - f\|_p < 10\delta$.

　　第一步. 可以假设 j, f 均具有紧支集且 $|f|$ 有界, 即 $f \in L^\infty(\mathbb{R}^n)$, 证明如下. 如果 j 不具有紧支集, 则可以找到 (用控制收敛定理) $0 < R < \infty$ 及 $C > 1$, 使得 $j^R(x) := C\chi_{\{|x|<R\}}(x)j(x)$ 满足 $\int_{\mathbb{R}^n} j^R = 1$ 及 $\|f\|_p \|j - j^R\|_1 < \delta$. 定义 $j_\varepsilon^R := \varepsilon^{-n} j^R(x/\varepsilon)$ (其支集在 $\{x : |x| < R\varepsilon\}$ 中), 并注意到实数 $\|j_\varepsilon - j_\varepsilon^R\|_1$ 不依赖于 ε. 由 Young 不等式, $\|j_\varepsilon * f - j_\varepsilon^R * f\|_p = \|(j_\varepsilon - j_\varepsilon^R) * f\|_p < \delta$, 从而由三角不等式, 如果对充分小的 ε, 能证明 $\|j_\varepsilon^R * f - f\|_p < \delta$, 就有 $\|j_\varepsilon * f - f\|_p < 2\delta$. 于是下文我们将略去 R 而直接假设 j 的支集在半径为 R 的球内.

　　同样, 在 2δ 的误差下, 取 R' 足够大, 可以把 $f(x)$ 替换为 $\chi_{\{|x|<R'\}}(x)f(x)$. 由 f 具有紧支集可推出 $f \in L^1(\mathbb{R}^n)$; 事实上, $\|f\|_1 \leqslant (|\mathbb{S}^{n-1}|/n)(R')^{n/p'}\|f\|_p$.

再一次应用 Young 不等式及控制收敛定理, 还可以把 f 替换为其截断函数 $\chi_{\{|f|<h\}}(x)f(x)$, 只要 h 足够大并且允许有额外的误差 δ. 那么由 $\|f\|_\infty \leqslant h$, 有 $\|j_\varepsilon * f\|_\infty \leqslant h$, 并且

$$\|j_\varepsilon * f - f\|_p \leqslant (2h)^{1/p'}\|j_\varepsilon * f - f\|_1.$$

我们第一步的结论是: 为证 (2), 可以假设 j 的支集在一个半径为 R 的球内并且 $p=1$. 下面就在这些条件下证明 (2).

第二步. 由定理 1.18, 存在一个真简单函数 F (利用由 1.17(1) 式定义的由半开矩形生成的代数), 使得 $\|F-f\|_1 < \delta$, 从而 (用 Young 不等式) $\|j_\varepsilon*F-j_\varepsilon*f\|_1 < \delta$. 由三角不等式, 只要对足够小的 ε, 证明 $\|j_\varepsilon * F - F\| < \delta$ 即可, 但因为 F 只是矩形上特征函数的有限 (例如 N 个) 线性组合, 我们只需对每个矩形 H, 证明

$$\lim_{\varepsilon \to 0} \|j_\varepsilon * \chi_H - \chi_H\|_1 = 0, \tag{4}$$

其中 χ_H 是矩形 H 上的特征函数 (仅就 (4) 而言, 不用考虑 H 是开集还是闭集).

注意到 j_ε 的支集含在半径为 $r = R\varepsilon$ 的球内, 并且这个 r 可以取得任意小, 使得集合 $A_- = \{x \in H : \mathrm{dist}(x, H^c) < r\}$ 与集合 $A_+ = \{x \notin H : \mathrm{dist}(x, H) < r\}$ 满足 $\mathcal{L}^n(A_- \cup A_+) < \delta/\|j\|_1$. 显然, 当 $x \notin A_- \cup A_+$ 时, 由 $\int_{\mathbb{R}^n} j = 1$, 有 $j_\varepsilon * \chi_H(x) = \chi_H(x)$; 若 $x \in A_- \cup A_+$, 则

$$|j_\varepsilon * \chi_H(x) - \chi_H(x)| = \left|\int_{\mathbb{R}^n} j(y)[H(x-y) - H(x)]\mathrm{d}y\right| \leqslant \int_{\mathbb{R}^n} |j|.$$

由于 $\mathcal{L}^n(A_- \cup A_+) < \delta/\|j\|_1$, 这就证明了 (2).

第三步. 为证 (3), 我们先证

$$\partial f_\varepsilon/\partial x_i = (\partial j_\varepsilon/\partial x_i) * f, \tag{5}$$

并且它是连续的. 从中可以推出 $f_\varepsilon \in C^1(\mathbb{R}^n)$, 再用归纳法 (由于 $\partial j_\varepsilon/\partial x_i \in C^\infty(\mathbb{R}^n)$) 推出 $f_\varepsilon \in C^\infty(\mathbb{R}^n)$. 连续性是控制收敛定理的一个简单推论. 由于 j_ε 具有紧支集, 差商

$$\triangle_{\varepsilon,\delta}(x) := [j_\varepsilon(\cdots, x_i + \delta, \cdots) - j_\varepsilon(\cdots, x_i, \cdots)]/\delta$$

关于 δ 一致有界, 且具有紧支集, 显然它能被一个确定的 $L^{p'}$-函数控制. 再用控制收敛定理即得所证. ■

2.17　$L^p(\mathbb{R}^n)$ 的可分性

存在一确定的可数函数集 $\mathcal{F} = \{\phi_1, \phi_2, \cdots\}$ (下文将给出具体构造) 满足下列性质: 对每个 $1 \leqslant p < \infty$, 每个可测集 $\Omega \subset \mathbb{R}^n$, 每个 $f \in L^p(\Omega)$ 以及每个 $\varepsilon > 0$, 存在 $\mathcal{F}$ 中函数 ϕ_j, 使得 $\|f - \phi_j\|_p \leqslant \varepsilon$.

注　$L^1(\Omega)$ 的可分性是定理 1.18 的直接推论, 只要利用由 1.17(1) 定义的半开矩形生成的代数即可. 这个方法可以容易地推广到一般的 $L^p(\Omega)$ 空间. 但下面的证明给出了一个相当明确并且很有用的 $\mathcal{F}$ 的构造.

证明　通过令 $x \notin \Omega$ 时 $f(x) = 0$, 总可以将一个 $L^p(\Omega)$ 函数 f 延拓到 $L^p(\mathbb{R}^n)$ 中, 所以在证明时我们只需令 $\Omega = \mathbb{R}^n$ 即可.

为构造 $\mathcal{F}$, 首先定义由 $\mathbb{R}^n$ 中立方体 $\Gamma_{j,m}$ 组成的可数集族 Γ, 其中 $j = 1, 2, 3, \cdots, m \in \mathbb{Z}^n$,

$$\Gamma_{j,m} = \{x \in \mathbb{R}^n : 2^{-j} m_i < x_i \leqslant 2^{-j}(m_i + 1), i = 1, \cdots, n\}.$$

对每个 j, 当 m 取遍每个 $\mathbb{Z}^n$ ($\mathbb{R}^n$ 中具有整数坐标的点) 时, 显然 $\{\Gamma_{j,m}\}_m$ 覆盖了整个 $\mathbb{R}^n$. Γ 显然是可数集族 (这里请读者注意: 可数个可数集族仍组成可数集族).

其次, 定义函数族 $\mathcal{F}_j$, 它包含 $\mathbb{R}^n$ 上那些在 $\Gamma_{j,m}$ 上取值为常数 $c_{j,m}$ 的函数 f, 这里的常数 $c_{j,m}$ 是有理复数. 显然由 $\mathcal{F}_j$ 组成的集族也是可数的, 定义 $\mathcal{F} = \bigcup_{j=1}^{\infty} \mathcal{F}_j$, 它显然也是可数的.

给定 $f \in L^p(\mathbb{R}^n)$, 由定理 2.16, 存在连续函数 $\widetilde{f} \in L^p(\mathbb{R}^n)$, 使得 $\int |f - \widetilde{f}|^p < \varepsilon/3$. 从而只要找到 $f_j \in \mathcal{F}$ 使得 $\int |\widetilde{f} - f_j|^p < 2\varepsilon/3$ 即可. 我们还可以假设 (和 2.16 节的证明一样) 在某个足够大的形如 $\{x : -2^J \leqslant x_i < 2^J\}$ 的立方体 γ 之外, $\widetilde{f}(x) = 0$, 其中 J 是某个整数.

对每个 j, 定义

$$\widetilde{f}_j(x) = 2^{-nj} \int_{\Gamma_{j,m}} \widetilde{f}(y)\mathrm{d}y, \quad x \in \Gamma_{j,m},$$

即 $\widetilde{f}_j$ 是 $\widetilde{f}$ 在 $\Gamma_{j,m}$ 上的平均. 由于 $\widetilde{f}$ 是连续的, 它在 γ 上一致连续, 也就是说, 对任意 $\varepsilon' > 0$, 存在 $\delta > 0$, 当 $|x - y| < \delta$ 时有 $|\widetilde{f}(y) - \widetilde{f}(x)| < \varepsilon'$. 从而, 只要 j 足够大, 使得 $\delta \geqslant \sqrt{n}2^{-j}$, 就有

$$\int_{\mathbb{R}^n} |\widetilde{f}(x) - \widetilde{f}_j(x)|^p \mathrm{d}x \leqslant \mathrm{volume}(\gamma)(2\varepsilon')^p.$$

让 ε 足够小, 使得 $(2\varepsilon')^p\mathrm{volume}(\gamma) < \varepsilon/3$, 从而 $\int |f - \widetilde{f}_j|^p < \varepsilon/3$.

最后一步是将 $\widetilde{f}_j$ 替换成只取有理复数值的函数 $\widehat{f}_j$, 并使得 $\int|\widetilde{f}_j - \widehat{f}_j|^p < \varepsilon/3$, 这是容易办到的, 因为它只涉及有限多个立方体 (从而 $\widetilde{f}_j$ 的有限多个值). 再因为 $\widehat{f}_j \in \mathcal{F}$, 定理成立. ∎

• 下面的定理称为 **Banach-Alaoglu 定理**,[①] 但此处仅就 L^p 空间这种特殊情形给出, 并且它的提出早于 Banach 和 Alaoglu (尽管我们会继续用这个称呼). 对于这个特殊的 L^p 空间, 其证明不需要用到不可数集上的选择公理.

2.18 有界序列有弱收敛子列

设 $\Omega \in \mathbb{R}^n$ 为开集并考虑 $1 < p < \infty$ 时的 $L^p(\Omega)$ 空间. 又设 $f^1, f^2, \cdots$ 是 $L^p(\Omega)$ 中一有界函数列, 则存在一子列 $f^{n_1}, f^{n_2}, \cdots$ (其中 $n_1 < n_2 < \cdots$) 及 $f \in L^p(\Omega)$, 使得当 $i \to \infty$ 时, f^{n_i} 在 $L^p(\Omega)$ 中弱收敛到 f, 即对每一个有界线性泛函 $L \in L^p(\Omega)^*$, 有

$$L(f^{n_i}) \to L(f), \quad \text{当 } i \to \infty.$$

证明 从 Riesz 表示定理 2.14 知, $L^p(\Omega)$ 的对偶是 $L^q(\Omega)$, 其中 $1/p + 1/q = 1$. 从而我们的第一个任务是, 找一子列 f^{n_j}, 使得对每个 $g \in L^q(\Omega)$, 数列 $\int f^{n_j}(x)g(x)\mathrm{d}\mu$ 都收敛. 由引理 2.17 ($L^p(\mathbb{R}^n)$ 的可分性), 只要对那里给出的特殊可数函数列 ϕ_j 证明这种收敛即可.

接下来将利用 **Cantor 对角线法则**. 首先考查数列 $C_1^j = \int f^j\phi_1$, 由 Hölder 不等式以及 $\|f^j\|_p$ 的有界性知, 它也是有界的, 从而存在一子列 (记为 f_1^j), 使得当 $j \to \infty$ 时, C_1^j 收敛到某个常数 C_1. 然后从这个新的序列 $f_1^1, f_1^2, \cdots$ 出发, 用同样的讨论找到它的一个子列, 使得 $C_2^j = \int f^j\phi_2$ 也收敛到某个常数 C_2, 把这第二个子列记为 $f_2^1, f_2^2, f_2^3, \cdots$. 用归纳法可以得到可数个子列, 使得对第 k 个子列 (从而它之后的子列), 当 $j \to \infty$ 时, $\int f_k^j\phi_k$ 收敛. 此外, 若 $k \leqslant l$, 序列 f_l^j 总在 $f_k^1, f_k^2, \cdots$ 之中.

Cantor 对角线法则告诉了我们如何从这些子列中找出一收敛子列: 这个新的收敛子列 f^{n_k} (以后将记为 F^k) 的第 k 项定义为第 k 个子列的第 k 项, 即 $F^k := f_k^k$. 作为一个简单的练习, 请读者自行验证当 $j \to \infty$ 时, $\int F^k\phi_l \to C_l$.

---

①译者注: 实际上, 这里陈述的定理 2.18 是 Eberlain-Shmulyan 定理的一个简单情形, 它可以由更广泛的 Banach-Alaoglu 定理得到.

接下来的任务是, 利用 $\int F^j g$ 收敛到某个数 (对所有的 $g \in L^q(\mathbb{R}^n)$, 当 $j \to \infty$ 时, 记此极限为 $L(g)$) 这个事实, 证明存在 $f \in L^p$, 它是 F^j 的弱极限. 为此, 只需注意到 $L(g)$ 是 $L^q(\mathbb{R}^n)$ 上的线性泛函, 并且由 $\|F^j\|_p$ 的有界性, 它也是有界 (从而是连续) 的. 但定理 2.14 告诉我们 $L^q(\mathbb{R}^n)$ 的对偶正好是 $L^p(\mathbb{R}^n)$, 从而存在某个 $f \in L^p(\mathbb{R}^n)$, 使得 $\int F^j g \to L(g) = \int fg$. ∎

注 此处真正用到的是 $L^p(\mathbb{R}^n)$ 的双重对偶 (对偶的对偶) 仍是 $L^p(\mathbb{R}^n)$. 对于其他空间, 比如 $L^1(\mathbb{R}^n)$ 或是 $L^\infty(\mathbb{R}^n)$, 其双重对偶比原来的空间大, 从而没有与定理 2.18 类似的结果. 下面是一个 $L^1(\mathbb{R}^n)$ 空间中的反例: 当 $1 \leqslant x \leqslant 1/j$ 时, 令 $f^j(x) = j$, 否则 f^j 为零. 因为 $\int |f^j| = 1$, 此序列是有界的. 如果它有子列弱收敛到 f, 那么 f 必须为零 (因为 f 必须在 $(-\infty, 0)$ 及所有区间 $(1/n, \infty)$ 上为零, $n = 1, 2, \cdots$), 但 $\int f^j \cdot 1 = 1$ 不收敛到零, 这是一个矛盾, 因为 $f(x) \equiv 1$ 属于对偶空间 $L^\infty(\mathbb{R}^1)$.

2.19 C_c^∞ 函数逼近

设 $\Omega \subset \mathbb{R}^n$ 为一开集, $K \subset \Omega$ 是紧集, 那么存在函数 $J_K \in C_c^\infty(\Omega)$, 使得对任意 $x \in \Omega$, $1 \leqslant J_K(x) \leqslant 1$, 并且当 $x \in K$ 时, $J_K(x) = 1$.

一个推论是, 存在一列取值于 $[0,1]$ 的 $C_c^\infty(\Omega)$ 函数 $g_1, g_2, \cdots$, 使得对每个 $x \in \Omega$, $\lim_{j \to \infty} g_j(x) = 1$.

第二个推论是, 任给 $C^\infty(\Omega)$ 中一个强收敛到 $f \in L^p(\Omega)$ (这里 $1 \leqslant p < \infty$) 的函数列 $f_1, f_2, \cdots$, 序列 $h_i(x) = g_i(x) f_i(x)$ 包含在 $C_c^\infty(\Omega)$ 中, 并且强收敛到 f. 另一方面, 如果对某个 $1 < p < \infty$, f_i 在 $L^p(\mathbb{R}^n)$ 中弱收敛到 f, 那么 h_i 也在 $L^p(\mathbb{R}^n)$ 中弱收敛到 f.

证明 引理 2.19 的第一部分是 Urysohn 引理 (习题 1.15), 下面将用 Lebesgue 积分代替 Riemann 积分给出一个简短的证明. 由于 K 是紧的, 存在 $d > 0$, 使得集合 $\{x : |x - y| \leqslant 2d$, 对某个 $y \in K\} \subset \Omega$. 定义 $K_+ = \{x : |x - y| \leqslant d$, 对某个 $y \in K\} \supset K$, 并且注意到 $K_+ \subset \Omega$ 也是紧集. 固定某个 $j \in C_c^\infty(\mathbb{R}^n)$, 其支集在 $\{x : |x| < 1\}$ 中, 并且对所有的 x 有 $0 \leqslant j(x) \leqslant 1$ 及 $\int j = 1$ (见 1.1(2) 式的例子). 接下来取 $\varepsilon = d$, 定义 $J_K = j_\varepsilon * \chi$, 其中 χ 是集合 K_+ 上的特征函数, 显然 J_K 具有所要的性质.

不难证明: 存在一个递增的紧集列 $K_1 \subset K_2 \subset \cdots \subset \Omega$, 使得每个 $x \in \Omega$ 都在某 $K_{m(x)}$ 中, 其中 $m(x)$ 为某个整数. 定义 $g_i := J_{K_i}$.

序列 h_i 强收敛到 f 是控制收敛定理的一个推论. 注意到 $L^p(\Omega)$ 空间的对偶是 $L^{p'}(\Omega)(1/p + 1/p' = 1)$, 并且 Ω 上全体具有紧支集的函数在 $L^{p'}(\Omega)$ 中稠密, 从而弱收敛也是控制收敛定理的一个推论. ∎

2.20 $L^p(\mathbb{R}^n)$ 对偶空间函数卷积的连续性

设 $f \in L^p(\mathbb{R}^n), g \in L^{p'}(\mathbb{R}^n)$, 其中 p, p' 均大于 1 且 $1/p + 1/p' = 1$, 那么卷积 $f * g$ 是 $\mathbb{R}^n$ 上的连续函数并且在无穷远处强收敛到零, 即对任意 $\varepsilon > 0$, 存在 $\mathcal{R}_\varepsilon$, 使得

$$\sup_{|x| > \mathcal{R}_\varepsilon} |(f * g)(x)| < \varepsilon.$$

证明 注意到对每个 x, $(f * g)(x)$ 定义为 $\int f(x-y)g(y)\mathrm{d}y$, 由于 $f \in L^p(\mathbb{R}^n)$ 和 $g \in L^{p'}(\mathbb{R}^n)$, 利用 Hölder 不等式, 知卷积有限. 对任意 $\delta > 0$, 由引理 2.19 ($C_c^\infty(\Omega)$ 函数逼近), 可以找到 $C_c^\infty(\mathbb{R}^n)$ 内两函数 f_δ 及 g_δ, 使得 $\|f_\delta - f\|_p \leqslant \delta$, $\|g_\delta - g\|_{p'} \leqslant \delta$. 因为

$$f * g - f_\delta * g_\delta = (f - f_\delta) * g + f_\delta * (g - g_\delta),$$

由三角不等式及 Hölder 不等式, 有

$$\|f * g - f_\delta * g_\delta\|_\infty \leqslant \|f - f_\delta\|_p \|g\|_{p'} + \|f_\delta\|_p \|g - g_\delta\|_{p'},$$

它可以被 $(\|g\|_{p'} + \|f\|_p)\delta$ 控制. 由于 $f_\delta * g_\delta \in C_c^\infty(\mathbb{R}^n)$, $f * g$ 可由光滑函数一致逼近, 从而 $f * g$ 连续. 最后一个结论是 $f_\delta * g_\delta$ 具有紧支集的简单推论. ∎

2.21 Hilbert 空间

空间 $L^2(\Omega)$ 有着其他 $L^p(\Omega)$ 空间所没有的特殊性质, 即它的范数可以通过一个内积给出, 而内积则是线性空间中一个熟悉的概念. 两个 $L^2(\Omega)$ 函数的内积定义为

$$(f, g) := \int_\Omega \overline{f}(x)g(x)\mu(\mathrm{d}x),$$

由此可给出范数 $\|f\| = \sqrt{(f,f)}$. 注意到这里的复共轭是对前一个函数取的, 而数学著作中它通常取在后一个函数上. 再注意到由 Schwarz 不等式, 函数 $\overline{f}g$ 可积.

Hilbert 空间可以通过内积抽象地定义, 而无须涉及函数, 就像在定义向量空间时无须指定向量具体是什么. 本节概述 Hilbert 空间的基本概念和基本理论.

一般来说, **内积空间** V 是一个带有一**内积** $(\cdot, \cdot) : V \times V \to \mathbb{C}$ 的向量空间, 其中内积 $(\cdot, \cdot)$ 满足以下性质:

(i) $(x, y + z) = (x, y) + (x, z)$, 对所有 $x, y, z \in V$;

(ii) $(x, \alpha y) = \alpha(x, y)$, 对所有 $x, y \in V$ 及 $\alpha \in \mathbb{C}$;

(iii) $(y, x) = \overline{(x, y)}$;

(iv) 对任意 $x, (x, x) \geqslant 0$, 并且 $(x, x) = 0$ 当且仅当 $x = 0$.

显然前述的 $\int \overline{f} g \, d\mu$ 满足所有这些性质.

Schwarz 不等式 $|(x, y)| \leqslant \sqrt{(x, x)} \sqrt{(y, y)}$ 可以单独由 (i)—(iv) 得到. 如果其中一个向量, 比如 y 不为零, 则等号成立当且仅当对某个 $\lambda \in \mathbb{C}$, $x = \lambda y$, 作为练习希望读者自行完成证明. 如令 $\|x\| = \sqrt{(x, x)}$, 那么由 Schwarz 不等式,

$$\|x + y\|^2 \leqslant \|x\|^2 + \|y\|^2 + 2\|x\|\|y\| = (\|x\| + \|y\|)^2,$$

从而三角不等式 $\|x + y\| \leqslant \|x\| + \|y\|$ 成立. 由 (ii) 及 (iv), 函数 $x \mapsto \|x\|$ 可看成一个范数.

我们称 $x, y \in V$ 是**正交**的, 如果 $(x, y) = 0$. 正如适当的定义可以让深刻的定理显得平凡, 我们可以把 **Pythagoras 定理**简单地叙述如下: 当 x, y 正交时, $\|x + y\|^2 = \|x\|^2 + \|y\|^2$ 成立.

完备性是 $L^2(\Omega)$ 空间的重要性质. 根据定义, **Hilbert 空间** $\mathcal{H}$ 是一个完备的内积空间, 即对每个 Cauchy 序列 $x^j \in \mathcal{H}$ (当 $j, k \to \infty$ 时, $\|x^j - x^k\| \to 0$), 存在某 $x \in \mathcal{H}$, 使得 $j \to \infty$ 时 $\|x - x^j\| \to 0$.

有了这些准备工作, 类似于引理 2.8 (凸集上的投影), 我们请读者证明 Hilbert 空间中类似的结果: 设 $\mathcal{C}$ 是 $\mathcal{H}$ 中的闭凸集, 则 $\mathcal{C}$ 中存在一个范数最小的 y, 即使得 $\|y\| = \inf\{\|x\| : x \in \mathcal{C}\}$.

证明投影引理时用到的一致凸性质, 可以由平行四边形公式

$$\|x + y\|^2 + \|x - y\|^2 = 2\|x\|^2 + 2\|y\|^2$$

得到. 和定理 2.14 一样, 从投影引理可知, $\mathcal{H}$ 的对偶, 即空间 $\mathcal{H}$ 上连续线性泛函全体是 $\mathcal{H}$ 本身.

凸集的一个特殊情形是 Hilbert 空间 $\mathcal{H}$ 的**子空间**, 即 $\mathcal{H}$ 中关于有限线性组合封闭的子集 $M \subset \mathcal{H}$. 设 $M^\perp$ 为 M 的**正交补**, 即

$$M^\perp := \{x \in \mathcal{H} : (x, y) = 0, y \in M\}.$$

容易看出 $M^\perp$ 是**闭子空间**, 也就是说, 如果 $x^j \in M^\perp$ 且 $x^j \to x \in \mathcal{H}$, 那么 $x \in M^\perp$. 如果 $\overline{M}$ 是包含 M 的最小闭子空间, 那么由投影引理

$$\mathcal{H} = \overline{M} \oplus M^\perp. \tag{1}$$

记号 $\oplus$ (称为**正交和**) 指的是对每个 $x \in \mathcal{H}$, 存在 $y_1 \in \overline{M}$ 及 $y_2 \in M^\perp$, 使得 $x = y_1 + y_2$. 显然 y_1, y_2 是唯一的, y_2 称为 x 关于 M 的**法向量**. (1) 的直观意义是, 如果 $x \in \mathcal{H}$, 并且 M 是闭子空间, 那么 x 在 M 上的最小二乘拟合为 $x - y_2$.

为证明 (1), 任取 $x \in \mathcal{H}$, 考虑 $\mathcal{C} = \{z \in \mathcal{H} : z = x - y, y \in \overline{M}\}$, 显然, 它是闭凸集, 从而存在 $z_0 \in \mathcal{C}$, 使得 $\|z_0\| = \inf\{\|z\| : z \in \mathcal{C}\}$. 与 2.8 节的证明相类似, 可证 z_0 与 $\overline{M}$ 垂直, 令 $y_0 := x - z_0 \in \overline{M}$, 则 (1) 式得证, 另外容易看出, $\overline{M}^\perp = M^\perp$.

我们要求读者自己证明一致有界原理: 只要 $\{l^i\}$ 是 $\mathcal{H}$ 上有界线性泛函族, 并且满足对每个 $x \in \mathcal{H}, \sup_i |l^i(x)| < \infty$, 那么 $\sup_i \|l^i\| < \infty$.

至此, 我们的讨论都与 L^p 空间相类似; 除了 (1) 式, Hilbert 空间似乎与 L^p 空间差别不大. 接下来将讨论它们的主要差异.

正交基是 Euclid 空间 (它们本身也是 Hilbert 空间中的特例) 中的重要概念, 它也可以引入到 Hilbert 空间. 称 $\mathcal{H}$ 中的向量集 $\mathcal{S} = \{\omega_1, \omega_2, \cdots\}$ 是一组**标准正交集**, 如果对任意 $\omega_i, \omega_j \in \mathcal{S}, (\omega_i, \omega_j) = \delta_{i,j}$, 这里如果 $i = j, \delta_{i,j} = 1$, 否则为零. 给定 $x \in \mathcal{H}$, 或许会要求通过 $\mathcal{S}$ 中向量的线性组合来求 x 的最小二乘拟合. 当 $\mathcal{S}$ 为有限集时, 答案是 $x_N = \sum_{j=1}^N (\omega_j, x)\omega_j$, 显然

$$0 \leqslant \|x - x_N\|^2 = \|x\|^2 - 2\mathrm{Re}(x, x_N) + \|x_N\|^2 = \|x\|^2 - \sum_{j=1}^N |(\omega_j, x)|^2,$$

从而还得到了重要的 **Bessel 不等式**

$$\sum_{j=1}^N |(\omega_j, x)|^2 \leqslant \|x\|^2.$$

从现在开始, 我们将假设 $\mathcal{H}$ 是**可分 Hilbert 空间**, 也就是说, $\mathcal{H}$ 有一个可数稠密子集 $\mathcal{C} = \{u_1, u_2, \cdots\}$ (不可分的 Hilbert 空间性质较差, 很少用到, 故应尽量避免使用). 这样, 对 $\mathcal{H}$ 中的每个元素 x 以及每个 $\varepsilon > 0$, 存在 N, 使得 $\|x - u_N\| < \varepsilon$. 从 $\mathcal{C}$ 出发可以构造可数集 $\mathcal{B} = \{w_1, w_2, \cdots\}$ 如下: 定义 $w_1 := u_1/\|u_1\|$, 并归纳地定义 $w_k := v_k/\|v_k\|$, 其中

$$v_k := u_k - \sum_{j=1}^{k-1} (w_j, u_k)w_j.$$

如果 $v_k = 0$, 则把 u_k 从 $\mathcal{C}$ 除去再继续此过程, 很容易看出集合 $\mathcal{B}$ 是标准正交的. 这个构造标准正交集的过程称为 **Gram-Schmidt 正交化过程**.

设存在一个 $x \in \mathcal{H}$, 使得对所有的 k, $(x, w_k) = 0$, 我们断言, $x = 0$. 由于 $\mathcal{C} \subset \mathcal{H}$ 是稠密的, 对 $\varepsilon > 0$, 取 $u_N \in \mathcal{C}$ 使得 $\|x - u_N\| < \varepsilon$, 由 Gram-Schmidt 正交化过程知

$$u_N = v_N + \sum_{j=1}^{N-1} (w_j, u_N) w_j, \quad 对任意 N.$$

由于 v_N 与 w_N 成比例, 从条件 $(x, w_k) = 0$ (对所有的 k) 可以推出 $(x, u_N) = 0$. 由 $\varepsilon^2 > \|x - u_N\|^2 = \|x\|^2 + \|u_N\|^2$, 知 $\|x\| < \varepsilon$, 但 ε 是任意的, 故 $x = 0$.

由 Bessel 不等式, 序列

$$x_M := \sum_{j=1}^{M} (w_j, x) w_j$$

是 Cauchy 序列, 从而存在 $y \in \mathcal{H}$, 使得 $M \to \infty$ 时 $\|y - x_M\| \to 0$. 显然, 对所有的 j 都有 $(x - y, w_j) = 0$, 所以 $x = y$. 这样我们又得到了一个重要结果: $\mathcal{B}$ 是 Hilbert 空间 $\mathcal{H}$ 的**标准正交基**, 也就是说, $\mathcal{H}$ 中每个元素 x 可以展开为如下的 **Fourier 级数**

$$x = \sum_{j=1}^{D} (w_j, x) w_j, \tag{2}$$

其中, D 是 $\mathcal{H}$ 的**维数**, D 为有限或无限 (对无限情形, 为简便起见我们都写成 ∞). 数 (w_j, x) 称为元 x 的 **Fourier 系数** (关于基 $\mathcal{B}$). 这里要特别注意

$$\sum_{j=1}^{\infty} (w_j, x) w_j$$

指的是 $M \to \infty$ 时, 序列

$$x_M = \sum_{j=1}^{M} (w_j, x) w_j$$

在 $\mathcal{H}$ 中的极限.

现在已经很容易验证与定理 2.18 类似的定理了: 可分 Hilbert 空间中的球是弱列紧的, 或者更精确地说, 若 $\{x_i\}$ 是 $\mathcal{H}$ 中的有界序列, 那么存在一子列 $\{x_{i_k}\}$ 以及 $x \in \mathcal{H}$, 使得对每个 $y \in \mathcal{H}$, 有

$$\lim_{k \to \infty} (x_k, y) = (x, y).$$

我们仍把证明的细节留给读者去完成.

关于 Hilbert 空间, 还有很多基本的东西, 如线性算子、自共轭算子及谱分解定理等. 所有这些概念不仅有其数学上的深刻性, 它们还是描述量子力学的关键. 事实上, Hilbert 空间理论的许多概念就是在 20 世纪上半叶量子力学的刺激下产生的, 有很多优秀的教材涵盖了这些话题.

习题

1. 证明对任意两个非负数 a, b, 成立不等式

$$ab \leqslant \frac{1}{p}a^p + \frac{1}{q}b^q,$$

其中 $1 \leqslant p, q \leqslant \infty$, 并且 $1/p + 1/q = 1$. 利用这点给出定理 2.3 (Hölder 不等式) 的另一个证明.

2. 证明 2.1(6) 及以下断言: 当 $\infty \geqslant r \geqslant q \geqslant 1$, $f \in L^r(\Omega) \cap L^q(\Omega)$ 时, 对所有 $r \geqslant p \geqslant q$, 有 $f \in L^p(\Omega)$.

3. Banach-Saks 证明了通过取子列, 定理 2.13 中的 c_k^j 可取为 $1/j$, 试对 $L^2(\Omega)$ 及 Hilbert 空间证明这一点.

4. 2.5 节注的倒数第二句实际上是关于非负数的一个断言, 即对 $1 \leqslant p \leqslant 2$ 及 $0 < b < a$, 试证明

$$(a + b)^p + (a - b)^p \geqslant 2a^p + p(p-1)a^{p-2}b^2.$$

5. 关于定理 2.5, 假设 $1 < p \leqslant 2$, f, g 均在 L^p 的单位球面上, 即 $\|f\|_p = \|g\|_p = 1$, 再假设 $\|f - g\|_p$ 非常小, 试用图形描述这种情形, 然后利用习题 4 解释为什么 2.5(2) 表明单位球面是一致凸的, 以及为什么 2.5(1) 说明了单位球面是一致光滑的, 即没有棱角.

6. 定理 2.13 (强收敛的凸组合) 的证明需要用到以下事实: Cauchy 序列的 Cauchy 序列是 Cauchy 序列. 试清楚地叙述此结论的意义并证明之.

7. 假设 f, g 均为 $L^1(\mathbb{R}^n)$ 中函数, 证明由 2.15(1) 式定义的卷积 $f * g$ 是可测的, 并且也在 $L^1(\mathbb{R}^n)$ 中.

8. 证明 $L^p(\mathbb{R}^n)$ 中的强收敛序列一定是 Cauchy 序列.

9. 2.9 节列出了三种方法说明 $L^p(\mathbb{R}^n)$ 中弱收敛到 0 的序列 f^k 可以不强收敛到任何点, 试验证 2.9 节中的三个例子.

10. 设 f 是 $\mathbb{R}$ 上的实值可测函数, 且对任意 $x, y \in \mathbb{R}$ 满足

$$f(x + y) = f(x) + f(y),$$

证明存在某个 A, 使得 $f(x) = Ax$.

▶ 提示: 通过检验 f 在有理数上的取值, 证明当 f 连续时结论成立. 接下来将函数 $\exp[\mathrm{i}f(x)]$ 与具有紧支集的函数 j_ε 作卷积, 这个卷积是连续的!

11. 对于我们使用的 $j_\varepsilon \in C_c^\infty$, 证明如果 f 是连续的, 那么对所有 x, $j_\varepsilon * f(x)$ 收敛到 $f(x)$, 并且此收敛在 $\mathbb{R}^n$ 的每个紧子集上一致.

12. 从 2.21 节 (i)—(iv) 推导 Schwarz 不等式 $|(x,y)| \leqslant \sqrt{(x,x)}\sqrt{(y,y)}$, 并指出等号何时成立.

13. 对 Hilbert 空间, 证明与引理 2.8 (凸集上的投影) 相类似的命题.

14. 对任意子空间 (不要求是闭的) M, 证明 $M^\perp$ 是闭的, 并且 $\overline{M}^\perp = M^\perp$.

15. 对 Hilbert 空间, 证明 Riesz 表示定理, 即定理 2.14.

16. 模仿 2.12 节证明过程, 证明 Hilbert 空间上的一致有界原理.

17. 对可分的 Hilbert 空间, 证明每个有界序列都有一个弱收敛的子列.

18. 证明 2.1 节中的断言: 每个凸函数在其定义域的每个内点 x 处都存在一个支撑平面, 亦见习题 3.1.

19. 证明 2.9(4).

20. 找出 $\mathbb{R}$ 中的一有界可测集列, 使得定义在这列集合上的特征函数在 $L^2(\mathbb{R})$ 中弱收敛到某函数 f, 且使得 $2f$ 是特征函数. 是否能做到让 $f/2$ 成为一个特征函数呢?

21. 在定理 2.6 (范数的可微性) 证明的最后列出了不等式: 对任意 $|t| \leqslant 1$, 有

$$|f|^p - |f-g|^p \leqslant \frac{1}{t}\{|f+tg|^p - |f|^p\} \leqslant |f+g|^p - |f|^p,$$

试给出这两个不等式的完整证明.

22. 证明 p, q, r 定理: 设 $1 \leqslant p < q < r \leqslant \infty$, 若 f 是 $L^p(\Omega, \mathrm{d}\mu) \cap L^r(\Omega, \mathrm{d}\mu)$ 中函数且满足 $\|f\|_p \leqslant C_p < \infty, \|f\|_r \leqslant C_r < \infty$ 以及 $\|f\|_q \geqslant C_q > 0$, 那么存在 $\varepsilon > 0$ 及 $M > 0$ (仅依赖于 p, q, r, C_p, C_q, C_r), 使得 $\mu(\{x : |f(x)| > \varepsilon\}) > M$.

　　事实上, 如果我们定义 S, T 满足 $qC_p^p S^{q-p} = (q-p)C_q^q/4$ 和 $qC_r^r T^{q-r} = (r-q)C_q^q/4$, 那么可以取 $\varepsilon = S$, $M = |T^q - S^q|^{-1}C_q^q/2$ (见 [Fröhlich-Lieb-Loss]).

　　证明, 相反地, 如果不知道 C_q, 那么对任意取定的 $\varepsilon > 0$, $\mu(\{x : |f(x)| > \varepsilon\})$ 可以取得任意小.

▶ 提示: 用层饼表示定理估计不同的范数.

23. 找出一列函数 $\{f^j\}$ 满足如下性质: 在 $L^2(\Omega)$ 中弱收敛到 0, 在 $L^{3/2}(\Omega)$ 中强收敛到 0, 但它在 $L^2(\Omega)$ 中不强收敛到 0. 这里 Ω 是 $\mathbb{R}^n$ 中任意具有正测度的 Lebesgue 可测子集 (不一定包含球).

第三章　重排不等式

3.1　引言

在第一、二章中我们介绍了测度论和积分的一般原理, 得到了非常一般化的结论, 其中大部分在一般的抽象测度空间中也成立, $\mathbb{R}^n$ 的几何结构并未扮演关键角色. 本章要讨论的主题 —— 函数的重排 —— 是几何与积分理论的一个重要结合. 从教学的角度看, 它提供了一个熟练掌握可测集的很好练习 (如证明 Riesz 重排不等式). 更重要的是, 这些重排定理 (以及此处未提到的) 是极有用的分析工具: 比如从它可以得知 Hardy-Littlewood-Sobolev 不等式 (见 4.3 节) 的最小元是球对称的; 另一个推论是引理 7.17, 它指出重排一个函数会减少其动能, 这又能推出 Sobolev 不等式的最优解是球对称函数. 从重排不等式还能得出著名的等周不等式 (这里不证明): 在体积一定的条件下, 球具有最小的表面积. 在其他众多例子中, 重排不等式也告诉我们, 球对称函数事实上都是最小元, 比如在 11.17 节将会看到: 球使静电电容达到最小; [Pólya-Szegö] 给出了更多的例子. 因此虽然这个主题通常不被认为是分析的核心议题, 我们却把它作为一个概念上很有意思并且实际非常有用的例子安排在本章.

3.2　无穷远处趋于零的函数的定义

适合于重排定义的函数是那些 Borel 可测, 并且在无穷远处按下述很弱意

义趋于零的函数: Borel 可测函数 $f : \mathbb{R}^n \to \mathbb{C}$ 称为**在无穷远处趋于零**, 如果对任意 $t > 0$, $\mathcal{L}^n(\{x : |f(x)| > t\})$ 均有限 (这里 $\mathcal{L}^n$ 表示 Lebesgue 测度). 这些概念在空间 $D^1, D^{1/2}$ 的定义中还会用到, 后者是使得 Sobolev 不等式成立的自然的函数空间.

3.3   集合与函数的重排

设 $A \subset \mathbb{R}^n$ 是 Lebesgue 测度有限的 Borel 集, 定义 A 的**对称重排** A^* 为中心在原点的开球, 并且它的体积是 A 的体积, 即

$$A^* = \{x : |x| < r\}, \text{ 其中 } (|\mathcal{S}^{n-1}|/n)r^n = \mathcal{L}^n(A),$$

这里 $|\mathcal{S}^{n-1}|$ 表示 $\mathcal{S}^{n-1}$ 的表面积.

注   定义中采用开球并非是本质的, 也可以用闭球给出定义, 但为确定起见, 必须选定一种定义. 按照此处的定义, 特征函数 $\chi_{A^*}(y)$ 是下半连续的 (见 1.5 节).

这个定义, 加上层饼表示定理 (定理 1.13), 使我们能按下述方式定义**函数 f 的对称递减重排** f^*.

一集合特征函数的对称递减重排的定义是显然的, 即

$$\chi_A^* := \chi_{A^*}.$$

现在假设 $f : \mathbb{R}^n \to \mathbb{C}$ 是一个在无穷远处趋于零的 Borel 可测函数, 定义

$$f^*(x) = \int_0^\infty \chi_{\{|f|>t\}}^*(x)\mathrm{d}t, \tag{1}$$

作为比较, 参见下式 (见 1.13(4))

$$|f(x)| = \int_0^\infty \chi_{\{|f|>t\}}(x)\mathrm{d}t. \tag{2}$$

重排 f^* 具有以下一系列性质:

(i) $f^*(x)$ 非负.

(ii) $f^*(x)$ 径向对称并且不增, 即

$$f^*(x) = f^*(y), \quad \text{如果 } |x| = |y|$$

以及

$$f^*(x) \geqslant f^*(y), \quad \text{如果 } |x| \leqslant |y|.$$

顺便地, 我们称 f^* **严格对称递减**, 如果 $|x| < |y|$ 时, $f^*(x) > f^*(y)$; 特别地, 由此可得, 对所有 x, $f^*(x) > 0$.

(iii) 由于集合 $\{x : f^*(x) > t\}$ 对任何 $t > 0$ 均为开集, 所以 $f^*(x)$ 下半连续, 特别地, f^* 可测 (见习题 9).

(iv) f^* 的水平集恰是 $|f|$ 水平集的重排, 即

$$\{x : f^*(x) > t\} = \{x : |f(x)| > t\}^*.$$

一个看似冗余但重要的推论是函数 f^* 与 $|f|$ 的**等可测性**, 即对每个 $t > 0$,

$$\mathcal{L}^n(\{x : |f(x)| > t\}) = \mathcal{L}^n(\{x : f^*(x) > t\}).$$

再利用层饼表示定理 1.13(2) 得到

$$\int_{\mathbb{R}^n} \phi(|f(x)|)\mathrm{d}x = \int_{\mathbb{R}^n} \phi(f^*(x))\mathrm{d}x \tag{3}$$

对每个满足以下条件的函数 ϕ 都成立: ϕ 是两单调不减函数 ϕ_1 与 ϕ_2 之差, 并且 $\int_{\mathbb{R}^n} \phi_1(|f(x)|)\mathrm{d}x$ 与 $\int_{\mathbb{R}^n} \phi_2(|f(x)|)\mathrm{d}x$ 中至少一个有限. 特别地, 我们有以下的重要结果: 对任意 $f \in L^p(\mathbb{R}^n), 1 \leqslant p \leqslant \infty$, 成立

$$\|f\|_p = \|f^*\|_p. \tag{4}$$

(v) 如果 $\Phi : \mathbb{R}^+ \to \mathbb{R}^+$ 单调不减, 则 $(\Phi \circ |f|)^* = \Phi \circ f^*$, 或用不太确切的记号表达, $(\Phi(|f(x)|))^* = \Phi(f^*(x))$. 从这个事实出发可以得到 (3) 式的另一个证明, 只需注意到由 $(\phi \circ |f|)^*$ 和 $(\phi \circ |f|)$ 的等可测性, (3) 对所有单调不减函数, 从而对两单调不减函数 ϕ 之差都成立.

(vi) 重排是**保 "序"** 的, 即对 $\mathbb{R}^n$ 中两个在无穷远处为 0 的非负函数 f, g, 如果对所有 $x \in \mathbb{R}^n, f(x) \leqslant g(x)$, 那么它们的重排也满足: 对所有 $x \in \mathbb{R}^n$, $f^*(x) \leqslant g^*(x)$ 成立. 这可以从以下事实立即得到: 对所有 $x, f(x) \leqslant g(x)$ 等价于 f 的水平集包含在 g 的水平集中.

3.4 最简单的重排不等式

设 f, g 是 $\mathbb{R}^n$ 中非负函数, 在无穷远处趋于 0, f^*, g^* 分别是它们的对称递减重排, 则

$$\int_{\mathbb{R}^n} f(x)g(x)\mathrm{d}x \leqslant \int_{\mathbb{R}^n} f^*(x)g^*(x)\mathrm{d}x, \tag{1}$$

当左端为无限时, 此式理解为右端也无限.

若 f 严格对称递减 (见 3.3(ii)), 则 (1) 式等号成立当且仅当 $g = g^*$.

证明　下面的证明反复用到 Fubini 定理.

对函数 f, g, f^* 及 g^* 应用层饼表示定理, (1) 就成为

$$\int_0^\infty \int_0^\infty \int_{\mathbb{R}^n} \chi_{\{f>t\}}(x)\chi_{\{g>s\}}(x)\mathrm{d}s\mathrm{d}t$$
$$\leqslant \int_0^\infty \int_0^\infty \int_{\mathbb{R}^n} \chi^*_{\{f>t\}}(x)\chi^*_{\{g>s\}}(x)\mathrm{d}s\mathrm{d}t.$$

一般情形下, (1) 式可以由 f, g 取为有限 Lebesgue 测度集上特征函数这种特殊情形立即得到. 从而我们必须证明: 对 $\mathbb{R}^n$ 的可测集 A, B, $\int \chi_A \chi_B \leqslant \int \chi^*_A \chi^*_B$ 成立, 或者等价地, $\mathcal{L}^n(A \cap B) \leqslant \mathcal{L}^n(A^* \cap B^*)$. 设 $\mathcal{L}^n(A) \leqslant \mathcal{L}^n(B)$, 则 $A^* \subset B^*$ 并且 $\mathcal{L}^n(A^* \cap B^*) = \mathcal{L}^n(A^*) = \mathcal{L}^n(A)$, 但 $\mathcal{L}^n(A \cap B) \leqslant \mathcal{L}^n(A)$, 于是 (1) 式得证.

对定理的第二部分, f 严格对称递减的情形, 其证明稍微复杂一些. 为使 (1) 式中等号成立, 必须要求对几乎所有的 $s > 0$, 有

$$\int_{\mathbb{R}^n} f\chi_{\{g>s\}} = \int_{\mathbb{R}^n} f\chi^*_{\{g>s\}}. \tag{2}$$

我们断言: 这会导致对几乎所有的 s, $\chi_{\{g>s\}} = \chi^*_{\{g>s\}}$ 成立, 从而 $g = g^*$ (仍然由层饼表示定理). 由于 f 严格对称递减, 每个以原点为中心的球 $B_{0,r}$ 都是 f 的水平集. 事实上, 存在一个连续函数 $r(t)$ 满足: $\{x : f(x) > t\} = B_{0,r(t)}$. 从中推出 $F_C(t) := \int \chi_{\{f>t\}}(x)\chi_C(x)\mathrm{d}x$ 对于任意可测集 C 都是 t 的连续函数 (为什么?).

现固定某个 $s > 0$ 使得 (2) 成立, 取 $C = \{x : g(x) > s\}$, 由 (1), $F_C(t) \leqslant F_{C^*}(t)$. 从 (2) 式我们得到 $\int F_C(t)\mathrm{d}t = \int F_{C^*}(t)\mathrm{d}t$. 从而 $F_C(t) = F_{C^*}(t)$ 对几乎所有的 $t > 0$ 都成立. 事实上, 由 F_C 及 F_{C^*} 的连续性, 可得到 $F_C(t) = F_{C^*}(t)$ 对每个 $t > 0$ 都成立. 和前面一样, 这表明, 对每个 $r > 0$, 或者 $C \subset B_{0,r}$ 且 $C^* \subset B_{0,r}$, 或者 $C \supset B_{0,r}$ 且 $C^* \supset B_{0,r}$ (至多相差一 Lebesgue 零测集), 于是在至多相差一个零测集的情况下, $C = C^*$, 从而 $g = g^*$.　■

注　有一个反向不等式, 用 g 的特征函数来表述最为简单, 即 (对非负的 f, g)

$$\int_{\mathbb{R}^n} f\chi_{\{g \leqslant s\}} \geqslant \int_{\mathbb{R}^n} f^*\chi_{\{g^* \leqslant s\}}. \tag{3}$$

(注意到通常的 $g > s$ 已经被替换为 $g \leqslant s$.) 若 f 可积, 一种证明是利用 $\chi_{\{g \leqslant s\}} = 1 - \chi_{\{g > s\}}$, 再由 (1) 式得到. 但事实上 (3) 式在 f 不可积时也成立, 其证明可直接模仿 (1) 的证明过程. 同样地, 当 f 严格对称递减时, 从 (3) 式对所有 s 等号成立可推出 $g = g^*$.

● 下面的重排不等式是 (1) 的改进, 用到了不等式 (3). 作为启发, 假设 f, g 均为 $L^2(\mathbb{R}^n)$ 中非负函数, 则两者之差的 L^2 模满足

$$\|f^* - g^*\|_2 \leqslant \|f - g\|_2, \tag{4}$$

这是因为 (4) 式两端平方之差正好是 (1) 式两端之差的两倍. 其明显的推广是: 对所有 $1 \leqslant p \leqslant \infty$, 成立

$$\|f^* - g^*\|_p \leqslant \|f - g\|_p. \tag{5}$$

也就是说, 由定义, 重排在 $L^p(\mathbb{R}^n)$ 上是非扩张的. 事实上, $|t|^p$ 为 t $(t \in \mathbb{R})$ 的凸函数是 (5) 式成立的关键. 下面的不等式证实了 (5) 的成立, 并把它推广到任意凸函数 J (不一定对称), 它稍稍推广了 [Chiti] 和 [Crandall-Tartar] 的定理, 后者仅就 $J(t) = J(-t)$ 的情形给出了证明.

3.5 重排的非扩张性

设 $J : \mathbb{R} \to \mathbb{R}$ 为非负凸函数且满足 $J(0) = 0$, f, g 是 $\mathbb{R}^n$ 上的非负函数, 在无穷远处趋于 0, 那么

$$\int_{\mathbb{R}^n} J(f(x)^* - g(x)^*)\mathrm{d}x \leqslant \int_{\mathbb{R}^n} J(f(x) - g(x))\mathrm{d}x. \tag{1}$$

如再假设 J 严格凸, $f = f^*$ 并且 f 严格递减, 那么 (1) 中等号成立意味着 $g = g^*$.

证明 首先我们将 J 写成

$$J = J_+ + J_-,$$

其中

$$\begin{cases} J_+(t) = 0, & t \leqslant 0, \\ J_+(t) = J(t), & t \geqslant 0. \end{cases}$$

类似可定义 J_-, 它们均为凸函数, 故只需对 J_+, J_- 分别证明. 由 J_+ 的凸性, 它对所有 t 均存在右导数 $J'_+(t)$, 并且 J_+ 是 J'_+ 的积分, 即 $J_+(t) = \int_0^t J'_+(s)\mathrm{d}s$. 因

为 J_+ 是凸的, 故 $J'_+(t)$ 是 t 的不减函数. $t > 0$ 时, J_+ 的严格凸性意味着 $J'_+(t)$ 在 $t > 0$ 时严格单调递增, 由此得到

$$J_+(f(x) - g(x)) = \int_{g(x)}^{f(x)} J'_+(f(x) - s)\mathrm{d}s = \int_0^\infty J'_+(f(x) - s)\chi_{\{g \leqslant s\}}\mathrm{d}s. \quad (2)$$

现对上式在 $\mathbb{R}^n$ 上积分, 并利用 Fubini 定理交换积分次序, 再由 3.4(3) 式及 3.3 节注 (v), 可知对每个固定的 s, 将 f, g 分别替换为 f^*, g^* 后, (2) 在 $\mathbb{R}^n$ 上的积分值不增. 类似的讨论应用在 J_- 上即得 (1).

现假设 $f = f^*$, f 严格递减且 J'_+ 当 $t > 0$ 时严格递增. 若 (1) 中等号成立, 则对几乎所有的 s, 必有

$$\int_{\mathbb{R}^n} J'_+(f(x) - s)\chi_{\{g \leqslant s\}}(x)\mathrm{d}x = \int_{\mathbb{R}^n} J'_+(f(x) - s)\chi_{\{g^* \leqslant s\}}(x)\mathrm{d}x.$$

因为 J'_+ 严格递增, 利用和定理 3.4 同样的证明可知, 对几乎所有 $r \geqslant s$, 或者 $F_r \supset G_s$, 或者 $F_r \subset G_s$, 其中 $F_r = \{x : f(x) > r\}$, $G_s = \{x : g(x) > s\}$. 类似考虑 J_- 可得: 对几乎所有 $r < s$, 或者 $F_r \supset G_s$, 或者 $F_r \subset G_s$. 因为 F_r 是以原点为中心的球, 并且其半径连续地依赖于 r (这里用到了 f 是严格递减的), 我们得出: 对几乎所有 s, G_s 是以原点为中心的球 (只需简单地选取 r, 使得 $|F_r| = |G_s|$). ∎

• 下面是两个更为深刻的重排不等式, 它们最先由 F. Riesz [Riesz] 给出, 具有深远的影响. 其他的证明可参见 [Hardy-Littlewood-Pólya].

3.6　一维 Riesz 重排不等式

设 f, g 及 h 是数轴上三个非负函数, 在无穷远处趋于 0, 记 $\int_\mathbb{R} \int_\mathbb{R} f(x)g(x-y)h(y)\mathrm{d}x\mathrm{d}y$ 为 $I(f, g, h)$, 那么

$$I(f, g, h) \leqslant I(f^*, g^*, h^*).$$

当 $I(f, g, h) = \infty$ 时, 上式理解为 $I(f^*, g^*, h^*) = \infty$.

证明　利用层饼表示定理及 Fubini 定理, 我们只需对 f, g, h 为有限测度集的特征函数的情形加以证明, 记这些函数为 F, G, H 并用同样的字母表示它们所对应的集合, 根据 Lebesgue 测度的外正则性 (见 1.2(9)), 存在一列开集 F_k, 对

所有的 k 满足 $F \subset F_k \subset F_{k-1}$, 并且 $\lim_{k\to\infty} \mathcal{L}^1(F_k) = \mathcal{L}^1(F)$. 特别地, 所有 F_k 均具有有限测度. 类似可选取 G_k, H_k. 由控制收敛定理,

$$\lim_{k\to\infty} I(F_k, G_k, H_k) = I(F, G, H).$$

显然

$$\lim_{k\to\infty} I(F_k^*, G_k^*, H_k^*) = I(F^*, G^*, H^*).$$

于是我们只需就 F, G, H 为有限测度开集的情形证明引理成立即可.

数轴上的每个开子集 F 由可数个互不相交的开区间的并构成, 我们把这个结论的证明留给读者. 记这些区间为 $I_1, I_2 \cdots$, 并调整次序使得 $\mathcal{L}^1(I_{k+1}) \leqslant \mathcal{L}^1(I_k)$, 如果令

$$F_m = \bigcup_{k=1}^{m} I_k,$$

则有

$$\lim_{m\to\infty} \mathcal{L}^1(F_m) = \sum_{k=1}^{\infty} \mathcal{L}^1(I_k) = \mathcal{L}^1(F),$$

并由单调收敛定理可知

$$\lim_{m\to\infty} I(F_m, G_m, H_m) = I(F, G, H)$$

以及

$$\lim_{m\to\infty} I(F_m^*, G_m^*, H_m^*) = I(F^*, G^*, H^*).$$

所有这些等式实质上是要说明: 为证明引理, 只需对有限个互不相交开区间的并的特征函数 F, G, H 加以证明.

于是我们假设

$$F(x) = \sum_{j=1}^{k} f_j(x - a_j),$$

其中 f_j 是以原点为中心的区间的特征函数, a_j 均为实数. 类似地

$$G(x) = \sum_{j=1}^{l} g_j(x - b_j), \quad H(x) = \sum_{j=1}^{m} h_j(x - c_j).$$

这样, $I(F, G, H)$ 就能表示为形如以下各项之和:

$$\int_{\mathbb{R}} \int_{\mathbb{R}} f(x - a)g(x - y - b)h(y - c)\mathrm{d}x\mathrm{d}y.$$

我们要证明, 如果将每组区间分别合并成中心在原点的区间, 那么所对应的 $I(F,$ $G, H)$ 是最大的. 为此将 $f_j(x - a_j)$ 等均替换为 $f_j(x - ta_j), 0 \leqslant t \leqslant 1$, 考查相应的 $F_t(x), G_t(x), H_t(x)$, 那么,

$$\begin{aligned} I_{jkl}(t) &= \int_{\mathbb{R}} \int_{\mathbb{R}} f_j(x - ta) g_k(x - y - tb) h_l(y - tc) \mathrm{d}x \mathrm{d}y \\ &= \int_{\mathbb{R}} \int_{\mathbb{R}} f_j(x) g_k(x - y) h_l(y + (a - b - c)t) \mathrm{d}x \mathrm{d}y \\ &= \int_{\mathbb{R}} u_{jk}(y) h_l(y + (a - b - c)t) \mathrm{d}y. \end{aligned}$$

其中, $u_{jk}(y) = \int f_j(x) g_k(x - y) \mathrm{d}x$ 为一对称递减函数. 显然当 t 从 1 变化到 0 时, $I_{jkl}(t)$ 不减, 从而 $I(F_t, G_t, H_t)$ 也不减 (本质上, 这就是定理 3.4). 当 t 递减时, 相应于 F_t, G_t, H_t 的区间沿着数轴向原点移动, 当从属于同一函数的两个区间相接触时, 停止移动而把这两个区间合并成一个, 重复此过程, 经过有限次移动后, 对于 F, G, H 最后都得到一个以原点为中心的区间. 显然此过程不改变集合的总测度, 且 $I(F, G, H)$ 不减, 这就证明了引理. ∎

为后文需要, 我们给出下面的注记.

注　(1) $I(f, g, h) = \int_{\mathbb{R}^n} f(x)(g * h)(x) \mathrm{d}x.$
(2) 定义 $h_R(x) := h(-x)$, 则有

$$I(f, g, h) = I(f, h, g) = I(g, f, h_R) = I(h, g_R, f) = I(h, f, g_R) = I(g, h_R, f).$$

3.7　Riesz 重排不等式

设 f, g 及 h 为 $\mathbb{R}^n$ 上三个非负函数, 记

$$I(f, g, h) := \int_{\mathbb{R}^n} \int_{\mathbb{R}^n} f(x) g(x - y) h(y) \mathrm{d}x \mathrm{d}y,$$

那么

$$I(f, g, h) \leqslant I(f^*, g^*, h^*). \tag{1}$$

当 $I(f, g, h) = \infty$ 时, 上式理解为 $I(f^*, g^*, h^*) = \infty$.

证明　为阐明第二章讨论的有关收敛的某些理论, 我们将给出两种方法证明本定理. 第一种方法, 不妨称其为 "紧推理", 与 [Brascamp-Lieb-Luttinger] 中

证明有关. 第二种方法与 [Sobolev] 中证明有关, 用到了 Lusternik 和 Blaschke 提出的想法. 此外它还引用了 [Carlen-Loss, 1990] 提出的竞争对称性的思想, 这将在 4.3 及之后节中讨论 Hardy-Littlewood-Sobolev 不等式时非常有用. 证明的出发点是引理 3.6: 一维情形的重排不等式. Fubini 定理在下面将多次用到, 利用层饼表示定理, 我们可以仅考虑 f, g, h 分别为有限测度集 F, G, H 上特征函数的情形. 为书写方便, 我们把 $I(\chi_F, \chi_G, \chi_H)$ 记成 $I(F, G, H)$. 证明过程会有一些小的跳跃, 但读者应该不难将其细节补充完整.

首先定义任意可测函数 f 关于 $\mathbb{R}^n$ 中某个方向 $\mathbf{e}(|\mathbf{e}|=1)$ 的 **Steiner 对称化**: 对 $\mathbb{R}^n$ 作旋转变换 ρ, 使得 $\rho\mathbf{e} = (1, 0, \cdots, 0)$. 令 $(\rho f)(x) := f(\rho^{-1}x)$, 固定变量 $x_2, \cdots, x_n$, 把 (ρf) 看成第一个变量 x_1 的函数, 取其一维对称递减重排并把它记为 $(\rho f)^{*1}(x_1, \cdots, x_n)$, 用 $(\rho f)^{*1}(x_1, \cdots, x_n)$ 代替 $(\rho f)(x_1, \cdots, x_n)$. 最后在 $\mathbb{R}^n$ 上作逆变换 ρ^{-1}, 得到的 $\rho^{-1}((\rho f)^{*1})$ 即为 Steiner 对称化, 我们把它记为 $f^{*\mathbf{e}}$. 等价地说: 把 f 沿着 $\mathbb{R}^n$ 中任意一条与 $\mathbf{e}$ 轴平行的直线作重排. 一个**可测集的 Steiner 对称化** $F^{*\mathbf{e}}$, 当然为对应于重排特征函数 $\chi_F^{*\mathbf{e}}$ 的集合.

有如下原因使任意集合 $F^{*\mathbf{e}}$ (从而任意 $f^{*\mathbf{e}}$) 均可测. 首先说明 F^{*1} 可看成 $\mathbb{R}^{n-1}$ 上函数 m 的图像, 这里 m 定义为

$$m(x_2, \cdots, x_n) := \frac{1}{2}\int_{\mathbb{R}} \chi_F^{*1}(x_1, x_2, \cdots, x_n)\mathrm{d}x_1.$$

由重排的定义

$$m(x_2, \cdots, x_n) = \hat{m}(x_2, \cdots, x_n) := \frac{1}{2}\int_{\mathbb{R}} \chi_F(x_1, x_2, \cdots, x_n)\mathrm{d}x_1,$$

而 $\hat{m}$ 是可测的 (由 Fubini 定理), 从而 m 可测; 其次, 在 1.5 节已经提到, 可测函数图像下的集合是可测的.

类似于 Steiner 对称化, 可定义函数以及集合的 **Schwarz 对称化**. 代替在定义 Steiner 对称化时将 ρf 替换成它的一维对称递减重排, 对每个固定 x_1, 我们把 ρf 换成关于 $x_2, \cdots, x_n$ 的 $n-1$ 维重排.

对每个 $\mathbf{e}$, 我们考虑集合 $F^{*\mathbf{e}}, G^{*\mathbf{e}}$ 和 $H^{*\mathbf{e}}$, 由引理 3.6 及 Fubini 定理, $I(F, G, H) \leqslant I(F^{*\mathbf{e}}, G^{*\mathbf{e}}, H^{*\mathbf{e}})$. 接下来的目标是找出一列向量 $\mathbf{e}_1, \mathbf{e}_2, \cdots$, 使得 F 的多次 Steiner 重排 (用 $\mathbf{e}_1, \mathbf{e}_2$ 等) 在适当的意义下收敛到球 F^*. 注意到, G, H 随 F 也做了相应的重排, 通过取子列, 可以认为 G, H 的序列也分别收敛到相应的集合. 做了这些之后我们知道, 当 F, G, H 变化 (但保持 $\mathcal{L}^n(F), \mathcal{L}^n(G), \mathcal{L}^n(H)$ 不变) 时, $I(F, G, H)$ 在 $F = F^*$ 时是最佳的. 用同样的讨论, 可知 $G = G^*$ 是最佳

的 (注意到当 $F = F^*$ 时, 进一步的重排将不会改变 F, 即 $(F^*)^{*\mathbf{e}} = F^*$). 最后, $H = H^*$ 是最佳的, 从而 (1) 式得证. 以下两种证明方法的主要差别在于: 前者只指出有这样的序列存在, 而后者给出了这种序列的具体构造.

难证明的部分是 $n = 2$ 的情形, 我们先对其进行讨论.

"紧性" 证明: 为简单起见, 假设 $\mathcal{L}^2(F) = 1$, 利用单调收敛定理进行逼近, 还可进一步假设 F 为有界集. 如果 $F \neq F^*$, 则 $\mathcal{L}^2(F \cap F^*) = \int \chi_F \chi_F^* = P < 1$. 我们希望找到一重排轴 $\mathbf{e}_1$ 使得 $F_1 := F^{*\mathbf{e}_1}$, 且 $\chi_1 := \chi_{F_1}$ 时, 存在 $\delta > 0$, 使得积分 $\int \chi_1 \chi_F^* = P + \delta$. 为找出这样的 $\mathbf{e}_1$, 定义 $A = \chi_F^*(1 - \chi_F)$, $B = (1 - \chi_F^*)\chi_F$, 并考查卷积 $C(x) = \int A(x - y)B(-y)\mathrm{d}y$. 由于 $\int C = (1 - P)^2$, C 不是零函数, 所以存在 $x \neq 0$ 满足 $C(x) > 0$, 定义 $\mathbf{e}_1 = x/|x|$. 接下来只要用定义验证沿 $\mathbf{e}_1$ 方向的 Steiner 对称化具有所需的性质, 实际上还有 $\delta \geqslant C(x)$ (见习题 8).

记所有这种 δ 的上确界为 $\bar{\delta}_1 > 0$, (由于我们不想证明 $\bar{\delta}_1$ 一定能取到) 取 $\delta_1 \geqslant \frac{1}{2}\bar{\delta}_1$, 只要适当选择 $\mathbf{e}_1$, 这样的 δ_1 一定能取到, 从而有 $\int \chi_1 \chi_F^* \geqslant P + \delta_1$. 其次对 F 沿 x_1 坐标轴方向 $(1, 0)$ 作 Steiner 对称化, 再沿 x_2 坐标轴方向 $(0, 1)$ 作对称化, 当然这样做不减小 $\int \chi_1 \chi_F^*$. 经过这后两次对称化, 集合 F_1 落在某个非负对称递减函数 $x_2 = S_1(x_1)$ 与它的反射 $x_2 = -S_1(x_1)$ 之间.

接下来重复此步骤, 即找出另一个轴 $\mathbf{e}_2$, 使得当 $\chi_2 := \chi_{F_2}$ 时, $\int \chi_2 \chi_F^* \geqslant P + \delta_1 + \delta_2$, 其中 $\delta_2 \geqslant \frac{1}{2}\bar{\delta}_2$, 而 $\bar{\delta}_2 > 0$ 是与 $\bar{\delta}_1$ 类似的上确界, 接着分别沿两个坐标方向作上述对称化, 从而得到一个新的对称递减函数 $x_2 = S_2(x_1)$.

一直重复上述过程, 我们得到集合列 $F_1, F_2, F_3, \cdots$ 及函数列 $S_1, S_2, S_3, \cdots$, 后者相应地给出了前者的边界. 注意到 F 是有界集, 它包含在某个以原点为中心的球内. 由 3.3 节 (vi), 所有的 F_j 都包含在同一个球内, 从而函数 S_j 一致有界且支集均含在某个固定的区间内, 依据前文要求, 我们断言 $\int \chi_j \chi_F^*$ 收敛到 1.

为证此, 采用反证法, 设 $\int \chi_j \chi_F^* \to Q < 1$. 从函数列 S_j 中取一子列, 仍然记为 S_j, 使得它逐点收敛到某个对称递减函数 S (这只需注意到 S_j 一致有界并且它们的支集均含在某个固定的区间内, 故可取子列使它在所有有理点 $x_1 \neq 0$ 都收敛, 因为这些点只有可数个. 再由于 S_j 对称递减, 它们在所有的无理点 x_1 也都收敛. 这个证法称为 **Helly 选择原理**). 由控制收敛定理, 这个子列必然在 $L^1(\mathbb{R}^1)$ 中收敛到 S, 从而, 若用 W 表示函数 S 与 $-S$ 之间的集合, 那么

$$\int \chi_W \chi_F^* = \lim_{j \to \infty} \int \chi_j \chi_F^* = Q,$$

而 $\int \chi_W = 1$.

为得出矛盾, 首先注意到, 根据本证明最开始给出的关于 "卷积" 的讨论, 存在 $\delta > 0$ 以及轴 **e**, 使得 $W_* := W^{*\mathbf{e}}$, 且特征函数 χ_{W_*} 满足 $\int \chi_{W_*} \chi_F^* > Q + \delta$. 另一方面, 利用上述提到的收敛性, 可以找到整数 J, 使得 F_J 满足:

(a) $\int \chi_{F_J} \chi_F^* > Q - \delta/8$;

(b) $\|\chi_{F_J} - \chi_W\|_2 < \delta/4$.

令 $F_{J_*} := F_J^{*\mathbf{e}}$, 由定理 3.5 (重排的非扩张性) 或 3.4(4), 可得到 $\|\chi_{F_{J_*}} - \chi_{W_*}\|_2 < \delta/4$. 再由 Schwarz 不等式和三角不等式容易推出 (证明留给读者) $\int \chi_{F_{J_*}} \chi_F^* > Q + 3\delta/4$, 这意味着在第 J 步时, 最大改进 $\bar{\delta}_J$ 大于 $3\delta/4$. 另一方面,

$$Q > \int \chi_{F_{J+1}} \chi_F^* \geqslant \int \chi_{F_J} \chi_F^* + \frac{1}{2}\bar{\delta}_J > Q - \frac{1}{8}\delta + \frac{1}{2}\bar{\delta}_J,$$

从而 $\bar{\delta}_J < \delta/4$, 这是一个矛盾.

$n > 2$ 时定理的证明相同. 我们仅需用 Schwarz 对称化代替上述第三次 Steiner 对称化, 使得边界函数 $S_1, S_2, S_3, \cdots$ 均为 $x_1, x_2, \cdots, x_{n-1}$ 的对称递减函数. 关于 n 的归纳证明用以保证 $n-1$ 维 Schwarz 对称化能使积分 $I(F, G, H)$ 的值变大, 其余证明过程和 $n = 2$ 时完全一样. ∎

"对称性" 证明: 对于给定的集合 F, G 和 H, 构造集列 F_k, G_k 与 H_k, 让它们分别收敛到相应的球, 且使得 $I(F_k, G_k, H_k)$ 递增. 和第一种证明一样, 困难在于如何从一维推出二维. 我们将在最后指出如何把它推广到高维情形, 但现在先集中讨论二维.

固定旋转变换 R_α, α 表示角度, 并让它是 2π 的无理数倍. 其次对给定的有限 Lebesgue 测度集 $F \in \mathbb{R}^2$, 构造集合 $F_1 = TSR_\alpha F$, 其中 S, T 分别表示沿 x 轴和 y 轴方向的 Steiner 对称化. 显然 F_1 与 F 有相同的测度, 并且它关于 x, y 两坐标轴均反射对称. 另外, 容易找到一个下半连续的对称非增函数, 使得 F_1 位于上半平面的部分位于此函数的图像下方. 注意到这样的函数不要求一定有界. 用算子 TSR_α 对 F, G, H 分别作用 k 次得到相应的 F_k, G_k, H_k.

我们接下来证明这些序列在 $L^2(\mathbb{R}^2)$ 中强收敛到与它们体积相同的球. 注意到不等式

$$\|T\chi_F - T\chi_G\|_2 \leqslant \|\chi_F - \chi_G\|_2, \quad \|S\chi_F - S\chi_G\|_2 \leqslant \|\chi_F - \chi_G\|_2 \tag{2}$$

和等式

$$\|R_\alpha \chi_F - R_\alpha \chi_G\|_2 = \|\chi_F - \chi_G\|_2 \tag{3}$$

对任意两个有限测度集都成立. 事实上, 前两个不等式可利用 3.4(4) 得到, 而最后一个等式则由旋转变换保持测度这个事实推出, 由此我们只需对有界集证明相应的收敛结果. 事实上, 对任意给定的 $\varepsilon > 0$, 可以找到 $\tilde{F}$ 包含在以原点为中心的某个球内, 并使得 $\|\chi_F - \chi_{\tilde{F}}\|_2 < \varepsilon$. 由 (2), 对任意 k, 有 $\|\chi_{F_k} - \chi_{\tilde{F}_k}\|_2 < \varepsilon$, 从而只要 $\tilde{F}_k$ 收敛, F_k 也一定收敛. 于是我们可假设 F, G, H 为包含在某个球内的有界集, 根据 3.3 节性质 (vi) 可知, 序列 F_k, G_k 及 H_k 均包含在同一个球内.

每个 F_k 的位于上半空间的部分都可以被某个对称非增的下半连续函数 h_k 所控制, 而函数列 h_k 又一致有界. 和前一种证明一样, 存在子列, 记为 $h_{k(l)}(x)$, 它处处收敛到某下半连续函数 h. 此函数的图像控制了一集合 D 的位于上半空间的部分, 接下来的问题是证明 D 为一圆盘. 考查任一严格对称递减函数 g (比如令 $g = e^{-|x|^2}$), 定义 $\triangle_k = \|g - \chi_{F_k}\|_2$, 注意到 $Tg = Sg = R_\alpha g = g$. 由定理 3.4, $\triangle_k$ 不增, 从而它有极限 $\triangle$. 再根据前面的讨论, $\chi_{F_{k(l)}}$ 几乎处处收敛到 D 的特征函数 χ_D. 因为 $\chi_{F_{k(l)}}$ 可以被某个固定球的特征函数控制, 故由控制收敛定理,

$$\triangle = \|g - \chi_D\|_2.$$

由 (2) 及 (3) 我们还可知, 当 $l \to \infty$ 时,

$$\|\chi_{F_{k(l)+1}} - TSR_\alpha \chi_D\|_2 = \|TSR_\alpha \chi_{F_{k(l)}} - TSR_\alpha \chi_D\|_2 \to 0.$$

从而由 $\triangle_k$ 的单调性知 $\triangle = \|g - TSR_\alpha \chi_D\|_2$. 另一方面, 由于 g 旋转不变, $\|g - R_\alpha \chi_D\|_2 = \|g - \chi_D\|_2 = \triangle$, 所以

$$\|g - TSR_\alpha \chi_D\|_2 = \|g - R_\alpha \chi_D\|_2.$$

因为 g 严格递减, 利用定理 3.4 及 Fubini 定理可知, $TSR_\alpha \chi_D$ 与 $R_\alpha \chi_D$ 几乎处处相等, 特别地, $R_\alpha \chi_D$ 关于 x 轴的反射 P 对称, P 为关于 x 轴的反射算子, 则 $R_\alpha \chi_D = PR_\alpha \chi_D = R_{-\alpha} P\chi_D = R_{-\alpha}\chi_D$, 即 $R_{2\alpha}\chi_D = \chi_D$, 或者说 χ_D 在旋转变换 $R_{2\alpha}$ 下不变. 由假设, 角度 $\beta = 2\alpha$ 是 2π 的无理数倍, 显然 $[0, 2\pi)$ 中的任何数 θ 都能用 β 的整数倍模 2π 的余数任意逼近, 从而若定义 $\mu(\theta) := \|\chi_D - R_\theta \chi_D\|_2$, 那么函数 μ 的零点在区间 $[0, 2\pi)$ 上稠密. 我们将证明 μ 为一连续函数, 这样, 对几乎所有的 θ, 就有 $\chi_D = R_\theta \chi_D$, 从而 $D = F^*$.

事实上, 只需证明 $r(\theta) = \int \chi_D R_\theta \chi_D$ 是连续的. 由定理 2.16, 存在可微函数列 u_k, 使得 $k \to \infty$ 时, $\delta_k = \|\chi_D - u_k\|_2 \to 0$. 由 Schwarz 不等式, 知

$$\left| \int (\chi_D - u_k) R_\theta \chi_D \right| \leqslant \delta_k \|\chi_D\|_2.$$

这说明函数列 $r_k(\theta) = \int u_k R_\theta \chi_D$ 一致收敛到 $r(\theta)$, 但 $r_k(\theta) = \int (R_{-\theta} u_k) \chi_D$, 它显然是连续的, 从而 $r(\theta)$ 也连续.

注意到 χ_{F_k} 有一子列几乎处处收敛到 χ_D, 并且每个集合 F_k 都含在某个固定的球内, 于是由控制收敛定理, 对于这个子列, $\|\chi_D - \chi_{F_k}\|_2$ 收敛到 0. 根据定理 3.5 (重排的非扩张性), 整个序列 $\|\chi_D - \chi_{F_k}\|_2$ 递减, 因为它已经有子列收敛到 0, 故它整个收敛到 0.

完全一样的讨论可应用到 G_k, H_k, 最后得出 $\chi_{F_k}, \chi_{G_k}, \chi_{H_k}$ 在 $L^2(\mathbb{R}^2)$ 中分别强收敛到 χ_{F^*}, χ_{G^*} 和 χ_{H^*}. 据此容易推得

$$\lim_{k \to \infty} I(F_k, G_k, H_k) = I(F^*, G^*, H^*).$$

根据一维 Riesz 重排不等式, $I(F_k, G_k, H_k)$ 不减, 从而定理得证.

向高维空间的推广可用归纳法完成. 令 T 为沿着第 n 个坐标轴的 Steiner 对称化, S 是垂直于第 n 个坐标轴的 Schwarz 对称化, 考查序列 $\{(TSR)^k \chi_F\}$, 其中 R 为把第 n 个坐标轴旋转 $90°$ 的任意旋转变换. 重复二维情形的步骤可得到一极限集 D, 它有以下两条性质: D 本身及 RD 关于第 n 个坐标轴均旋转对称, 换句话说, D 关于两个互相垂直的坐标轴均旋转对称, 并且相应的截面为 $n-1$ 维球. 为证明 D 是球, 考虑 $\chi_\varepsilon = j_\varepsilon * \chi_D$, 其中 $j_\varepsilon(x) = \varepsilon^{-n} j(x/\varepsilon)$, 而 $j(x)$ 是光滑径向函数, 满足 $\int_{\mathbb{R}^n} j = 1$. 由定理 2.16 知, 函数 χ_ε 光滑, 并且 $\varepsilon \to 0$ 时, χ_ε 在 $L^2(\mathbb{R}^n)$ 中收敛到 χ_D, 进一步, χ_ε 具有与 χ_D 一样的对称性质. 从而令 $\rho^2 = x_1^2 + \cdots + x_{n-2}^2$ 后会发现, 存在两个连续函数 f 和 g, 使得

$$\chi_\varepsilon(x_1, \cdots, x_n) = f(\sqrt{\rho^2 + x_{n-1}^2}, x_n) = g(\sqrt{\rho^2 + x_n^2}, x_{n-1}).$$

在此, 我们已选择第 $n-1$ 个坐标轴为另一对称轴. 令 $x_n = 0$, 则对所有 $\rho > 0$, 有

$$g(\rho, x_{n-1}) = f(\sqrt{\rho^2 + x_{n-1}^2}, 0).$$

从而

$$\chi_\varepsilon(x_1, \cdots, x_n) = f(\sqrt{x_1^2 + \cdots + x_n^2}, 0),$$

即 χ_ε 是径向函数, 由于 χ_D 为径向函数的极限, 它也必定是径向函数. ■

• Riesz 不等式 3.7(1) 涉及了 f, g, h 三个函数和 $\mathbb{R}^n$ 中的 x, y 两个变量, 它在 [Brascamp-Lieb-Luttinger] 中被推广到了 m 个函数和 $\mathbb{R}^n$ 中的 k 个变量的情形, 此即下面的定理 3.8 (不加证明), 它的证明采用了和引理 3.6 及定理 3.7 一样的

步骤, 即先解决一维情形, 再重复利用一维的结果推出 $\mathbb{R}^n$ 的情形. 事实上, 引理 3.6 的证明就来源于那篇文章.

3.8　一般重排不等式

设 $f_1, f_2, \cdots, f_m$ 为 $\mathbb{R}^n$ 上非负函数, 在无穷远处趋于 0, 令 $k \leqslant m$, $B = \{b_{ij}\}$ 为 $k \times m$ 矩阵 (其中 $1 \leqslant i \leqslant k, 1 \leqslant j \leqslant m$), 定义

$$I(f_1, \cdots, f_m) := \int_{\mathbb{R}^n} \cdots \int_{\mathbb{R}^n} \prod_{j=1}^{m} f_j \left(\sum_{i=1}^{k} b_{ij} x_i \right) \mathrm{d}x_1 \cdots \mathrm{d}x_k, \tag{1}$$

则 $I(f_1, \cdots, f_m) \leqslant I(f_1^*, \cdots, f_m^*)$.

注　定理 3.7 对应于 $m = 3, k = 2$, 而

$$B = \begin{pmatrix} 1 & 1 & 0 \\ 0 & -1 & 1 \end{pmatrix}.$$

3.9　严格重排不等式

设 f, g 及 h 为 $\mathbb{R}^n$ 上三个非负可测函数, 其中 g 严格对称递减, 那么仅当存在某个 $y \in \mathbb{R}^n$, 使得当 $f(x) = f^*(x - y), h(x) = h^*(x - y)$ 时, 3.7(1) 中等号成立.

注　根据 3.6 节注 2, 当三个函数均径向对称且严格递减时, 定理成立, 这里 "严格" 二字非常重要. 读者可能会问能不能把其中一个函数的径向对称以及 (或是) 严格递减条件去掉? 加上某些限制, 回答是肯定的, 见 [Burchard]. 比如, 取 f, g, h 为三个相似的同心椭球上的特征函数, 那么 3.7(1) 中等号可以取到, 这一点仅需对 $\mathbb{R}^n$ 的坐标作一线性变换就能很容易得到.

证明　由定理 1.13 (层饼表示定理), 只要就 f, h 为有限测度集 A, B 的特征函数的情形证明即可 (为什么?).

首先证明单变量特征函数时的定理, 一般的情形可通过对维数作归纳得到. 因为 g 严格对称递减, 由层饼表示定理及 Riesz 重排不等式, 3.7(1) 的等号成立要求

$$I(f, g_r, h) = I(f^*, g_r, h^*), \tag{1}$$

其中 g_r 是以原点为中心、长度为 r 的区间上的特征函数, 记号 I 同引理 3.6 所述. 如果

$$r > |A| + |B| = \int_{\mathbb{R}} f + \int_{\mathbb{R}} h,$$

那么 $I(f^*, g_r, h^*) = |A||B|$, 但要使 $I(f, g_r, h) \leqslant |A||B|$ 中等号成立, 必须有

$$g_r(x) \int_{\mathbb{R}} f(x+y)h(y)\mathrm{d}y = \int_{\mathbb{R}} f(x+y)h(y)\mathrm{d}y,$$

也就是说, $\int_{\mathbb{R}} f(x+y)h(y)\mathrm{d}y$ 的支集含在由 g_r 给出的区间内. 注意到由引理 2.20, $\int_{\mathbb{R}} f(x+y)h(y)\mathrm{d}y$ 是连续函数. 定义 J_A 为使 $|A \cap J_A| = |A|$ 成立的最小区间, 类似定义 J_B, 那么容易验证: 包含 $\int_{\mathbb{R}} f(x+y)h(y)\mathrm{d}y$ 支集的最小区间的长度是 $|J_A| + |J_B|$, 所以对任意 $r > |A| + |B|$, 有 $|J_A| + |J_B| < r$, 故 $|J_A| = |A|, |J_B| = |B|$, 从而 A, B 均为区间, 且只有这两个区间的中心重合, 才能使 (1) 式成立, 这样就证明了一维情形的定理.

为证 $n \geqslant 2$ 时的定理, 先假设结论在 $n-1$ 时成立, 那么 3.7(1) 中等式可写成

$$\int f(x', x_n)g(x'-y', x_n-y_n)h(y', y_n)\mathrm{d}x'\mathrm{d}y'\mathrm{d}x_n\mathrm{d}y_n$$
$$= \int f^*(x', x_n)g(x'-y', x_n-y_n)h^*(y', y_n)\mathrm{d}x'\mathrm{d}y'\mathrm{d}x_n\mathrm{d}y_n, \tag{2}$$

其中带 $'$ 的变量表示它在 $\mathbb{R}^{n-1}$ 上积分. 由上式连同 Riesz 重排不等式, 可以推出

$$\int f(x', x_n)g(x'-y', x_n-y_n)h(y', y_n)\mathrm{d}x'\mathrm{d}y'$$
$$= \int f^*(x', x_n)g(x'-y', x_n-y_n)h^*(y', y_n)\mathrm{d}x'\mathrm{d}y' \tag{3}$$

对几乎所有 $x_n, y_n \in \mathbb{R}$ 均成立. 对任意固定的 x_n, $g(x', x_n)$ 是 x' 的严格对称递减函数, 从而由归纳假设, 对几乎所有 x_n, y_n, 相应于特征函数 $f(x', x_n), h(y', y_n)$ 的集合 A'_{x_n}, B'_{y_n} 必为 $\mathbb{R}^{n-1}$ 中的两同心球, 且此球心不依赖于 x_n, y_n (为什么?), 也就是说, 除去 $\mathbb{R}^n$ 中零测集外, 集合 A, B 必定关于平行于第 n 个坐标轴的某公共轴 $\mathbf{e}_n$ 旋转不变. 类似地, 这两个集合还关于另一平行于第 $n-1$ 个坐标轴的公共轴 $\mathbf{e}_{n-1}$ 旋转不变, 特别地, 这两条轴线必交于某点 y (为什么?). 在定理 3.7 第二个证明的最后我们已经证明: $\mathbb{R}^n$ $(n \geqslant 3)$ 中的任意可测集, 若存在两条互相垂直的对称轴, 那么它必定球对称, 这样, 集合 A, B 一定是以 y 为中心的

球. 二维时, 集合 A, B 均为圆盘, 这是因为平面上每个方向都是对称轴 (与 $n \geqslant 3$ 时一样), 由平面几何的性质, 这些轴线必两两相交 (且必交于一公共点). ■

习题

1. 证明实轴开区间上的凸函数 J 在每一点必有左、右导数 J'_r, J'_l, 且

$$J(t) - J(t_0) = \int_{t_0}^{t} J'_r(s)\mathrm{d}s = \int_{t_0}^{t} J'_l(s)\mathrm{d}s.$$

2. 证明实轴上每个开集都是可数个互不相交的开区间的并.

3. 设 A, B 为 $\mathbb{R}$ 中两测度有限的可测集, J_A, J_B 分别为使得 $|A \cap J_A| = |A|$ 和 $|B \cap J_B| = |B|$ 成立的最小区间, 证明包含 $\chi_A * \chi_B$ 支集的最小区间的长度为 $|J_A| + |J_B|$.

4. 在定理 3.4 的证明中我们断言 $r(t)$ 是连续的, 试证明之.

5. 在定理 3.4 证明后的注中我们曾断言, 即使 f 不可积, (3) 式仍成立, 试证明之.

6. 证明, 如果 $\mathbb{R}^n$ 中某集合测度为正且有限, 且关于两条坐标轴都是旋转不变的, 那么这两条轴线必相交.

7. 构造三个函数 f, g 和 h, 它们都不是某对称递减函数的平移, 使得 $I(f, g, h) = I(f^*, g^*, h^*)$.

8. 在定理 3.7 (Riesz 重排不等式)"紧性证明" 的第一段中我们曾断言, 通过选择 $\mathbf{e}_1 = x/|x|$, 积分 $\int \chi_1 \chi_F^*$ 从 P 增加到 $P + \delta$, 其中 $\delta \geqslant C(x)$, 试证明之.

　▶ 提示. 证明: 沿着每条平行于 $\mathbf{e}_1$ 轴的直线, 积分值至少增加 $\min\{a, b\}$, 其中 a 是集合 $F \sim F^*$ 与此直线的交集的 $\mathcal{L}^1$ 测度, b 是集合 $F^* \sim F$ 与此直线的交集的 $\mathcal{L}^1$ 测度.

9. 证明 3.3 节的论断 (iii), 即 $f^*(x)$ 的下半连续性, 从而还有论断 (iv), 即 $\{x : f^*(x) > t\} = \{x : |f(x)| > t\}^*$.

第四章 积分不等式

4.1 引言

前面已经提到的几个重要的积分不等式有定理 2.2 (Jensen 不等式)、定理 2.3 (Hölder 不等式) 和定理 2.4 (Minkowski 不等式). 本质上, 它们都建立在凸性理论上, 给出它们的最佳形式也毫无困难 (即, 如果减小特定的最佳常数, 所讨论的不等式不再成立), 我们也完全可以指出等式成立的条件. 这些不等式之所以在第二章给出, 是因为它们对 L^p 空间理论的展开有用.

下面要给出的不等式更加复杂, 而且不能从简单的凸性得到, $\mathbb{R}^n$ 的 Euclid 结构在此起了作用. 尤其值得注意的是, 最佳 (或最优) 常数的确定和等式的成立都是很难的问题. 如果不需要求出最佳常数, 那么推导这些不等式 (且我们做到了) 相对不太困难, (尽管从历史上来说证明定理 4.3 的非最佳情形也不容易), 我们还是给出了这些简单情形的证明. 定理 4.3 的最佳常数的确定要用到第三章的重排不等式, 而这就是把这些积分不等式放在第三章后给出的原因. 然而, 定理 4.3 中的所有常数并非都已完全确定, 所以这也给出了有趣的公开问题.

并不是对所有的情形, 不等式的最佳形式都能通过特定函数得到. 如果有函数使不等式成为等式, 那么这样的函数按情形, 分别称为**极大元**或**极小元**, 有时也称为**最优解**. 本章所考虑的情形, 极大元都完全确定下来了. 其他例子可见第十一章变分法.

本书研究最佳常数有两个理由: 一是它们有用, 甚至很重要. 然而, 主要理由是, 它为我们提供了可以解决的 (通常不是这样) "硬分析" 问题的例子以及处理方法. 换句话说, 读者可以用它们来构造和计算一个极小化问题的解. 但是, 本书的其余部分并不需要用到最佳常数, 不感兴趣的读者完全可以忽略这些讨论.

另一个理由是, 我们将介绍和用到一些关于 Gauss 函数、共形变换以及球极投影的基本且有用的知识. 我们将看到几何与分析的交互作用.

Gauss 函数 $g : \mathbb{R}^n \to \mathbb{C}$ 是一个以二次加一次型为指数的有界指数函数. 即,

$$g(x) = \exp\{-(x, Ax) + \mathrm{i}(x, Bx) + (J, x) + C\}, \tag{1}$$

其中 A 和 B 是实对称矩阵, 且 A 为半正定的 (即, 对所有 $x \in \mathbb{R}^n$, $(x, Ax) \geqslant 0$), $J \in \mathbb{C}^n$. 如果对某些 $p < \infty$, $g \in L^p(\mathbb{R}^n)$, 那么 A 必是正定的.

回顾一下 $f * g$ 表示卷积, 在 2.15 节已定义.

4.2　Young 不等式

设 $p, q, r \geqslant 1$ 且 $1/p + 1/q + 1/r = 2$. 又设 $f \in L^p(\mathbb{R}^n), g \in L^q(\mathbb{R}^n)$ 以及 $h \in L^r(\mathbb{R}^n)$, 则

$$\left| \int_{\mathbb{R}^n} f(x)(g * h)(x)\mathrm{d}x \right| = \left| \int_{\mathbb{R}^n} \int_{\mathbb{R}^n} f(x)g(x - y)h(y)\mathrm{d}x\mathrm{d}y \right|$$
$$\leqslant C_{p,q,r;n} \|f\|_p \|g\|_q \|h\|_r. \tag{1}$$

最佳常数 $C_{p,q,r;n}$ 等于 $(C_p C_q C_r)^n$, 且

$$C_p^2 = p^{1/p}/p'^{1/p'}, \tag{2}$$

其中 $1/p + 1/p' = 1$. 假如 $p, q, r > 1$, 则 (1) 中的等式成立当且仅当 f, g 和 h 是下述 Gauss 函数:

$$\begin{aligned}
f(x) &= A \exp[-p'(x - a, J(x - a)) + \mathrm{i}k \cdot x], \\
g(x) &= B \exp[-q'(x - b, J(x - b)) - \mathrm{i}k \cdot x], \\
h(x) &= C \exp[-r'(x - c, J(x - c)) + \mathrm{i}k \cdot x],
\end{aligned} \tag{3}$$

其中 $A, B, C \in \mathbb{C}; a, b, c, k \in \mathbb{R}^n$ 且 $a = b + c$; 而 J 是任意实对称正定矩阵.

注　(1) $C_p = 1/C_{p'}$.

(2) 利用 Hölder 不等式易知, 对给定的 g 和 h, f 的最佳选择 (至多相差一个常数) 是

$$f(x) = \mathrm{e}^{-\mathrm{i}\theta(x)}|(g*h)(x)|^{p'/p},$$

这里 $\theta(x)$ 由 $g*h = \mathrm{e}^{\mathrm{i}\theta}|g*h|$ 定义, 因此, Young 不等式可以改写为如下形式 (交换了 p 和 p' 的位置):

$$\|g*h\|_p \leqslant (C_q C_r/C_p)^n \|g\|_q \|h\|_r = C_{p',q,r;n} \|g\|_q \|h\|_r, \tag{4}$$

其中 $1/q + 1/r = 1 + 1/p$.

(3) 最佳常数由 [Beckner] 和 [Brascamp-Lieb] 同时得到, 而等式成立的条件是由后者给出的.

(4) 对称性: 记 (1) 中的积分为 $I(f,g,h)$, 且用 f_R 表示函数 $f_R(x) = f(-x)$. 则通过简单的变量替换 (利用 Fubini 定理),

$$I(f,g,h) = I(g,f,h_R) = I(f,h,g) = I(h,g_R,f). \tag{5}$$

(5) 若我们不将 Young 不等式视为关于卷积的一个命题, 而是把 (1) 中的第二个积分看作三个函数的乘积在 $\mathbb{R}^{2n}$ (而不是 $\mathbb{R}^n$) 上的积分, 其中每个函数都是从 $\mathbb{R}^{2n}$ 到 $\mathbb{R}^n$ 的线性映射与从 $\mathbb{R}^n$ 到 $\mathbb{C}$ 的函数的复合, 那么 Young 不等式的最终推广形式 [Lieb, 1990] 如下.

最一般的 Young 不等式　取定 $k > 1$ 和整数 $n_1, n_2, \cdots, n_k$ 以及数 $p_1, \cdots, p_k \geqslant 1$, 设 $M \geqslant 1$, 而 B_i $(i = 1, \cdots, k)$ 是从 $\mathbb{R}^M$ 到 $\mathbb{R}^{n_i}$ 的线性映射, 又设 $Z : \mathbb{R}^M \to \mathbb{R}^+$ 是某一取定的 Gauss 函数,

$$Z(x) = \exp\{-(x, Jx)\},$$

其中 J 是一个实的 $M \times M$ 半正定矩阵 (可能为零).

对函数 $f_i \in L^{p_i}(\mathbb{R}^{n_i})$, 考虑积分

$$I_Z(f_1, \cdots, f_k) = \int_{\mathbb{R}^M} Z(x) \prod_{i=1}^k f_i(B_i x) \mathrm{d}x \tag{6}$$

和数

$$C_Z := \sup\{I_Z(f_1, \cdots, f_k) : \|f_i\|_{p_i} = 1, i = 1, \cdots, k\}, \tag{7}$$

则 C_Z 可通过如下的 Gauss 函数 f 来确定, 即,

$$C_Z = \sup\{I_Z(f_1, \cdots, f_k) : \|f_i\|_{p_i} = 1, f_i(x) = \exp[-(x, J_i x)]\}. \tag{8}$$

其中 J_i 为实的 $n_i \times n_i$ 对称正定矩阵.

为了得到 Young 不等式, 只要取 $J = 0, k = 3, B_1 = (1, 0), B_2 = (1, -1)$ 和 $B_3 = (0, 1)$ 即可.

虽然最佳常数 C_Z 没有显式给出, 但 (8) 提供了计算 C_Z 的一种算法, 因为 Gauss 函数的积分通过熟知的方法 (见习题) 是可以计算的. 推广了的 Young 不等式的证明 (即使没有最佳常数) 比通常情形的定理 4.2 的证明更为困难. 要给出使 $C_Z < \infty$ 的有关 p_i, B_i 和 Z 的条件很复杂, 但是上面给出的定理在 (7) 和 (8) 同时有限或无限的意义下仍是正确的.

定理 4.2 的证明

(A) 没有最佳常数的简单情形　不妨假设 f, g 和 h 是实的且非负的, 将 (1) 中的二重积分改写为

$$I := \int_{\mathbb{R}^n} \int_{\mathbb{R}^n} \alpha(x, y)\beta(x, y)\gamma(x, y)\mathrm{d}x\mathrm{d}y,$$

其中

$$\begin{aligned}
\alpha(x, y) &= f(x)^{p/r'} g(x - y)^{q/r'}, \\
\beta(x, y) &= g(x - y)^{q/p'} h(y)^{r/p'}, \\
\gamma(x, y) &= f(x)^{p/q'} h(y)^{r/q'}.
\end{aligned} \tag{9}$$

注意到, $1/p' + 1/q' + 1/r' = 1$, 对上述三个函数应用 Hölder 不等式, 即得 $|I| \leqslant \|\alpha\|_{r'}\|\beta\|_{p'}\|\gamma\|_{q'}$. 但

$$\|\alpha\|_{r'} = \left\{ \int_{\mathbb{R}^n} \int_{\mathbb{R}^n} f(x)^p g(x - y)^q \mathrm{d}x\mathrm{d}y \right\}^{1/r'} = \|f\|_p^{p/r'}\|g\|_q^{q/r'}, \tag{10}$$

类似的结论对 β 和 γ 也成立. 当然, (10) 中的第二个等号是将 y 替换为 $y - x$ 以及先对 y 求积分的结果. 最后结果是 (1), 其中的最佳常数 $(C_p C_q C_r)^n$ 换成了更大的数 1.

(B) 有最佳常数的完整情形　我们从一个辅助问题开始, 这个问题的好处是, 可以证明极大元 f, g, h 存在且可求出. 接下来通过一个极限过程, 从辅助问

题推出最初的问题. 我们这里不证明极大元唯一由 (3) 式给出, 而把证明留给读者, 可参考文献 [Brascamp-Lieb] 或者 [Lieb, 1990].

证明形如 (4) 的 Young 不等式比形如 (1) 的更为方便. 我们的辅助问题就是要将 (4) 左边的 g 换成 $j_\varepsilon * g$, 其中 j_ε 是满足 $\int j_\varepsilon = 1$ 的 Gauss 函数 (见 2.16 节). 此外, 再用 Gauss 函数 $\mathrm{e}^{-\delta x^2}$ 乘以 (4) 式左边的 g 和 h, 因此, 辅助问题是考查函数

$$K_{g,h}^{\varepsilon,\delta}(x) = \int_{\mathbb{R}^n} \int_{\mathbb{R}^n} J_n^{\varepsilon,\delta}(x,y,z) g(y) h(z) \mathrm{d}y \mathrm{d}z,$$

其中

$$J_n^{\varepsilon,\delta}(x,y,z) = (\pi\varepsilon)^{-n/2} \exp\{-|x-y-z|^2/\varepsilon - \delta|y|^2 - \delta|z|^2 - \delta|x|^2\}.$$

我们的目的是要求出下述不等式

$$\|K_{g,h}^{\varepsilon,\delta}\|_p \leqslant C_n^{\varepsilon,\delta} \|g\|_q \|h\|_r \tag{11}$$

的最佳常数 $C_n^{\varepsilon,\delta}$, 其中 $1 + 1/p = 1/q + 1/r$, 如 (4) 所述. 由于 p,q,r 是固定的, $C_n^{\varepsilon,\delta}$ 与 p,q,r 的依赖关系没有用显式表示.

注意到,

$$C_n^{\varepsilon,\delta} \leqslant C_n^{\varepsilon,0} \leqslant C_{p',q,r;n} \leqslant 1. \tag{12}$$

第一个不等式是显然的, 而第二个是由于 $\|j_\varepsilon * g\|_p \leqslant \|g\|_p$, 这是上面 (A) 中证明的非最佳 Young 不等式的推论.

首先, 我们将证明此最佳常数可以取到, 即存在两个函数 g 和 h, 满足 $\|g\|_q = \|h\|_r = 1$, 使得 $\|K_{g,h}^{\varepsilon,\delta}\|_p = C_n^{\varepsilon,\delta}$. 令 g_i, h_i 是函数对的一个极大化序列, 即在 $\|g_i\|_q = \|h_i\|_r = 1$ 的假设下, $\|K_{g_i,h_i}^{\varepsilon,\delta}\|_p \to C_n^{\varepsilon,\delta}$. 由定理 2.18 (有界序列的弱极限), 存在 $g \in L^q(\mathbb{R}^n), h \in L^r(\mathbb{R}^n)$, 使得在 $L^q(\mathbb{R}^n)$ 中 $g_i \rightharpoonup g$ 以及在 $L^r(\mathbb{R}^n)$ 中 $h_i \rightharpoonup h$.

由习题 6, $K_{g_i,h_i}^{\varepsilon,\delta}$ 在 $L^p(\mathbb{R}^n)$ 中强收敛于函数 $K_{g,h}^{\varepsilon,\delta}$. 由定理 2.11 (范数的下半连续性) 可知, $\|g\|_q \leqslant 1$ 和 $\|h\|_r \leqslant 1$. 实际上, $\|g\|_q = \|h\|_r = 1$, 这是因为如果它们严格小于 1, 比值 $\|K_{g,h}^{\varepsilon,\delta}\|_p/(\|g\|_q \|h\|_r)$ 将会严格大于 $C_n^{\varepsilon,\delta}$, 矛盾. 因此, g 和 h 是一个极大元对, 而且正如上面所宣称的, $C_n^{\varepsilon,\delta}$ 可以取到.

接下来, 要利用定理 2.4 (Minkowski 不等式) 证明

$$C_{n+m}^{\varepsilon,\delta} = C_n^{\varepsilon,\delta} C_m^{\varepsilon,\delta},$$

以及最优解 g 和 h 必为 Gauss 函数. 这个等式似乎是显然的, 但它并不是平凡的, 因此需要证明. 将点 $x \in \mathbb{R}^{n+m}$ 写成 $x = (x_1, x_2)$, 其中 $x_1 \in \mathbb{R}^n$ 和 $x_2 \in \mathbb{R}^m$. 现在, 由 Minkowski 不等式,

$$
\begin{aligned}
C_{n+m}^{\varepsilon,\delta} &= \left(\int_{\mathbb{R}^{n+m}} \left| \int_{\mathbb{R}^{n+m}} \int_{\mathbb{R}^{n+m}} J_{n+m}^{\varepsilon,\delta}(x,y,z) g(y) h(z) \mathrm{d}y \mathrm{d}z \right|^p \mathrm{d}x \right)^{1/p} \\
&\leqslant \left(\int_{\mathbb{R}^m} \left(\int_{\mathbb{R}^{2m}} J_m^{\varepsilon,\delta}(x_2, y_2, z_2) \right. \right. \\
&\qquad \times \left. \left. \left(\int_{\mathbb{R}^n} \left| \int_{\mathbb{R}^{2n}} J_n^{\varepsilon,\delta}(x_1, y_1, z_1) g(y_1, y_2) h(z_1, z_2) \mathrm{d}y_1 \mathrm{d}z_1 \right|^p \mathrm{d}x_1 \right)^{1/p} \mathrm{d}y_2 \mathrm{d}z_2 \right)^p \mathrm{d}x_2 \right)^{1/p} \\
&\leqslant C_n^{\varepsilon,\delta} \left(\int_{\mathbb{R}^m} \left| \int_{\mathbb{R}^{2m}} J_m^{\varepsilon,\delta}(\cdot, y_2, z_2) \| g(\cdot, y_2) \|_q \| h(\cdot, z_2) \|_r \mathrm{d}y_2 \mathrm{d}z_2 \right|^p \mathrm{d}x_2 \right)^{1/p} \\
&\leqslant C_n^{\varepsilon,\delta} C_m^{\varepsilon,\delta} \| g \|_q \| h \|_r,
\end{aligned}
\tag{13}
$$

因此有 $C_{n+m}^{\varepsilon,\delta} \leqslant C_n^{\varepsilon,\delta} C_m^{\varepsilon,\delta}$. 反过来, 假设 (g_n, h_n) 和 (g_m, h_m) 分别是关于 n 维和 m 维问题的最优解, 则函数

$$
g(y_1, y_2) := g_n(y_1) g_m(y_2)
$$

和

$$
h(z_1, z_2) := h_n(z_1) h_m(z_2)
$$

是 $m + n$ 维问题的最优解, 从而有 $C_{n+m}^{\varepsilon,\delta} = C_n^{\varepsilon,\delta} C_m^{\varepsilon,\delta}$.

下面假设 $g(y_1, y_2)$ 和 $h(z_1, z_2)$ 是任意一对 $m + n$ 维问题的最优解. 显然它们必然是同号的, 不妨认为都取正号, 此外在上面的一系列不等式中必须处处成立等号. 特别地, 在 Minkowski 不等式中必须取等号. 这就意味着 (13) 的右边的函数必然可以按下述形式分解: 存在两个函数 $A_{x_2}(x_1)$ 和 $B_{x_2}(y_2, z_2)$, 使得

$$
J_m^{\varepsilon,\delta}(x_2, y_2, z_2) \int_{\mathbb{R}^{2n}} J_n^{\varepsilon,\delta}(x_1, y_1, z_1) g(y_1, y_2) h(z_1, z_2) \mathrm{d}y_1 \mathrm{d}z_1 = A_{x_2}(x_1) B_{x_2}(y_2, z_2).
$$

由此可推知, 函数

$$
J_m^{\varepsilon,\delta}(x_2, y_2, z_2)^{-1} A_{x_2}(x_1) B_{x_2}(y_2, z_2)
$$

不依赖于 x_2, 从而必为形如 $C(x_1) D(y_2, z_2)$ 的形式, 其中 C 和 D 均为适当的函数, 因此

$$
\int_{\mathbb{R}^{2m}} J_m^{\varepsilon,\delta}(x_2, y_2, z_2) \int_{\mathbb{R}^{2n}} J_n^{\varepsilon,\delta}(x_1, y_1, z_1) g(y_1, y_2) h(z_1, z_2) \mathrm{d}y_1 \mathrm{d}z_1 \mathrm{d}y_2 \mathrm{d}z_2
$$

$$= \int_{\mathbb{R}^{2m}} J_m^{\varepsilon,\delta}(x_2, y_2, z_2) C(x_1) D(y_2, z_2) \mathrm{d}y_2 \mathrm{d}z_2$$

$$= C(x_1) E(x_2),$$

其中 E 为某个函数.

假若将所讨论的不等式理解为如下形式:

$$\int J_{m+n}^{\varepsilon,\delta}(x, y, z) f(x) g(y) h(z) \mathrm{d}x \mathrm{d}y \mathrm{d}z \leqslant C_{n+m}^{\varepsilon,\delta} \|f\|_{p'} \|g\|_q \|h\|_r,$$

则前面的讨论说明了, 如果 f, g 和 h 是最优解, 则由 Hölder 不等式, $f(x_1, x_2) = d[C(x_1) E(x_2)]^{p-1}$, 其中 d 为常数. 由于 f, g 和 h 的位置是对称的, 我们断言所有的最优解都可以因式分解. 显然, 其中的每个因子必为相应的 n 维或 m 维问题的最优解. 从而即可推出, 这些最优解必定是一维问题最优解的乘积.

现在, 令 g 和 h 是一维问题的任意的最优解, 通过考虑

$$G(x_1, x_2) = g\left(\frac{x_1 + x_2}{\sqrt{2}}\right) g\left(\frac{x_1 - x_2}{\sqrt{2}}\right)$$

和

$$H(x_1, x_2) = h\left(\frac{x_1 + x_2}{\sqrt{2}}\right) h\left(\frac{x_1 - x_2}{\sqrt{2}}\right),$$

可以得到新的有趣的二维问题的最优解. 这里请读者通过变量代换自行验证, G 和 H 的确是二维问题的最优解. 公式

$$J_1^{\varepsilon,\delta}(x_1, y_1, z_1) J_1^{\varepsilon,\delta}(x_2, y_2, z_2)$$
$$= J_1^{\varepsilon,\delta}\left(\frac{x_1 + x_2}{\sqrt{2}}, \frac{y_1 + y_2}{\sqrt{2}}, \frac{z_1 + z_2}{\sqrt{2}}\right) J_1^{\varepsilon,\delta}\left(\frac{x_1 - x_2}{\sqrt{2}}, \frac{y_1 - y_2}{\sqrt{2}}, \frac{z_1 - z_2}{\sqrt{2}}\right)$$

是至关紧要的, 而且正是在这里我们首次用到了 $J_1^{\varepsilon,\delta}(x, y, z)$ 是 Gauss 函数这一事实. 由于 G 是最优解, 通过前面的讨论可知, 对某些函数 u 和 v, 有

$$g\left(\frac{x_1 + x_2}{\sqrt{2}}\right) g\left(\frac{x_1 - x_2}{\sqrt{2}}\right) = u(x_1) v(x_2). \tag{14}$$

注意到, $u(x_1) v(x_2) \in L^q(\mathbb{R}^2)$. 我们将证明, 由此可推出 g 必为 Gauss 函数.

先假设 g 是 C^∞ 函数且严格正, 则函数 $\eta(x) := \ln g(x), \mu(x) := \ln u(x)$ 和 $\nu(x) := \ln v(x)$ 也是 C^∞ 函数, 且满足关系式

$$\eta\left(\frac{x_1 + x_2}{\sqrt{2}}\right) + \eta\left(\frac{x_1 - x_2}{\sqrt{2}}\right) = \mu(x_1) + \nu(x_2).$$

对上述方程关于 x_1 和 x_2 求两次微分, 可得

$$\eta''\left(\frac{x_1 + x_2}{\sqrt{2}}\right) = \eta''\left(\frac{x_1 - x_2}{\sqrt{2}}\right)$$

对所有的 x_1 和 x_2 成立. 这就推出 $\eta''(x)$ 必定为常数 $-2a$, 从而 $\eta(x) = -ax^2 + 2bx + c$, 其中 b, c 为常数, 因此

$$g(x) = \exp[-ax^2 + 2bx + c],$$

即 g 是 Gauss 函数.

为了对仅属于 $L^q(\mathbb{R})$ 的函数 g 应用上述讨论, 考虑

$$g_\lambda(x) = (\lambda/\pi)^{1/2} \int_\mathbb{R} \exp[-\lambda(x - y)^2] g(y) \mathrm{d}y,$$

并注意到, 用 $g_\lambda, u_\lambda, v_\lambda$ 取代 g, u, v, (14) 仍成立 (为什么?). 由于 g 非负, g_λ 是严格正的, 且显然属于 C^∞, 从而

$$g_\lambda(x) = \exp[-a_\lambda x^2 + 2b_\lambda x + c_\lambda],$$

其中 $a_\lambda > 0$. 由定理 2.16, 存在序列 $\lambda_j \to \infty$, 使得对几乎所有的 $x \in \mathbb{R}$ 成立 $g_{\lambda_j}(x) \to g(x)$. 因此, $a_{\lambda_j}, b_{\lambda_j}$ 和 c_{λ_j} 必收敛, 记其极限依次为 a, b 和 c, 其中 $a > 0$.

关于 h 的结论完全类似, 于是我们总结出, 不等式 (11) 的最优解是由 Gauss 函数给出的. 从本质上说, 这些最优解和常数都可以用显式求出, 但做起来很困难. 相反地, 我们首先考虑当 $\delta \to 0$ 时, $C_1^{\varepsilon, \delta}$ 的极限. 显然, $C_1^{\varepsilon, \delta}$ 关于 δ 非增, 且可用界 $C_1^{\varepsilon, 0}$ 控制. 实际上, $\lim_{\delta \to 0} C_1^{\varepsilon, \delta} = C_1^{\varepsilon, 0}$, 这可从下面得到: 对于任意的 $\eta > 0$, 存在非负的标准函数 g, h, 使得 $\|K_{g,h}^{\varepsilon, 0}\|_p \geqslant C_1^{\varepsilon, 0} - \eta$. 显然 $C_1^{\varepsilon, \delta} \geqslant \|K_{g,h}^{\varepsilon, \delta}\|_p$, 再利用控制收敛定理, 可推出

$$\lim_{\delta \to 0} C_1^{\varepsilon, \delta} \geqslant \lim_{\delta \to 0} \|K_{g,h}^{\varepsilon, \delta}\|_p = \|K_{g,h}^{\varepsilon, 0}\|_p \geqslant C_1^{\varepsilon, 0} - \eta.$$

由于 η 任意小, 这就证明了断言. 因此,

$$C_1^{\varepsilon, 0} = \sup_{\delta > 0} C_1^{\varepsilon, \delta}$$

$$= \sup_{\delta > 0} \sup\{\|K_{g,h}^{\varepsilon, \delta}\|_p : g, h \text{ 为非负 Gauss 函数, 且满足 } \|g\|_q, \|h\|_r = 1\}.$$

通过交换上面两个上确界 (为什么可以交换?) 可知, $C_1^{\varepsilon,0}$ 可以通过对所有 Gauss 函数取上确界求出, 计算结果是 (留给读者验证)

$$C_1^{\varepsilon,0} = C_q C_r C_{p'}. \tag{15}$$

注意上式右边不依赖于 ε.

最后, 需要证明 $\lim_{\varepsilon \to 0} C_1^{\varepsilon,0} = C_{p',q,r;1}$. 我们已经知道 $C_1^{\varepsilon,0} \leqslant C_{p',q,r;1}$. 如同前面的讨论, 即对任意给定的 $\eta > 0$, 存在标准函数 g, h, 使得 $\|g * h\|_p \geqslant C_{p',q,r;1} - \eta$. 另外有 $C_1^{\varepsilon,0} \geqslant \|j_\varepsilon * g * h\|_p$, 由定理 2.16, $j_\varepsilon * g \to g$ 在 $L^q(\mathbb{R})$ 中成立, 以及前面不等式的右边项是连续的 (根据非最佳 Young 不等式), 可得 $\liminf_{\varepsilon \to 0} C_1^{\varepsilon,0} \geqslant C_{p',q,r;1} - \eta$. 这就证明了 $C_{p',q,r;1} = C_q C_r C_{p'}$. 再通过直接计算, 可以验证定理 4.2 中给出的 Gauss 函数是最优解. ∎

4.3 Hardy-Littlewood-Sobolev 不等式

设 $p, r > 1$, $0 < \lambda < n$, 且 $1/p + \lambda/n + 1/r = 2$, 又设 $f \in L^p(\mathbb{R}^n)$ 和 $h \in L^r(\mathbb{R}^n)$, 则存在与 f 和 h 无关的最佳常数 $C(n, \lambda, p)$, 使得

$$\left| \int_{\mathbb{R}^n} \int_{\mathbb{R}^n} f(x)|x-y|^{-\lambda} h(y) \mathrm{d}x \mathrm{d}y \right| \leqslant C(n, \lambda, p)\|f\|_p \|h\|_r. \tag{1}$$

最佳常数满足

$$C(n, \lambda, p) \leqslant \frac{n}{n-\lambda}(|\mathbb{S}^{n-1}|/n)^{\lambda/n} \frac{1}{pr} \left(\left(\frac{\lambda/n}{1-1/p} \right)^{\lambda/n} + \left(\frac{\lambda/n}{1-1/r} \right)^{\lambda/n} \right).$$

假若 $p = r = 2n/(2n-\lambda)$, 则

$$C(n, \lambda, p) = C(n, \lambda) = \pi^{\lambda/2} \frac{\Gamma(n/2 - \lambda/2)}{\Gamma(n - \lambda/2)} \left\{ \frac{\Gamma(n/2)}{\Gamma(n)} \right\}^{-1+\lambda/n}. \tag{2}$$

此时, (1) 中等式成立当且仅当 $h = Cf$ 及

$$f(x) = A(\gamma^2 + |x-a|^2)^{-(2n-\lambda)/2},$$

其中 $A \in \mathbb{C}, 0 \neq \gamma \in \mathbb{R}, a \in \mathbb{R}^n$ 而 C 为常数.

注 (1) 非最佳形式的不等式在 [Hardy-Littlewood, 1928, 1930] 和 [Sobolev] 中已证明. 由 (2) 式给出的最佳常数来自 [Lieb[a], 1983]. 其中还证明了 $p = r$

时最优解的存在性, 即将这些函数代入 (1) 时, 具有最佳常数的等式成立. 然而 $p \neq r$ 时, 最佳常数和最优解是否存在还是未知的.

(2) 不等式 (1) 有时候被看成是弱型 Young 不等式. 注意到, (1) 看起来像定理 4.2 的 Young 不等式, 其中用 $|x|^{-\lambda}$ 替代 $g(x)$. 然而, 这个函数 $|x|^{-\lambda}$ 不属于任一 L^p 空间, 不过我们还是有类似于 Young 不等式的不等式. "弱型" 一词表示 $|x|^{-\lambda}$ 属于**弱型** L^q **空间** $L_w^q(\mathbb{R}^n)$, 其中 $q = n/\lambda$. 这个空间定义为满足

$$\sup_{\alpha>0} \alpha |\{x : |f(x)| > \alpha\}|^{1/q} < \infty \tag{3}$$

的所有可测函数组成的空间. $L^q(\mathbb{R}^n)$ 中的任意函数必属于 $L_w^q(\mathbb{R}^n)$, 这只需注意到, 对所有 α,

$$\|f\|_q^q \geqslant \int_{|f|>\alpha} |f(x)|^q \mathrm{d}x \geqslant \alpha^q |\{x : |f(x)| > \alpha\}|. \tag{4}$$

(3) 给出的表达式并不是一个范数. 当 $q > 1$ 时,

$$\|f\|_{q,w} = \sup_A |A|^{-1/q'} \int_A |f(x)| \mathrm{d}x \tag{5}$$

给出了 $L_w^q(\mathbb{R}^n)$ 的范数, 且与 (3) 等价, 其中 $1/q + 1/q' = 1$, A 表示任意测度有限的可测集. 利用定理 1.14 (浴缸原理), 不难验证 (3) 和 (5) 等价. (5) 是范数, 这点非常容易证明. 特别地, 假若 $f(x) = |x|^{-\lambda}$, 则

$$\|f\|_{n/\lambda,w} = \frac{n}{n-\lambda} [|\mathbb{S}^{n-1}|/n]^{\lambda/n}, \tag{6}$$

这里 $|\mathbb{S}^{n-1}|$ 是单位球面 $\mathbb{S}^{n-1} \subset \mathbb{R}^n$ 的表面积, 见 1.2(8).

弱型 Young 不等式叙述如下: 设 $g \in L_w^q(\mathbb{R}^n)$, $1 < p, q, r < \infty$ 满足 $1/p + 1/q + 1/r = 2$, 则对于某常数 $K_{p,q,r;n}$, 下述不等式

$$\left| \int_{\mathbb{R}^n} \int_{\mathbb{R}^n} f(x)g(x-y)h(y)\mathrm{d}x\mathrm{d}y \right| \leqslant K_{p,q,r;n} \|f\|_p \|g\|_{q,w} \|h\|_r \tag{7}$$

成立. 为找到最佳常数 $K_{p,q,r;n}$, 利用定理 3.7, 可假设 $f = f^*, g = g^*, h = h^*$, 令 $b = f * h$, 由此 $b = b^*$. 由层饼表示定理, $b(x) = \int_0^\infty \chi_t(x)\mathrm{d}t$, 其中 $\chi_t(x)$ 是半径为 R_t 的以原点为中心的球的特征函数. (7) 的左边是

$$\int_{\mathbb{R}^n} bg = \int_0^\infty \int_{\mathbb{R}^n} \chi_t(x)g(x)\mathrm{d}x\mathrm{d}t \leqslant \int_0^\infty R_t^{n/q'} \left(\frac{|\mathbb{S}^{n-1}|}{n} \right)^{1/q'} \|g\|_{q,w}\mathrm{d}t$$

$$= \frac{1}{q'} \left(\frac{n}{|\mathbb{S}^{n-1}|} \right)^{1/q} \int_0^\infty \int_{\mathbb{R}^n} \chi_t(x)|x|^{-\lambda}\mathrm{d}x\mathrm{d}t\|g\|_{q,w}$$

$$= \int_{\mathbb{R}^n} b(x)|x|^{-\lambda}\mathrm{d}x \frac{1}{q'} \left(\frac{n}{|\mathbb{S}^{n-1}|} \right)^{1/q} \|g\|_{q,w}, \tag{8}$$

其中 $\lambda = n/q$. 结合 (6) 和 (8), 即得 $K_{p,q,r;n} = \frac{1}{q'} \left(\frac{n}{|\mathbb{S}^{n-1}|} \right)^{1/q} C(n,n/q,p)$.

　　像 4.2 中的注记 (2) 一样, 我们也可以将 Hardy-Littlewood-Sobolev 不等式视为: 卷积是从 $L^p(\mathbb{R}^n) \times L^q_w(\mathbb{R}^n)$ 到 $L^r(\mathbb{R}^n)$ 的有界映射. 也就是, 替换 (7) 中的 r 为 r',

$$\|g * f\|_r \leqslant \frac{1}{q'} \left(\frac{n}{|\mathbb{S}^{n-1}|} \right)^{1/q} C(n,n/q,p)\|g\|_{q,w}\|f\|_p, \tag{9}$$

其中 $1/p + 1/q = 1 + 1/r$.

　　(3) 回到 (1), 注意到, 当 $p = r$ 时, 在 (1) 中可取 $h = \bar{f}$, 这是因为该二次型是正定的, 即若 $f \in L^{2n/(2n-\lambda)}(\mathbb{R}^n)$ 且 $f \neq 0$, 则

$$\int_{\mathbb{R}^n} \int_{\mathbb{R}^n} \bar{f}(x)|x - y|^{-\lambda}f(y)\mathrm{d}x\mathrm{d}y > 0. \tag{10}$$

证明是容易的: 把 $g_\lambda(x) := |x|^{-\lambda}$ 写成卷积 $g_\lambda = Cg_{(n+\lambda)/2} * g_{(n+\lambda)/2}$, 记 $V := g_{(n+\lambda)/2} * f$, 因此可知 (10) 中的积分与 $\int |V|^2$ 成比例. (这些注记是粗略的, 但结论 (10) 及其证明本质上与定理 9.8 (库仑能量的正性质) 相同; 细节可参考那里.)

　　(4) 我们将给出 (1) 的两个证明. 第一个是相当基本的, 但它不能给出最佳常数. 第二个证明将在 4.7 节中给出, 尽管仅仅是 $p = r$ 的情形, 但它给出了最佳常数 (2).

　　(5) 我们将 "Hardy-Littlewood-Sobolev 不等式" 简称为 "HLS 不等式".

　　第一个证明　证明思想是利用层饼表示定理改写 (1) 的左边, 再估计所有积分. 假设 f 和 h 都是非负函数, 不失一般性, 可认为 $\|f\|_p = \|h\|_r = 1$.

　　我们有下述估计:

$$|x|^{-\lambda} = \lambda \int_0^\infty c^{-\lambda-1}\chi_{\{|x|<c\}}(x)\mathrm{d}c, \tag{11}$$

$$f(x) = \int_0^\infty \chi_{\{f>a\}}(x)\mathrm{d}a, \tag{12}$$

$$h(x) = \int_0^\infty \chi_{\{h>b\}}(x)\mathrm{d}b, \tag{13}$$

将这些式子代入 (1) 的左边, 可得

$$I := \int_{\mathbb{R}^n} \int_{\mathbb{R}^n} f(x)|x-y|^{-\lambda}h(y)\mathrm{d}x\mathrm{d}y$$

$$= \lambda \int_0^\infty \int_0^\infty \int_0^\infty \int_{\mathbb{R}^n} \int_{\mathbb{R}^n} c^{-\lambda-1}\chi_{\{f>a\}}(x)\chi_{\{h>b\}}(y)$$

$$\times \chi_{\{|x|<c\}}(x-y)\mathrm{d}x\mathrm{d}y\mathrm{d}a\mathrm{d}b\mathrm{d}c. \tag{14}$$

(14) 中关于 x 和 y 的积分, 可以通过用数 1 代替 (14) 中三个 χ 中的一个来估计, 因此,

$$I \leqslant \lambda \iiint c^{-\lambda-1}I(a,b,c)\mathrm{d}a\mathrm{d}b\mathrm{d}c$$

以及

$$I(a,b,c) := v(a)w(b)u(c)/\max\{v(a),w(b),u(c)\}, \tag{15}$$

其中

$$w(b) = \int_{\mathbb{R}^n} \chi_{\{h>b\}}, \quad v(a) = \int_{\mathbb{R}^n} \chi_{\{f>a\}}$$

和

$$u(c) = (|\mathbb{S}^{n-1}|/n)c^n.$$

f 和 h 的范数可以改写为

$$\|f\|_p^p = p\int_0^\infty a^{p-1}v(a)\mathrm{d}a = 1, \quad \|h\|_r^r = r\int_0^\infty b^{r-1}w(b)\mathrm{d}b = 1. \tag{16}$$

为了处理 c-积分, 先假设 $v(a) \geqslant w(b)$, 其他情形类似. 利用 (15) 计算可得

$$\int_0^\infty c^{-\lambda-1}I(a,b,c)\mathrm{d}c \leqslant \int_{u(c)\leqslant v(a)} c^{-\lambda-1}w(b)u(c)\mathrm{d}c + \int_{u(c)>v(a)} c^{-\lambda-1}w(b)v(a)\mathrm{d}c$$

$$= w(b)\left(\frac{|\mathbb{S}^{n-1}|}{n}\right)\int_0^{(v(a)n/|\mathbb{S}^{n-1}|)^{1/n}} c^{-\lambda-1+n}\mathrm{d}c$$

$$+ w(b)v(a)\int_{(v(a)n/|\mathbb{S}^{n-1}|)^{1/n}}^\infty c^{-\lambda-1}\mathrm{d}c$$

$$= \frac{1}{n-\lambda}(|\mathbb{S}^{n-1}|/n)^{\lambda/n}w(b)v(a)^{1-\lambda/n}$$

$$+ \frac{1}{\lambda}(|\mathbb{S}^{n-1}|/n)^{\lambda/n}w(b)v(a)^{1-\lambda/n}$$

$$= \frac{n}{\lambda(n-\lambda)}(|\mathbb{S}^{n-1}|/n)^{\lambda/n}w(b)v(a)^{1-\lambda/n}. \tag{17}$$

对 $w(b) \geqslant v(a)$ 的情形重复类似的计算, 整理后, 得到

$$I \leqslant \frac{n}{n-\lambda}(|\mathbb{S}^{n-1}|/n)^{\lambda/n} \int_0^\infty \int_0^\infty \min\{w(b)v(a)^{1-\lambda/n}, w(b)^{1-\lambda/n}v(a)\} \mathrm{d}a\mathrm{d}b. \quad (18)$$

注意到, $w(b) \leqslant v(a)$ 当且仅当 $w(b)v(a)^{1-\lambda/n} \leqslant w(b)^{1-\lambda/n}v(a)$.

其次, 将 b-积分分解为两个积分, 其中之一是从 0 到 $a^{p/r}$, 而另一个是从 $a^{p/r}$ 到无穷, 因此, (18) 中积分不大于

$$\int_0^\infty v(a) \int_0^{a^{p/r}} w(b)^{1-\lambda/n} \mathrm{d}b \mathrm{d}a + \int_0^\infty v(a)^{1-\lambda/n} \int_{a^{p/r}}^\infty w(b) \mathrm{d}b \mathrm{d}a. \quad (19)$$

易见 (习题 3)(19) 中的第二项可改写为

$$\int_0^\infty w(s) \int_0^{s^{r/p}} v(t)^{1-\lambda/n} \mathrm{d}t \mathrm{d}s. \quad (20)$$

由 Hölder 不等式 $(m = (r-1)(1-\lambda/n))$,

$$\int_0^{a^{p/r}} w(b)^{1-\lambda/n} b^m b^{-m} \mathrm{d}b$$

$$\leqslant \left(\int_0^{a^{p/r}} w(b)^{(1-\lambda/n)/(1-\lambda/n)} b^{r-1} \mathrm{d}b\right)^{1-\lambda/n} \left(\int_0^{a^{p/r}} b^{-mn/\lambda} \mathrm{d}b\right)^{\lambda/n}. \quad (21)$$

容易验证 $mn/\lambda < 1$, 从而 (19) 式的第一项不大于

$$\left(\frac{\lambda}{n-r(n-\lambda)}\right)^{\lambda/n} \left(\int_0^\infty v(a)a^{p-1}\mathrm{d}a\right) \left(\int_0^\infty w(b)b^{r-1}\mathrm{d}a\right)^{1-\lambda/n}$$

$$= \frac{1}{pr}\left(\frac{\lambda/n}{1-1/p}\right)^{\lambda/n}. \quad (22)$$

利用 (20), 类似可求出 (19) 式的第二项有上界

$$\frac{1}{pr}\left(\frac{\lambda/n}{1-1/r}\right)^{\lambda/n}. \quad (23)$$

代回 (18) 和 (19) 整理后, 即得所要的估计.

在 4.7 节中, 我们将给出 (1) 的另一种证明, 该证明给出了最佳常数 (2), 但有必要先介绍一些几何概念.

4.4　共形变换和球极投影

一个基本的技巧是利用 4.3(1) 的对称性, 其中有些对称性是明显的, 例如将 $f(x)$ 和 $h(x)$ 分别用 $(\tau_a f)(x) := f(x-a)$ 和 $(\tau_a h)(x) := h(x-a)$ 代替, 其中 $a \in \mathbb{R}^n$, 则 4.3(1) 式两边的值不改变, 于是我们称不等式 4.3(1) 是**平移不变**的. 类似地, 设 $O(n)$ 为 $\mathbb{R}^n$ 中旋转和反射的**正交群**, 对于 $\mathcal{R} \in O(n)$, 可以用 $(\mathcal{R}f)(x) := f(\mathcal{R}^{-1}x)$, $(\mathcal{R}h)(x) := h(\mathcal{R}^{-1}x)$ 替换 f, h, 而这仍然不改变 4.3(1) 式两边的值. 因此, 该不等式 4.3(1) 在下述 **Euclid 群**的作用下不变,

$$[(\mathcal{R},a), f(x)] \mapsto f(\mathcal{R}^{-1}x - a), \quad \mathcal{R} \in O(n), a \in \mathbb{R}^n,$$

类似地对 h 也成立.

另一种简单的对称性是**伸缩对称性**. 如果我们用 $s^{n/p}f(sx), s^{n/r}h(sx)$ 替换 $f(x), h(x)$, 其中 $s > 0$, 则 4.3(1) 仍然不变 (建议读者验证之). 注意到, 伸缩变换不属 Euclid 群, 这是因为几何图形在经过伸缩后不会保持全等. 但是它却属于另外一种重要的变换群, **共形变换群**, 即保持角度的变换群. 有许多保持角度的映射, 其中之一就是**单位球面上的反演** $\mathcal{I}: \mathbb{R}^n \to \mathbb{R}^n$,

$$x \mapsto \frac{x}{|x|^2} =: \mathcal{I}(x). \tag{1}$$

关于反演映射需要给出一些注记. 如上所述, 它不是定义在 $\mathbb{R}^n$ 上, 而是定义在 $\mathbb{R}^n \setminus \{0\}$ 上. 然而, 人们可以延拓 $\mathcal{I}$ 到 $\dot{\mathbb{R}}^n$, $\dot{\mathbb{R}}^n$ 为 $\mathbb{R}^n$ 的单点紧化; 这只不过就是 $\mathbb{R}^n \cup \infty$, 其中 ∞ 被定义为一个包含在所有无界开集中的元素. 假若补充定义 $\mathcal{I}(0) = \infty$ 和 $\mathcal{I}(\infty) = 0$, 则 $\mathcal{I}$ 可以延拓至 $\dot{\mathbb{R}}^n$.

现在注意到

$$|\mathcal{I}(x) - \mathcal{I}(y)|^2 = \left| \frac{x}{|x|^2} - \frac{y}{|y|^2} \right|^2 = \frac{1}{|x|^2} - \frac{2x \cdot y}{|x|^2|y|^2} + \frac{1}{|y|^2} = \frac{1}{|x|^2}\frac{1}{|y|^2}|x-y|^2. \tag{2}$$

如果选取 $\dot{\mathbb{R}}^n$ 中的两条 C^1 曲线 $x(t), y(t)$, 满足 $x(0) = y(0) = z \neq 0$, 则 $u(t) := \mathcal{I}(x(t))$ 和 $v(t) := \mathcal{I}(y(t))$ 给出了 $\dot{\mathbb{R}}^n$ 中的两条新曲线. 我们需要验证 $u(t)$ 和 $v(t)$ 的切向量 (即 $\dot{u}$ 和 $\dot{v}$) 所夹的角在 $t = 0$ 的值与 $\dot{x}(t)$ 和 $\dot{y}(t)$ 所夹的角在 $t = 0$ 的值相等. 由 (2),

$$|\dot{u} - \dot{v}| = \lim_{t \to 0} \frac{1}{t}|\mathcal{I}(x(t)) - \mathcal{I}(z) + \mathcal{I}(z) - \mathcal{I}(y(t))| = \frac{1}{|z|^2}|\dot{x} - \dot{y}|, \tag{3}$$

特别地, $|\dot{u}| = |\dot{x}|/|z|^2, |\dot{v}| = |\dot{y}|/|z|^2$, 由此可知

$$\frac{\dot{u} \cdot \dot{v}}{|\dot{u}||\dot{v}|} = \frac{\dot{x} \cdot \dot{y}}{|\dot{x}||\dot{y}|},$$

即 $\mathcal{I}$ 是一个共形映射. 但细心的读者会发现, $\mathcal{I}$ 其实是**反共形的**, 因为它反转了方向. 但这个特性在这里没有实质作用.

利用**球极投影**可以给出 $\dot{\mathbb{R}}^n$ 的一个很好的描述. 定义 $s = (s_1, s_2, \cdots, s_{n+1})$ 为

$$s_i = \frac{2x_i}{1+|x|^2}, \quad i = 1, \cdots, n, \quad s_{n+1} = \frac{1-|x|^2}{1+|x|^2}. \tag{4}$$

假若 $x = \infty$, 则 $s_i = 0, i = 1, 2, \cdots, n$ 以及 $s_{n+1} = -1$. 简单计算表明 $\sum_{i=1}^{n+1} s_i^2 = 1$, 因此 $\mathcal{S} : x \mapsto s$ 是 $\dot{\mathbb{R}}^n \to \mathbb{S}^n$ 的映射. $\mathcal{S}$ 的逆由下式给出

$$x_i = \frac{s_i}{1+s_{n+1}}, \quad i = 1, \cdots, n. \tag{5}$$

以下我们不严格地用记号 $\mathcal{S}^{-1}$ 表示 $\mathbb{S}^n$ 的**球极坐标**. 当然, 单个局部坐标系既不能覆盖 $\mathbb{S}^n$, 也不能覆盖 $\dot{\mathbb{R}}^n$. 事实上, 这两个空间的拓扑与 $\mathbb{R}^n$ 的很不相同 (例如, 它们是不可收缩的). 为了我们的目的, 并不需要对整个 $\mathbb{S}^n$ 的坐标进行描述, 因此 ∞ 的引入是避免引进两个坐标系的一种简便方法. 简单计算表明,

$$\sum_{i=1}^{n+1}(s_i - t_i)^2 = |s-t|^2 = \frac{4}{(1+|x|^2)(1+|y|^2)}|x-y|^2, \tag{6}$$

其中 $s = \mathcal{S}(x), t = \mathcal{S}(y)$. 另外, 如同反演那样, $\mathcal{S}$ 是共形的! 如果考虑 $\dot{\mathbb{R}}^n$ 中的一个小三角形及其在 $\mathbb{S}^n$ 上的球极投影像, 由 (6) 可知, 相应的边长改变了, 但相应边长的比率还是与原来相等. 因此, 经过伸缩变换, 小三角形未改变其几何形状, 共形一词正是来源于此.

因此, 从共形几何的观点, 即考虑可以经过共形映射相互变换的 "全等" 图形, 那么我们对 $\mathbb{S}^n$ 和 $\dot{\mathbb{R}}^n$ 就无法区别.

有定理表明 (例如, 可见 [Dubrovin-Fomenko-Novikov]) Euclid 群以及伸缩和反演生成了所有的共形变换. 还有定理说明 $\mathbb{R}^n$ 上的共形变换群同构于 $(n+1, 1)$ 维的 Lorentz 群, 后者也称为 $O(n+1, 1)$.

读者可以放心, 上面给出的大多数信息可视为背景材料, 对今后不是必需的. 然而, 重要的是某些共形变换在 $\mathbb{S}^n$ 上更加形象化, 而有些则在 $\dot{\mathbb{R}}^n$ 上更加形象化.

通过一个容易且有启发性的练习, 可知反演 $\mathcal{I}$ 诱导出一个从 $\mathbb{S}^n$ 到其本身的反射, 事实上, $\mathcal{S} \circ \mathcal{I} \circ \mathcal{S}^{-1}(s) = (s_1, \cdots, s_n, -s_{n+1})$.

一般地, 空间的**等距变换**是指保持点与点之间距离不变的映射, 例如, $L^p(\Omega)$ 的一个等距变换是一个保持范数 $\|f - g\|_p$ 不变的函数的映射. $\mathbb{S}^n$ 的等距变换的全体是群 $O(n+1)$. 共形变换群中不属于上述集合的元素正是平移与伸缩变换, 而这些在 $\mathbb{R}^n$ 中容易形象化. 假若增加这些群的维数, 可得

$$\frac{(n+1)n}{2} + n + 1 = \frac{(n+2)(n+1)}{2} = \dim O(n+1, 1),$$

此即整个共形变换群 $\mathcal{C}$ 的维数.

设 $\gamma : \mathbb{R}^n \to \mathbb{R}^n$ 属于 $\mathcal{C}$, 则可按下述方式定义 γ 在 $L^p(\mathbb{R}^n)$ 中函数 f 上的作用. 选取一列 $f^k \in L^p(\mathbb{R}^n)$, 使得 f^k 在球 B_k 外为 0, 其中 $k = 1, 2, \cdots$, 并且在 $L^p(\mathbb{R}^n)$ 中 $f^k \to f$. 其次, 注意到

$$(\gamma^* f^k)(x) := |\mathcal{J}_{\gamma^{-1}}(x)|^{1/p} f^k(\gamma^{-1} x) \tag{7}$$

对所有的 k 都有定义, 这里 $\mathcal{J}_{\gamma^{-1}}(x)$ 是变换 γ^{-1} 的 Jacobi 矩阵. 此映射 γ^* 是线性的, 通过变量代换, 可知

$$\|\gamma^* f^k\|_p = \|f^k\|_p. \tag{8}$$

故由此推出 $\gamma^* f^k$ 在 $L^p(\mathbb{R}^n)$ 中强收敛于函数 $\gamma^* f$, 而且极限与逼近序列 f^k 的选取无关. 从而 γ^* 延拓为 $L^p(\mathbb{R}^n)$ 中的一个可逆等距.

同理我们也可将 $L^p(\mathbb{R}^n)$ 中的函数提升到球面 $\mathbb{S}^n$, 只需定义

$$F(s) = (\mathcal{S}^* f)(s) = |\mathcal{J}_{\mathcal{S}^{-1}}(s)|^{1/p} f(\mathcal{S}^{-1}(s)). \tag{9}$$

从而

$$\|F\|_{L^p(\mathbb{S}^n)} = \|f\|_{L^p(\mathbb{R}^n)}. \tag{10}$$

这里必须求出球极投影的 Jacobi 矩阵 $\mathcal{J}_{\mathcal{S}}(x)$. 为此, 由 (6) 推出 $\mathbb{S}^n$ 上的**标准度量** (即, 从 $\mathbb{R}^{n+1}$ 中诱导的) g_{ij}, 用球极坐标表示为

$$g_{ij} = \left(\frac{2}{1 + |x|^2}\right)^2 \delta_{ij}. \tag{11}$$

故 $\mathbb{S}^n$ 上的**标准体积元**为

$$ds = \left(\frac{2}{1 + |x|^2}\right)^2 dx, \tag{12}$$

于是有

$$\mathcal{J}_{\mathcal{S}}(x) = \left(\frac{2}{1+|x|^2}\right)^2 \quad \text{和} \quad \mathcal{J}_{\mathcal{S}^{-1}}(s) = (1+s_{n+1})^{-n}. \tag{13}$$

联合 (4), (7), (11) 和 (12), 我们给出下述定理.

4.5 Hardy-Littlewood-Sobolev 不等式的共形不变性

在 4.3(1) 中设 $p = r$, 又设 $F \in L^p(\mathbb{S}^n)$ 和 $f \in L^p(\mathbb{R}^n)$ 满足 4.4(9) 的关系. 假若 H 和 h 是另一对以同样关系给出的函数, 则

$$\int_{\mathbb{R}^n}\int_{\mathbb{R}^n} f(x)|x-y|^{-\lambda}h(y)\mathrm{d}x\mathrm{d}y = \int_{\mathbb{S}^n}\int_{\mathbb{S}^n} F(s)|s-t|^{-\lambda}H(t)\mathrm{d}s\mathrm{d}t \tag{1}$$

以及

$$\|F\|_p = \|f\|_p, \tag{2}$$

这里 $|s-t|^2 = \sum_{i=1}^{n+1}(s_i - t_i)^2$ 是 $\mathbb{R}^{n+1}$ 中的 Euclid 距离 (不是 $\mathbb{S}^n$ 上的测地距离). 显然, 这表明在 $\mathbb{S}^n$ 所有等距映射下的不变性, 即在群 $O(n+1)$ 下的不变性. 此外 HLS 不等式是共形不变的, 即对 $\gamma \in \mathcal{C}$,

$$\int_{\mathbb{R}^n}\int_{\mathbb{R}^n} (\gamma^*f)(x)|x-y|^{-\lambda}(\gamma^*h)(y)\mathrm{d}x\mathrm{d}y = \int_{\mathbb{R}^n}\int_{\mathbb{R}^n} f(x)|x-y|^{-\lambda}h(y)\mathrm{d}x\mathrm{d}y \tag{3}$$

和

$$\|\gamma^*f\|_p = \|f\|_p, \qquad \|\gamma^*h\|_p = \|h\|_p. \tag{4}$$

证明 改写 (1) 的左边为

$$\int_{\mathbb{R}^n}\int_{\mathbb{R}^n} \left(\frac{1+|x|^2}{2}\right)^{n/p} f(x) \left(\frac{2}{1+|x|^2}|x-y|^2\frac{2}{1+|y|^2}\right)^{-\lambda/2}$$
$$\times \left(\frac{1+|y|^2}{2}\right)^{n/p} h(y) \left(\frac{2}{1+|x|^2}\right)^n \mathrm{d}x \left(\frac{2}{1+|y|^2}\right)^n \mathrm{d}y, \tag{5}$$

其中 $2/p + \lambda/n = 2$. 由 4.4 节的 (6), (9) 和 (12), 还可以再改写为

$$\int_{\mathbb{S}^n}\int_{\mathbb{S}^n} F(s)|s-t|^{-\lambda}H(t)\mathrm{d}s\mathrm{d}t, \tag{6}$$

这就证明了 (1). 方程 (2) 和 (4) 分别是 4.4(10) 和 4.4(8) 的重述. 如同在 4.4 节中所解释的那样, 在 $\mathbb{S}^n$ 的等距映射、平移和伸缩下的不变性必导致在整个共形变换群 $\mathcal{C}$ 下的不变性. ∎

● 其次, 我们转向寻求 $p = r$ 情形下 4.3(1) 中的最佳常数问题. 正如 4.3(10) 注记 (3) 中的解释, 我们只需考虑 $h = f$ 和 $f \geq 0$ 的情形. 换句话说, 我们感兴趣的量为

$$C(n, \lambda) = \sup\{\mathcal{H}(f) : f \in L^p(\mathbb{R}^n), f \geq 0, f \not\equiv 0\}, \tag{7}$$

其中

$$\mathcal{H}(f) := \int_{\mathbb{R}^n} \int_{\mathbb{R}^n} f(x)|x - y|^{-\lambda} f(y) \mathrm{d}x \mathrm{d}y \Big/ \|f\|_p^2. \tag{8}$$

另外, 我们对上确界是否能取到感兴趣, 即是否存在函数 f_0, 使得 $C(n, \lambda) = \mathcal{H}(f_0)$.

注意到, 在 (7) 中看起来似乎无关紧要的条件 f 不恒为零是至关重要的. 如果 f^k 是极大化序列, 那么此序列有可能收敛于零. 于是, 人们不能断定 (7) 中的上确界可以达到. 证明存在一列有非零极限的极大化序列, 是 [Lieb^a,1983] 最初证明中的关键之一.

这里所用的方法是, 尽可能充分地利用对称性 (见 [Carlen-Loss, 1990]). 先注意以下两点:

(i) 如果用 f 的对称递减重排函数 f^* (见 3.3 节) 代替 f, 则由定理 3.7 (Riesz 重排不等式), $\mathcal{H}(f) \leq \mathcal{H}(f^*)$. 因此, 为了求出 $C(n, \lambda)$, 只需在对称递减函数类中找最优解.

(ii) 根据前面定理, 泛函 (8) 是共形不变的.

关键的问题是 (i) 和 (ii) 在下述意义下相互抵触: 如果将一般的共形变换作用于径向函数, 其结果一般不再是径向的. 这里我们将仅仅讨论 $n \geq 2$ 情形, 而将一维情形留作练习. 选取 $L^p(\mathbb{R}^n)$ 中径向函数 f, 通过定义 4.4(9) 把该函数提升至球面, 得到了用球极坐标表达的函数

$$F(s) = \left(\frac{1 + |x|^2}{2}\right)^{n/p} f(x).$$

这个函数在使 $\mathbb{S}^n$ 保持 "北极轴" $\mathbf{n} = (0, \cdots, 0, 1)$ 固定的旋转下是不变的. 这些旋转对应于 $\mathbb{R}^n$ 中的通常旋转. 现考虑一个不同的旋转, 即 90° 旋转

$$D : \mathbb{S}^n \to \mathbb{S}^n, \quad Ds = (s_1, \cdots, s_{n-1}, s_{n+1}, -s_n), \tag{9}$$

它将北极 $\mathbf{n}$-轴映入向量 $\mathbf{e} = (0, \cdots, 0, 1, 0)$. 现在, 函数 $F(D^{-1}s)$ 是关于 $\mathbf{e}$-轴旋转对称的. 假如 $F(D^{-1}s)$ 通过 4.4(9) 对应于 $\mathbb{R}^n$ 中的一个对称递减函数, 那么它必然也是关于 $\mathbf{n}$-轴对称的. 因此, 一方面,

$$F(s) = \phi(s_{n+1}), \quad \text{对某个 } \phi : \mathbb{S}^n \to \mathbb{R}; \tag{10}$$

而另一方面,

$$F(D^{-1}s) = \psi(s_{n+1}), \quad 对某个 \ \psi : \mathbb{S}^n \to \mathbb{R}. \tag{11}$$

从而对所有 $s \in \mathbb{S}^n$,

$$\phi(s_{n+1}) = F(s) = \psi((Ds)_{n+1}) = \psi(-s_n),$$

但这只有当 F 在 $\mathbb{S}^n$ 上为常数时才有可能, 因此

$$f(x) = C(1 + |x|^2)^{-n/p}.$$

容易看到相应于 $F(D^{-1}s)$ 的 $\mathbb{R}^n$ 上的函数由下式

$$(D^*f)(x) = \left(\frac{2}{|x+a|^2}\right)^{n/p} f\left(\frac{2x_1}{|x+a|^2}, \cdots, \frac{2x_{n-1}}{|x+a|^2}, \frac{|x|^2-1}{|x+a|^2}\right) \tag{12}$$

给出, 其中 $a = (0, \cdots, 0, 1) \in \mathbb{R}^n$. 然而, D^* 在 $\mathbb{S}^n$ 上的表示更有启发性. 为方便起见, 我们略去记号中的 $*$, 而且称 (12) 的右边为 $(Df)(x)$. 如果 F 是通过 (9) 对应于 f 的 $\mathbb{S}^n$ 上的函数, 置

$$(DF)(s) = F(D^{-1}s), \tag{13}$$

且用

$$(\mathcal{R}f)(x) = f^*(x)$$

表示 f 的对称递减重排. 如前所述, $\mathcal{R}$ 是保范的, 即 $\|\mathcal{R}f\|_p = \|f\|_p$. 由前面的考虑, 可知 $D\mathcal{R}f$ 不再径向对称, 因此我们可以迭代这两个映射, 再研究序列 $(D\mathcal{R})^k f$ 的性态: 它是否收敛?

读者以后会明白为什么我们要考虑映射

$$\mathcal{R}D : L^p(\mathbb{R}^n) \to L^p(\mathbb{R}^n). \tag{14}$$

下面的定理首先在 [Carlen-Loss, 1990] 中给出了证明.

4.6 竞争对称性

设 $1 < p < \infty$ 和 $f \in L^p(\mathbb{R}^n)$ 是任意的非负函数, 则当 $k \to \infty$ 时, 序列 $f^k = (\mathcal{R}D)^k f$ 在 $L^p(\mathbb{R}^n)$ 中强收敛于函数 $h_f := \|f\|_p h$, 其中

$$h(x) = |\mathbb{S}^n|^{-1/p} \left(\frac{2}{1+|x|^2}\right)^{n/p}. \tag{1}$$

注　(1) 这个定理指出, 映射 $\mathcal{R}D$ 首先可以视为一个形如 $\{f \in L^p(\mathbb{R}^n) :$ $\|f\|_p = C = \text{const.}\}$ 的集合上的离散动力系统, 而 "吸引子" 由单个函数 Ch 组成.

(2) "竞争对称" 一词暗示这样一个事实: 基于重排的 "对称化" 和共形对称相抗争, 结果就产生了极限函数 h_f.

证明　我们必须证明, 对每一函数 $f \in L^p(\mathbb{R}^n)$, 当 $k \to \infty$ 时, $\|h_f - f^k\|_p \to 0$. 事实上, 只需证明在 $L^p(\mathbb{R}^n)$ 的一个稠密集上成立即可. 这是因为, 取定 $f \in L^p(\mathbb{R}^n)$, 且设 $g \in L^p(\mathbb{R}^n)$ 满足 $\|f - g\|_p < \varepsilon/2$. 显然, 由于 $\|h\|_p = 1$,

$$\|h_f - h_g\|_p = \big|\|f\|_p - \|g\|_p\big|\|h\|_p < \varepsilon/2.$$

又从 D 的定义,

$$\|Df - Dg\|_p = \|f - g\|_p. \tag{2}$$

再由定理 3.5 (重排的非扩张性), 可知

$$\|\mathcal{R}f - \mathcal{R}g\|_p \leqslant \|f - g\|_p. \tag{3}$$

利用这两个不等式可得

$$\|f^{k+1} - g^{k+1}\|_p \leqslant \|f^k - g^k\|_p \leqslant \cdots \leqslant \|f - g\|_p, \tag{4}$$

因此根据三角不等式,

$$\|h_f - f^k\|_p \leqslant \|h_f - h_g\|_p + \|f^k - g^k\|_p + \|h_g - g^k\|_p \leqslant \varepsilon + \|h_g - g^k\|_p.$$

现考虑在一个有界集外为 0 的有界函数. 显然, 这些函数在 $L^p(\mathbb{R}^n)$ 中稠密.

假若 f 是这样的函数, 因为 h_f 是严格正的, 则存在常数 C, 使得对几乎处处的 $x \in \mathbb{R}^n$, 成立

$$f(x) \leqslant Ch_f(x). \tag{5}$$

映射 D 显然是保序的, 即 $f(x) \leqslant g(x)$ 几乎处处成立蕴涵着 $(Df)(x) \leqslant (Dg)(x)$ 几乎处处成立. 此外, 对于重排 (见注记 3.3(vi)), 保序同样成立. 由于 h_f 在这些算子分别作用下都是不变的, 可得 (5) 对整个序列成立, 即对所有 $k = 0, 1, 2, \cdots$ 和几乎处处的 $x \in \mathbb{R}^n$,

$$f^k(x) \leqslant Ch_f(x). \tag{6}$$

该常数 C 与 (5) 中的一样! 这点非常重要, 因为它说明整个序列是一致地被某个 p 次可积函数所控制.

定义

$$A := \inf_k \|h_f - f^k\|_p = \lim_{k\to\infty} \|h_f - f^k\|_p. \tag{7}$$

第二个等式是由于 (2) 和 (3). 上述每个函数 f^k 都是径向对称递减函数, 因此, 如同定理 3.7 (Riesz 重排不等式) 中的紧致性证明一样, 应用 Helly 选择原理, 可以通过取子列, 使得对几乎处处的 x, $f^k(x)$ 收敛.

因此, 存在子列 f^{k_l}, 当 $l \to \infty$ 时, 对几乎处处 $x \in \mathbb{R}^n$, $f^{k_l}(x) \to g(x)$ 成立. 此外, 由 (6), $f^{k_l}(x) \leqslant Ch_f(x)$, 从而根据控制收敛定理可知, $g \in L^p(\mathbb{R}^n)$ 为径向对称递减的, 且

$$A = \lim_{l\to\infty} \|h_f - f^{k_l}\|_p = \|h_f - g\|_p. \tag{8}$$

现在我们要证明 $g = h_f$. 为此, 对 g 作用一次 $\mathcal{R}D$. 由 (2) 和 (3) 可知, 在 $L^p(\mathbb{R}^n)$ 中成立

$$\mathcal{R}Dg = \lim_{l\to\infty} f^{k_l+1}, \tag{9}$$

由于 $Dh_f = h_f$ 和 $\mathcal{R}h_f = h_f$, 可得

$$A \leqslant \|h_f - \mathcal{R}Dg\|_p = \|\mathcal{R}Dh_f - \mathcal{R}Dg\|_p$$
$$\leqslant \|Dh_f - Dg\|_p = \|h_f - g\|_p = A, \tag{10}$$

从而 (10) 的等号必定处处成立. 特别地,

$$\|h_f - \mathcal{R}Dg\|_p = \|h_f - Dg\|_p.$$

由于 h_f 是严格对称递减的, 定理 3.5 表明,

$$\mathcal{R}Dg = Dg.$$

然而, 如同在 4.5 节末所指出的那样, 使得 Dg 也成为径向的唯一的径向函数 g 必为函数 Ch. 又因

$$\|g\|_p = \lim_{l\to\infty} \|f^{k_l}\|_p = \|f\|_p,$$

故 $C = \|f\|_p$ 和 $g = h_f$. 所以 $A = 0$, 且在 $L^p(\mathbb{R}^n)$ 中, $f^{k_l} \to h_f$. 由 (2) 和 (3) 可得

$$\|h_f - f^{k_l+1}\|_p \leqslant \|h_f - f^{k_l}\|_p,$$

因此, 整个序列 f^k 都在 $L^p(\mathbb{R}^n)$ 中收敛于 h_f. ∎

4.7　定理 4.3 的证明 (Hardy-Littlewood-Sobolev 不等式的最佳形式)

由 4.3(10), 我们可以假设 $h = \bar{f}$. 现将证明定理 4.3 (1) 和 (2) 的 $p = r$ 情形是定理 4.6 (竞争对称性) 的推论. 回忆一下, $\mathcal{H}(f)$ 表示对所有不恒为零的函数 $f \in L^p(\mathbb{R}^n)$ 的 HLS 泛函. 用 $f^m(x) = \min(f(x), mh_f(x))$ 代替 f, 于是当 $m \to \infty$ 时, f^m 点态单调收敛于 $f(x)$. 假如能证明 $\mathcal{H}(f^m) \leqslant C(n, \lambda)$, 则由单调收敛, $\mathcal{H}(f^m) \to \mathcal{H}(f)$ 以及 $\mathcal{H}(f) \leqslant C(n, \lambda)$. 为方便起见, 我们略去指标 m. 由于 $\mathcal{H}(Df) = \mathcal{H}(f)$ 以及由定理 3.7 (Riesz 重排不等式), $\mathcal{H}(Rf) \geqslant \mathcal{H}(f)$, 可知 $\mathcal{H}(f^k)$ 是一列非减序列, 其中 $f^k = (\mathcal{R}D)^k f$. 又由前一定理, 当 $k \to \infty$ 时, f^k 在 $L^p(\mathbb{R}^n)$ 中收敛于 h_f, 故可选取子列 (仍用指标 k 表示)f^k 点态收敛于 h_f. 因为对所有 k,

$$f^k \leqslant C(1 + |x|^2)^{-n/p},$$

故由控制收敛定理, 当 $k \to \infty$ 时, $\mathcal{H}(f^k)$ 左收敛于 $\mathcal{H}(h_f)$. 最后的表达式可以精确求出, 从而得到 4.3(2).

最后须确定等式的情形. 易见 $f = $ (常数) $\times$ (非负函数). 简单地说, 仅当 $h = $ (常数) $\times f$ 以及 $\mathcal{H}(f) = C(n, \lambda)$ 时, 4.3(1) 中的等式成立. 于是, 由严格重排不等式定理 3.9, 可知 f 必为某个对称递减函数的平移. 而且对 Df 同样成立, 这是由于 $\mathcal{H}(f)$ 的共形不变性, Df 也是最优解. 因此, $\mathcal{R}D$ 对 f 的作用只是将 Df 平移到原点, 从而 $\mathcal{R}Df$ 只是 f 的一个共形变换. 此结论对整个序列也同样成立, 即 $f^k = (\mathcal{R}D)^k f$ 是 f 的共形像, 且可改写 f^k 为 $f^k = C_k f$, 其中 C_k 是一列共形变换. 由定理 4.6, f^k 强收敛于 h_f, 又因共形变换 (以我们定义的方式) 是 $L^p(\mathbb{R}^n)$ 上的等距变换, 故

$$\lim_{k \to \infty} \|f - C_k^{-1} h_f\|_p = 0. \tag{1}$$

在下面的引理 4.8 (共形变换群在最优解上的作用) 中, 由于 (1) 中函数 h_f 的特殊性, 我们将证明

$$(C_k^{-1} h_f)(x) = \lambda_k^{n/p} |\mathbb{S}^n|^{-1/p} \|f\|_p \left(\frac{2}{\lambda_k^2 + |x - a_k|^2} \right)^{n/p} \tag{2}$$

对序列 $\lambda_k \neq 0$ 及 $a_k \in \mathbb{R}^n$ 成立. 由 (1), $C_k^{-1} h_f$ 强收敛于 f, 故 λ_k 和 a_k 必定收敛于某常数 $\lambda \neq 0$ 和 $a \in \mathbb{R}^n$, 从而,

$$f(x) = \lambda^{n/p} |\mathbb{S}^n|^{-1/p} \|f\|_p \left(\frac{2}{\lambda^2 + |x - a|^2} \right)^{n/p}.$$

4.8 共形变换群在最优解上的作用

设 $C \in \mathcal{C}$ 为一个共形变换, h 由 4.6(1) 给出. 假若对 h 作用 C, 则存在 $\lambda \neq 0$ 和 $a \in \mathbb{R}^n$ (依赖于 C), 使得

$$(Ch)(x) = |\mathbb{S}^n|^{-1/p} \lambda^{n/p} \left(\frac{2}{\lambda^2 + |x - a|^2} \right)^{n/p}.$$

证明 $\mathcal{C}$ 中每个元都是 Euclid 群的元与伸缩和反演的乘积. 对于伸缩变换和 Euclid 变换, 结果是显然的. 所以只需验证反演 $\mathcal{I}$ (见 4.4(1)) 把函数

$$u(x) = |\mathbb{S}^n|^{-1/p} \mu^{n/p} \left(\frac{2}{\mu^2 + |x - b|^2} \right)^{n/p}$$

映为同类型的函数. 然而

$$(\mathcal{I}u)(x) = |\mathbb{S}^n|^{-1/p} \mu^{n/p} |x|^{-2n/p} \left(\frac{2}{\mu^2 + |x/|x|^2 - b|^2} \right)^{n/p}$$

$$= |\mathbb{S}^n|^{-1/p} \left(\frac{\mu}{b^2 + \mu^2} \right)^{n/p} \left(\frac{2}{[\mu/(b^2 + \mu^2)]^2 + |x - b/(b^2 + \mu^2)|^2} \right)^{n/p}. \blacksquare$$

习题

1. 证明 4.3(5) 事实上定义了一个范数 —— 弱 L^q-范数.

2. 证明 4.3 节有关弱 L^q 的两个定义是等价的, 即若以 $\langle f \rangle_{q,w}$ 表示 4.3(3) 的左边, 则

$$C_1 \langle f \rangle_{q,w} \leqslant \|f\|_{q,w} \leqslant C_2 \langle f \rangle_{q,w},$$

其中 $\|f\|_{q,w}$ 由 4.3(5) 给出, 而 C_1 和 C_2 是两个与 f 无关的普适常数. 试求这些常数.

3. 利用 Fubini 定理证明, 4.3(19) 中的第二个积分等于 4.3(20).

4. Gauss 积分常常出现, 因此知道如何计算很重要.

a) 利用极坐标计算下面这个积分的平方, 证明

$$\int_{-\infty}^{\infty} \exp(-\lambda x^2) \mathrm{d}x = \sqrt{\pi/\lambda} \quad (\lambda > 0).$$

b) 设 A 是对称 $n \times n$ 矩阵, 且其实部是正定的, 试证明:

$$\int_{\mathbb{R}^n} \exp[-(x, Ax)] \mathrm{d}x = \pi^{n/2} / \sqrt{\mathrm{Det} A},$$

其中 Det 表示行列式. 在实对称情形, 这可通过简单的变量替换求得. 复值情形要用到解析延拓论证方法, 或 5.2 节中的讨论.

c) 对 $\mathbb{C}^n$ 中的向量 V, 通过 "配方法" 证明

$$\int_{\mathbb{R}^n} \exp[-(x, Ax) + 2(V, x)]\mathrm{d}x = \left(\pi^{n/2}/\sqrt{\operatorname{Det} A}\right) \exp[(V, A^{-1}V)].$$

5. 利用习题 4, 在 $\delta = 0$ 时, 验证不等式 4.2(11) 的最佳常数由 4.2(15) 给出.

6. 试证明: 当 $i \to \infty$ 时, $K_{g_i, h_i}^{\varepsilon, \delta}$ 在 $L^p(\mathbb{R}^n)$ 中强收敛于函数 $K_{g, h}^{\varepsilon, \delta}$, 如定理 4.2 (Young 不等式)(B) 证明中所要求的.

　▶ 提示: 首先证明 $K_{g_i, h_i}^{\varepsilon, \delta}$ 处处收敛, 且一致有界 (关于 x 和 i). 其次再证明, 即使 $K_{g_i, h_i}^{\varepsilon, \delta}$ 乘以 $\exp(+\gamma x^2)$, 其中 $\gamma > 0$ 充分小, 结论同样成立.

7. 一维情形的竞争对称性. 设 $f \in L^p(\mathbb{R})$ 且 $F \in L^p(\mathbb{S}^1)$ 表示通过 4.4(9) 得到的相应于 f 的定义在单位圆周上的函数. 选取不是 π 的有理倍数的角 α, 且以 $U_\alpha f$ 表示通过 4.4(9) 相应于 $F(\theta - \alpha)$ 的函数.

　试证明: $f^j = (\mathcal{R}U_\alpha)^j f$ 强收敛于

$$h = \|f\|_p (2\pi)^{-1/p} \left\{\frac{2}{1 + |x|^2}\right\}^{1/p}.$$

　按以下步骤证明:

a) 沿着定理 4.6 的证明步骤, 证明 f^j 收敛于某对称递减函数 $g \in L^p(R)$, 且 $U_\alpha g$ 也是对称递减的.

b) 从 a) 推断出 $U_{2\alpha} g = g$, 从而证明通过 4.4(9) 相应于 g 的函数 G 必为常数, 因此 $g = h$. 正是在这里, 要用到角 α 不是 π 的有理倍数这一事实.

第五章 Fourier 变换

Fourier 变换是分析学中很有用的工具, 深受分析学家、科学家和工程师的喜爱 (事实上, 在下面的定义中, 我们采用工程师处理 2π 的习惯方式, 从而除去了麻烦的 2π 因子). Fourier 变换的优点是将微分运算和卷积运算转换成乘积运算. 特别地, 利用它可以定义相对论的算子 $\sqrt{-\Delta}$ 和 $\sqrt{-\Delta + m^2}$ 以及第七章中的 $H^{1/2}(\mathbb{R}^n)$ 空间. Fourier 变换的参考文献有 [Hörmander], [Rudin, 1991], [Reed-Simon, 第二卷], [Schwartz] 和 [Stein-Weiss].

5.1 L^1 函数 Fourier 变换的定义

设 f 是 $L^1(\mathbb{R}^n)$ 中的函数. f 的 Fourier 变换, 记为 $\hat{f}$, 由下式给出:

$$\hat{f}(k) = \int_{\mathbb{R}^n} e^{-2\pi i (k,x)} f(x) \mathrm{d}x, \tag{1}$$

其中

$$(k,x) := \sum_{i=1}^{n} k_i x_i.$$

下述代数性质是研究 Fourier 变换的主要动机. 容易证明:

$$\text{映射 } f \mapsto \hat{f} \text{ 关于 } f \text{ 是线性的}, \tag{2}$$

$$\widehat{\tau_h f}(k) = \mathrm{e}^{-2\pi \mathrm{i}(k,h)} \widehat{f}(k), \quad h \in \mathbb{R}^n, \tag{3}$$

$$\widehat{\delta_\lambda f}(k) = \lambda^n \widehat{f}(\lambda k), \quad \lambda > 0, \tag{4}$$

其中 τ_h 是平移算子, $(\tau_h f)(x) = f(x - h)$, 而 δ_λ 是伸缩算子, $(\delta_\lambda f)(x) = f(x/\lambda)$.

也不难证明下述两个事实:

$$\widehat{f} \in L^\infty(\mathbb{R}^n) \quad \text{且} \quad \|\widehat{f}\|_\infty \leqslant \|f\|_1, \tag{5}$$

$$\widehat{f} \text{ 是连续 (从而是可测) 函数.} \tag{6}$$

后者由控制收敛定理得到. 事实上, 它是 **Riemann-Lebesgue 引理**的一部分, 该引理还指出了当 $|k| \to \infty$ 时, $\widehat{f}(k) \to 0$ (见习题 2). 注意到, 若 f 是非负函数, 则 $\|\widehat{f}\|_\infty$ 等于 $\|f\|_1$, 也即

$$\|\widehat{f}\|_\infty = \widehat{f}(0) = \int f = \|f\|_1.$$

回忆 2.15 节可知, 两个 $L^1(\mathbb{R}^n)$ 函数 f 和 g 的卷积是

$$(f * g)(x) = \int_{\mathbb{R}^n} f(x - y) g(y) \mathrm{d}y. \tag{7}$$

由 Fubini 定理, $f * g \in L^1(\mathbb{R}^n)$ 而且

$$
\begin{aligned}
(\widehat{f * g})(k) &= \int_{\mathbb{R}^n} \mathrm{e}^{-2\pi \mathrm{i}(k,x)} \int_{\mathbb{R}^n} f(x - y) g(y) \mathrm{d}y \mathrm{d}x \\
&= \int_{\mathbb{R}^n} \mathrm{e}^{-2\pi \mathrm{i}(k,y)} g(y) \int_{\mathbb{R}^n} \mathrm{e}^{-2\pi \mathrm{i}(k,(x-y))} f(x - y) \mathrm{d}x \mathrm{d}y \\
&= \widehat{f}(k) \widehat{g}(k).
\end{aligned} \tag{8}
$$

下面给出一个重要例子.

5.2　Gauss 函数的 Fourier 变换

设 $\lambda > 0$, $\mathbb{R}^n$ 上的 Gauss 函数 g_λ 定义为

$$g_\lambda(x) = \exp[-\pi\lambda|x|^2], \quad \forall x \in \mathbb{R}^n, \tag{1}$$

则有

$$\widehat{g}_\lambda(k) = \lambda^{-n/2} \exp[-\pi|k|^2/\lambda].$$

注 这是习题 4.4 的一个特殊情况.

证明 由 5.1(4), 只需考虑 $\lambda = 1$. 又因为

$$g_1(x) = \prod_{i=1}^{n} \exp[-\pi(x_i)^2],$$

所以只要考虑 $n = 1$ 的情形. 根据定义 (因为 $g_1 \in L^1(\mathbb{R})$)

$$\widehat{g}_1(k) = \int_{\mathbb{R}} \mathrm{e}^{-2\pi \mathrm{i}(x,k)} \exp[-\pi x^2]\mathrm{d}x = g_1(k)f(k),$$

这里

$$f(k) = \int_{\mathbb{R}} \exp[-\pi(x + \mathrm{i}k)^2]\mathrm{d}x. \tag{2}$$

利用控制收敛定理便知, 可以在积分号下对 (2) 求无穷多次微分, 因此 $f \in C^{\infty}(\mathbb{R}^n)$, 且有

$$\begin{aligned}
\frac{\mathrm{d}f}{\mathrm{d}k}(k) &= -2\pi \mathrm{i} \int_{\mathbb{R}} (x + \mathrm{i}k) \exp[-\pi(x + \mathrm{i}k)^2]\mathrm{d}x \\
&= \mathrm{i} \int_{\mathbb{R}} \frac{\mathrm{d}}{\mathrm{d}x} \exp[-\pi(x + \mathrm{i}k)^2]\mathrm{d}x \\
&= \mathrm{i} \exp[-\pi(x + \mathrm{i}k)^2]\Big|_{-\infty}^{\infty} = 0,
\end{aligned}$$

即 $f(k)$ 为常数. 但 $f(0) = \int_{\mathbb{R}} \exp[-\pi x^2]\mathrm{d}x = 1$. ∎

• 对那些 5.1(1) 式没有意义的函数我们也可以定义 Fourier 变换. 特别在量子力学中, 对 $f \in L^2(\mathbb{R}^n)$ 定义 $\widehat{f}$ 是重要的. 方法之一是通过 Schwartz 空间 $\mathcal{S}$ 给出此定义 (这里我们不作讨论). 下面的方法仅仅用了定理 2.16 (C^{∞} 函数逼近). 先考虑 $L^1(\mathbb{R}^n) \cap L^2(\mathbb{R}^n)$ 中的函数, 而这类函数在 $L^2(\mathbb{R}^n)$ 中稠密.

5.3 Plancherel 定理

设 $f \in L^1(\mathbb{R}^n) \cap L^2(\mathbb{R}^n)$, 则 $\widehat{f}$ 属于 $L^2(\mathbb{R}^n)$, 且成立下述 Plancherel 公式:

$$\|\widehat{f}\|_2 = \|f\|_2. \tag{1}$$

映射 $f \mapsto \widehat{f}$ 可以唯一延拓为 $L^2(\mathbb{R}^n)$ 到 $L^2(\mathbb{R}^n)$ 的连续线性映射, 且是**等距**的, 即 Plancherel 公式 (1) 对于这样的延拓成立. 仍用记号 $f \mapsto \widehat{f}$ 表示这个映射 (即使 $f \notin L^1(\mathbb{R}^n)$).

假若 f 和 g 属于 $L^2(\mathbb{R}^n)$, 则成立 Parseval 公式:

$$(f,g) := \int_{\mathbb{R}^n} \bar{f}(x)g(x)\mathrm{d}x = \int_{\mathbb{R}^n} \bar{\hat{f}}(k)\hat{g}(k)\mathrm{d}k = (\hat{f},\hat{g}). \tag{2}$$

证明　对 $f \in L^1(\mathbb{R}^n) \cap L^2(\mathbb{R}^n)$, 由 5.1(5), 函数 $\hat{f}(k)$ 是有界的, 从而

$$\int_{\mathbb{R}^n} |\hat{f}(k)|^2 \exp[-\varepsilon\pi|k|^2]\mathrm{d}k \tag{3}$$

是有定义的. 由于 $f \in L^1(\mathbb{R}^n)$, 三元函数 $\bar{f}(x)f(y)\exp[-\varepsilon\pi|k|^2]$ 属于 $L^1(\mathbb{R}^{3n})$. 利用 Fubini 定理和定理 5.2, 可将 (3) 表示为

$$\int_{\mathbb{R}^{3n}} \bar{f}(x)f(y)\mathrm{e}^{2\pi\mathrm{i}(k,x-y)} \exp[-\varepsilon\pi k^2]\mathrm{d}x\mathrm{d}y\mathrm{d}k$$
$$= \int_{\mathbb{R}^{2n}} \varepsilon^{-n/2} \exp\left[-\frac{\pi(x-y)^2}{\varepsilon}\right] \bar{f}(x)f(y)\mathrm{d}x\mathrm{d}y. \tag{4}$$

应用定理 2.16 (C^∞ 函数逼近), 当 $\varepsilon \to 0$ 时, 在 $L^2(\mathbb{R}^n)$ 中成立

$$\varepsilon^{-n/2} \int_{\mathbb{R}^n} \exp\left[-\frac{\pi(x-y)^2}{\varepsilon}\right] f(y)\mathrm{d}y \to f(x),$$

从而 (再次应用 Fubini 定理) (3) 趋于 $\int_{\mathbb{R}^n} |f(x)|^2\mathrm{d}x$. 这就证明了 (3) 关于 ε 是一致有界的, 再由单调收敛定理, $\hat{f} \in L^2(\mathbb{R}^n)$, 且

$$\|\hat{f}\|_2 = \|f\|_2. \tag{5}$$

现在, 令 f 属于 $L^2(\mathbb{R}^n)$, 但 f 不属于 $L^1(\mathbb{R}^n) \cap L^2(\mathbb{R}^n)$. 由于 $L^1(\mathbb{R}^n) \cap L^2(\mathbb{R}^n)$ 在 $L^2(\mathbb{R}^n)$ 中稠密, 存在子列 $f^j \in L^1(\mathbb{R}^n) \cap L^2(\mathbb{R}^n)$, 使得 $\|f - f^j\|_2 \to 0$. 由 (5), $\|\hat{f^j} - \hat{f^m}\|_2 = \|f^j - f^m\|_2$, 从而 $\hat{f^j}$ 是 $L^2(\mathbb{R}^n)$ 中的 Cauchy 序列且收敛于 $L^2(\mathbb{R}^n)$ 中的某一函数, 记之为 $\hat{f}$. 显然, 由 (5) 式可知, $\hat{f}$ 不依赖于序列 f^j 的选择且

$$\|\hat{f}\|_2 = \lim_{j\to\infty} \|\hat{f^j}\|_2 = \lim_{j\to\infty} \|f^j\|_2 = \|f\|_2.$$

此映射的连续性 (在 $L^2(\mathbb{R}^n)$ 中) 与线性留给读者证明.

关系式 (2) 可由 (1) 通过**极化**推出, 即恒等式

$$(f,g) = \frac{1}{2}\{\|f+g\|_2^2 - \mathrm{i}\|f+\mathrm{i}g\|_2^2 - (1-\mathrm{i})\|f\|_2^2 - (1-\mathrm{i})\|g\|_2^2\}.$$

应用恒等式 (1) 到上式右端的四项, 推出 (2). ∎

5.4 L^2 函数 Fourier 变换的定义

对 $L^2(\mathbb{R}^n)$ 的每个函数 f, 由定理 5.3 中的极限所定义的 $L^2(\mathbb{R}^n)$ 函数 $\widehat{f}$ 就称为 f 的 Fourier 变换.

定理 5.3 是值得注意的, 因为它表明, 对任意 $f \in L^2(\mathbb{R}^n)$, 总可以通过 $L^1(\mathbb{R}^n)$ 中的逼近序列的 $L^2(\mathbb{R}^n)$ 极限, 来计算其 Fourier 变换 $\widehat{f}$, 且函数 $\widehat{f}$ 不依赖于所选用的逼近序列. 这里给出两个例子:

$$\widehat{f^j}(k) = \int_{|x|<j} e^{-2\pi i(k,x)} f(x) dx, \tag{1}$$

$$\widehat{h^j}(k) = \int_{\mathbb{R}^n} \cos(|x|^2/j) \exp[-|x|^2/j] e^{-2\pi i(k,x)} f(x) dx, \tag{2}$$

其中 $j = 1, 2, 3, \cdots$.

结论是: 存在一个 $L^2(\mathbb{R}^n)$ 函数 $\widehat{f}$, 当 $j \to \infty$ 时, $\|\widehat{f^j} - \widehat{f}\|_2 \to 0$, $\|\widehat{h^j} - \widehat{f}\|_2 \to 0$ 且 $\|\widehat{f^j} - \widehat{h^j}\|_2 \to 0$. 但当 $j \to \infty$ 时, 对任意 k, 序列 $\widehat{f^j}(k)$ 和 $\widehat{h^j}(k)$ 收敛的结论并不成立. 然而, 由定理 2.7 (L^p 空间的完备性), 总存在一子列 $j(l)$ ($l = 1, 2, 3, \cdots$), 使得对几乎处处的 $k \in \mathbb{R}^n$, $\widehat{f^{j(l)}}(k)$ 和 $\widehat{h^{j(l)}}(k)$ 收敛于 $\widehat{f}(k)$.

如下面所述, 映射 $f \mapsto \widehat{f}$ 不只是等距变换, 实际上还是**酉变换**, 即为可逆的等距. 下面是关于反演的表达式.

5.5 反演公式

对 $f \in L^2(\mathbb{R}^n)$, 利用定理 5.4, 定义

$$f^\vee(x) := \widehat{f}(-x) \tag{1}$$

(这等于在 5.1(1) 中把 i 换成 $-$i), 则

$$f = (\widehat{f})^\vee. \tag{2}$$

(注意, 根据定理 5.3, 右边项有定义.)

证明 对 $f \in L^2(\mathbb{R}^n)$, 下述公式成立:

$$\int_{\mathbb{R}^n} \widehat{g_\lambda}(y - x) f(y) dy = \int_{\mathbb{R}^n} g_\lambda(k) \widehat{f}(k) e^{2\pi i(k,x)} dk, \tag{3}$$

其中 $g_\lambda(k) = \exp[-\lambda \pi |k|^2]$, 从而 $\widehat{g_\lambda}(y - x) = \lambda^{-n/2} \exp[-\pi |x - y|^2/\lambda]$. 为了验证 (3), 用 $L^1(\mathbb{R}^n) \cap L^2(\mathbb{R}^n)$ 中一列函数 f^j 逼近 f. 对于每个 f^j, 利用 Fubini 定理,

公式 (3) 成立. 由定理 5.3 (Plancherel 定理) 可知, 在 $L^2(\mathbb{R}^n)$ 中, $f^j \to f$ 蕴含了在 $L^2(\mathbb{R}^n)$ 中, $\widehat{f^j} \to \widehat{f}$. 由于 g_λ 和 $\widehat{g_\lambda}$ 都属于 $L^2(\mathbb{R}^n)$, 积分收敛于 (3) 中的相应项, 因此 (3) 对于一般情形也成立.

由定理 2.16 (C^∞ 函数逼近), 当 $\lambda \to 0$ 时, (3) 的左边收敛于 $L^2(\mathbb{R}^n)$ 中的函数 $f(x)$. 由于当 $\lambda \to 0$ 时, 在 $L^2(\mathbb{R}^n)$ 中 $g_\lambda\widehat{f} \to \widehat{f}$ (由控制收敛定理), 由定理 5.3 可知, 在 $L^2(\mathbb{R}^n)$ 中, $(g_\lambda\widehat{f})^\vee \to (\widehat{f})^\vee$. (3) 式两边取极限 $\lambda \to 0$ 即得 (2). ■

5.6 $L^p(\mathbb{R}^n)$ 函数的 Fourier 变换

Fourier 变换已经对 $L^1(\mathbb{R}^n)$ 函数有定义 (值域在 $L^\infty(\mathbb{R}^n)$ 中) 且对 $L^2(\mathbb{R}^n)$ 函数有定义 (值域在 $L^2(\mathbb{R}^n)$ 中), 是否可以将其推广至其他 $L^p(\mathbb{R}^n)$ 空间使得其值域在某个 $L^q(\mathbb{R}^n)$ 空间?

让我们先回顾一下已证明的性质:

$$f \in L^1(\mathbb{R}^n) \Rightarrow \widehat{f} \in L^\infty(\mathbb{R}^n), \quad 且 \quad \|\widehat{f}\|_\infty \leqslant \|f\|_1, \tag{A}$$

但 L^1 空间上的 Fourier 变换不是可逆映射 (即, 并非每个 $L^\infty(\mathbb{R}^n)$ 函数都是某个 $L^1(\mathbb{R}^n)$ 函数的 Fourier 变换. 常值函数就是一例).

$$f \in L^2(\mathbb{R}^n) \Rightarrow \widehat{f} \in L^2(\mathbb{R}^n), \quad 且 \quad \|\widehat{f}\|_2 = \|f\|_2, \tag{B}$$

并且 Fourier 变换是可逆的, 满足 $f = (\widehat{f})^\vee$.

延拓 Fourier 变换至 $p < \infty$ 情形的方法之一就是模仿 $L^2(\mathbb{R}^n)$ 时的构造, 目标就是寻找常数 $C_{p,q}$, 使得对每一个 $f \in L^p(\mathbb{R}^n) \cap L^1(\mathbb{R}^n)$, 其 Fourier 变换属于 $L^q(\mathbb{R}^n)$, 且满足

$$\|\widehat{f}\|_q \leqslant C_{p,q}\|f\|_p. \tag{1}$$

利用定理 5.3 的连续性论证方法 (以及 $L^p(\mathbb{R}^n) \cap L^1(\mathbb{R}^n)$ 在 $L^p(\mathbb{R}^n)$ 中的稠密性), 人们可以将 Fourier 变换推广至所有的 $L^p(\mathbb{R}^n)$ 且 (1) 仍然成立.

第一个注记是: q 不能是任意的, 实际上 q 必须是 p' (其中 $1/p+1/p'=1$). 这是伸缩性质 5.1(4) 的简单推论; 若 $q \neq p'$, 那么即使 $f \in L^1(\mathbb{R}^n)$, 比值 $\|\widehat{f}\|_q/\|f\|_p$ 能取任意大. 第二个注记是: 有反例说明, 当 $p > 2$ 时, 类似于 (1) 的有界性不可能存在 (见习题 9). 然而当 $1 \leqslant p \leqslant 2$ 时, 下述定理 (通常称为 **Hausdorff-Young 不等式**) 表明 (1) 还是正确的.

5.7 Hausdorff-Young 不等式的最佳形式

设 $1 < p < 2$, $f \in L^p(\mathbb{R}^n) \cap L^1(\mathbb{R}^n)$, $1/p + 1/p' = 1$, 则

$$\|\widehat{f}\|_{p'} \leqslant C_p^n \|f\|_p, \tag{1}$$

其中

$$C_p^2 = [p^{1/p}(p')^{-1/p'}]. \tag{2}$$

此外, (1) 中等式成立当且仅当 f 是形如下式的 Gauss 函数

$$f(x) = A\exp[-(x, Mx) + (B, x)], \tag{3}$$

其中 $A \in \mathbb{C}$, M 是任意实对称的正定矩阵, 而 B 是 $\mathbb{C}^n$ 中的任意向量.

利用定理 5.3 中的构造, 结合 (1), $\widehat{f}$ 可以推广至所有的 $L^p(\mathbb{R}^n)$, 但与 $p = 2$ 情形相反, 这个映射不是可逆的, 即它未能映满 $L^{p'}(\mathbb{R}^n)$.

注 定理 5.7 的证明是冗长的, 不会在这里给出. 最短的证明可能是 [Lieb, 1990] 中给出的; 基本思想类似于定理 4.2 (Young 不等式) 的证明, 但细节更为困难. 对不等式 (1) 当 $C_p = 1$ 时首先由 [Hausdorff] 和 [W. H. Young] 对 Fourier 级数利用 Riesz-Thorin 插值定理证明 (见 [Reed-Simon, 第二卷]). 它由 [Titchmarsh] 推广至 Fourier 积分, 其中 $C_p = 1$. [Babenko] 对 $p' = 4, 6, 8, \cdots$ 的情形, 证明了 (2) 为最佳常数, 而 [Beckner] 对所有 $1 < p < 2$ 证明了 (2). (1) 中等号成立仅当 f 为 (3) 中的 Gauss 函数, 这一事实是由 [Lieb, 1990] 给出的证明. 注意到, 如果 $p = 1$ 或者 $p = 2$, 则 $C_p = 1$, 这与我们以前的结果一致, 但对上述两种情形, 使 (1) 中等式成立的函数有很多; 事实上, 当 $p = 2$ 时, 所有 $L^2(\mathbb{R}^n)$ 函数都使等式成立.

5.8 卷积

设 $f \in L^p(\mathbb{R}^n)$ 和 $g \in L^q(\mathbb{R}^n)$ 且 $1 + 1/r = 1/p + 1/q$, $1 \leqslant p, q, r \leqslant 2$, 则

$$\widehat{f * g}(k) = \widehat{f}(k)\widehat{g}(k). \tag{1}$$

证明 由 Young 不等式 (定理 4.2) 知, $f * g \in L^r(\mathbb{R}^n)$. 根据定理 5.7, $\widehat{f} \in L^{p'}(\mathbb{R}^n)$ 且 $\widehat{g} \in L^{q'}(\mathbb{R}^n)$, 从而由 Hölder 不等式, $\widehat{f}\widehat{g} \in L^{r'}(\mathbb{R}^n)$. 由于 $h := f * g$ 属于 $L^r(\mathbb{R}^n)$, 则由定理 5.7, $\widehat{h} \in L^{r'}(\mathbb{R}^n)$. 假若 f 和 g 都在 $L^1(\mathbb{R}^n)$ 中, 则由 5.1(8), (1) 式成立. 否则通过一个逼近过程即得定理, 其证明留给读者. ∎

• $\mathbb{R}^n$ 上定义的函数 $|x|^{2-n}$ $(n \geqslant 3)$ 在位势理论 (第九章) 中非常重要, 又在 6.20 节作为 Green 函数, 因此知道其 "Fourier 变换" 是很有用的, 即使它不在任何一个 $L^p(\mathbb{R}^n)$ 中. 然而, 其对性质较好函数的卷积作用及与性质较好函数的乘积都可以简单地用 Fourier 变换表示出来.

5.9　$|x|^{\alpha-n}$ 的 Fourier 变换

设 f 是 $C_c^\infty(\mathbb{R}^n)$ 中的函数, $0 < \alpha < n$, 记

$$c_\alpha := \pi^{-\alpha/2}\Gamma(\alpha/2), \tag{1}$$

则

$$c_\alpha(|k|^{-\alpha}\widehat{f}(k))^\vee(x) = c_{n-\alpha}\int_{\mathbb{R}^n}|x-y|^{\alpha-n}f(y)\mathrm{d}y. \tag{2}$$

注　由于 $f \in C_c^\infty(\mathbb{R}^n)$, 其 Fourier 变换 $\widehat{f}$ 是非常好的函数, 它属于 $C^\infty(\mathbb{R}^n)$ (实际上, 它是解析的), 且当 $|k| \to \infty$ 时, 它本身及其各阶导数, 都比 k 的任意阶多项式之倒数衰减得快 (这两件事的验证留给读者, 需要使用分部积分和控制收敛定理). 因此, 函数 $|k|^{-\alpha}\widehat{f}(k)$ 属于 $L^1(\mathbb{R}^n)$ 并因而有 Fourier 变换. (2) 式右边的函数是有定义的且也属于 $C^\infty(\mathbb{R}^n)$, 但当 $|x| \to \infty$ 时, 它仅与 $|x|^{\alpha-n}$ 一样衰减 (一般地). 因此一般地说, 对 $p \leqslant 2$, (2) 的右边不属于 $L^p(\mathbb{R}^n)$, 除非 $\alpha < n/2$, 所以, 它一般没有前面所定义的 Fourier 变换. 尽管如此, (2) 式是成立的.

证明　我们首先考虑下述基本公式

$$c_\alpha|k|^{-\alpha} = \int_0^\infty \exp[-\pi|k|^2\lambda]\lambda^{\alpha/2-1}\mathrm{d}\lambda. \tag{3}$$

由于 $|k|^{-\alpha}\widehat{f}(k)$ 是可积的, 由 Fubini 定理, 可得

$$\begin{aligned}
c_\alpha(|k|^{-\alpha}\widehat{f}(k))^\vee(x) &= \int_{\mathbb{R}^n}\mathrm{e}^{2\pi\mathrm{i}(k,x)}\left\{\int_0^\infty \exp[-\pi|k|^2\lambda]\lambda^{\alpha/2-1}\mathrm{d}\lambda\right\}\widehat{f}(k)\mathrm{d}k \\
&= \int_0^\infty\left\{\int_{\mathbb{R}^n}\mathrm{e}^{2\pi\mathrm{i}(k,x)}\exp[-\pi|k|^2\lambda]\widehat{f}(k)\mathrm{d}k\right\}\lambda^{\alpha/2-1}\mathrm{d}\lambda \\
&= \int_0^\infty \lambda^{-n/2}\lambda^{\alpha/2-1}\left\{\int_{\mathbb{R}^n}\exp[-\pi|x-y|^2/\lambda]f(y)\mathrm{d}y\right\}\mathrm{d}\lambda \\
&= c_{n-\alpha}\int_{\mathbb{R}^n}|x-y|^{-n+\alpha}f(y)\mathrm{d}y.
\end{aligned}$$

在倒数第二个等式中, 用到了定理 5.2 以及卷积定理 5.8(1), 而最后一个等式由 Fubini 定理给出.　∎

5.10　推广 5.9 至 $L^p(\mathbb{R}^n)$

设 $0 < \alpha < n/2$ 和 $f \in L^p(\mathbb{R}^n)$, 其中 $p = 2n/(n + 2\alpha)$, 则 $\widehat{f}$ 存在 (由定理 5.7). 此外, 若 c_α 由 5.9(1) 所定义, 则函数

$$g := c_{n-\alpha}|x|^{\alpha-n} * f$$

是一个 $L^2(\mathbb{R}^n)$ 函数 (由定理 4.3 (HLS 不等式)), 从而有 Fourier 变换 $\widehat{g}$.

我们的新结论是, $\widehat{g}$ 和 $\widehat{f}$ 之间的关系由下式

$$c_\alpha |k|^{-\alpha} \widehat{f}(k) = \widehat{g}(k) \tag{1}$$

给出. 此外,

$$c_{2\alpha} \int_{\mathbb{R}^n} |k|^{-2\alpha} |\widehat{f}(k)|^2 \mathrm{d}k = c_{n-2\alpha} \int_{\mathbb{R}^n} \int_{\mathbb{R}^n} \bar{f}(x) f(y) |x - y|^{2\alpha-n} \mathrm{d}x \mathrm{d}y. \tag{2}$$

注　$\alpha = 1$ 和 $n \geqslant 3$ 的情形对位势理论 (第九章) 和 Laplace 算子 (6.20 前的导言) 的 Green 函数特别重要. (2) 式右边除去 $c_{n-2\alpha}$ 的部分是 9.1(2) 中 "电荷分布" f 的 Coulomb 位势能量的两倍.

证明　由定理 2.16 (C^∞ 函数逼近), 可以找到 C_c^∞ 的函数列 $f^1, f^2, \cdots$ 在 $L^p(\mathbb{R}^n)$ 中强收敛, 即 $f^j \to f$. 由定理 4.3 (HLS 不等式), 函数 g 和

$$g^j := |x|^{\alpha-n} * f^j$$

均属于 $L^2(\mathbb{R}^n)$, 这从 Fubini 定理和下述事实可以推出: 对 $0 < \alpha < n, 0 < \beta < n$ 和 $0 < \alpha + \beta < n$, 有

$$(|x|^{\alpha-n} * |x|^{\beta-n})(y) := \int_{\mathbb{R}^n} |z|^{\alpha-n} |y - z|^{\beta-n} \mathrm{d}z = \frac{c_{n-\alpha-\beta} c_\alpha c_\beta}{c_{\alpha+\beta} c_{n-\alpha} c_{n-\beta}} |y|^{\alpha+\beta-n}, \tag{3}$$

这一恒等式可以利用 5.9(3) 通过复杂但有启发意义的演算得到.

由于 $f^j \to f$, 故在 $L^q(\mathbb{R}^n)$ 中, $\widehat{f^j} \to \widehat{f}$, 其中 $q = 2n/(n - 2\alpha)$ (根据定理 5.7). 由 HLS 不等式, 在 $L^2(\mathbb{R}^n)$ 中, $g^j \to g$, 从而在 $L^2(\mathbb{R}^n)$ 中, $\widehat{g^j} \to \widehat{g}$ (由定理 5.3 (Plancherel 定理)). 由定理 5.9, 也可知

$$\widehat{g^j}(k) = c_\alpha |k|^{-\alpha} \widehat{f^j}(k).$$

我们的问题是要证明

$$\widehat{g}(k) = c_\alpha |k|^{-\alpha} \widehat{f}(k).$$

为此, 通过取子列, 使得 $\widehat{g^j}(k) \to \widehat{g}(k)$ 和 $\widehat{f^j}(k) \to \widehat{f}(k)$ 几乎处处成立 (由定理 2.7(ii) (L^p 空间的完备性)), 因此,

$$\widehat{g}(k) = \lim_{j \to \infty} c_\alpha |k|^{-\alpha} \widehat{f^j}(k) = c_\alpha |k|^{-\alpha} \lim_{j \to \infty} \widehat{f^j}(k) = c_\alpha |k|^{-\alpha} \widehat{f}(k)$$

对几乎所有的 k 都成立. 这就证明了 (1).

公式 (2) 恰是对 (1) 应用 Plancherel 定理并结合 Fubini 定理和 (3) 而得到的. ∎

习题

1. 证明 Fourier 变换具有性质 5.1(2), (3) 以及 (4).

2. 证明 5.1 节中的 Riemann-Lebesgue 引理: 设 $f \in L^1(\mathbb{R}^n)$, 则当 $|k| \to \infty$ 时, 有 $\hat{f}(k) \to 0$.

   ▶ 提示: 用 5.1(3).

3. 试证明, 在 5.4 节给出的关于 $L^2(\mathbb{R}^n)$ 函数 Fourier 变换的定义, 不依赖于逼近序列的选取.

4. 证明 $L^2(\mathbb{R}^n)$ 函数 Fourier 变换的定义给出了一个线性映射 $f \mapsto \hat{f}$.

5. 请完成定理 5.8 的证明, 即详细给出在 5.8 节最后提到的逼近论证.

6. 设 $f \in C_c^\infty(\mathbb{R}^n)$, 试证明它的 Fourier 变换 $\hat{f}$ 仍属于 C^∞ (事实上 $\hat{f}$ 是解析的), 并证明对每一个 $a > 0$, $g_a(k) := \big||k|^a \hat{f}(k)\big|$ 是有界函数.

7. 验证公式 5.10(3).

8. 这里给出了定理 5.8 (卷积) 推广到 $r > 2$ 的一个例子: 假设 f 和 g 都是 $L^2(\mathbb{R}^n)$ 函数, 则我们知道 $f * g \in L^\infty(\mathbb{R}^n)$ 以及 $\hat{f}\hat{g} \in L^1(\mathbb{R}^n)$. 求证虽然 $\widehat{f * g}$ 可能无定义, 但在 Fourier 逆变换意义下 5.1(8) 成立, 即

$$f * g = (\hat{f}\hat{g})^\vee.$$

9. 验证: 当 $p > 2$ 时, 考虑 5.2(1) 的 Gauss 函数, 其中 $\lambda = a + \mathrm{i}b, a > 0$, 则 5.6(1) 不可能成立.

第六章　分布

6.1　引言

　　弱导数概念在处理偏微分方程中是不可或缺的工具, 它的好处在于处理有关微分的问题时省去了不少麻烦, 例如偏导数的交换. 其要点是任何局部可积函数都无穷多次弱可微, 就好像 C^∞ 函数一样. 导数概念的减弱使得寻求方程的解更加容易, 而且一旦找到这些 "弱" 解, 就可以去研究它们是否在经典意义下是真正可微的. 类似于初等代数中求多项式方程的有理数解. 首先知道解在实数这个更大范围内的存在性是极为重要的; 很多技巧可以来保证这点, 例如 Rolle 定理, 但它在有理数范围内是不适用的. 然后可以试着证明这些解确实是有理数.

　　围绕任何 L^1_{loc} 函数是可微的这一想法发展起来的理论正是 [Schwartz] 创造的分布理论 (见 [Hörmander], [Rudin, 1991], [Reed-Simon, 第一卷]). 我们不准备给出这个理论的更深奥的内容, 我们将陈述其中的基本技巧. 下文中, 为了完备起见, 我们对 $\mathbb{R}^n$ 中任意开集 Ω 定义分布, 但实际上, 本书中主要用到的是 $\Omega = \mathbb{R}^n$ 的情形.

6.2　试验函数空间 $\mathcal{D}(\Omega)$

　　设 Ω 是 $\mathbb{R}^n$ 中任意非空开集, 特别地, Ω 可以是 $\mathbb{R}^n$ 本身. 回忆 1.1 节中所

述, $C_c^\infty(\Omega)$ 表示紧支集在 Ω 上的无穷次可微的所有复值函数组成的空间. 一个连续函数的支集定义为函数值不为 0 的集合的闭包, 而"紧"是指, 上述闭集还包含在某个有限半径的球内. 注意, Ω 不是紧的.

试验函数空间 $\mathcal{D}(\Omega)$ 是由所有 $C_c^\infty(\Omega)$ 的函数所组成, 并附以如下的收敛性概念: 序列 $\phi^m \in C_c^\infty(\Omega)$ 在 $\mathcal{D}(\Omega)$ 中收敛于函数 $\phi \in C_c^\infty(\Omega)$, 当且仅当存在一个取定的紧集 $K \subset \Omega$, 使得对所有的 m, $\phi^m - \phi$ 的支集包含在 K 中, 而且对任意选择的非负整数 $\alpha_1, \cdots, \alpha_n$, 当 $m \to \infty$ 时, 有

$$(\partial/\partial x_1)^{\alpha_1} \cdots (\partial/\partial x_n)^{\alpha_n} \phi^m \to (\partial/\partial x_1)^{\alpha_1} \cdots (\partial/\partial x_n)^{\alpha_n} \phi \tag{1}$$

在 K 上一致成立. 称连续函数列 ψ^m 在 K 上一致收敛于 ψ 是指,

$$\sup_{x \in K} |\psi^m(x) - \psi(x)| \to 0, \qquad m \to \infty.$$

$\mathcal{D}(\Omega)$ 是一个线性空间, 即, 函数可以相加以及用 (复) 数相乘.

6.3 分布的定义及其收敛性

一个**分布** T 是 $\mathcal{D}(\Omega)$ 上的连续线性泛函, 即, $T : \mathcal{D}(\Omega) \to \mathbb{C}$, 使得对 $\phi, \phi_1, \phi_2 \in \mathcal{D}(\Omega)$ 以及 $\lambda \in \mathbb{C}$, 成立

$$T(\phi_1 + \phi_2) = T(\phi_1) + T(\phi_2) \quad 和 \quad T(\lambda\phi) = \lambda T(\phi); \tag{1}$$

而连续性是指, 如果 $\phi^n \in \mathcal{D}(\Omega)$, 且在 $\mathcal{D}(\Omega)$ 中 $\phi^n \to \phi$, 那么

$$T(\phi^n) \to T(\phi).$$

分布可以相加以及与复数相乘. 这个线性空间记为 $\mathcal{D}'(\Omega)$, 它是 $\mathcal{D}(\Omega)$ **的对偶空间**.

分布收敛性的直接想法是: 一列分布 $T^j \in \mathcal{D}'(\Omega)$ 在 $\mathcal{D}'(\Omega)$ 中收敛于 $T \in \mathcal{D}'(\Omega)$ 是指, 对任意的 $\phi \in \mathcal{D}(\Omega)$, 数 $T^j(\phi)$ 收敛于 $T(\phi)$.

大家可能猜测这种收敛是比较弱的, 事实上, 它的确如此! 例如, 我们将在 6.6 节给出分布的导数概念, 并且证明对于任意收敛的分布列, 它们的导数也必定收敛, 即微分是 $\mathcal{D}'(\Omega)$ 中的连续算子. 这与通常的点态收敛不同, 因为一列点态收敛函数的导数通常未必处处收敛.

我们将在 6.13 节给出的另一事实是, 任意分布均可以用 $C^\infty(\Omega)$ 中的函数在 $\mathcal{D}'(\Omega)$ 中进行逼近. 为了讲清楚这个命题, 必须先定义一个函数成为分布的含义. 这就是下一节的内容.

6.4 局部可积函数 $L^p_{\mathrm{loc}}(\Omega)$

分布的最简单的例子就是函数本身. 我们先对 $1 \leqslant p \leqslant \infty$ 定义**局部 p 次可积空间** $L^p_{\mathrm{loc}}(\Omega)$, 这样的函数是定义在 Ω 上的 Borel 可测函数, 且对所有紧集 $K \subset \Omega$, 有

$$\|f\|_{L^p(K)} < \infty. \tag{1}$$

等价地, 对任意闭球 $K \subset \Omega$, (1) 都成立.

一列 $L^p_{\mathrm{loc}}(\Omega)$ 函数 $f^1, f^2, \cdots$ 称为在 $L^p_{\mathrm{loc}}(\Omega)$ 中**收敛** (或**强收敛**) 于 f (记为 $f^j \to f$) 是指, 对任意紧集 $K \subset \Omega$, 在 $L^p(K)$ 中按通常意义 (见定理 2.7) 成立 $f^j \to f$. 同样地, f^j **弱收敛**于 f 是指, 对于任意的紧集 $K \subset \Omega$, 在 $L^p(K)$ 中弱意义下成立 $f^j \rightharpoonup f$ (2.9(6)).

注意到, 对于一般的 $p \geqslant 1$, $L^p_{\mathrm{loc}}(\Omega)$ 是一个向量空间, 但它没有一个简单定义的范数. 此外, $f \in L^p_{\mathrm{loc}}(\Omega)$ 不能推出 $f \in L^p(\Omega)$. 显然, $L^p_{\mathrm{loc}}(\Omega) \supset L^p(\Omega)$, 而对 $r > p$, 由 Hölder 不等式, 下述包含关系成立

$$L^p_{\mathrm{loc}}(\Omega) \supset L^r_{\mathrm{loc}}(\Omega).$$

(但不成立 $L^p(\Omega) \supset L^r(\Omega)$, 除非 Ω 测度有限.)

从分布的观点看, $L^1_{\mathrm{loc}}(\Omega)$ 是最重要的空间. 设 f 是 $L^1_{\mathrm{loc}}(\Omega)$ 中的函数, 那么对任意 $\mathcal{D}(\Omega)$ 中的函数 ϕ, 式子

$$T_f(\phi) := \int_\Omega f\phi \mathrm{d}x \tag{2}$$

有意义, 这就定义了 $\mathcal{D}(\Omega)$ 中的一个线性泛函. T_f 也是连续的, 这是由于

$$|T_f(\phi) - T_f(\phi^m)| = \left| \int_\Omega (\phi(x) - \phi^m(x)) f(x) \mathrm{d}x \right|$$

$$\leqslant \sup_{x \in K} |\phi(x) - \phi^m(x)| \int_K |f(x)| \mathrm{d}x,$$

根据 ϕ^m 的一致收敛性, 上式趋于零, 因此 $T_f \in \mathcal{D}'(\Omega)$. 如果一个分布 T 是由 f 根据 (2) 给出的, 我们就称**分布 T 是函数 f**. 这个术语的合理性将在下一节中阐明.

不是上述形式的分布的一个重要例子就是所谓的 Dirac "δ 函数", 它事实上根本不是一个函数:

$$\delta_x(\phi) = \phi(x), \tag{3}$$

其中 $x \in \Omega$ 是取定的. 易见, $\delta_x \in \mathcal{D}'(\Omega)$. 因此, 1.2 节 (6) 给出的 δ 测度, 类似于任意的 Borel 测度, 都可以看成分布. 事实上, 分布理论产生的部分原因, 正是人们试图去理解在物理和工程中普遍使用的 δ 函数真正的数学含义.

尽管试验函数空间 $\mathcal{D}(\Omega)$ 是受到很多限制的函数空间类, 但它已足够区分出 $\mathcal{D}'(\Omega)$ 中的函数, 就如我们现在要证明的.

6.5　函数由分布唯一确定

设 $\Omega \subset \mathbb{R}^n$ 是开集, f 和 g 均属于 $L^1_{\mathrm{loc}}(\Omega)$, 假设由 f 和 g 定义的分布是相等的, 即, 对所有的 $\phi \in \mathcal{D}(\Omega)$, 成立

$$\int_\Omega f\phi = \int_\Omega g\phi, \tag{1}$$

则对 Ω 中几乎所有的 x, 有 $f(x) = g(x)$.

证明　对于 $m = 1, 2, \cdots$, 令 Ω_m 是 Ω 中满足 $x + y \in \Omega$ 的点 $x \in \Omega$ 组成的集合, 其中 $|y| \leqslant \dfrac{1}{m}$. Ω_m 是开的. 设 j 属于 $C^\infty_c(\mathbb{R}^n)$, 且其支集在单位球内以及 $\int_{\mathbb{R}^n} j = 1$. 定义 $j_m(x) = m^n j(mx)$. 取定 M. 若 $m \geqslant M$, 则在 (1) 中取 $\phi(y) = j_m(x - y)$, 可知, 对所有 $x \in \Omega_M$, $(j_m * f)(x) = (j_m * g)(x)$ (关于卷积 $*$ 定义, 见 2.15 节). 由定理 2.16, 当 $m \to \infty$ 时, $j_m * f \to f$ 和 $j_m * g \to g$ 在 $L^1_{\mathrm{loc}}(\Omega_M)$ 中成立. 因此, 在 $L^1_{\mathrm{loc}}(\Omega_M)$ 中有 $f = g$, 从而 $f(x) = g(x)$ 对几乎处处的 $x \in \Omega_M$ 成立. 最后, 令 M 趋于 ∞. ∎

6.6　分布的导数

现在我们定义**分布导数**或**弱导数**的概念. 设 $T \in \mathcal{D}'(\Omega)$, $\alpha_1, \cdots, \alpha_n$ 是非负整数, 定义分布 $(\partial/\partial_1)^{\alpha_1} \cdots (\partial/\partial_n)^{\alpha_n} T$ (记为 $D^\alpha T$) 对函数 $\phi \in \mathcal{D}(\Omega)$ 的作用为:

$$(D^\alpha T)(\phi) = (-1)^{|\alpha|} T(D^\alpha \phi), \tag{1}$$

其中记号

$$|\alpha| = \sum_{i=1}^n \alpha_i, \tag{2}$$

符号 $\partial_i T$ 表示特殊情形 $\alpha_i = 1, \alpha_j = 0 \ (j \neq i)$ 时的 $D^\alpha T$.

符号 ∇T 称为 T 的**分布梯度**, 表示 n 维向量 $(\partial_1 T, \partial_2 T, \cdots, \partial_n T)$.

如果 f 是 $C^{|\alpha|}(\Omega)$ 函数 (无须有紧支集), 则

$$(D^\alpha T_f)(\phi) := (-1)^{|\alpha|} \int_\Omega (D^\alpha \phi) f \mathrm{d}x = \int_\Omega (D^\alpha f) \phi \mathrm{d}x =: T_{D^\alpha f}(\phi),$$

其中中间等式是由于分部积分. 因此, 弱导数的概念推广了古典情形, 且当古典导数存在且连续时, 弱导数与古典导数一致 (见定理 6.10 (古典导数与分布导数的等价性)). 显然, 在这种弱意义下, 分布总是无穷次可微的, 而这也是这个理论的主要优点之一. 然而注意到, 一个不可微函数 (在古典意义下) 的分布导数未必是一个函数.

让我们来证明 $D^\alpha T$ 实际上是分布. 显然它是线性的, 因此我们只需验证它在 $\mathcal{D}(\Omega)$ 上的连续性. 设 $\phi^m \to \phi$ 在 $\mathcal{D}(\Omega)$ 上成立, 则在 $\mathcal{D}(\Omega)$ 上 $D^\alpha \phi^m \to D^\alpha \phi$. 这是由于

$$\operatorname{supp}\{D^\alpha \phi^m - D^\alpha \phi\} \subset \operatorname{supp}\{\phi^m - \phi\} \subset K$$

以及

$$D^\beta(D^\alpha \phi^m - D^\alpha \phi) = D^{\beta+\alpha}\phi^m - D^{\beta+\alpha}\phi$$

在紧集上一致收敛于零 (这里 $\beta + \alpha$ 表示由 $(\beta_1 + \alpha_1, \beta_2 + \alpha_2, \cdots, \beta_n + \alpha_n)$ 给出的多重指标). 因此, $D^\alpha \phi$ 和 $D^\alpha \phi^m$ 都是 $\mathcal{D}(\Omega)$ 中的函数, 满足当 $m \to \infty$ 时, $D^\alpha \phi^m \to D^\alpha \phi$. 于是, 当 $m \to \infty$ 时,

$$(D^\alpha T)(\phi^m) := (-1)^{|\alpha|} T(D^\alpha \phi^m) \to (-1)^{|\alpha|} T(D^\alpha \phi) =: (D^\alpha T)(\phi).$$

最后, 我们证明, 分布的微分是 $\mathcal{D}'(\Omega)$ 中的一个连续算子. 事实上, 如果 $T^j(\phi) \to T(\phi)$ 对所有的 $\phi \in \mathcal{D}(\Omega)$ 成立, 按照分布导数的定义, 则有

$$(D^\alpha T^j)(\phi) = (-1)^{|\alpha|} T^j(D^\alpha \phi) \to (-1)^{|\alpha|} T(D^\alpha \phi) = (D^\alpha T)(\phi) \quad (j \to \infty),$$

这是因为 $D^\alpha \phi \in \mathcal{D}(\Omega)$.

6.7　$W^{1,p}_{\mathrm{loc}}(\Omega)$ 和 $W^{1,p}(\Omega)$ 的定义

$L^1_{\mathrm{loc}}(\Omega)$ 函数是分布中的重要一类, 但我们可以通过研究一阶分布导数也属于 $L^1_{\mathrm{loc}}(\Omega)$ 的函数使空间细化, 将该类函数记为 $W^{1,1}_{\mathrm{loc}}(\Omega)$. 此外, 正如 $L^p_{\mathrm{loc}}(\Omega)$ 与 $L^1_{\mathrm{loc}}(\Omega)$ 之间的关系, 也可以定义 $W^{1,p}_{\mathrm{loc}}(\Omega)$, 其中 $1 \leqslant p \leqslant \infty$, 因此,

$$W^{1,p}_{\mathrm{loc}}(\Omega) = \{f : \Omega \to \mathbb{C} : f \in L^p_{\mathrm{loc}}(\Omega), \text{ 而且 } \partial_i f \text{ 作为 } \mathcal{D}(\Omega) \text{ 中的分布}$$
$$\text{也是 } L^p_{\mathrm{loc}}(\Omega) \text{ 函数, 其中 } i = 1, \cdots, n\}.$$

我们希望读者一开始不要使用符号 ∇f, 因为这容易导致误用一些我们尚未建立的微积分法则, 所以现在仅仅把 ∇f 看成 n 元函数 $\mathbf{g} = (g_1, \cdots, g_n)$, 其中每一个分量都属于 $L^p_{\mathrm{loc}}(\Omega)$, 且

$$\int_\Omega f \nabla \phi = -\int_\Omega \mathbf{g}\phi$$

对所有的 $\phi \in \mathcal{D}(\Omega)$ 成立. 函数集 $W^{1,p}_{\mathrm{loc}}(\Omega)$ 是一个向量空间, 但不是赋范空间. 有以下的包含关系: $W^{1,p}_{\mathrm{loc}}(\Omega) \supset W^{1,r}_{\mathrm{loc}}(\Omega)$ $(r > p)$.

我们也可以类似地定义 $W^{1,p}(\Omega) \subset W^{1,p}_{\mathrm{loc}}(\Omega)$ 如下:

$$W^{1,p}(\Omega) = \{f : \Omega \to \mathbb{C} : f \text{ 和 } \partial_i f \text{ 都属于 } L^p(\Omega), \text{ 其中 } i = 1, \cdots, n\}.$$

通过定义

$$\|f\|_{W^{1,p}(\Omega)} = \left\{ \|f\|^p_{L^p(\Omega)} + \sum_{j=1}^n \|\partial_j f\|^p_{L^p(\Omega)} \right\}^{1/p}, \tag{1}$$

$W^{1,p}(\Omega)$ 是一个赋范空间, 而且是完备的, 即任一 Cauchy 序列在上述范数下存在 $W^{1,p}(\Omega)$ 中的极限. 这容易从 $L^p(\Omega)$ 的完备性 (定理 2.7) 结合分布导数的定义 6.6 得到, 即如果 $f^j \to f$ 和 $\partial_i f^j \to g_i$, 则在 $\mathcal{D}'(\Omega)$ 中必成立 $g_i = \partial_i f$. 其证明是定理 7.3 中 $W^{1,2}(\Omega) = H^1(\Omega)$ 证明部分 (见注记 7.5) 的简单修改, 细节留给读者去完成.

空间 $W^{1,p}(\Omega)$ 称为 **Sobolev 空间**. 本章中, 只有 $W^{1,1}_{\mathrm{loc}}(\Omega)$ 会用到. $W^{1,p}(\Omega)$ 中的上标 1 指的是 f 的一阶导数是 p 次可积函数.

就如同在 $L^p(\Omega)$ 和 $L^p_{\mathrm{loc}}(\Omega)$ 中一样, 也可以定义函数列 $f^1, f^2, \cdots$ 在空间 $W^{1,p}_{\mathrm{loc}}(\Omega)$ 或 $W^{1,p}(\Omega)$ 中**强收敛**或者**弱收敛**于函数 f. 简单地讲, 强收敛就是序列在 $L^p(\Omega)$ 中强收敛于 f, 而且由 f^j 导数得到的 n 个序列 $\{\partial_1 f^j\}, \cdots, \{\partial_n f^j\}$ 在 $L^p(\Omega)$ 中收敛于 n 个 $L^p(\Omega)$ 中的函数 $\partial_1 f, \cdots, \partial_n f$. 在 $W^{1,p}_{\mathrm{loc}}(\Omega)$ 情形, 要求上述收敛仅仅在 Ω 中的任意紧子集上成立. 类似地, 对于 $W^{1,p}(\Omega)$ 中的弱收敛, 我们要求, 对于任意的 $L \in L^p(\Omega)^*$, $L(f^j - f) \to 0$, 而且对每个 i, 当 $j \to \infty$ 时, $L(\partial_i f^j - \partial_i f) \to 0$. 对于 $W^{1,p}_{\mathrm{loc}}(\Omega)$, 要求在 $W^{1,p}(\mathcal{O})$ 中弱收敛, 其中 $\mathcal{O}$ 是满足 $\mathcal{O} \subset K \subset \Omega$ 的任意开集, 而 K 是紧的 (关于 $L^p(\Omega)^*$ 的定义见定理 2.14, 其中 $1 \leqslant p < \infty$).

关于 $W^{m,p}(\Omega)$ 或 $W^{m,p}_{\text{loc}}(\Omega)$ $(m > 1)$ 也有类似的定义. 这些函数的直到 m 阶导数都是 $L^p(\Omega)$ 函数, 而且, 类似于 (1), 定义

$$\|f\|^p_{W^{m,p}(\Omega)} := \|f\|^p_{L^p(\Omega)} + \sum_{j=1}^n \|\partial_j f\|^p_{L^p(\Omega)} + \cdots + \sum_{j_1=1}^n \cdots \sum_{j_m=1}^n \|\partial_{j_1} \cdots \partial_{j_m} f\|^p_{L^p(\Omega)}.$$
(2)

- 为方便起见, 下面用 ϕ_z 表示函数 ϕ 平移了 $z \in \mathbb{R}^n$, 即

$$\phi_z(x) := \phi(x - z).$$
(3)

6.8 卷积与分布可交换

设 $\Omega \subset \mathbb{R}^n$ 是开集, $\phi \in \mathcal{D}(\Omega)$, 又设 $\mathcal{O}_\phi \subset \mathbb{R}^n$ 是集合

$$\mathcal{O}_\phi = \{y : \text{supp}\{\phi_y\} \subset \Omega\},$$

易见 $\mathcal{O}_\phi$ 是开集且非空. 设 $T \in \mathcal{D}'(\Omega)$, 则函数 $y \mapsto T(\phi_y)$ 属于 $C^\infty(\mathcal{O}_\phi)$. 事实上, 若用 D^α_y 表示关于 y 的导数, 那么

$$D^\alpha_y T(\phi_y) = (-1)^{|\alpha|} T((D^\alpha \phi)_y) = (D^\alpha T)(\phi_y).$$
(1)

现设 $\psi \in L^1(\mathcal{O}_\phi)$ 有紧支集, 则

$$\int_{\mathcal{O}_\phi} \psi(y) T(\phi_y) \mathrm{d}y = T(\psi * \phi).$$
(2)

证明 设 $y \in \mathcal{O}_\phi$, 以及 $\varepsilon > 0$ 满足如下条件: 当 $|z| < \varepsilon$ 时, $y + z \in \mathcal{O}_\phi$, 于是对所有 $x \in \Omega$,

$$|\phi_y(x) - \phi_{y+z}(x)| = |\phi(x - y) - \phi(x - y - z)| < C\varepsilon,$$
(3)

其中 $C < \infty$ 是某常数, 这是由于 ϕ 有连续导数, 而且 (由于它有紧支集) 这些导数是一致连续的. 同理, (3) 对 ϕ 的所有导数也成立 (其中 C 依赖于导数的阶). 这表明当 $z \to 0$ 时, ϕ_{y+z} 在 $\mathcal{D}(\Omega)$ 中收敛于 ϕ_y (见 6.2 节). 因此, 当 $z \to 0$ 时, $T(\phi_{y+z}) \to T(\phi_y)$, 从而 $y \mapsto T(\phi_y)$ 在 $\mathcal{O}_\phi$ 中连续.

类似地,

$$\left|[\phi(x + \delta z) - \phi(x)]/\delta - \nabla\phi(x) \cdot z\right| \leqslant C' \delta |z|,$$

因此, 由同样论证, $y \mapsto T(\phi_y)$ 是可微的. 继续上述方式即得 (1).

为证明 (2), 只需假设 $\psi \in C^\infty(\mathcal{O}_\phi)$. 为此, 利用定理 2.16, 对任意 $\delta > 0$, 存在 $\psi^\delta \in C_c^\infty(\mathcal{O}_\phi)$, 使得 $\int_{\mathcal{O}_\phi} |\psi^\delta - \psi| < \delta$. 事实上, 我们可以假设 $\mathrm{supp}\{\psi^\delta\}$ 包含在 $\mathcal{O}_\phi$ 的某个取定的与 δ 无关的紧子集 K 上, 从而

$$\left| \int \{\psi(y) - \psi^\delta(y)\} T(\phi_y) \mathrm{d}y \right| \leqslant \delta \sup\{|T(\phi_y)| : y \in K\}.$$

易见, $\psi^\delta * \phi$ 在 $\mathcal{D}(\Omega)$ 中收敛于 $\psi * \phi$, 因此有 $T(\psi^\delta * \phi) \to T(\psi * \phi)$.

对 $\psi \in C_c^\infty(\mathcal{O}_\phi)$, 注意到 (2) 中的被积函数是两个 C^∞ 函数的乘积, 从而积分可视为一个 Riemann 积分, 因而可以用下述形式的有限和

$$\Delta_m \sum_{j=1}^m \psi(y_j) T(\phi_{y_j}) \quad (\Delta_m \to 0, m \to \infty)$$

来逼近.

同样地, 对任意多重指标 α, 当 $m \to \infty$ 时, $(D^\alpha(\psi * \phi))(x)$ 可用 $\Delta_m \sum_{j=1}^m \psi(y_j) D^\alpha \phi(x - y_j)$ 一致逼近 (因为 $\phi \in C_c^\infty(\Omega)$). 注意到, 对充分大的 m, 序列中的每个函数支集都包含在固定紧集 $K \subset \Omega$ 中. 由于 T 是连续的 (按定义), 且当 $m \to \infty$ 时, 函数 $\eta_m(x) = \Delta_m \sum_{j=1}^m \psi(y_j) \phi(x - y_j)$ 在 $\mathcal{D}(\Omega)$ 中收敛于 $(\psi * \phi)(x)$, 由此推出: 当 $m \to \infty$ 时, $T(\eta_m)$ 收敛于 $T(\psi * \phi)$. ∎

6.9　关于分布的微积分基本定理

设 $\Omega \subset \mathbb{R}^n$ 是开集, $T \in \mathcal{D}'(\Omega)$ 是分布, 而 $\phi \in \mathcal{D}(\Omega)$ 为试验函数, 假设对某 $y \in \mathbb{R}^n$, 函数 ϕ_{ty} 也在 $\mathcal{D}(\Omega)$ 中, 其中 $0 \leqslant t \leqslant 1$ (见 6.7(3)), 则

$$T(\phi_y) - T(\phi) = \int_0^1 \sum_{j=1}^n y_j (\partial_j T)(\phi_{ty}) \mathrm{d}t. \tag{1}$$

作为 (1) 的特殊情形, 假设 $f \in W_{\mathrm{loc}}^{1,1}(\mathbb{R}^n)$, 则对每个 $y \in \mathbb{R}^n$ 和几乎处处的 $x \in \mathbb{R}^n$, 有

$$f(x + y) - f(x) = \int_0^1 y \cdot \nabla f(x + ty) \mathrm{d}t. \tag{2}$$

证明　令 $\mathcal{O}_\phi = \{z \in \mathbb{R}^n : \phi_z \in \mathcal{D}(\Omega)\}$. 显然易见, 它是开集且非空. 将 (1) 的右边记为 $F(y)$. 由引理 6.8, 可知 $z \mapsto (\partial_j T)(\phi_z)$ 是 $\mathcal{O}_\phi$ 上的一个 C^∞ 函数, 且 $\frac{\partial}{\partial z_i}(\partial_j T(\phi_z)) = -\partial_j T(\partial_i \phi_z)$.

注意到其无穷多次可微性, 我们可以交换导数与积分, 且求得

$$\partial_i F(y) = -\sum_{j=1}^{n} \int_0^1 t(\partial_j T)(\partial_i \phi_{ty}) y_j \mathrm{d}t + \int_0^1 (\partial_i T)(\phi_{ty}) \mathrm{d}t.$$

由分布导数的定义, 第一项是

$$\sum_{j=1}^{n} \int_0^1 t T(\partial_j \partial_i \phi_{ty}) y_j \mathrm{d}t = -\int_0^1 \sum_{j=1}^{n} t(\partial_i T)(\partial_j \phi_{ty}) y_j \mathrm{d}t,$$

上式可改写为 (与前面同样的理由)

$$\int_0^1 t \frac{\mathrm{d}}{\mathrm{d}t}(\partial_i T)(\phi_{ty}) \mathrm{d}t.$$

由简单的分部积分, 易得 $\partial_i F(y) = (\partial_i T)(\phi_y)$. 函数 $y \mapsto G(y) = T(\phi_y) - T(\phi)$ 也是关于 y 的 C^∞ 函数 (由引理 6.8), 且 $(\partial_i T)(\phi_y)$ 是其偏导数. 由于 $F(0) = G(0) = 0$, 两个 C^∞ 函数 F 和 G 必定恒等, 这就证明了 (1).

为证明 (2), 注意到由于

$$(\partial_i f)(\phi_{ty}) = \int \phi(x)(\partial_j f)(x + ty) \mathrm{d}x,$$

故 (1) 蕴涵着

$$\int_{\mathbb{R}^n} \phi(x)[f(x+y) - f(x)] \mathrm{d}x = \int_0^1 \sum_{j=1}^{n} y_j \left\{ \int_{\mathbb{R}^n} \phi(x)(\partial_j f)(x + ty) \mathrm{d}x \right\} \mathrm{d}t.$$

因为 ϕ 有紧支集, 被积函数是 (t, x) 可积的 (即使 $\partial_j f \notin L^1(\mathbb{R}^n)$), 从而由 Fubini 定理, 可交换 t 与 x 的积分次序, 于是, 由定理 6.5 可推得结论 (2). ∎

6.10 古典导数与分布导数等价

设 $\Omega \subset \mathbb{R}^n$ 是开集, $T \in \mathcal{D}'(\Omega)$, 又设 $G_i := \partial_i T \in \mathcal{D}'(\Omega)$, 其中 $i = 1, 2, \cdots, n$, 则下述结论等价:

(i) T 是一个函数 $f \in C^1(\Omega)$;

(ii) 对每个 $i = 1, \cdots, n$, G_i 是一个函数 $g_i \in C^0(\Omega)$.

在上述每一种情形, g_i 就是 f 的古典导数 $\frac{\partial f}{\partial x_i}$.

注　当然, 命题 $f \in C^1(\Omega)$ 是指在 f 的等价类中, 存在一个 $C^1(\Omega)$ 函数. 对于 $g_i \in C^0(\Omega)$, 也有类似的注记.

证明　$\boxed{(\mathrm{i}) \Rightarrow (\mathrm{ii}).}$　按照分布导数的定义, $G_i(\phi) = (\partial_i T)(\phi) = -\int_\Omega (\partial_i \phi) f$. 另一方面, 由古典的分部积分公式, 可知

$$\int_\Omega (\partial_i \phi) f = -\int_\Omega \phi \frac{\partial f}{\partial x_i},$$

这是由于 ϕ 在 Ω 中有紧支集以及 $f \in C^1(\Omega)$. 因此, 利用 6.4 节中的术语和定理 6.5, G_i 正是函数 $\frac{\partial f}{\partial x_i}$.

$\boxed{(\mathrm{ii}) \Rightarrow (\mathrm{i})}$　固定 $R > 0$, 且令 $\omega = \{x \in \Omega : |x - z| > R,$ 对所有的 $z \notin \Omega\}$. 显然, 对充分小的 R, ω 是非空开集, 今后都这样假设. 取 $\phi \in \mathcal{D}(\omega) \subset \mathcal{D}(\Omega)$ 和 $|y| < R$, 则 $\phi_{ty} \in \mathcal{D}(\Omega)$, 其中 $-1 \leqslant t \leqslant 1$. 由 6.9(1) 和 Fubini 定理,

$$T(\phi_y) - T(\phi) = \int_0^1 \sum_{j=1}^n y_j \int_\omega g_j(x) \phi(x - ty) \mathrm{d}x \mathrm{d}t$$

$$= \int_\omega \left\{ \int_0^1 \sum_{j=1}^n g_j(x + ty) y_j \mathrm{d}t \right\} \phi(x) \mathrm{d}x. \tag{1}$$

选取非负函数 $\psi \in C_c^\infty(\mathbb{R}^n)$, 且 $\mathrm{supp}\{\psi\} \subset B := \{y : |y| < R\}$ 以及 $\int \psi = 1$. 对于 $\phi \in \mathcal{D}(\omega)$, 卷积 $\int_B \psi(y) \phi(x - y) \mathrm{d}y$ 定义了 $\mathcal{D}(\Omega)$ 中的函数. (1) 式两边乘以 ψ 并关于 y 积分, 利用 Fubini 定理, 可得

$$\int_B \psi(y) T(\phi_y) \mathrm{d}y - T(\phi) = \int_\omega \left\{ \sum_{j=1}^n \int_B \psi(y) \int_0^1 y_j g_j(x + ty) \mathrm{d}t \mathrm{d}y \right\} \phi(x) \mathrm{d}x. \tag{2}$$

左边的第一项是 $\int_\omega \phi(x) T(\psi_x) \mathrm{d}x$, 这由引理 6.8 并注意到对于 $x \in \omega$, $\psi_x \in \mathcal{D}(\Omega)$ 可得. 从而

$$T(\phi) = \int_\omega \left\{ T(\psi_x) - \sum_{j=1}^n \int_B \psi(y) \int_0^1 y_j g_j(x + ty) \mathrm{d}t \mathrm{d}y \right\} \phi(x) \mathrm{d}x,$$

这显式地表示 T 为函数, 记之为 f.

最后, 由定理 6.9(2),

$$f(x + y) - f(x) = \int_0^1 \sum_{j=1}^n g_j(x + ty) y_j \mathrm{d}t, \tag{3}$$

其中 $x \in \omega$ 且 $|y| < R$. 右边项是

$$\sum_{j=1}^{n} g_j(x)y_j + o(|y|),$$

这就证明了 $f \in C^1(\omega)$, 且其导数为 g_i. 由于 R 可以任意小, x 可以在 Ω 中任意选择, 通过取充分小, 定理即得证明. ■

下面是定理 6.10 的一个特殊情形, 这里单独列出以示其重要性.

6.11 导数为零的分布是常数

设 $\Omega \subset \mathbb{R}^n$ 是一个连通开集, $T \in \mathcal{D}'(\Omega)$, 假设对每一个 $i = 1, \cdots, n$, $\partial_i T = 0$, 则存在常数 C, 使得对所有的 $\phi \in \mathcal{D}(\Omega)$,

$$T(\phi) = C \int_\Omega \phi.$$

(有关 "连通" 见习题 1.23, 其推广可见习题 6.12.)

证明 由定理 6.10, T 是一个 $C^1(\Omega)$ 函数 f, 且 $\frac{\partial f}{\partial x_i} = 0$. 应用 6.10(3) 到 f, 可知 f 是常数. ■

6.12 C^∞ 函数与分布的乘积与卷积

一个有用的事实就是分布能够与 C^∞ 函数相乘. 考虑 $T \in \mathcal{D}'(\Omega)$ 和 $\psi \in \mathcal{D}(\Omega)$, 通过 ψT 对 $\phi \in \mathcal{D}(\Omega)$ 的作用, 定义乘积 ψT 为

$$(\psi T)(\phi) := T(\psi\phi), \tag{1}$$

对所有 $\phi \in \mathcal{D}(\Omega)$. 于是, ψT 为分布, 这是因为如果 $\phi \in C_c^\infty(\Omega)$, 则 $\psi\phi \in C_c^\infty(\Omega)$. 此外, 如果在 $\mathcal{D}(\Omega)$ 中成立 $\phi^n \to \phi$, 则在 $\mathcal{D}(\Omega)$ 中成立 $\psi\phi^n \to \psi\phi$. 为了微分 ψT, 我们只要应用乘法法则, 即

$$\partial_i(\psi T)(\phi) = \psi(\partial_i T)(\phi) + (\partial_i \psi)T(\phi). \tag{2}$$

(2) 之所以成立是由于 6.6(1) 的基本定义和有关 C^∞ 函数的 Leibniz 微分法则: $\partial_i(\psi\phi) = \phi\partial_i\psi + \psi\partial_i\phi$.

若 $T = T_f$, 其中 $f \in L^1_{\mathrm{loc}}(\Omega)$, 则 $\psi T = T_{\psi f}$. 此外, 若 $f \in W^{1,p}_{\mathrm{loc}}(\Omega)$, 则 $\psi f \in W^{1,p}_{\mathrm{loc}}(\Omega)$, 且 (2) 为

$$\partial_i(f\psi)(x) = f(x)\partial_i\psi(x) + \psi(x)(\partial_i f)(x), \tag{3}$$

对几乎处处的 x 成立. 上述内容对 $W^{1,p}(\Omega)$ 也同样成立, 而且还可以推广至 $W^{k,p}_{\mathrm{loc}}(\Omega)$ 和 $W^{k,p}(\Omega)$ 的情形.

分布 T 与 $C^\infty_c(\mathbb{R}^n)$ 函数 j 的卷积定义如下:

$$(j * T)(\phi) := T(j_R * \phi) = T\left(\int_{\mathbb{R}^n} j(y)\phi_{-y}\mathrm{d}y\right), \tag{4}$$

对所有的 $\phi \in \mathcal{D}(\mathbb{R}^n)$, 其中 $j_R(x) := j(-x)$. 由于 $j_R * \phi \in C^\infty_c(\mathbb{R}^n)$, $j * T$ 有意义且属于 $\mathcal{D}'(\mathbb{R}^n)$. 读者可以自行验证, 当 T 是函数, 即 $T = T_f$ 时, 由上述定义, 可得 $(j * T_f)(\phi) = T_{j*f}(\phi)$, 其中 $(j * f)(x) = \int_{\mathbb{R}^n} j(x-y)f(y)\mathrm{d}y$ 就是通常的卷积.
♦ 注意, j 必须是有紧支集的.

6.13　用 C^∞ 函数逼近分布

设 $T \in \mathcal{D}'(\mathbb{R}^n)$ 和 $j \in C^\infty_c(\mathbb{R}^n)$, 则存在一个函数 $t \in C^\infty(\mathbb{R}^n)$ (只依赖于 T 和 j), 使得对所有的 $\phi \in \mathcal{D}(\mathbb{R}^n)$,

$$(j * T)(\phi) = \int_{\mathbb{R}^n} t(y)\phi(y)\mathrm{d}y. \tag{1}$$

若进一步假设 $\int_{\mathbb{R}^n} j = 1$, 且令 $j_\varepsilon(x) = \varepsilon^{-n} j(x/\varepsilon)$, 其中 $\varepsilon > 0$, 则当 $\varepsilon \to 0$ 时, $j_\varepsilon * T$ 在 $\mathcal{D}'(\mathbb{R}^n)$ 中收敛于 T.

证明　按定义,

$$(j * T)(\phi) := T(j_R * \phi) = T\left(\int_{\mathbb{R}^n} j(y - \cdot)\phi(y)\mathrm{d}y\right).$$

由引理 6.8, 上式等于 $\int_{\mathbb{R}^n} T(j(y - \cdot))\phi(y)\mathrm{d}y$. 今定义 $t(y) := T(j(y - \cdot))$, 则由 6.8(1), $t \in C^\infty(\mathbb{R}^n)$, 这就证明了 (1). 为了验证 $j_\varepsilon * T$ 收敛于 T, 只要通过变量代换, 考虑

$$(j_\varepsilon * T)(\phi) := T\left(\int_{\mathbb{R}^n} j_\varepsilon(y)\phi_{-y}\mathrm{d}y\right)$$
$$= \int_{\mathbb{R}^n} j_\varepsilon(y)T(\phi_{-y})\mathrm{d}y = \int_{\mathbb{R}^n} j(y)T(\phi_{-\varepsilon y})\mathrm{d}y. \tag{2}$$

显然, 由于 $T(\phi_{-y})$ 是关于 y 的 C^∞ 函数, 且 j 有紧支集, 故 (2) 中的最后一项趋于 $T(\phi)$. ∎

• 分布 $T \in \mathcal{D}'(\Omega)$ 的**核空间**或**零空间**定义为 $\mathcal{N}_T = \{\phi \in \mathcal{D}(\Omega) : T(\phi) = 0\}$, 它构成了 $\mathcal{D}(\Omega)$ 的一个闭线性子空间. 下面关于核的相交定理在变分学的 Lagrange 乘子中有用 (见 11.6 节).

6.14 分布的线性相关性

设 $S_1, \cdots, S_N \in \mathcal{D}'(\Omega)$ 是分布, 假设 $T \in \mathcal{D}'(\Omega)$, 且对所有的 $\phi \in \bigcap_{i=1}^N \mathcal{N}_{S_i}$, $T(\phi) = 0$, 则存在复数 $c_1, \cdots, c_N$, 使得

$$T = \sum_{i=1}^N c_i S_i. \tag{1}$$

证明 不失一般性, 可以假设 S_i $(i = 1, \cdots, N)$ 是线性无关的. 首先证明存在 N 个固定函数 $u_1, \cdots, u_N \in \mathcal{D}(\Omega)$, 使得任意函数 $\phi \in \mathcal{D}(\Omega)$ 均可表示为

$$\phi = v + \sum_{i=1}^N \lambda_i(\phi) u_i, \tag{2}$$

其中 $\lambda_i(\phi) \in \mathbb{C}, i = 1, \cdots, N$, 而 $v \in \bigcap_{i=1}^N \mathcal{N}_{S_i}$. 为了证明 (2), 考虑向量集

$$V = \{\underline{S}(\phi) : \phi \in \mathcal{D}(\Omega)\}, \tag{3}$$

其中 $\underline{S}(\phi) = (S_1(\phi), \cdots, S_N(\phi))$. 由于 S_i $(i = 1, \cdots, N)$ 是线性无关的, 易知 V 是一个 N 维向量空间, 因此, 存在函数 $u_1, \cdots, u_N \in \mathcal{D}(\Omega)$, 使得 $\underline{S}(u_1), \cdots, \underline{S}(u_N)$ 张成 V, 从而, 由 $M_{ij} = S_i(u_j)$ 给出的 $N \times N$ 矩阵是可逆的. 记

$$\lambda_i(\phi) = \sum_{j=1}^N (M^{-1})_{ij} S_j(\phi), \tag{4}$$

则易见 (2) 成立.

将 T 作用到公式 (2), 可推出 (用到 $T(v) = 0$)

$$T(\phi) = \sum_{i,j=1}^N (M^{-1})_{ij} T(u_i) S_j(\phi),$$

若记 $c_i = \sum_{j=1}^N (M^{-1})_{ji} T(u_j)$, 这就得到了 (1). ∎

6.15　$C^\infty(\Omega)$ 在 $W^{1,p}_{\mathrm{loc}}(\Omega)$ 中 "稠密"

设 $f \in W^{1,p}_{\mathrm{loc}}(\Omega)$, 又设开集 $\mathcal{O}$ 满足如下性质: 存在一个紧集 $K \subset \Omega$, 使得 $\mathcal{O} \subset K \subset \Omega$, 则必存在一列 $f^1, f^2, f^3, \cdots \in C^\infty(\mathcal{O})$, 使得

$$\|f - f^k\|_{L^p(\mathcal{O})} + \sum_i \|\partial_i f - \partial_i f^k\|_{L^p(\mathcal{O})} \to 0 \quad (k \to \infty). \tag{1}$$

证明　对 $\varepsilon > 0$, 考虑函数 $j_\varepsilon * f$, 其中 $j_\varepsilon(x) = \varepsilon^{-n} j(x/\varepsilon)$; 而 j 是一个 C^∞ 函数, 其支集在中心为原点的单位球内, 且 $\int_{\mathbb{R}^n} j(x)\mathrm{d}x = 1$. 对满足上面性质的任意开集 $\mathcal{O}$, 如果 ε 足够小, 则 $j_\varepsilon * f \in C^\infty(\mathcal{O})$, 这是因为在 $\mathcal{O}$ 上, 对任意 α 阶导数都有

$$D^\alpha(j_\varepsilon * f)(x) = \int_{\mathbb{R}^n} (D^\alpha j_\varepsilon)(x - y) f(y)\mathrm{d}y.$$

此外, 由于 $\mathcal{O} \subset K \subset \Omega$ 且 K 是紧的, 只需取 ε 充分小, 可以认为

$$\mathcal{O} + \mathrm{supp}\{j_\varepsilon\} := \{x + z : x \in \mathcal{O}, z \in \mathrm{supp}\{j_\varepsilon\}\} \subset K.$$

再由于

$$\partial_i \int_K j_\varepsilon(x - y) f(y)\mathrm{d}y = \int_K j_\varepsilon(x - y)(\partial_i f)(y)\mathrm{d}y,$$

以及 f 和 $\partial_i f$ $(i = 1, \cdots, n)$ 都属于 $L^p(K)$, 通过取 $\varepsilon = 1/k$ 且令 k 足够大, 由定理 2.16 即得到 (1). ■

• 读者暂时跳过一些内容, 先将定理 6.15 中 $p = 2$ 情形与更深刻的 Meyers-Serrin 定理 7.6 ($C^\infty(\Omega)$ 在 $H^1(\Omega)$ 中稠密) 做比较. 后者容易推广至 $p \neq 2$ 情形, 即推广至 $W^{1,p}(\Omega)$, 而在每一种情形下, 均可推出 6.15. 重要之处在于, 如果 $f \in H^1(\Omega)$, 则当 x 趋向 Ω 的边界时, ∇f 可以趋向无穷大. 因此, 如同 7.6 中, 光滑函数 f^k 在 $H^1(\Omega)$ 范数下收敛于 f 并不容易做到. 定理 6.15 仅仅要求收敛任意接近, 但不达到 Ω 的边界. 6.15 中的序列 f^k 允许依赖于开子集 $\mathcal{O} \subset \Omega$. 而对比起来, 在 7.6 中取定的序列 f^k 必须在 $H^1(\Omega)$ 中收敛. 另一方面, $W^{1,2}_{\mathrm{loc}}(\Omega)$ 中的函数未必属于 $H^1(\Omega)$; 它甚至不属于 $L^1(\Omega)$.

6.16　链式法则

设 $G : \mathbb{R}^N \to \mathbb{C}$ 是一个具有有界连续导数的可微函数, 用显式 $G(s_1, \cdots, s_N)$ 表示. 如果

$$u(x) = (u_1(x), \cdots, u_N(x))$$

表示 $W_{\text{loc}}^{1,p}(\Omega)$ 中的 N 个函数, 则由下式定义的函数 $K:\Omega \to \mathbb{C}$,

$$K(x) = (G \circ u)(x) = G(u(x))$$

属于 $W_{\text{loc}}^{1,p}(\Omega)$, 且在 $\mathcal{D}'(\Omega)$ 中,

$$\frac{\partial}{\partial x_i} K = \sum_{k=1}^{N} \frac{\partial G}{\partial s_k}(u) \cdot \frac{\partial u_k}{\partial x_i}. \tag{1}$$

假若 $u_1, \cdots, u_N$ 属于 $W^{1,p}(\Omega)$, 则 K 也属于 $W^{1,p}(\Omega)$; 在 $|\Omega| = \infty$ 的情形, 倘若额外假设 $G(0) = 0$, 则 (1) 成立.

证明　只需证明 $K \in W^{1,p}(\mathcal{O})$ 以及验证公式 (1) 对任意满足性质 $\mathcal{O} \subset C \subset \Omega$ 的开集 $\mathcal{O}$ 成立即可, 其中 C 是紧集.

由定理 6.15, 可以找到一列 $(C^{\infty}(\mathcal{O}))^N$ 中的函数 $\phi^m = (\phi_1^m, \cdots, \phi_N^m)$, 使得 (这里用了不很规范的记号)

$$\|\phi^m - u\|_{W^{1,p}(\mathcal{O})} \to 0, \quad \text{当} m \to \infty. \tag{2}$$

通过取子列, 可设 $\phi^m \to u$ 几乎处处成立, 且对所有的 $i = 1, 2, \cdots, n$, $\frac{\partial}{\partial x_i}\phi^m \to \frac{\partial}{\partial x_i}u$ 几乎处处成立. 记 $K^m(x) = G(\phi^m(x))$, 由于

$$\max_i \left| \frac{\partial G}{\partial s_i} \right| \leqslant M,$$

应用微积分的基本定理和 $\mathbb{R}^N$ 中的 Hölder 不等式可得, 对 $s, t \in \mathbb{R}^N$,

$$|G(s) - G(t)| \leqslant MN^{1/p'} \left(\sum_{i=1}^{N} |s_i - t_i|^p \right)^{1/p}, \tag{3}$$

这里 $1/p + 1/p' = 1$. 因为 $\mathcal{O} \subset C$ 以及 G 是有界的, 所以 $K \in L_{\text{loc}}^p(\mathcal{O})$.

接下来, 对 $\psi \in \mathcal{D}(\Omega)$,

$$\int_{\Omega} \frac{\partial \psi}{\partial x_k} K^m \mathrm{d}x = -\int_{\Omega} \psi \frac{\partial}{\partial x_k} K^m \mathrm{d}x = -\sum_{l=1}^{N} \int_{\Omega} \psi \frac{\partial G}{\partial s_l}(\phi^m) \frac{\partial}{\partial x_k} \phi_l^m \mathrm{d}x. \tag{4}$$

在 (4) 中, 用到了 C^1 函数的通常链式法则. 利用 (3), 可得

$$|K(x) - K^m(x)| \leqslant MN^{1/p'} \left(\sum_{i=1}^{N} |u_i(x) - \phi_i^m(x)|^p \right)^{1/p},$$

这就推出在 $L^p(\mathcal{O})$ 中, $K^m \to K$, 所以 (4) 中的左边项趋于

$$\int_\Omega \frac{\partial \psi}{\partial x_k}(x) K(x) \mathrm{d}x,$$

右边的每一项可以改写为

$$\int_\mathcal{O} \psi \frac{\partial G}{\partial s_l}(\phi^m) \frac{\partial}{\partial x_k} u_l \mathrm{d}x + \int_\mathcal{O} \psi \frac{\partial G}{\partial s_l}(\phi^m) \left(\frac{\partial}{\partial x_k} \phi_l^m - \frac{\partial}{\partial x_k} u_l \right) \mathrm{d}x. \tag{5}$$

由控制收敛定理, 第一项趋于

$$\int_\mathcal{O} \psi \frac{\partial G}{\partial s_l}(u) \frac{\partial u_l}{\partial x_k} \mathrm{d}x,$$

而第二项趋于零, 这是由于 $\frac{\partial G}{\partial s_l}$ 一致有界, 且在 $L^p(\mathcal{O})$ 中, $\frac{\partial}{\partial x_k}\phi_l^m - \frac{\partial}{\partial x_k}u_l \to 0$. 显然, $\frac{\partial G}{\partial s_l}(u)\frac{\partial u_l}{\partial x_k}$ 属于 $L^p(\mathcal{O})$, 这是因为它们是有界函数乘以一个 $L^p(\mathcal{O})$ 函数.

为了验证关于 $W^{1,p}(\Omega)$ 的第二个命题, 注意到, 对所有的 $k = 1, 2, \cdots, N$, $\frac{\partial G}{\partial s_k}$ 是有界的, 又由 $\nabla u_k \in L^p(\Omega)$, 从 (1) 可知, $\nabla K \in L^p(\Omega)$ 也成立. 唯一需要验证的就是 K 本身属于 $L^p(\Omega)$. 由 (3) 得到

$$|K(x)|^p \leqslant A + B \sum_{k=1}^N |u_k(x)|^p, \tag{6}$$

其中 A 和 B 是常数. 如果 $|\Omega| < \infty$, 则 (6) 式蕴涵了 $K \in L^p(\Omega)$; 如果 $|\Omega| = \infty$, 此时需用假设 $G(0) = 0$, 因为由此可在 (6) 中取 $A = 0$, 这样就有 $K \in L^p(\Omega)$. ■

6.17　绝对值的导数

设 $f \in W^{1,p}(\Omega)$, 则 f 的绝对值 (记为 $|f|$ 且定义为 $|f|(x) = |f(x)|$) 属于 $W^{1,p}(\Omega)$, 且 $\nabla |f|$ 是下述函数

$$(\nabla|f|)(x) = \begin{cases} \dfrac{1}{|f|(x)}(R(x)\nabla R(x) + I(x)\nabla I(x)), & \text{当} f(x) \neq 0, \\ 0, & \text{当} f(x) = 0, \end{cases} \tag{1}$$

这里 $R(x)$ 和 $I(x)$ 表示 f 的实部和虚部. 特别地, 如果 f 为实值函数, 则

$$(\nabla|f|)(x) = \begin{cases} \nabla f(x), & \text{当} f(x) > 0, \\ -\nabla f(x), & \text{当} f(x) < 0, \\ 0, & \text{当} f(x) = 0. \end{cases} \tag{2}$$

因此, 如果 f 是复值的, 则 $|\nabla |f|| \leqslant |\nabla f|$ 几乎处处成立; 如果 f 是实值的, 则 $|\nabla |f|| = |\nabla f|$ 几乎处处成立.

证明 采用 [Gilbarg-Trudinger] 的方法. 由 $\|f\|_p$ 的定义, 推出 $|f| \in L^p(\Omega)$. 此外, 因为

$$\left| \frac{1}{|f|} (R\nabla R + I\nabla I) \right|^2 \leqslant (\nabla R)^2 + (\nabla I)^2 \tag{3}$$

点态成立, 所以只要证明了等式 (1) 成立, $\nabla |f|$ 当然就属于 $L^p(\Omega)$. 考虑函数

$$G_\varepsilon(s_1, s_2) = \sqrt{\varepsilon^2 + s_1^2 + s_2^2} - \varepsilon, \tag{4}$$

显然, $G_\varepsilon(0,0) = 0$ 以及

$$\left| \frac{\partial G_\varepsilon}{\partial s_i} \right| \leqslant \left| \frac{s_i}{\sqrt{\varepsilon^2 + s_1^2 + s_2^2}} \right| \leqslant 1. \tag{5}$$

从而由 6.16 知, 函数 $K_\varepsilon(x) = G_\varepsilon(R(x), I(x))$ 属于 $W^{1,p}(\Omega)$ 且对所有 $\phi \in \mathcal{D}(\Omega)$, 有

$$\int_\Omega \nabla \phi(x) K_\varepsilon(x) \mathrm{d}x = -\int_\Omega \phi(x) \nabla K_\varepsilon(x) \mathrm{d}x$$
$$= -\int_\Omega \phi(x) \frac{R(x)\nabla R(x) + I(x)\nabla I(x)}{\sqrt{\varepsilon^2 + |f(x)|^2}} \mathrm{d}x. \tag{6}$$

因为 $K_\varepsilon(x) \leqslant |f(x)|$ 和

$$\left| \frac{R(x)\nabla R(x) + I(x)\nabla I(x)}{\sqrt{\varepsilon^2 + |f(x)|^2}} \right| \leqslant |\nabla f(x)|^2,$$

而且当 $\varepsilon \to 0$ 时, 函数 (4) 和 (5) 点态收敛于所要的表达式, 故由控制收敛定理即可得所证. ∎

6.18 $W^{1,p}$ 函数的极小与极大函数属于 $W^{1,p}$

设 f 和 g 是 $W^{1,p}(\Omega)$ 中的两个实值函数, 则 $\min(f(x), g(x))$ 和 $\max(f(x), g(x))$ 是 $W^{1,p}(\Omega)$ 中函数, 且其梯度由下式给出:

$$\nabla \max(f(x), g(x)) = \begin{cases} \nabla f(x), & \text{当 } f(x) > g(x), \\ \nabla g(x), & \text{当 } f(x) < g(x), \\ \nabla f(x) = \nabla g(x), & \text{当 } f(x) = g(x), \end{cases} \tag{1}$$

$$\nabla \min(f(x), g(x)) = \begin{cases} \nabla g(x), & \text{当 } f(x) > g(x), \\ \nabla f(x), & \text{当 } f(x) < g(x), \\ \nabla f(x) = \nabla g(x), & \text{当 } f(x) = g(x). \end{cases} \tag{2}$$

证明　由于

$$\min(f(x), g(x)) = \frac{1}{2}[(f(x) + g(x)) - |f(x) - g(x)|]$$

和

$$\max(f(x), g(x)) = \frac{1}{2}[(f(x) + g(x)) + |f(x) - g(x)|],$$

所以这两个函数均属于 $W^{1,p}(\Omega)$.

公式 (1) 和 (2) 中的 $f(x) > g(x)$ 和 $f(x) < g(x)$ 情形立即可从定理 6.17 中推出. 为了证明 $f(x) = g(x)$ 情形, 考虑

$$h(x) = (f(x) - g(x))_+ = \frac{1}{2}\{|f(x) - g(x)| + (f(x) - g(x))\}.$$

显见 $|h|(x) = h(x)$, 从而由 6.17,

$$\nabla h(x) = \nabla |h|(x) = 0, \quad \text{当} f(x) \leqslant g(x).$$

但仍由 6.17, 当 $f(x) = g(x)$ 时, $\nabla h(x) = \frac{1}{2}(\nabla(f - g))(x)$, 因此, 当 $f(x) = g(x)$ 时,

$$(\nabla f)(x) = (\nabla g)(x),$$

这就得到了 $f(x) = g(x)$ 情形的 (1) 和 (2). ∎

容易将上述结论推广至 $W^{1,p}(\Omega)$ 函数的截断函数情形, 后者定义为

$$f_{<\alpha}(x) = \min(f(x), \alpha).$$

于是其梯度由下式给出:

$$(\nabla f_{<\alpha})(x) = \begin{cases} \nabla f(x), & \text{当 } f(x) < \alpha, \\ 0, & \text{其他}. \end{cases}$$

类似地, 定义

$$f_{>\alpha}(x) = \max(f(x), \alpha),$$

则

$$(\nabla f_{>\alpha})(x) = \begin{cases} \nabla f(x), & \text{当 } f(x) > \alpha, \\ 0, & \text{其他}. \end{cases}$$

注意到, 当 Ω 无界时, 仅当 $\alpha \geqslant 0$ 时, $f_{<\alpha} \in W^{1,p}(\Omega)$ 成立; 而仅当 $\alpha \leqslant 0$ 时, $f_{>\alpha} \in W^{1,p}(\Omega)$ 成立.

前面所讨论的结果表明, 如果 $u \in W^{1,1}_{\mathrm{loc}}(\Omega), \alpha \in \mathbb{R}$, 且在 $\mathbb{R}^n$ 的一个正测度集上 $u(x) = \alpha$, 那么 $(\nabla u)(x) = 0$ 在该集上几乎处处成立. 这容易从 6.18 中得到. 下面的定理 (在 [Almgren-Lieb] 中可找到) 推广了这个事实, 即用零测度的 Borel 集 A 来代替单点 $\alpha \in \mathbb{R}$. 这样的点集不一定 "小", 例如, A 可能是所有有理数集, 从而 A 可以在 $\mathbb{R}$ 中稠密. 注意到, 如果 f 是 Borel 可测函数, 则 $f^{-1}(A) := \{x \in \mathbb{R}^n : f(x) \in A\}$ 是 Borel 集, 从而是可测的. 这可从 1.5 节的命题和习题 1.3 ($x \mapsto \chi_A(f(x))$ 为可测的) 推出.

6.19 零测度集原像上的梯度为零

设 $A \subset \mathbb{R}$ 是一个 Lebesgue 测度为零的 Borel 集, 而 $f : \Omega \to \mathbb{R}$ 属于 $W^{1,1}_{\mathrm{loc}}(\Omega)$, 令

$$B = f^{-1}(A) := \{x \in \mathbb{R}^n : f(x) \in A\} \subset \Omega,$$

则对几乎处处的 $x \in B$, $\nabla f(x) = 0$ 成立.

证明 我们的目的是证明公式

$$\int_{\Omega} \phi(x)\chi_{\mathcal{O}}(f(x))\nabla f(x)\mathrm{d}x = -\int_{\Omega} \nabla\phi(x)G_{\mathcal{O}}(f(x))\mathrm{d}x \tag{1}$$

对任意开集 $\mathcal{O} \subset \mathbb{R}$ 成立. 这里 $\chi_{\mathcal{O}}$ 是 $\mathcal{O}$ 的特征函数, 而 $G_{\mathcal{O}}(t) = \int_0^t \chi_{\mathcal{O}}(s)\mathrm{d}s$. 除了 $G_{\mathcal{O}}$ 不属 $C^1(\mathbb{R}^n)$ 外, 方程 (1) 就像是链式法则. 暂时先假设 (1) 成立, 那么定理的证明可以如下进行. 根据 Lebesgue 测度的外正则性, 可以找到递减的开集序列 $\mathcal{O}^1 \supset \mathcal{O}^2 \supset \mathcal{O}^3 \supset \cdots$, 使得 $A \subset \mathcal{O}^j$ 对每一个 j 都成立, 且当 $j \to \infty$ 时, $\mathcal{L}^1(\mathcal{O}^j) \to 0$. 因此, $A \subset C := \bigcap_{j=1}^{\infty} \mathcal{O}^j$ (但也可能发生 A 严格包含于 C 的情形) 以及 $\mathcal{L}^1(C) = 0$. 按定义, $G_j(t) := G_{\mathcal{O}^j}(t)$ 满足 $|G_j(t)| \leqslant \mathcal{L}^1(\mathcal{O}^j)$, 从而当 $j \to \infty$ 时, $G_j(t)$ 一致趋于零. 因此, 当 $j \to \infty$ 时, (1) 的右端 (以 $\mathcal{O}^j$ 替换 $\mathcal{O}$) 趋于零. 另一方面, $\chi_j := \chi_{\mathcal{O}^j}$ 以 1 为界, 且对任意的 $x \in \mathbb{R}^n$, $\chi_j(f(x)) \to \chi_{f^{-1}(C)}(x)$. 由控制收敛定理, (1) 的左端收敛于 $\int_{\Omega} \phi\chi_{f^{-1}(C)}\nabla f$, 而对任意的 $\phi \in \mathcal{D}(\Omega)$, 这等于

零. 根据分布的唯一性, 对几乎处处的 x, 函数 $\chi_{f^{-1}(C)}(x)\nabla f(x) = 0$, 这就是我们希望证明的结论.

余下来要证明 (1). 注意到任意开集 $\mathcal{O} \subset \mathbb{R}$ 是可数多个互不相交的开区间之并 (为什么?), 因此, $\mathcal{O} = \bigcup_{j=1}^{\infty} U_j$, 其中 $U_j = (a_j, b_j)$. 既然 f 是函数, 当 $j \neq k$ 时, $f^{-1}(U_j)$ 与 $f^{-1}(U_k)$ 不相交. 因此, 根据测度的可数可加性, 只需对 $\mathcal{O}$ 是一个区间 (a, b) 的情形证明 (1) 成立. 容易找到一列连续函数 $\chi^1, \chi^2, \chi^3, \cdots$, 使得对每个 $t \in \mathbb{R}$, $\chi^j(t) \to \chi_{\mathcal{O}}(t)$ 以及 $0 \leqslant \chi^j(t) \leqslant 1$. 上述的处处收敛 (不仅是几乎处处) 是至关重要的, 这里把 χ^j 的简单构造留给读者完成. 于是, 记 $G^j = \int_0^t \chi^j$, 通过对两边取极限 $j \to \infty$ 以及应用控制收敛定理, 即得方程 (1). 具体细节留给读者验证. ∎

• 分布导数的一个有趣且有用的练习就是计算 Green 函数. 设 $y \in \mathbb{R}^n, n \geqslant 1$, 并令 $G_y : \mathbb{R}^n \to \mathbb{R}$ 定义为

$$G_y(x) = \begin{cases} -|\mathbb{S}^1|^{-1} \ln(|x-y|), & \text{当 } n = 2, \\ \left[(n-2)|\mathbb{S}^{n-1}|\right]^{-1} |x-y|^{2-n}, & \text{当 } n \neq 2, \end{cases} \tag{2}$$

其中 $|\mathbb{S}^{n-1}|$ 是单位球面 $\mathbb{S}^{n-1} \subset \mathbb{R}^n$ 的表面积, 如:

$$|\mathbb{S}^0| = 2, \quad |\mathbb{S}^1| = 2\pi, \quad |\mathbb{S}^2| = 4\pi, \quad |\mathbb{S}^{n-1}| = 2\pi^{n/2}/\Gamma(n/2).$$

这些 $G_y(x)$ 就是 $\mathbb{R}^n$ **中关于 Poisson 方程的 Green 函数**. 回忆 **Laplace** 算子 Δ, 其定义为 $\Delta := \sum_{i=1}^{n} \frac{\partial^2}{\partial x_i^2}$. $G_y(x)$ 实际上是对称的, 即 $G_y(x) = G_x(y)$.

6.20 Green 函数的分布 Laplace 算子

在分布意义下,

$$-\Delta G_y = \delta_y, \tag{1}$$

其中 δ_y 是 y 点的 Dirac δ 测度 (通常记为 $\delta(x-y)$).

证明 为了证明 (1), 不妨取 $y = 0$. 需要证明: 对于 $\phi \in C_c^{\infty}(\mathbb{R}^n)$,

$$I := \int_{\mathbb{R}^n} (\Delta\phi)G_0 = -\phi(0).$$

由于 $G_0 \in L_{\text{loc}}^1(\mathbb{R}^n)$, 只需证明

$$-\phi(0) = \lim_{r \to 0} I(r),$$

其中

$$I(r) := \int_{|x|>r} \Delta\phi(x)G_0(x)\mathrm{d}x.$$

又由于 ϕ 有紧支集, 故也可以限制积分区域在 $|x| < R$ 上, 其中 R 为某个常数. 然而, 当 $|x| > 0$ 时, G_0 是无穷多次可微的且 $\Delta G_0 = 0$. 利用分部积分来计算 $I(r)$, 并注意到在 $|x| = R$ 上的边界积分为 0. 因此, 若记 $A = \{x : r \leqslant |x| \leqslant R\}$, 则

$$I(r) = \int_A (\Delta\phi)G_0 = -\int_A \nabla\phi \cdot \nabla G_0 + \int_{|x|=r} G_0\nabla\phi \cdot \nu$$

$$= -\int_{|x|=r} \phi\nabla G_0 \cdot \nu + \int_{|x|=r} G_0\nabla\phi \cdot \nu, \tag{2}$$

其中 ν 是 A 的单位外法向量. 在球面 $|x| = r$ 上, 有 $\nabla G_0 \cdot \nu = |\mathbb{S}^{n-1}|^{-1}r^{-n+1}$, 因此 (2) 中倒数第二个积分是

$$-\int_{|x|=r} \phi\nabla G_0 \cdot \nu = -|\mathbb{S}^{n-1}|^{-1} \int_{\mathbb{S}^{n-1}} \phi(r\omega)\mathrm{d}\omega.$$

由于 ϕ 是连续的, 故当 $r \to 0$ 时, 上式收敛于 $-\phi(0)$. 又由于 $\nabla\phi \cdot \nu$ 的界不超过某常数, 而对充分小的 $|x|$, $\big||x|^{n-1}G_0(x)\big| < |x|^{1/2}$, 故当 $r \to 0$ 时, (2) 中的最后一个积分收敛于零. 因此, (1) 得证. ∎

6.21 Poisson 方程的解

设 $f \in L^1_{\mathrm{loc}}(\mathbb{R}^n)$, $n \geqslant 1$, 假设对几乎处处的 x, 函数 $y \mapsto G_y(x)f(y)$ 是可积的 (其中 G_y 是在 6.20 之前给出的 Green 函数), 且定义函数 $u : \mathbb{R}^n \to \mathbb{C}$ 为

$$u(x) = \int_{\mathbb{R}^n} G_y(x)f(y)\mathrm{d}y, \tag{1}$$

则 u 满足:

$$u \in L^1_{\mathrm{loc}}(\mathbb{R}^n), \tag{2}$$

$$-\Delta u = f, \quad 在 \ \mathcal{D}'(\mathbb{R}^n) \ 中. \tag{3}$$

此外, 函数 u 的分布导数是一个函数, 它由下式给出 (对几乎处处的 x):

$$\partial_i u(x) = \int_{\mathbb{R}^n} \frac{\partial G_y}{\partial x_i}(x)f(y)\mathrm{d}y. \tag{4}$$

例如, 当 $n = 3$ 时, 偏导数为

$$\frac{\partial G_y}{\partial x_i}(x) = -\frac{1}{4\pi}|x - y|^{-3}(x_i - y_i). \tag{5}$$

注　(1) 上述定理的一个平凡推论是 $\mathbb{R}^n$ 可以换成任意开集 $\Omega \subset \mathbb{R}^n$. 假设 $f \in L^1_{\text{loc}}(\Omega)$ 以及 $y \mapsto G_y(x)f(y)$ 对几乎处处的 $x \in \Omega$ 是 Ω 上可积的, 于是 (见习题)

$$u(x) := \int_\Omega G_y(x)f(y)\mathrm{d}y \tag{6}$$

属于 $L^1_{\text{loc}}(\Omega)$ 且满足

$$-\Delta u = f, \quad \text{在 } \mathcal{D}'(\Omega) \text{ 中.} \tag{7}$$

(2) 定理 6.21 中的可积条件等价于函数 $w_n(y)f(y)$ 是可积的, 这里

$$w_n(y) = \begin{cases} (1 + |y|)^{2-n}, & \text{当 } n \geqslant 3, \\ \ln(1 + |y|), & \text{当 } n = 2, \\ |y|, & \text{当 } n = 1. \end{cases} \tag{8}$$

这个等价性是容易证明的, 留给读者作为练习(先将 (1) 中的积分分解为包含 x 的球及其关于 $\mathbb{R}^n$ 的补集上的积分. 利用 Fubini 定理容易说明, 对球中几乎处处的 x, 球上积分是有限的).

(3) 显见, 方程 (7) 的任一解均有形式 $u + h$, 其中 u 由 (6) 式定义, $\Delta h = 0$, 从而 h 是 Ω 上的调和函数 (见 9.3 节). 由于调和函数是无穷次可微的 (定理 9.4), 可知 (7) 的每一个解属于 $C^k(\Omega)$ 当且仅当 $u \in C^k(\Omega)$.

证明　为证 (2), 只需证明对任意球 $B \subset \mathbb{R}^n$, $I_B := \int_B |u| < \infty$. 由于 $|u(x)| \leqslant \int_{\mathbb{R}^n} |G_y(x)f(y)|\mathrm{d}y$, 利用 Fubini 定理可推出

$$I_B \leqslant \int_{\mathbb{R}^n} H_B(y)|f(y)|\mathrm{d}y,$$

其中 $H_B(y) = \int_B |G_y(x)|\mathrm{d}x$. 容易验证 (例如利用 Newton 定理 9.7), 如果 B 的中心为 x_0, 半径为 R, 则对于 $|y - x_0| \geqslant R, n \neq 2$, 我们有 $H_B(y) = |B||G_y(x_0)|$; 而对于 $|y - x_0| \geqslant R + 1, n = 2$ (为了保证对数是正的), 则 $H_B(y) = |B||G_y(x_0)|$. 此外, 当 $|y - x_0| < R$ 时, $H_B(y)$ 是有界的. 据上述讨论, 易得 $I_B < \infty$ (注意到, 由 Fubini 定理可推出 u 是可测函数且属于 $L^1_{\text{loc}}(\mathbb{R}^n)$).

为验证 (3), 必须说明对每个 $\phi \in C_c^\infty(\mathbb{R}^n)$,

$$-\int u\Delta\phi = \int f\phi. \tag{9}$$

将 (1) 代入 (9) 的左边, 再利用 Fubini 定理计算二重积分. 但定理 6.20 指出

$$-\int_{\mathbb{R}^n} \Delta\phi(x)G_y(x)\mathrm{d}x = \phi(y).$$

这就得到了 (9).

为了证明 (4), 先验证 (4) 中的积分 (记为 $V_i(x)$) 对几乎处处的 $x \in \mathbb{R}^n$ 有定义. 为此, 注意到 $\left|\frac{\partial G_y}{\partial x_i}(x)\right| \leqslant c|x-y|^{1-n}$, 而 $c|x-y|^{1-n}$ 属于 $L^1_{\mathrm{loc}}(\mathbb{R}^n)$. 类似上面的注记 (2), 可得 $V_i(x)$ 的有限性. 接下来, 必须证明对所有的 $\phi \in C_c^\infty(\mathbb{R}^n)$,

$$\int_{\mathbb{R}^n} \partial_i\phi(x)u(x)\mathrm{d}x = -\int_{\mathbb{R}^n}\phi(x)V_i(x)\mathrm{d}x. \tag{10}$$

由于函数 $(x,y) \mapsto (\partial_i\phi)(x)G_y(x)f(y)$ 在 $\mathbb{R}^n \times \mathbb{R}^n$ 上可积, 故由 Fubini 定理, (10) 的左边项等于

$$\int_{\mathbb{R}^n}\left\{\int_{\mathbb{R}^n}(\partial_i\phi)(x)G_y(x)\mathrm{d}x\right\}f(y)\mathrm{d}y. \tag{11}$$

结合分部积分, 采用类似于 6.20(2) 中的极限过程, 我们可证明 (11) 中的内层积分对任意 $y \in \mathbb{R}^n$ 等于

$$-\int_{\mathbb{R}^n}\phi(x)\frac{\partial G_y}{\partial x_i}(x)\mathrm{d}x.$$

再次应用 Fubini 定理, 即得 (4). ∎

● 下一个定理似乎很专门, 但它在第九章中很有用. 它的证明 (不需用 Lebesgue 测度) 是测度论中的一个重要的练习. 在证明中, 我们省略了一些细节, 作为进一步的练习留给读者来完成. 另外, 此定理提供了 Lebesgue 测度的一种构造 (习题 5).

6.22　正分布为正测度

设 $\Omega \subset \mathbb{R}^n$ 是开集, $T \in \mathcal{D}'(\Omega)$ 是正分布 (即对所有满足 $\phi(x) \geqslant 0$ ($\forall x$) 的 $\phi \in \mathcal{D}(\Omega)$, $T(\phi) \geqslant 0$), 我们将此记为 $T \geqslant 0$.

那么存在 Ω 上唯一的、正则的 Borel 正测度 μ, 使得 $\mu(K) < \infty$ 对所有紧集 $K \subset \Omega$ 成立, 且对所有的 $\phi \in \mathcal{D}(\Omega)$,

$$T(\phi) = \int_\Omega \phi(x)\mu(\mathrm{d}x). \tag{1}$$

反之, 对所有紧集 $K \subset \Omega$, 满足 $\mu(K) < \infty$ 的每个 Borel 正测度 μ, 通过 (1) 定义了一个正分布.

注 表达式 (1) 表明正分布可以从 $C_c^\infty(\Omega)$ 推广至更大类, 即在 Ω 内具有紧支集的 Borel 可测函数类. 这个函数类甚至比具有紧支集的连续函数类 $C_c(\Omega)$ 还要大.

本定理相当于著名的 **Riesz-Markov 表示定理** (见 [Rudin, 1987]) 的一个推广, 从 $C_c(\Omega)$ 函数推广到 $C_c^\infty(\Omega)$ 函数.

证明 下文中, 所有的集合都看成 Ω 的子集. 对给定开集 $\mathcal{O}$, 用 $\mathcal{C}(\mathcal{O})$ 表示所有满足 $0 \leqslant \phi(x) \leqslant 1$ 和 $\operatorname{supp} \phi \subset \mathcal{O}$ 的函数 $\phi \in C_c^\infty(\Omega)$ 组成的集合. 显见, 这个集合是非空的 (为什么?). 其次, 对任意开集 $\mathcal{O}$, 定义

$$\mu(\mathcal{O}) = \sup\{T(\phi) : \phi \in \mathcal{C}(\mathcal{O})\}. \tag{2}$$

对于空集 $\varnothing$, 规定 $\mu(\varnothing) = 0$. 非负集函数 μ 有下述性质:

(i) 若 $\mathcal{O}_1 \subset \mathcal{O}_2$, 则 $\mu(\mathcal{O}_1) \leqslant \mu(\mathcal{O}_2)$,

(ii) $\mu(\mathcal{O}_1 \cup \mathcal{O}_2) \leqslant \mu(\mathcal{O}_1) + \mu(\mathcal{O}_2)$,

(iii) 对任意可数个开集 $\mathcal{O}_i$, 有 $\mu(\bigcup_{i=1}^\infty \mathcal{O}_i) \leqslant \sum_{i=1}^\infty \mu(\mathcal{O}_i)$.

性质 (i) 是显然的. 第二个性质是由于下述事实 (F) (其证明作为习题留给读者):

(F) 对任意紧集 K 和满足 $K \subset \mathcal{O}_1 \cup \mathcal{O}_2$ 的开集 $\mathcal{O}_1, \mathcal{O}_2$, 存在函数 ϕ_1 和 ϕ_2, 都是 K 的邻域 $\mathcal{O}$ 上的 C^∞ 函数, 使得 $\phi_1(x) + \phi_2(x) = 1$ ($\forall x \in K$), 且对任意函数 $\phi \in C_c^\infty(\mathcal{O})$, 有 $\phi \cdot \phi_1 \in C_c^\infty(\mathcal{O}_1), \phi \cdot \phi_2 \in C_c^\infty(\mathcal{O}_2)$.

因此, 任意 $\phi \in \mathcal{C}(\mathcal{O}_1 \cup \mathcal{O}_2)$ 都可以改写为 $\phi_1 + \phi_2$, 其中 $\phi_1 \in \mathcal{C}(\mathcal{O}_1)$ 且 $\phi_2 \in \mathcal{C}(\mathcal{O}_2)$. 从而 $T(\phi) = T(\phi_1) + T(\phi_2) \leqslant \mu(\mathcal{O}_1) + \mu(\mathcal{O}_2)$, 即性质 (ii) 得证. 再由归纳法可得

$$\mu\left(\bigcup_{i=1}^m \mathcal{O}_i\right) \leqslant \sum_{i=1}^m \mu(\mathcal{O}_i).$$

为证性质 (iii), 选取 $\phi \in \mathcal{C}(\bigcup_{i=1}^\infty \mathcal{O}_i)$. 由于 ϕ 有紧支集, 所以 $\phi \in \mathcal{C}(\bigcup_{i \in I} \mathcal{O}_i)$, 其中 I 是自然数集的有限子集, 从而, 按照上面所述,

$$T(\phi) \leqslant \mu\left(\bigcup_{i \in I} \mathcal{O}_i\right) \leqslant \sum_{i \in I} \mu(\mathcal{O}_i) \leqslant \sum_{i=1}^\infty \mu(\mathcal{O}_i),$$

这就得到了 (iii).

对任意集合 A, 定义

$$\mu(A) = \inf\{\mu(\mathcal{O}) : \mathcal{O} \text{ 为开集}, \ A \subset \mathcal{O}\}. \tag{3}$$

这个定义不太好理解, 读者需要多花些功夫. 我们已经定义了一个集函数 μ, 它度量 Ω 的所有子集, 但仅仅对于某些特殊子集, 这个函数才成为测度, 即是可数可加的. 现要证明该集函数具有定理 1.15 (从外测度构造测度) 所述的**外测度**性质, 即

(a) $\mu(\varnothing) = 0$,

(b) 若 $A \subset B$, 则 $\mu(A) \leqslant \mu(B)$,

(c) 对任意可数个集合 $A_1, A_2, \cdots$, 有 $\mu(\bigcup_{i=1}^{\infty} A_i) \leqslant \sum_{i=1}^{\infty} \mu(A_i)$.

前面两个性质是显然的. 为证 (c), 选取开集 $\mathcal{O}_1, \mathcal{O}_2, \cdots$, 满足 $A_i \subset \mathcal{O}_i$ 以及 $\mu(\mathcal{O}_i) \leqslant \mu(A_i) + 2^{-i}\varepsilon$ $(i = 1, 2, \cdots)$. 现在, 由 (b) 和 (iii) 可得

$$\mu\left(\bigcup_{i=1}^{\infty} A_i\right) \leqslant \mu\left(\bigcup_{i=1}^{\infty} \mathcal{O}_i\right) \leqslant \sum_{i=1}^{\infty} \mu(\mathcal{O}_i),$$

从而

$$\mu\left(\bigcup_{i=1}^{\infty} A_i\right) \leqslant \sum_{i=1}^{\infty} \mu(A_i) + \varepsilon,$$

由于 ε 是任意小的, 这就得到了 (c). 由定理 1.15, 满足对任意集合 E, $\mu(E) = \mu(E \cap A) + \mu(E \cap A^c)$ 的集合 A 全体构成一个 σ-代数 Σ, 且 μ 在 Σ 上是可数可加的.

其次要证明开集是可测的, 即要证明对任意点集 E 和任意开集 $\mathcal{O}$, 成立

$$\mu(E) \geqslant \mu(E \cap \mathcal{O}) + \mu(E \cap \mathcal{O}^c), \tag{4}$$

因为反过来的不等式是显然的. 首先对 E 自身是开集 (记之为 V) 的情形, 证明 (4) 成立.

取任意函数 $\phi \in \mathcal{C}(V \cap \mathcal{O})$, 满足 $T(\phi) \geqslant \mu(V \cap \mathcal{O}) - \varepsilon/2$. 由于 $K := \operatorname{supp} \phi$ 是紧集, 其补集 U 是开集且包含 $\mathcal{O}^c$. 选取 $\psi \in \mathcal{C}(U \cap V)$, 使之满足 $T(\psi) \geqslant \mu(U \cap V) - \varepsilon/2$. 显见,

$$\mu(V) \geqslant T(\phi) + T(\psi) \geqslant \mu(V \cap \mathcal{O}) + \mu(V \cap U) - \varepsilon$$
$$\geqslant \mu(V \cap \mathcal{O}) + \mu(V \cap \mathcal{O}^c) - \varepsilon,$$

由于 ε 是任意的, 这就证明了 (4) 对开集 E 成立. 如果 E 是任意集, 那么对任意包含 E 的开集 V, 有 $E \cap \mathcal{O} \subset V \cap \mathcal{O}, E \cap \mathcal{O}^c \subset V \cap \mathcal{O}^c$, 从而有 $\mu(V) \geqslant \mu(E \cap \mathcal{O}) + \mu(E \cap \mathcal{O}^c)$, 这就证明了 (4). 因此我们证明了 σ-代数 Σ 包含了所有开集, 从而包含了 Borel σ-代数, 因此测度 μ 是一个 Borel 测度.

通过构造, 上述测度是外正则的 (见上面的 (3)). 下面要证它也是内正则的, 即对任意可测集 A,

$$\mu(A) = \sup\{\mu(K) : K \subset A, K \text{ 是紧集}\}. \tag{5}$$

首先证明紧集有有限测度. 我们断言: 对紧集 K,

$$\mu(K) = \inf\{T(\psi) : \psi \in C_c^\infty(\Omega), \psi(x) = 1 \ (x \in K), \psi \geqslant 0\}. \tag{6}$$

右边的集合是非空的. 事实上, 对紧集 K 以及开集 $\mathcal{O} \supset K$, 存在 C_c^∞ 函数 ψ, 使得 $\operatorname{supp} \psi \subset \mathcal{O}$, 且在 K 上 $\psi := 1$ (习题 1.15 已构造了这样的 ψ, 而且未使用 Lebesgue 测度).

(6) 式可从下述事实 (证明留给读者作为练习) 推出: 对任意 $\psi \in C_c^\infty(\Omega)$, 若 $\psi \geqslant 0$ 且在 K 上 $\psi \equiv 1$, 那么 $\mu(K) \leqslant T(\psi)$. 有了这个事实, 选取 $\varepsilon > 0$ 和开集 $\mathcal{O}$, 使得 $\mu(K) \geqslant \mu(\mathcal{O}) - \varepsilon$. 再取 $\psi \in C_c^\infty(\Omega)$, 满足 $\operatorname{supp} \psi \subset \mathcal{O}$ 且在 K 上 $\psi \equiv 1$. 于是, $\mu(K) \leqslant T(\psi) \leqslant \mu(\mathcal{O}) \leqslant \mu(K) + \varepsilon$, 这就证明了 (6).

易见, 对任意 $\varepsilon > 0$ 和满足 $\mu(A) < \infty$ 的任意可测集 A, 必有开集 $\mathcal{O}$, 满足 $A \subset \mathcal{O}$ 和 $\mu(\mathcal{O} \sim A) < \varepsilon$. 利用 Ω 是闭球的可数并, 上述结果对所有可测集 (即使 A 没有有限测度) 均成立. 读者可自行证之.

对 $\varepsilon > 0$ 和可测集 A, 可找到满足 $A^c \subset \mathcal{O}$ 的 $\mathcal{O}$, 使得 $\mu(\mathcal{O} \sim (A^c)) < \varepsilon$. 但

$$\mathcal{O} \sim (A^c) = \mathcal{O} \cap A = A \sim (\mathcal{O}^c),$$

且 $\mathcal{O}^c$ 是闭的. 因此, 对任意可测集 A 和 $\varepsilon > 0$, 可找到一个闭集 $\mathcal{C}$, 使得 $\mathcal{C} \subset A$ 且 $\mu(A \sim \mathcal{C}) < \varepsilon$. 由于 $\mathbb{R}^n$ 中的任意闭集是紧集的可数并, 内正则性得证.

接下来证明表示定理. 积分 $\int_\Omega \phi(x)\mu(\mathrm{d}x)$ 定义了 $\mathcal{D}(\Omega)$ 上的分布 R, 我们的目的是要证明对所有 $\phi \in C_c^\infty(\Omega)$, $T(\phi) = R(\phi)$. 因为 $\phi = \phi_1 - \phi_2$, 且 $\phi_1, \phi_2 \geqslant 0$ 和 $\phi_1, \phi_2 \in C_c^\infty(\Omega)$ (如习题 1.15 所证), 故只需在额外的限制 $\phi \geqslant 0$ 下证明即可. 与通常的做法一样, 如果 $\phi \geqslant 0$,

$$R(\phi) = \int_0^\infty m(a)\mathrm{d}a = \lim_{n \to \infty} \frac{1}{n} \sum_{j \geqslant 1} m(j/n), \tag{7}$$

其中 $m(a) = \mu(\{x : \phi(x) > a\})$. (7) 中的积分是 Riemann 积分, 它对非负单调函数 (如 m) 总有意义, 且总是等于 (7) 中最右边的表达式. 因为 ϕ 是有界的, 因此对每一个 n, (7) 中的和式仅有有限项.

对固定的 n, 定义紧集 K_j $(j = 0, 1, 2, \cdots)$ 如下: 令 $K_0 = \operatorname{supp} \phi$, $K_j = \{x : \phi(x) \geqslant j/n\}$ $(j \geqslant 1)$. 类似地, 用 O^j 表示开集 $\{x : \phi(x) > j/n\}$ $(j = 1, 2, \cdots)$, 设 χ_j 和 χ^j 分别表示 K_j 和 O^j 的特征函数, 于是, 易见

$$\frac{1}{n} \sum_{j \geqslant 1} \chi^j < \phi < \frac{1}{n} \sum_{j \geqslant 0} \chi_j.$$

由于 ϕ 有紧支集, 由 (6), 所有集合都有有限测度.

对 $\varepsilon > 0$ 和 $j = 0, 1, 2, \cdots$, 选取开集 U_j, 使得 $K_j \subset U_j$ 和 $\mu(U_j) \leqslant \mu(K_j) + \varepsilon$. 其次, 选取 $\psi_j \in C_c^\infty(\mathbb{R}^n)$, 使得在 K_j 上 $\psi_j \equiv 1$ 和 $\operatorname{supp} \psi_j \subset U_j$. 前面, 我们已经证明了这种函数的存在性, 显见, $\phi \leqslant \frac{1}{n} \sum_{j \geqslant 0} \psi_j$, 因而

$$T(\phi) \leqslant \frac{1}{n} \sum_{j \geqslant 0} T(\psi_j) \leqslant \frac{1}{n} \sum_{j \geqslant 0} \mu(U_j) \leqslant \frac{1}{n} \sum_{j \geqslant 0} \mu(K_j) + \varepsilon.$$

由内正则性, 对具有有限测度的任意开集 O^j, 必有紧集 $C^j \subset O^j$, 满足 $\mu(C^j) \geqslant \mu(O^j) - \varepsilon$, 且如上所述, 可得 $T(\phi) \geqslant \frac{1}{n} \sum_{j \geqslant 1} \mu(O^j) - \varepsilon$. 由于 ε 是任意的, 可推出

$$\frac{1}{n} \sum_{j \geqslant 1} \mu(O_j) \leqslant T(\phi) \leqslant \frac{1}{n} \sum_{j \geqslant 0} \mu(K_j).$$

注意到 $K_j \subset O^{j-1}$, 其中 $j \geqslant 1$, 我们有

$$\frac{1}{n} \sum_{j \geqslant 1} m(j/n) \leqslant T(\phi) \leqslant \frac{1}{n} \sum_{j \geqslant 1} m(j/n) + \frac{2}{n} \mu(K_0),$$

这就证明了表示定理. 唯一性部分留给读者. ∎

- 6.19~6.21 节已经介绍了 $-\Delta$ 的 Green 函数 G_y. 作为分布的另一个重要练习, 下一步我们要讨论 $-\Delta + \mu^2$ $(\mu > 0)$ 的 Green 函数, 在 12.4 节中要用到该 Green 函数, 它满足 (参看 6.20(1))

$$(-\Delta + \mu^2) G_y^\mu = \delta_y. \tag{8}$$

该函数称为 **Yukawa 位势** (至少对 $n = 3$ 的情形), 它在基本粒子 (介子) 理论中起着重要作用. 由于这项研究工作, H. Yukawa 获得了诺贝尔奖. 正如 G_y 的情形那样, 函数 G_y^μ 实际上是 $x - y$ 的函数 (事实上, 仅为 $|x - y|$ 的函数), 记为 $G^\mu(x - y)$. 下文中, $y = 0$ 时, G_y 记为 G_0.

6.23　Yukawa 位势

对任意的 $n \geqslant 1$ 和 $\mu > 0$, 存在函数 G_y^μ, 在 $\mathcal{D}'(\mathbb{R}^n)$ 中满足方程 6.22(8), 而且由下式给出:

$$G_y^\mu(x) = G^\mu(x - y), \tag{1}$$

$$G^\mu(x) = \int_0^\infty (4\pi t)^{-n/2} \exp\left\{ -\frac{|x|^2}{4t} - \mu^2 t \right\} \mathrm{d}t. \tag{2}$$

从 (2) 可知, 函数 G^μ 是对称递减的, 且满足:

(i) 对所有的 x, $G^\mu(x) > 0$.

(ii) $\int_{\mathbb{R}^n} G^\mu(x)\mathrm{d}x = \mu^{-2}$.

(iii) 当 $x \to 0$ 时,

$$G^\mu(x) \to 1/2\mu, \quad \text{对 } n = 1, \tag{3}$$

$$\frac{G^\mu(x)}{G_0(x)} \to 1, \quad \text{对 } n > 1. \tag{4}$$

(iv) 当 $|x| \to \infty$ 时, $-[\ln G^\mu(x)]/(\mu|x|) \to 1$.

从 (3), (4) 可见, 如果 $1 \leqslant q \leqslant \infty$ $(n = 1), 1 \leqslant q < \infty$ $(n = 2)$ 和 $1 \leqslant q < n/(n-2)$ $(n \geqslant 3)$, 则 $G^\mu \in L^q(\mathbb{R}^n)$. 此外, $G^\mu \in L_w^{n/(n-2)}(\mathbb{R}^n)$ $(n \geqslant 3)$. (有关 L_w^q 的内容见 4.3 节.)

(v) 若 $f \in L^p(\mathbb{R}^n)$ 对某个 p 成立, 而 $1 \leqslant p \leqslant \infty$, 则

$$u(x) = \int_{\mathbb{R}^n} G_y^\mu(x)f(y)\mathrm{d}y \tag{5}$$

属于 $L^r(\mathbb{R}^n)$, 且满足

$$(-\Delta + \mu^2)u = f, \quad \text{在 } \mathcal{D}'(\mathbb{R}^n) \text{ 中}, \tag{6}$$

其中 1) 若 $n = 1$, $p \leqslant r \leqslant \infty$; 2) 若 $n = 2$, 当 $p > 1$ 时, $p \leqslant r \leqslant \infty$, 当 $p = 1$ 时, $1 \leqslant r < \infty$; 3) 若 $n \geqslant 3$, 当 $1 < p < n/2$ 时, $p \leqslant r \leqslant np/(n-2p)$, 当 $p \geqslant n/2$ 时, $p \leqslant r \leqslant \infty$ 以及当 $p = 1$ 时, $1 \leqslant r < n/(n-2)$. 此外, (5) 是 (6) 的满足 $u \in L^r(\mathbb{R}^n)$ 的唯一解, 其中 $r \geqslant 1$ 是某个取定的数.

(vi) G^μ 的 Fourier 变换是

$$\widehat{G^\mu}(p) = ([2\pi p]^2 + \mu^2)^{-1}. \tag{7}$$

注 (1) 函数 $(4\pi t)^{-n/2}\exp\{-|x|^2/4t\}$ 是 "热核", 将在 7.9 节中讨论.

(2) 下面分别是一维和三维情形的例子:

$$
\begin{aligned}
G^\mu(x) &= \frac{1}{2\mu}\exp\{-\mu|x|\}, \quad n=1, \\
G^\mu(x) &= \frac{1}{4\pi|x|}\exp\{-\mu|x|\}, \quad n=3.
\end{aligned}
\tag{8}
$$

证明 极容易验证 (2) 中的积分对所有的 $x \neq 0$ 都是有限的, 以及 (i) 和 (ii) 是正确的. 为证 6.22(8), 需要证明对所有的 $\phi \in C_c^\infty(\mathbb{R}^n)$,

$$
\int_{\mathbb{R}^n} G^\mu(x)(-\Delta+\mu^2)\phi(x)\mathrm{d}x = \phi(0).
\tag{9}
$$

将 (2) 代入 (9), 先对 x 积分后对 t 积分, 再关于 x 分部积分, 对 $t>0$ 有

$$
(-\Delta+\mu^2)(4\pi t)^{-n/2}\exp\left\{-\frac{|x|^2}{4t}-\mu^2 t\right\} = -\frac{\partial}{\partial t}(4\pi t)^{-n/2}\exp\left\{-\frac{|x|^2}{4t}-\mu^2 t\right\}.
$$

因此, (9) 的左边等于

$$
\begin{aligned}
&-\lim_{\varepsilon\to 0}\int_\varepsilon^\infty\left[\int_{\mathbb{R}^n}\phi(x)\frac{\partial}{\partial t}(4\pi t)^{-n/2}\exp\left\{-\frac{|x|^2}{4t}-\mu^2 t\right\}\mathrm{d}x\right]\mathrm{d}t \\
&= -\lim_{\varepsilon\to 0}\int_\varepsilon^\infty\frac{\partial}{\partial t}\left[\int_{\mathbb{R}^n}\phi(x)(4\pi t)^{-n/2}\exp\left\{-\frac{|x|^2}{4t}-\mu^2 t\right\}\mathrm{d}x\right]\mathrm{d}t \\
&= \lim_{\varepsilon\to 0}\int_{\mathbb{R}^n}\phi(x)(4\pi\varepsilon)^{-n/2}\exp\left\{-\frac{|x|^2}{4\varepsilon}\right\}\mathrm{d}x \\
&= \phi(0),
\end{aligned}
$$

因为当 $\varepsilon\to 0$ 时, $(4\pi\varepsilon)^{-n/2}\exp\left\{-\dfrac{|x|^2}{4\varepsilon}\right\}$ 在 $\mathcal{D}'$ 意义下收敛于 δ_0 (验证这些步骤!), 故 (9) 得证, 从而得到了 6.22(8).

(6) 的证明比定理 6.21(1~3) 的证明更简单. 再次利用 Fubini 定理以及分部积分即可完成证明. u 的 r 次可积性可从 Young 不等式 (或者 Hardy-Littlewood-Sobolev 不等式) 和 $G^\mu \in L^1(\mathbb{R}^n)$ 这一事实推出. 因为 $u \in L^p(\mathbb{R}^n)$, 从而 u 在无穷远处消失, (6) 后面的唯一性论断等价于方程 $(-\Delta+\mu^2)u=0$ 的属于 $L^r(\mathbb{R}^n)$ 的唯一解是 $u\equiv 0$ 这一结论. 这将在 9.11 节中证明.

我们将 (iii) 和 (iv) 的证明留作练习. 对于 $n=1,3$ 的情形, 它们显然是正确的.

(vi) 可从 (2) 直接计算来证明, 或者在 6.22(8) 两边同乘 $\exp\{-2\pi\mathrm{i}(p,x)\}$ 后再积分得证. ∎

● 在 6.7 节, 我们定义了函数列 $f^1, f^2, \cdots$ 在 $W^{1,p}(\Omega)\,(1 \leqslant p \leqslant \infty)$ 中的弱收敛为: f^j 弱收敛于 f 当且仅当 f^j 和它的 n 个偏导数 $\partial_i f^j$ 在通常弱 $L^p(\Omega)$ 意义下收敛. 虽然这样的收敛概念有意义, 但读者会想知道 $W^{1,p}(\Omega)$ 的对偶空间是什么以及 6.7 节中定义的收敛概念是否与 2.9(6) 中的基本定义一致. 如下面定理所说, 答案是肯定的.

这个问题可重述如下: 设 $g_0, g_1, \cdots, g_n$ 是 $L^{p'}(\Omega)$ 中的 $n+1$ 个函数, 对所有的 $f \in W^{1,p}(\Omega)$, 置

$$L(f) = \int_\Omega g_0 f + \sum_{i=1}^{n} \int_\Omega g_i \partial_i f, \tag{10}$$

显然这定义了 $W^{1,p}(\Omega)$ 上的一个连续线性泛函. 如果每一个连续线性泛函都有这种形式, 那么就确定了 $W^{1,p}(\Omega)$ 的对偶空间, 并且使 6.7 节的定义与标准的等同了起来.

两件事值得注意. 一是给定 L, (10) 的右边可能不唯一, 因为 f 和 ∇f 不是相互独立的. 例如, 如果 g_i 是 C_c^∞ 函数, 则 $n+1$ 元组 $g_0, g_1, \cdots, g_n$ 与 $g_0 - \sum_i \partial_i g_i, 0, \cdots, 0$ 给出了相同的 L. 另一件要注意的事是, (10) 实际上定义了由 $n+1$ 个 $L^p(\Omega)$ 元组成的向量空间 (记为 $\times^{(n+1)} L^p(\Omega)$ 或者 $L^p(\Omega; \mathbb{C}^{(n+1)})$) 上的连续线性泛函. 在这个更大的空间上, 一个连续线性泛函唯一地确定了这些 g_i. 换句话说, $W^{1,p}(\Omega)$ 可以视为 $\times^{(n+1)} L^p(\Omega)$ 的一个闭子空间, 而我们的问题是, $W^{1,p}(\Omega)$ 上的任意连续线性泛函能否延拓成该更大空间上的连续线性泛函. Hahn-Banach 定理保证了这点, 但下面我们给出了 $1 \leqslant p < \infty$ 情形的一个类似于 2.14 节的证明.

6.24 $W^{1,p}(\Omega)$ 的对偶

$W^{1,p}(\Omega)\,(1 \leqslant p < \infty)$ 上的任意连续线性泛函 L 都可以写成上面 6.23(9) 的形式, 其中 $g_0, g_1, \cdots, g_n \in L^{p'}(\Omega)$.

证明 设 $\mathcal{H} = \times^{(n+1)} L^p(\Omega)$, 即 $\mathcal{H}$ 中的任意元 h 都是 $n+1$ 个函数组 $h = (h_0, \cdots, h_n)$, 其中每个分量都在 $L^p(\Omega)$ 中. 同样地, 考虑空间 $\Xi = \Omega \times \{0, 1, \cdots, n\}$, 即 Ξ 中的点是元素对 $y = (x, j)$, 其中 $x \in \Omega$ 且 $j \in \{0, 1, 2, \cdots, n\}$. 对 Ξ 装备如下自然的乘积 σ-代数, 后者的每个元素均可视为 Ω 上的 Borel σ-代数中的 $n+1$ 个元素组, 即 $A = (A_0, \cdots, A_n)$, 其中 $A_j \subset \Omega$. 最后, 赋予 A 如下的测度, 即 $\mu(A) = \sum_j \mathcal{L}^n(A_j)$. 这样, $\mathcal{H} = L^p(\Xi, \mathrm{d}\mu)$, 且 $\|h\|_p^p = \sum_{j=0}^n \|h_j\|_p^p$.

将 $W^{1,p}(\Omega)$ 看成 $\mathcal{H} = L^p(\Xi, \mathrm{d}\mu)$ 的子集, 即 $f \in W^{1,p}(\Omega)$ 就映成 $\tilde{f} = (f, \partial_1 f, \cdots, \partial_n f)$. 在这样的对应下, $W^{1,p}(\Omega)$ 在 $\mathcal{H}$ 中的嵌入 $\widetilde{W}$ 是闭子集而且也是一个子空间 (即它是线性空间). 同样, L 的核, 即 $K = \{f \in W^{1,p}(\Omega) : L(f) = 0\} \subset W^{1,p}(\Omega)$ 定义了 $\mathcal{H}$ 的一个闭 (为什么?) 子空间 (称之为 $\widetilde{K}$). 这样 L 对应于 $\widetilde{W}$ 上核为 $\widetilde{K}$ 的线性泛函 $\widetilde{L}$.

先考虑 $1 < p < \infty$ 的情形, 此时可应用引理 2.8 (凸集上的投影), 且 (假设 $L \neq 0$) 可找到 $\tilde{f} \in \widetilde{W}$, 使得 $\widetilde{L}(\tilde{f}) \neq 0$, 即 $\tilde{f} \notin \widetilde{K}$. 于是由 2.8(2), 存在函数 $\widetilde{Y} \in L^{p'}(\Xi, \mathrm{d}\mu)$, 使得对某个 $\tilde{h} \in \widetilde{K}$ 和所有 $\tilde{g} \in \widetilde{K}$, 有 $\operatorname{Re} \int_{\Xi} (\tilde{g} - \tilde{h}) \widetilde{Y} \leqslant 0$. 由于 $\widetilde{K}$ 是线性空间 (关于复数), 这就意味着对所有 $\tilde{g} \in \widetilde{K}$, $\int_{\Xi} (\tilde{g} - \tilde{h}) \widetilde{Y} = 0$ (为什么?), 从而推出对所有 $\tilde{f} \in \widetilde{K}$, $\int_{\Xi} \tilde{f} \widetilde{Y} = 0$ (为什么?).

现在可按照定理 2.14 的方式结束证明. 对 $p = 1$ 的情形, 定理 2.14 的第二部分也可推广至现在的情形. ∎

习题

1. 完成定理 6.19 证明最后一段的细节, 即,
   (a) 构造序列 χ^j, 使其处处收敛于区间的特征函数;
   (b) 完成控制收敛定理的论证.

2. 验证定理 6.21 的注记 (2) 中可积性的等价条件.

3. 证明定理 6.22 中的事实 (F).

4. 证明: 对于紧集 K, 6.22(3) 中定义的 $\mu(K)$ 满足 $\mu(K) \leqslant T(\psi)$, 其中 $\psi \in C_c^\infty(\Omega)$, 且在 K 上, $\psi \equiv 1$.

5. 注意到定理 6.22 (及其先决定理) 的证明仅用了 Riemann 积分, 而不是 Lebesgue 积分, 利用定理 6.22 的结论证明 Lebesgue 测度的存在性, 参见 1.2 节.

6. 证明 $\mathbb{R}$ 上单调非减函数的分布导数是一个 Borel 测度.

7. 设 $\mathcal{N}_T$ 是分布 T 的零空间, 证明存在函数 $\phi_0 \in \mathcal{D}$, 使得任意的 $\phi \in \mathcal{D}$ 都可以写成 $\phi = \lambda \phi_0 + \psi$, 其中 $\psi \in \mathcal{N}_T$ 且 $\lambda \in \mathbb{C}$. 人们称此零空间 $\mathcal{N}_T$ 有 "余维数 1".

8. 证明: 函数 f 属于 $W^{1,\infty}(\Omega)$ 当且仅当 $f = g$ 几乎处处成立, 其中函数 g 在 Ω 上有界且 **Lipschitz 连续**, 即存在常数 C, 使得对所有的 $x, y \in \Omega$, 满足

$$|g(x) - g(y)| \leqslant C|x - y|.$$

9. 验证在定理 6.21 的注记 (1) 中, 定理 6.21 中的 $\mathbb{R}^n$ 可以换成 $\mathbb{R}^n$ 中的任意开子集.

10. 考虑定义在 $\mathbb{R}^n$ 上的函数 $f(x) = |x|^{-n}$, 虽然它不属于 $L^1_{\mathrm{loc}}(\mathbb{R}^n)$, 但是对于 $\mathbb{R}^n$ 上满足 $\varphi(0) = 0$ 的试验函数 φ 而言, $f(x)$ 定义了一个分布

$$T_f(\phi) = \int_{\mathbb{R}^n} |x|^{-n} \phi(x) \mathrm{d}x.$$

a) 证明: 存在分布 $T \in \mathcal{D}'(R^n)$, 满足对于在原点为 0 的函数, T 与 T_f 相等. 给出这种 T 的一个显式表示.

b) 刻画所有这种 T, 定理 6.14 或许对此有用.

11. 当 $n \geqslant 2$ 且 $p \leqslant n$ 时, $W^{1,p}(\mathbb{R}^n)$ 中的函数可能非常不光滑.

a) 构造一个球对称的 $W^{1,p}(\mathbb{R}^n)$ 函数, 使它当 $x \to 0$ 时趋向于无穷大.

b) 利用 a) 构造一个 $W^{1,p}(\mathbb{R}^n)$ 函数, 使它在单位立方体的每个有理数点都发散至无穷大.

▶ 提示: 将 b) 中的函数写成在有理点上的一个和式, 问题是如何证明此和式收敛到 $W^{1,p}(\mathbb{R}^n)$ 函数.

12. 6.11 的推广. 证明: 设 $\Omega \subset \mathbb{R}^n$ 是连通的, 且 $T \in \mathcal{D}'(\Omega)$ 具有如下性质: 若 $D^\alpha T = 0$ 对所有的 $|\alpha| = m+1$ 成立, 则 T 是一个不超过 m 次的多项式, 即 $T = \sum_{|\alpha| \leqslant m} C_\alpha x^\alpha$.

13. 证明 6.23(4) 在 $n > 2$ 时的情形.

14. 证明 6.23(4) 在 $n = 2$ 时的情形.

15. 证明 6.23 中的 (iv).

16. 如定理 6.23 证明的最后一行所示, 显式计算出由 6.23(2) 表示的 Yukawa 位势的 Fourier 变换. 同样验证另一种推导方法, 即对 6.22(8) 两边同乘以 $\exp\{-2\pi\mathrm{i}(p,x)\}$ 后再积分, 问题在于 $\exp\{-2\pi\mathrm{i}(p,x)\}$ 没有紧支集, 因此不在 $\mathcal{D}(\mathbb{R}^n)$ 中.

17. 对 Yukawa 位势验证 6.23(8) 式.

18. 定理 6.24 的证明有点技巧性, 请对该证明中出现的 "为什么" 给出清楚的证明.

19. 利用 $W^{1,p}(\Omega)$ 弱收敛的定义 (见 6.7 节), 对 $W^{1,p}(\Omega)$ 给出类似于定理 2.18 (有界序列必有弱极限) 的结论并证明之.

20. $W^{m,p}$ 的 **Hanner 不等式**, 即证明若将定理 2.5 中的 $L^p(\Omega)$ 替换成 $W^{m,p}(\Omega)$, 定理依然成立.

21. 设 $n \geqslant 2$ 且 $p \leqslant n$, 构造一非零函数 $f \in W^{1,p}(\mathbb{R}^n)$, 使其具有如下性质: 对每个有理点 y, $\lim_{x \to y} f(x)$ 存在并等于 0 (当 $f \in C^0(\mathbb{R}^n)$ 时, 存在这样的函数吗?).

第七章 Sobolev 空间 H^1 和 $H^{1/2}$

7.1 引言

在诸多 $W^{1,p}$ 空间中, $W^{1,2}$ 特别重要, 因为它是一个 Hilbert 空间, 即其范数可由内积给出. 它对于许多微分方程的研究也是重要的; 事实上, 它在量子力学, 也就是在 Schrödinger 偏微分方程的研究中起了主要的作用. 另一个类似的但较不常用的 Hilbert 空间是 $H^{1/2}$, 也要在此讨论. 这样做有两个理由: 它提供了分数次微分的一个很好的练习, 与一般求导不同, 分数次微分算子不是纯局部算子; 另一个理由是该空间可以用来描述一类结合了 Einstein 相对论一些特性的 Schrödinger 方程.

为完整起见, 我们先回顾空间 $W^{1,2}$ 的基本定义, 现在称之为 H^1 (但是请注意 Meyers-Serrin 定理 7.6, 见下面的注记 7.5).

7.2 $H^1(\Omega)$ 的定义

设 Ω 为 $\mathbb{R}^n$ 中的开集, 称函数 $f : \Omega \to \mathbb{C}$ 属于 $H^1(\Omega)$ 是指 f 及其分布导数 $\nabla f \in L^2(\Omega)$.

回忆第六章中 $\nabla f \in L^2(\Omega)$ 是指: 存在 $L^2(\Omega)$ 中的 n 个函数 $b_1, \cdots, b_n$, 一起记为 ∇f, 使得对于所有 $\phi \in \mathcal{D}(\Omega)$, 有

$$\int_\Omega f(x)\frac{\partial\phi}{\partial x_i}\mathrm{d}x = -\int_\Omega b_i(x)\phi(x)\mathrm{d}x, \quad i=1,2,\cdots,n. \tag{1}$$

我们说 $H^1(\Omega)$ 是线性空间, 这是因为对于 $H^1(\Omega)$ 中的 f_1, f_2, 和 f_1+f_2 在 $L^2(\Omega)$ 中, 此外, 由于在 $\mathcal{D}'(\Omega)$ 中,

$$\nabla(f_1+f_2) = \nabla f_1 + \nabla f_2,$$

所以 f_1+f_2 的分布导数也是 $L^2(\Omega)$ 函数, 故 $f_1+f_2 \in H^1(\Omega)$. 易见对于 $\lambda \in \mathbb{C}$ 和 $f \in H^1(\Omega)$, 函数 λf 也属于 $H^1(\Omega)$. $H^1(\Omega)$ 可以赋予以下范数

$$\|f\|_{H^1(\Omega)} = \left(\int_\Omega |f(x)|^2\mathrm{d}x + \int_\Omega |\nabla f|^2\mathrm{d}x\right)^{\frac{1}{2}}. \tag{2}$$

显然, $f \in H^1(\Omega)$ 当且仅当 $\|f\|_{H^1(\Omega)} < \infty$.

(2) 中的最后一个积分, 即 $\int_\Omega |\nabla f|^2\mathrm{d}x$, 称为 f 的**动能**.

下面的定理和注记表明, $H^1(\Omega)$ 事实上是 Hilbert 空间.

7.3　$H^1(\Omega)$ 的完备性

设 f^m 为 $H^1(\Omega)$ 中的任意 Cauchy 序列, 即

$$\|f^m - f^n\|_{H^1(\Omega)} \to 0, \quad \text{当 } m,n \to \infty,$$

则存在函数 $f \in H^1(\Omega)$, 使得在 $H^1(\Omega)$ 中有 $\lim\limits_{m\to\infty} f^m = f$, 即

$$\lim_{m\to\infty} \|f^m - f\|_{H^1(\Omega)} = 0.$$

证明　由于 f^m 是 $H^1(\Omega)$ 中的 Cauchy 序列, 也是 $L^2(\Omega)$ 中的 Cauchy 序列, 由定理 2.7, $L^2(\Omega)$ 是完备的, 从而存在函数 $f \in L^2(\Omega)$, 使得

$$\lim_{m\to\infty} \|f^m - f\|_{L^2(\Omega)} = 0.$$

同理, 我们可以找到函数 $\boldsymbol{b} = (b_1,\cdots,b_n) \in L^2(\Omega)$, 使得

$$\lim_{m\to\infty} \|\nabla f^m - \boldsymbol{b}\|_{L^2(\Omega)} = 0.$$

下面将证明在 $\mathcal{D}'(\Omega)$ 中, $\boldsymbol{b} = \nabla f$. 对任何 $\phi \in \mathcal{D}(\Omega)$,

$$\int_\Omega \nabla\phi(x)f(x)\mathrm{d}x = \lim_{m\to\infty} \int_\Omega \nabla\phi(x)f^m(x)\mathrm{d}x,$$

这是因为由 Schwarz 不等式, 可得

$$\left| \int_\Omega \nabla\phi(x)(f(x) - f^m(x))\mathrm{d}x \right| \leqslant \|\nabla\phi\|_{L^2(\Omega)} \|f - f^m\|_{L^2(\Omega)},$$

而当 $m \to \infty$ 时, 上式右边趋于零. 由于 $\phi \in \mathcal{D}(\Omega)$, $\|\nabla\phi\|_{L^2(\Omega)}$ 是有限的. 同理可以建立

$$\int_\Omega \phi(x)\boldsymbol{b}(x)\mathrm{d}x = \lim_{m\to\infty} \int_\Omega \phi(x)\boldsymbol{b}^m(x)\mathrm{d}x,$$

因而

$$\int_\Omega \nabla\phi(x)f(x)\mathrm{d}x = \lim_{m\to\infty} \int_\Omega \nabla\phi(x)f^m(x)\mathrm{d}x$$

$$:= -\lim_{m\to\infty} \int_\Omega \phi(x)\boldsymbol{b}^m(x)\mathrm{d}x = -\int_\Omega f(x)\boldsymbol{b}(x)\mathrm{d}x,$$

其中, 中间等式成立是由于对所有的 m, $f^m \in H^1(\Omega)$. ∎

注 (1) $H^1(\Omega)$ 可以赋予以下**内积** (或标量积)

$$(f, g)_{H^1(\Omega)} = \int_\Omega \bar{f}(x)g(x)\mathrm{d}x + \sum_i \int_\Omega \overline{\frac{\partial f(x)}{\partial x_i}} \frac{\partial g(x)}{\partial x_i} \mathrm{d}x,$$

因此 $H^1(\Omega)$ 是一 Hilbert 空间 (由于定理 7.3).

(2) 在定理 7.9 ($H^1(\mathbb{R}^n)$ 的 Fourier 刻画) 中, 我们将看到, $H^1(\mathbb{R}^n)$ 其实就是 $\mathbb{R}^n$ 上的一个 L^2 空间, 但是其测度不同于 Lebesgue 测度. 结合定理 2.7, 由该事实可以得到 $H^1(\mathbb{R}^n)$ 完备性的另一证明.

7.4 与 $C^\infty(\Omega)$ 函数相乘

设 $f \in H^1(\Omega)$, ψ 为 $C^\infty(\Omega)$ 中的有界函数且具有有界导数, 则 ψ 和 f 的点态乘积

$$(\psi \cdot f)(x) = \psi(x)f(x)$$

属于 $H^1(\Omega)$, 且

$$\frac{\partial}{\partial x_i}(\psi \cdot f) = \frac{\partial \psi}{\partial x_i} \cdot f + \psi \cdot \frac{\partial f}{\partial x_i} \tag{1}$$

属于 $\mathcal{D}'(\Omega)$.

证明 依据乘法法则 6.12(2), 上述 (1) 式成立, 这是因为 ψ 具有有界导数, 且 (1) 式右边项属于 $L^2(\Omega)$. 因此 $\psi \cdot f \in H^1(\Omega)$. ∎

7.5　关于 $H^1(\Omega)$ 和 $W^{1,2}(\Omega)$ 的注记

上面定义的空间 $H^1(\Omega)$ 在本书 6.7 节以及在某些文献 (见 [Adams], [Brézis], [Gilbarg-Trudinger], [Ziemer]) 中称为空间 $W^{1,2}(\Omega)$. 而 $H^1(\Omega)$ 通常又定义为 $C^\infty(\Omega)$ 在 7.2(2) 式定义的范数下的完备化. 这两个定义的等价性 (从而 $H^1(\Omega) = W^{1,2}(\Omega)$) 是下述定理的内容.

7.6　$C^\infty(\Omega)$ 在 $H^1(\Omega)$ 中稠密

设 $f \in H^1(\Omega)$, 则存在一列 $C^\infty(\Omega) \cap H^1(\Omega)$ 函数 f^m, 使得

$$\|f - f^m\|_{H^1(\Omega)} \to 0, \quad 当 m \to \infty, \tag{1}$$

此外, 若 $\Omega = \mathbb{R}^n$, 则函数列 f^m 可以在 $C_c^\infty(\mathbb{R}^n)$ 中选取.

注　(1) 这个定理属于 Meyers 和 Serrin [Meyers-Serrin], 且其证明可以在 [Adams] 中找到. 类似的定理对于 $W^{1,p}(\Omega)$ 也成立, 而不仅仅对 $W^{1,2}(\Omega)$ 成立. 一般开集 Ω 情形的证明比较复杂, 这是因为 Ω 边界引起了困难, 要求人们仔细地验证 $C^\infty(\Omega)$ 在 $W^{1,2}(\Omega)$ 中的完备化和 $H^1(\Omega)$ 的等同性. 这里我们只给出 $\Omega = \mathbb{R}^n$ 情形的证明.

(2) $C_c^\infty(\mathbb{R}^n)$ 在 $H^1(\mathbb{R}^n)$ 中的稠密性是有用的, 因为如此一来, 试验函数本身可以用来逼近 $H^1(\mathbb{R}^n)$ 中的函数.

(3) 若 $\Omega \neq \mathbb{R}^n$, 则 $C_c^\infty(\Omega) = \mathcal{D}(\Omega)$ 在 $H^1(\Omega)$ 中未必稠密. $C_c^\infty(\Omega)$ 的完备化是 $H^1(\Omega)$ 的一个子空间, 称为 $H_0^1(\Omega)$, 人们用它来讨论在 Ω 的边界 $\partial\Omega$ 上取零边值条件的微分方程.

定理 7.6 $\Omega = \mathbb{R}^n$ 情形的证明　令 $j : \mathbb{R}^n \to \mathbb{R}^+$ 属于 $C^\infty(\mathbb{R}^n)$ 且满足 $\int_{\mathbb{R}^n} j = 1$, 对于 $\varepsilon > 0$, 令 $j_\varepsilon(x) := \varepsilon^{-n} j\left(\frac{x}{\varepsilon}\right)$. 由于 f 和 ∇f 是 $L^2(\mathbb{R}^n)$ 函数, 当 $\varepsilon \to 0$ 时, $f_\varepsilon := j_\varepsilon * f$ 和 $g_\varepsilon := j_\varepsilon * \nabla f$ 在 $L^2(\mathbb{R}^n)$ 中分别强收敛于 f 和 ∇f. 因此若 $g_\varepsilon = \nabla f_\varepsilon$ 成立, 则 f_ε 在 $H^1(\mathbb{R}^n)$ 中强收敛于 f. 但由 2.16(3) 和引理 6.8(1) 知这是正确的.

由于函数 f_ε 属于 $C^\infty(\mathbb{R}^n)$, 所以只要取 $\varepsilon = \frac{1}{m}$, 第一个目标, 即 (1) 式即可得到. 然而, f_ε 未必有紧支集, 为此我们先选取 $C_c^\infty(\mathbb{R}^n)$ 函数 $k : \mathbb{R}^n \to [0,1]$, 满足 $k(x) = 1$ ($|x| \leqslant 1$), 再定义 $g^m(x) = k\left(\frac{x}{m}\right) f(x)$. 根据引理 7.4, $g^m \in H^1(\mathbb{R}^n)$,

此外, g^m 有紧支集, 且

$$\|f - g^m\|_2 \leqslant \int_{|x| \geqslant m} |f(x)|^2 \mathrm{d}x \to 0, \quad \text{当 } m \to \infty,$$

以及

$$\|\nabla f - \nabla g^m\|_2^2 \leqslant 2 \int_{|x| \geqslant m} |\nabla f|^2 \mathrm{d}x + \frac{C}{m^2} \int_{\mathbb{R}^n} |f(x)|^2 \mathrm{d}x \to 0, \quad \text{当 } m \to \infty.$$

从而 g^m 在 $H^1(\mathbb{R}^n)$ 中强收敛于 f. 最后, 令

$$F^m(x) := k\left(\frac{x}{m}\right) f_{\frac{1}{m}}(x) \in C_c^\infty(\mathbb{R}^n),$$

于是容易证明 F^m 在 $H^1(\mathbb{R}^n)$ 中强收敛于 f. ∎

7.7 $H^1(\mathbb{R}^n)$ 函数的分部积分

设 u 和 v 属于 $H^1(\mathbb{R}^n)$, 则

$$\int_{\mathbb{R}^n} u \frac{\partial v}{\partial x_i} \mathrm{d}x = -\int_{\mathbb{R}^n} \frac{\partial u}{\partial x_i} v \mathrm{d}x, \quad i = 1, 2, \cdots, n. \tag{1}$$

此外, 再假设 Δv 是一函数 (按定义, 它必定属于 $L_{\text{loc}}^1(\mathbb{R}^n)$), 且 v 是实的, 又设 $u\Delta v \in L^1(\mathbb{R}^n)$, 那么

$$-\int_{\mathbb{R}^n} u\Delta v = \int_{\mathbb{R}^n} \nabla v \cdot \nabla u. \tag{2}$$

或者, 假设 Δv 可以写成 $\Delta v = f + g$, 其中 $f \geqslant 0, f \in L_{\text{loc}}^1(\mathbb{R}^n)$ 且 $g \in L^2(\mathbb{R}^n)$, 那么对所有 $u \in H^1(\mathbb{R}^n)$, 必有 $u\Delta v \in L^1(\mathbb{R}^n)$, 从而 (2) 式成立.

注 (1) 读者应当注意, Δv 作为函数和 Δv 作为分布有本质区别. 这种区别在这里可能显得无关紧要, 但在 7.15 节末, 当考虑 $\sqrt{-\Delta}\, v$ 时, 这种区别将是重要的.

(2) 一般地, $u\Delta v$ 未必属于 $L^1(\mathbb{R}^n)$. 下面是 K.Yajima 给出的 $\mathbb{R}^1$ 上的例子: $v(x) = (1+|x|^2)^{-1} \cos(|x|^2)$ 和 $u(x) = (1+|x|^2)^{-\frac{1}{2}}$. 即使我们假设 $\Delta v \in L^1(\mathbb{R}^n)$, $u\Delta v$ 也未必属于 $L^1(\mathbb{R}^n)$ ($n > 2$). 例如 $u = |x|^{-b} \exp[-|x|^2]$ 和 $v = \exp[\mathrm{i}|x|^{-a} - |x|^2]$, 其中 $a, b \leqslant \frac{n-2}{2}$ 且 $2a + b \geqslant n - 2$.

(3) 命题 (2) 对 Schrödinger 方程的研究是重要的. 在那里, 假设 $\psi \in H^1(\mathbb{R}^n)$ 是不含时 Schrödinger 方程

$$-\Delta\psi + V\psi = E\psi, \quad \text{在 } \mathcal{D}'(\mathbb{R}^n) \text{ 中} \tag{3}$$

的解, 我们用某个 $\phi \in H^1(\mathbb{R}^n)$ 乘该方程, 而得到

$$\int_{\mathbb{R}^n} \nabla\phi \cdot \nabla\psi + \int_{\mathbb{R}^n} V\phi\psi = E \int_{\mathbb{R}^n} \phi\psi. \tag{4}$$

方程 (4) 在 V 的适当假设下才是正确的, 这将在 11.9 节中证明, 而 (2) 是其依据.

证明　注意到 $u, v, \frac{\partial u}{\partial x_i}, \frac{\partial v}{\partial x_i}$ 都在 $L^2(\mathbb{R}^n)$ 中, 所以 (1) 式是有意义的. 由定理 7.6, 存在 $C_c^\infty(\mathbb{R}^n)$ 函数列 u^m, 使得

$$\|u^m - u\|_{H^1(\mathbb{R}^n)} \to 0, \qquad \text{当 } m \to \infty, \tag{5}$$

因此, 利用 Schwarz 不等式, 我们有

$$\left| \int_{\mathbb{R}^n} (u - u^m) \frac{\partial v}{\partial x_i} \mathrm{d}x \right| \leqslant \|u - u^m\|_2 \left\| \frac{\partial v}{\partial x_i} \right\|_2, \tag{6}$$

以及

$$\left| \int_{\mathbb{R}^n} \left(\frac{\partial u}{\partial x_i} - \frac{\partial u^m}{\partial x_i} \right) v \mathrm{d}x \right| \leqslant \left\| \frac{\partial u}{\partial x_i} - \frac{\partial u^m}{\partial x_i} \right\|_2 \|v\|_2. \tag{7}$$

由于 (5) 式, (6) 和 (7) 的右边项当 $m \to \infty$ 时趋于零, 从而

$$\int_{\mathbb{R}^n} u \frac{\partial v}{\partial x_i} \mathrm{d}x = \lim_{m\to\infty} \int_{\mathbb{R}^n} u^m \frac{\partial v}{\partial x_i} \mathrm{d}x$$
$$:= -\lim_{m\to\infty} \int_{\mathbb{R}^n} \frac{\partial u^m}{\partial x_i} v \mathrm{d}x = -\int_{\mathbb{R}^n} \frac{\partial u}{\partial x_i} v \mathrm{d}x,$$

这里用了对所有的 m, $u^m \in C_c^\infty(\mathbb{R}^n)$ 这一事实和分布导数的定义.

为了证明 (2), 首先注意到条件 $u\Delta v \in L^1(\mathbb{R}^n)$ 蕴含

$$(\mathrm{Re}\,u)_+(\Delta v)_+ \in L^1(\mathbb{R}^n), \quad (\mathrm{Re}\,u)_-(\Delta v)_+ \in L^1(\mathbb{R}^n),$$

等等. 根据推论 6.18, $(\mathrm{Re}\,u)_\pm$ 是 $H^1(\mathbb{R}^n)$ 中的函数, 因此只要在 u 是实函数且非负的情形下证明定理即可. 再由推论 6.18, $f^j := \min(u(x), j)$ 属于 $H^1(\mathbb{R}^n)$ 且 f^j 在 $H^1(\mathbb{R}^n)$ 中收敛于 u. 选取 $\phi \in C_c^\infty(\mathbb{R}^n)$ 满足: ϕ 为径向函数、非负, 且当

$|x| \leqslant 1$ 时, $\phi(x) = 1$. 由引理 7.4, 截断函数 $u^j(x) := \phi\left(\frac{x}{j}\right) f^j(x)$ 属于 $H^1(\mathbb{R}^n)$, 此外, 类似于 7.6 节, 在 $H^1(\mathbb{R}^n)$ 中, $u^j \to u$, 且收敛还是点态和单调的. 显然, $u^j(\Delta v)_\pm \leqslant u(\Delta v)_\pm \in L^1(\mathbb{R}^n)$, 从而由控制收敛定理,

$$\lim_{j \to \infty} \int u^j(\Delta v)_\pm = \int u(\Delta v)_\pm,$$

因此, 只要在 u 有界且有紧支集的情形下证明 (2) 即可. 如同定理 7.6 的证明, 用 $u_\varepsilon := j_\varepsilon * u$ 替代 u 且注意 $u_\varepsilon \in C_c^\infty(\mathbb{R}^n)$ 关于 ε 一致有界, 其支集位于与 ε 无关的固定球内. 再次, 如 7.6 节那样, 在 $H^1(\mathbb{R}^n)$ 中, $u^\varepsilon \to u$, 而根据定理 2.7 及 2.16, 存在子列 (仍记为 u^k), 使得 u^k 几乎处处收敛于 u, 从而得到

$$\int u\Delta v = \lim_{k \to \infty} \int u^k \Delta v = -\lim_{k \to \infty} \int \nabla u^k \cdot \nabla v = -\int \nabla u \cdot \nabla v.$$

利用非负截断函数 u^j 可以证明定理的最后部分. 根据上面所证, 我们有 $-\int u^j \Delta v = \int \nabla u^j \cdot \nabla v$, 这是因为 u^j 有界且有有界支集. 显然,

$$\int \nabla u^j \cdot \nabla v \to \int \nabla u \cdot \nabla v,$$

于是由单调收敛定理, 有 $\int u^j f \to \int u f$. 同样地, $\int u^j g \to \int u g$. 再由 $\int u g < \infty$ (因为 $g \in L^2(\mathbb{R}^n)$), 即得 $\int u f < \infty$. 从而 $u\Delta v \in L^1(\mathbb{R}^n)$, 所以 (2) 得证. ■

7.8 梯度的凸不等式

设 f, g 是 $H^1(\mathbb{R}^n)$ 中两个实值函数, 则

$$\int_{\mathbb{R}^n} \left|\nabla\sqrt{f^2+g^2}\right|^2(x)\mathrm{d}x \leqslant \int_{\mathbb{R}^n} (|\nabla f|^2(x) + |\nabla g|^2(x))\mathrm{d}x. \tag{1}$$

此外, 若 $g(x) > 0$, 则上式等号成立当且仅当存在常数 c, 使得 $f(x) = cg(x)$ 几乎处处成立.

注 (1) 按定义, $g > 0$ 是指: 对于任意紧集 $K \subset \mathbb{R}^n$, 都有 $\varepsilon > 0$, 使得集合 $\{x \in K : g(x) < \varepsilon\}$ 的测度为零.

(2) 对于复值函数, 不等式 (1) 等价于

$$\int_{\mathbb{R}^n} |\nabla|F|(x)|^2\mathrm{d}x \leqslant \int_{\mathbb{R}^n} |\nabla F(x)|^2\mathrm{d}x.$$

证明　由定理 6.17, 函数 $\sqrt{f(x)^2 + g(x)^2}$ 属于 $H^1(\mathbb{R}^n)$, 且

$$
\left(\nabla\sqrt{f^2 + g^2}\right)(x) =
\begin{cases}
\dfrac{f(x)\nabla f(x) + g(x)\nabla g(x)}{\sqrt{f(x)^2 + g(x)^2}}, & \text{若 } f(x)^2 + g(x)^2 \neq 0, \\[3mm]
0, & \text{其他.}
\end{cases}
$$

于是, 下面的等式成立:

$$
\int_{\mathbb{R}^n}\left|\nabla\sqrt{f^2 + g^2}\right|^2(x)\mathrm{d}x + \int_{f^2 + g^2 > 0}\frac{|g\nabla f - f\nabla g|^2}{f^2 + g^2}(x)\mathrm{d}x
$$
$$
= \int_{\mathbb{R}^n}(|\nabla f|^2 + |\nabla g|^2)(x)\mathrm{d}x. \tag{2}
$$

由此即得 (1). 下面假设 $g > 0$, 且 (1) 中等号成立. 由 (2), 可知

$$
g(x)\nabla f(x) = f(x)\nabla g(x), \tag{3}
$$

在 $\mathbb{R}^n$ 中几乎处处成立.

对于 $\phi \in C_c^\infty(\mathbb{R}^n)$, 考虑函数 $h = \phi/g$. 易见 $h \in H^1(\mathbb{R}^n)$, 且在 $\mathcal{D}'(\mathbb{R}^n)$ 中有下式成立:

$$
\nabla h(x) = -\frac{\nabla g(x)}{g(x)^2}\phi(x) + \frac{\nabla\phi(x)}{g(x)}. \tag{4}
$$

为证 (4), 我们用 $h_\delta(x) = \dfrac{\phi(x)}{\sqrt{g(x)^2 + \delta^2}}$ 逼近 $h(x)$. 应用定理 6.16 ($g > 0$) 以及通过一个简单的极限过程, 即可证明, 当 $\delta \to 0$ 时, 在 $H^1(\mathbb{R}^n)$ 中 $h_\delta \to h$.

现在, 因为由 (3) 式, $f(x)\nabla g(x)/g(x)^2 = \nabla f(x)/g(x)$ 几乎处处成立, 故

$$
\int_{\mathbb{R}^n} f(x)\nabla h(x)\mathrm{d}x = -\int_{\mathbb{R}^n} f(x)\frac{\nabla g(x)}{g(x)^2}\phi(x)\mathrm{d}x + \int_{\mathbb{R}^n}\frac{f(x)}{g(x)}\nabla\phi(x)\mathrm{d}x
$$
$$
= -\int_{\mathbb{R}^n}\nabla f(x)h(x)\mathrm{d}x + \int_{\mathbb{R}^n}\frac{f(x)}{g(x)}\nabla\phi(x)\mathrm{d}x.
$$

根据定理 7.7, 有

$$
\int_{\mathbb{R}^n}\nabla f(x)h(x)\mathrm{d}x = -\int_{\mathbb{R}^n} f(x)\nabla h(x)\mathrm{d}x,
$$

所以

$$
\int_{\mathbb{R}^n}\frac{f(x)}{g(x)}\nabla\phi(x)\mathrm{d}x = 0.
$$

因为 $g > 0$, 故 $f(x)/g(x)$ 属于 $L^1_{\mathrm{loc}}(\mathbb{R}^n)$, 因此它是一个分布. 由于 ϕ 是任意的试验函数, 故在 $\mathcal{D}'(\mathbb{R}^n)$ 中 $\nabla(f/g) = 0$. 根据定理 6.11, $f(x)/g(x)$ 几乎处处为常数. ∎

7.9 $H^1(\mathbb{R}^n)$ 的 Fourier 刻画

设 $f \in L^2(\mathbb{R}^n)$, f 的 Fourier 变换为 $\hat{f}$, 则 $f \in H^1(\mathbb{R}^n)$ (即分布梯度 ∇f 是 $L^2(\mathbb{R}^n)$ 向量值函数), 当且仅当函数 $k \mapsto |k|\hat{f}(k)$ 属于 $L^2(\mathbb{R}^n)$. 假如它属于 $L^2(\mathbb{R}^n)$, 则

$$\widehat{\nabla f}(k) = 2\pi \mathrm{i} k \hat{f}(k), \tag{1}$$

从而

$$\|f\|^2_{H^1(\mathbb{R}^n)} = \int |\hat{f}(k)|^2(1 + 4\pi^2|k|^2)\mathrm{d}k. \tag{2}$$

证明 设 $f \in H^1(\mathbb{R}^n)$, 根据定理 7.6, 存在一列 $C_c^\infty(\mathbb{R}^n)$ 函数 f^m ($m = 1, 2, \cdots$) 在 $H^1(\mathbb{R}^n)$ 中收敛于 f. 由于 $f^m \in C_c^\infty(\mathbb{R}^n)$, 通过分部积分可得 $\widehat{\nabla f^m}(k) = 2\pi \mathrm{i} k \hat{f^m}(k)$. 根据 Plancherel 定理 5.3, $\widehat{\nabla f^m}$ 在 $L^2(\mathbb{R}^n)$ 中收敛于 $\widehat{\nabla f}$, 并且 $\hat{f^m}$ 在 $L^2(\mathbb{R}^n)$ 中收敛于 $\hat{f}$. 通过子列, 可以要求上述收敛都是点态的, 因此 $k\hat{f^m}(k)$ 几乎处处收敛于 $k\hat{f}(k)$, 同样, $2\pi \mathrm{i} k \hat{f^m}(k)$ 几乎处处收敛于 $\widehat{\nabla f}(k)$. 因此, $\widehat{\nabla f}(k) = 2\pi \mathrm{i} k \hat{f}(k)$.

现假设 $\hat{h}(k) = 2\pi \mathrm{i} k \hat{f}(k)$ 属于 $L^2(\mathbb{R}^n)$, 令 $h := (\hat{h})^\vee$ 以及 $\phi \in C_c^\infty(\mathbb{R}^n)$, 则

$$\int \nabla\phi \bar{f} = \int \widehat{\nabla\phi}\bar{\hat{f}} = 2\pi\mathrm{i}\int k\hat{\phi}(k)\bar{\hat{f}}(k)\mathrm{d}k = -\int \hat{\phi}\bar{\hat{h}} = -\int \phi\bar{h}. \tag{3}$$

第一个和第四个等式成立是由于 Parseval 公式 5.3(2), 第二个等式是对上面提到的 $\widehat{\nabla\phi}$ 进行分部积分的结果. 因此 $\bar{f}$ 的分布梯度是 $\bar{h}$ (见 7.2(1)). ∎

热核

定理 7.9 提供了 7.10(2) 中描述的对 $\|\nabla f\|_2$ 如下的有用刻画: 定义 $\mathbb{R}^n \times \mathbb{R}^n$ 上的热核为

$$\mathrm{e}^{t\Delta}(x, y) = (4\pi t)^{-n/2}\exp\left\{-\frac{|x-y|^2}{4t}\right\}. \tag{4}$$

热核在函数上的作用则定义为

$$(\mathrm{e}^{t\Delta}f)(x) = \int_{\mathbb{R}^n}\mathrm{e}^{t\Delta}(x,y)f(y)\mathrm{d}y. \tag{5}$$

假如 $f \in L^p(\mathbb{R}^n)$ ($1 \leqslant p \leqslant 2$), 则由定理 5.8, 有

$$\widehat{\mathrm{e}^{t\Delta}f}(k) = \exp\{-4\pi^2|k|^2 t\}\hat{f}(k). \tag{6}$$

(6) 式解释了为何把热核表示为 $\mathrm{e}^{t\Delta}$. Δ 对 Fourier 变换的作用就是用 $-|2\pi k|^2$ 相乘 (见定理 7.9), 而热核是用 $\exp\{-t|2\pi k|^2\}$ 相乘.

若 $f \in L^p(\mathbb{R}^n)\,(1 \leqslant p \leqslant \infty)$, 则从 (4) 和 (5) 显然可知, (5) 定义的函数 g_t 是 $x \in \mathbb{R}^n$ 和 $t > 0$ 的无穷次可微函数, 且极限

$$\frac{\mathrm{d}}{\mathrm{d}t}g_t := \lim_{\varepsilon \to 0} \varepsilon^{-1}[g_{t+\varepsilon} - g_t]$$

作为强极限在 $L^p(\mathbb{R}^n)$ 中存在. 这个函数还满足在古典意义下的**热方程**

$$\Delta g_t = \frac{\mathrm{d}}{\mathrm{d}t}g_t, \quad t > 0 \tag{7}$$

和初值条件 (作为强极限)

$$\lim_{t \downarrow 0} g_t = f. \tag{8}$$

热方程是热传导的模型, 而 g_t 是在时刻 t 的温度分布 (作为 $x \in \mathbb{R}^n$ 的函数). 由 (4) 给出的核, 对每个固定点 $y \in \mathbb{R}^n$, 满足方程 (7) (可通过直接计算验证), 而且还满足初值条件

$$\lim_{t \downarrow 0} \mathrm{e}^{t\Delta}(\cdot, y) = \delta_y, \quad \text{在 } \mathcal{D}'(\mathbb{R}^n) \text{ 中.} \tag{9}$$

7.10 $-\Delta$ 是热核的无穷小生成元

函数 f 属于 $H^1(\mathbb{R}^n)$ 当且仅当它属于 $L^2(\mathbb{R}^n)$ 以及

$$I^t(f) := \frac{1}{t}[(f,f) - (f, \mathrm{e}^{t\Delta}f)] \tag{1}$$

关于 t 一致有界 (这里 $(\cdot, \cdot)$ 是 L^2 的内积, 但不是 H^1 的内积), 此时,

$$\sup_{t>0} I^t(f) = \lim_{t \to 0} I^t(f) = \|\nabla f\|_2^2. \tag{2}$$

证明 根据定理 7.9, 只需证明 $f \in L^2(\mathbb{R}^n)$ 以及 $I^t(f)$ 关于 t 一致有界当且仅当

$$\int_{\mathbb{R}^n} (1 + |2\pi k|^2)|\hat{f}(k)|^2 \mathrm{d}k < \infty. \tag{3}$$

注意到, 由 Plancherel 定理 5.3,

$$I^t(f) = \frac{1}{t} \int_{\mathbb{R}^n} [1 - \exp\{-4\pi|k|^2 t\}]|\hat{f}(k)|^2 \mathrm{d}k. \tag{4}$$

容易验证 $y^{-1}(1 - \mathrm{e}^{-y})$ 是 $y > 0$ 的递减函数, 从而 (4) 中的整个被积函数当 $t \to 0$ 时单调收敛于 $|2\pi k|^2$, 因此, 若 $f \in H^1(\mathbb{R}^n)$, 则 $I^t(f)$ 一致有界. 反过来, 如果 $I^t(f)$ 一致有界, 定理 1.6 (单调收敛) 蕴含着

$$\sup_{t>0} I^t(f) = \lim_{t \to 0} I^t(f) = \int_{\mathbb{R}^n} |2\pi k|^2 |\hat{f}(k)|^2 \mathrm{d}k < \infty,$$

根据定理 7.9, $f \in H^1(\mathbb{R}^n)$. ■

定理 7.9 引出以下概念.

7.11 $H^{1/2}(\mathbb{R}^n)$ 的定义

称 $L^2(\mathbb{R}^n)$ 函数 f 属于 $H^{1/2}(\mathbb{R}^n)$ 当且仅当

$$\|f\|^2_{H^{1/2}(\mathbb{R}^n)} := \int_{\mathbb{R}^n} (1 + 2\pi|k|) |\hat{f}(k)|^2 \mathrm{d}k < \infty. \tag{1}$$

结合 (1) 和 7.9(2), 并因为 $2\pi|k| \leqslant \frac{1}{2}[(2\pi|k|)^2 + 1]$, 我们有

$$\frac{3}{2} \|f\|^2_{H^1(\mathbb{R}^n)} \geqslant \|f\|^2_{H^{1/2}(\mathbb{R}^n)}, \tag{2}$$

因而给出了包含关系:

$$H^{1/2}(\mathbb{R}^n) \supset H^1(\mathbb{R}^n). \tag{3}$$

$H^{1/2}(\mathbb{R}^n)$ 空间赋予内积

$$(f, g)_{H^{1/2}(\mathbb{R}^n)} = \int_{\mathbb{R}^n} (1 + 2\pi|k|) \overline{\hat{f}(k)} \hat{g}(k) \mathrm{d}k \tag{4}$$

后, 显然是 Hilbert 空间 (除了现在的测度是 $(1 + 2\pi|k|)\mathrm{d}k$ 而不是 $\mathrm{d}k$ 之外, 完备性的证明类似于通常 $L^2(\mathbb{R}^n)$ 空间的证明). $H^{1/2}(\mathbb{R}^n)$ 在相对论中是重要的, 在那里人们考虑具有如下形式的三维 "动能" 算子

$$\sqrt{p^2 + m^2}, \tag{5}$$

这里 p^2 是物理学家关于 $-\Delta$ 的记号, 而 m 是相应粒子的质量. 算子 (5) 在 Fourier 空间中定义为与 $\sqrt{|2\pi k|^2 + m^2}$ 相乘, 即

$$\left(\sqrt{p^2 + m^2} f\right)^\wedge(k) := \sqrt{|2\pi k|^2 + m^2}\, \hat{f}(k), \tag{6}$$

假定 $f \in H^1(\mathbb{R}^3)$ (非 $H^{1/2}(\mathbb{R}^3)$), 则 (6) 的右边是一 $L^2(\mathbb{R}^3)$ 函数的 Fourier 变换 (因此 $\sqrt{p^2 + m^2}$ 作为算子作用在函数上有意义). 然而, 在 $p^2 = -\Delta$ 情形, 人们对下述半双线性型给出的能量更感兴趣:

$$(g, \sqrt{p^2 + m^2}f) := \int_{\mathbb{R}^n} \bar{\hat{g}}(k)\hat{f}(k)\sqrt{|2\pi k|^2 + m^2}\mathrm{d}k, \tag{7}$$

如果 f 和 g 属于 $H^{1/2}(\mathbb{R}^3)$, 上式就有意义.

半双线性型 $(g, |p|f)$ 可通过在 (7) 中令 $m = 0$ 来定义.

注意到, 不等式

$$\sqrt{\sum_{i=1}^N A_i} \leqslant \sum_{i=1}^N \sqrt{A_i} \leqslant \sqrt{N}\sqrt{\sum_{i=1}^N A_i}$$

对所有正数 A_i 都成立. 从而函数 f 属于 $H^{1/2}(\mathbb{R}^{3N})$ 当且仅当

$$\int_{\mathbb{R}^{3N}} |\hat{f}(k_1, \cdots, k_N)|^2 \left(1 + \sum_{i=1}^N 2\pi|k_i|\right) \mathrm{d}k_1 \cdots \mathrm{d}k_N < \infty.$$

当人们处理相对论中多体问题时, 常常会用到上述事实, 也就是, 要求上述积分有限, 无异于要求 $f \in H^{1/2}(\mathbb{R}^{3N})$.

现在我们希望推导出用 $|p|$ 代替 $|p|^2$ 后定理 7.9 和 7.10 的相应结果. 首先, 类似的核 $\mathrm{e}^{t\Delta} = \mathrm{e}^{-tp^2}$ 是需要的, 这就是 **Poisson 核** [Stein-Weiss]

$$\mathrm{e}^{-t|p|}(x, y) := (\mathrm{e}^{-t|p|})^\vee(x, y) = \int_{\mathbb{R}^n} \exp[-2\pi|k|t + 2\pi\mathrm{i}k \cdot (x - y)]\mathrm{d}k. \tag{8}$$

这个积分在三维情形容易计算, 因为空间角部分的积分结果是

$$4\pi|k|^{-1}|x - y|^{-1}\sin(|k||x - y|),$$

然后关于 $|k|^2\mathrm{d}|k|$ 积分正好是指数函数的 $|k|$ 倍的积分, 故三维的结果是

$$\mathrm{e}^{-t|p|}(x, y) = \frac{1}{\pi^2}\frac{t}{[t^2 + |x - y|^2]^2}, \quad n = 3. \tag{9}$$

值得注意的是, (8) 在 n 维情形下也可以计算, 其结果是

$$\mathrm{e}^{-t|p|}(x, y) = \Gamma\left(\frac{n+1}{2}\right)\pi^{-(n+1)/2}\frac{t}{[t^2 + |x - y|^2]^{(n+1)/2}}. \tag{10}$$

该结果可在 [Stein-Weiss, 定理 1.14] 中找到.

另一值得注意的事实是, $\exp\{-t\sqrt{p^2+m^2}\}$ 的核也可以显式计算出来, 三维的结果 [Erdelyi-Magnus-Oberhettinger-Tricomi] 是

$$
\mathrm{e}^{-t\sqrt{p^2+m^2}}(x,y) = \frac{m^2}{2\pi^2}\frac{t}{t^2+|x-y|^2}\mathrm{K}_2(m[|x-y|^2+t^2]^{1/2}), \quad n=3, \qquad (11)
$$

其中 K_2 是修正的三阶 Bessel 函数.

事实上, 正如 Walter Schneider 指出, 它在任意维数情形下均可计算, 结论是: 对于 $x, y \in \mathbb{R}^n$,

$$
\mathrm{e}^{-t\sqrt{p^2+m^2}}(x,y) = 2\left(\frac{m}{2\pi}\right)^{(n+1)/2}\frac{t}{[t^2+|x-y|^2]^{(n+1)/4}}\mathrm{K}_{(n+1)/2}(m[|x-y|^2+t^2]^{1/2}),
$$

这里用到了

$$
\int_{\mathbb{S}^{n-1}} \mathrm{e}^{\mathrm{i}\omega\cdot x}\mathrm{d}\omega = (2\pi)^{n/2}|x|^{1-\frac{n}{2}}\mathrm{J}_{\frac{n}{2}-1}(|x|),
$$

以及

$$
\int_0^\infty x^{\nu+1}\mathrm{J}_\nu(xy)\mathrm{e}^{-\alpha\sqrt{x^2+\beta^2}}\mathrm{d}x
$$
$$
= \left(\frac{2}{\pi}\right)^{1/2}\alpha\beta^{\nu+3/2}(y^2+\alpha^2)^{-\nu/2-3/4}y^\nu\mathrm{K}_{\nu+3/2}(\beta\sqrt{y^2+\alpha^2}),
$$

其中 J_ν 是 ν 阶 Bessel 函数. 再利用当 $z \to 0$ 时,

$$
\mathrm{K}_\nu(z) \approx \frac{1}{2}\Gamma(\nu)\left(\frac{1}{2}z\right)^{-\nu}
$$

以及 $\mathrm{Re}\,\nu > 0$, 就容易得到公式 (10).

核 (9), (10), (11) 是正的, 且是 $(x-y)$ 的 $L^1(\mathbb{R}^n)$ 函数, 因此应用定理 4.2 (Young 不等式), 如同 7.9(5) 那样, 通过积分, 对所有 $p \geqslant 1$, 这些核函数把 $L^p(\mathbb{R}^n)$ 映入 $L^p(\mathbb{R}^n)$. 事实上, 对于所有的 n,

$$
\int \mathrm{e}^{-t\sqrt{p^2+m^2}}(x,y)\mathrm{d}y = \mathrm{e}^{-tm}, \qquad (12)
$$

因为 (12) 的左边恰好是 (11) 的 Fourier 逆变换在 $k=0$ 的值.

7.12　$(f, |p|f)$ 和 $(f, \sqrt{p^2 + m^2}f)$ 的积分公式

(i) 函数 f 属于 $H^{1/2}(\mathbb{R}^n)$ 当且仅当它属于 $L^2(\mathbb{R}^n)$ 以及

$$
I_{1/2}^t(f) = \lim_{t\to 0}\frac{1}{t}[(f,f)-(f,\mathrm{e}^{-t|p|}f)] \qquad (1)
$$

一致有界, 此时

$$\sup_{t>0} I^t_{1/2}(f) = \lim_{t\to 0} I^t_{1/2}(f) = (f, |p|f). \tag{2}$$

(ii) 公式 (这里 $(\cdot, \cdot)$ 是 $L^2(\mathbb{R}^n)$ 内积)

$$\frac{1}{t}[(f,f) - (f, e^{-t|p|}f)] = \frac{\Gamma\left(\frac{n+1}{2}\right)}{2\pi^{(n+1)/2}} \int_{\mathbb{R}^n}\int_{\mathbb{R}^n} \frac{|f(x)-f(y)|^2}{(t^2+(x-y)^2)^{(n+1)/2}} \mathrm{d}x\mathrm{d}y \tag{3}$$

成立, 由此可得

$$(f, |p|f) = \frac{\Gamma\left(\frac{n+1}{2}\right)}{2\pi^{(n+1)/2}} \int_{\mathbb{R}^n}\int_{\mathbb{R}^n} \frac{|f(x)-f(y)|^2}{|x-y|^{n+1}} \mathrm{d}x\mathrm{d}y. \tag{4}$$

(iii) 对于所有 $m \geqslant 0$, 以 $\sqrt{p^2+m^2}$ 代替 (1) 和 (2) 式中的 $|p|$, 结论 (i) 仍成立.

(iv) 若 $n=3$, 相应于 (4) 式有

$$(f, [\sqrt{p^2+m^2}-m]f) = \frac{m^2}{4\pi^2} \int_{\mathbb{R}^3}\int_{\mathbb{R}^3} \frac{|f(x)-f(y)|^2}{|x-y|^2} K_2(m|x-y|)\mathrm{d}x\mathrm{d}y. \tag{5}$$

注　由于 $|a-b| \geqslant ||a|-|b||$ 对所有复数 a, b 成立, (4) 式表明

$$f \in H^{1/2}(\mathbb{R}^n) \Rightarrow |f| \in H^{1/2}(\mathbb{R}^n). \tag{6}$$

证明　(i) 和 (iii) 的证明本质上与定理 7.10 的证明一样. 应用 7.11(8) 和 7.11(10) 的 $m=0$ 情形, 方程 (3) 正是 (1) 的另一叙述. 利用 (2) 和单调收敛定理, 方程 (4) 可从 (3) 得到. 由于 K_2 是单调函数, (5) 可类似得到. 注意到在 (5) 中用到了 7.11(12). ■

7.13　相对论动能的凸不等式

设 f, g 是 $H^{1/2}(\mathbb{R}^3)$ 中的实值函数且 $f \neq 0$, 记 $T(p) = \sqrt{p^2+m^2}-m$, 则对于 $m \geqslant 0$, 有

$$(\sqrt{f^2+g^2}, T(p)\sqrt{f^2+g^2}) \leqslant (f, T(p)f) + (g, T(p)g), \tag{1}$$

等号成立当且仅当 f 不变号且几乎处处成立 $g = cf$, 其中 c 为某一常数.

证明　利用公式 7.12(5) 和 K_2 严格正这一事实, 从 Schwarz 不等式

$$f(x)f(y) + g(x)g(y) \leqslant \sqrt{f(x)^2+g(x)^2}\sqrt{f(y)^2+g(y)^2} \tag{2}$$

推出 (1). 为了讨论等号成立, 对 (2) 式两边平方, 可见等号成立等价于对几乎所有的 $(x, y) \in \mathbb{R}^6$, 成立关系式

$$f(x)g(y) = f(y)g(x). \tag{3}$$

根据 Fubini 定理, 对于几乎每点 $y \in \mathbb{R}^3$, 方程 (3) 对于几乎处处的 $x \in \mathbb{R}^3$ 成立. 选取 y_0 使得 $f(y_0) \neq 0$, 由 (3) 式推出 $g(x) = \lambda f(x)$, 其中 $\lambda = g(y_0)/f(y_0)$. 将此等式代入 (2) (取等号), 可得 f 不变号. ∎

● 下面将继续叙述有关 $H^{1/2}(\mathbb{R}^n)$ 的类似于定理 7.6 的相应结论.

7.14 $C_c^\infty(\mathbb{R}^n)$ 在 $H^{1/2}(\mathbb{R}^n)$ 中稠密

设 f 属于 $H^{1/2}(\mathbb{R}^n)$, 则存在一列 $C_c^\infty(\mathbb{R}^n)$ 函数 f^m, 使得

$$\|f - f^m\|_{H^{1/2}(\mathbb{R}^n)} \to 0, \qquad \text{当} m \to \infty.$$

证明 由定理 7.6, 只需证明 $H^1(\mathbb{R}^n)$ 是 $H^{1/2}(\mathbb{R}^n)$ 的稠密子集, 且该嵌入是连续的 (即 $\|f^m - f\|_{H^1(\mathbb{R}^n)} \to 0$ 蕴含 $\|f^m - f\|_{H^{1/2}(\mathbb{R}^n)} \to 0$). 按定义, 如果 $\hat{f}$ 满足

$$\int_{\mathbb{R}^n} (1 + 2\pi|k|)|\hat{f}(k)|^2 \mathrm{d}k < \infty,$$

则 $f \in H^{1/2}(\mathbb{R}^n)$.

令 $\hat{f}^m(k) = \mathrm{e}^{-k^2/m}\hat{f}(k)$, 则由定理 7.9, $f^m \in H^1(\mathbb{R}^n)$. 再由控制收敛定理, 即得

$$\|f - f^m\|_{H^{1/2}(\mathbb{R}^n)}^2 = \int_{\mathbb{R}^n} (1 + 2\pi|k|)(1 - \mathrm{e}^{-k^2/m})|\hat{f}(k)|^2 \mathrm{d}k \to 0, \quad \text{当} m \to \infty. \ \blacksquare$$

7.15 $\sqrt{-\Delta}$ 和 $\sqrt{-\Delta + m^2} - m$ 对分布的作用

假若 T 是一分布, 则它具有导数, 因此讨论 ΔT 是有意义的. 但要使 $\sqrt{-\Delta}T$ 有意义是有点困难的, 因为按定义, 对于 $\phi \in \mathcal{D}(\mathbb{R}^n)$, $\sqrt{-\Delta}T$ 由下式给出

$$\sqrt{-\Delta}T(\phi) := T(\sqrt{-\Delta}\phi). \tag{1}$$

然而, 这是行不通的, 因为函数

$$(\sqrt{-\Delta}\phi)(x) = \int_{\mathbb{R}^n} \mathrm{e}^{2\pi\mathrm{i}k \cdot x}|2\pi k||\hat{\phi}(k)|\mathrm{d}k$$

一般不属于 $C_c^\infty(\mathbb{R}^n)$. 这样 (1) 定义的不是一分布. 有趣的是, 如果 $\phi \in C_c^\infty(\mathbb{R}^n)$, 那么卷积

$$(\sqrt{-\Delta}\phi) * (\sqrt{-\Delta}\phi) = -\Delta(\phi * \phi)$$

总是在 $C_c^\infty(\mathbb{R}^n)$ 中.

但是, 假若 T 为适当的函数, 则 (1) 的定义就有意义. 准确地说, 若 $f \in H^{1/2}(\mathbb{R}^n)$, 则 $\sqrt{-\Delta}f$ (以及 $(\sqrt{-\Delta + m^2} - m)f$) 都是分布, 即映射

$$\phi \mapsto \sqrt{-\Delta}f(\phi) := \int_{\mathbb{R}^n} |2\pi k|\hat{f}(k)\hat{\phi}(-k)\mathrm{d}k$$

有意义 (因为按定义有 $\sqrt{|k|}\hat{f} \in L^2(\mathbb{R}^n)$), 且可断言它在 $\mathcal{D}(\mathbb{R}^n)$ 上是连续的. 为此, 考虑 $\mathcal{D}(\mathbb{R}^n)$ 中的函数列 $\phi^j \to \phi$, 由 Schwarz 不等式和定理 5.3, 有

$$|\sqrt{-\Delta}f(\phi - \phi^j)| \leqslant \|\hat{f}\|_2 \left(\int_{\mathbb{R}^n} |2\pi k|^2 |\hat{\phi}(k) - \hat{\phi}^j(k)|^2 \mathrm{d}k \right)^{1/2}$$

$$= \|f\|_2 \|\nabla(\phi - \phi^j)\|_2.$$

但是当 $j \to \infty$ 时, $\|\nabla(\phi - \phi^j)\|_2 \to 0$, 且 $\sqrt{-\Delta}f(\phi - \phi^j) \to 0$, 从而 $\sqrt{-\Delta}f$ 属于 $\mathcal{D}'(\mathbb{R}^n)$. 类似的定义和证明也适用于 $(\sqrt{-\Delta + m^2} - m)f$.

上述讨论的一个重要推论就是类似于 7.7(3) 有: 当 $\psi \in H^{1/2}(\mathbb{R}^n)$ 时, 修正 Schrödinger 方程

$$\sqrt{-\Delta}\psi + V\psi = E\psi, \quad \text{在 } \mathcal{D}'(\mathbb{R}^n) \text{ 中} \tag{2}$$

有意义 (或者, 我们可取 $n = 3N$, 且用 $\sum_{i=1}^N \sqrt{-\Delta_i}\psi$ 代替第一项).

另一重要事实是, $C_c^\infty(\mathbb{R}^n)$ 在 $H^{1/2}(\mathbb{R}^n)$ 中的稠密性 (定理 7.14) 允许我们模仿 7.7(2) 的证明而推导出等式

$$\int_{\mathbb{R}^n} u\sqrt{-\Delta}v = \int_{\mathbb{R}^n} |2\pi k|\hat{v}(k)\hat{u}(-k)\mathrm{d}k, \tag{3}$$

只要 $\sqrt{-\Delta}v \in L_{\mathrm{loc}}^1(\mathbb{R}^n)$ 以及 $u\sqrt{-\Delta}v \in L^1(\mathbb{R}^n)$. 后一条件也可由条件 $\sqrt{-\Delta}v = f + g$ 来保证, 其中 $f \leqslant 0$, 且 f 属于 $L_{\mathrm{loc}}^1(\mathbb{R}^n)$ 以及 $g \in L^2(\mathbb{R}^n)$ (见习题 3).

7.16　C^∞ 函数与 $H^{1/2}$ 函数相乘

设 ψ 是 $C^\infty(\mathbb{R}^n)$ 中的有界函数, 且有有界导数, 又设 $f \in H^{1/2}(\mathbb{R}^n)$, 则 ψ 和 f 的点态乘积

$$(\psi \cdot f)(x) = \psi(x)f(x)$$

也是 $H^{1/2}(\mathbb{R}^n)$ 中的函数.

证明 显然有 $\psi \cdot f \in L^2(\mathbb{R}^n)$. 由 7.12(4), 剩下只需证明

$$I := \int_{\mathbb{R}^n} \int_{\mathbb{R}^n} |(\psi \cdot f)(x) - (\psi \cdot f)(y)|^2 |x - y|^{-n-1} \mathrm{d}x\mathrm{d}y < \infty. \tag{1}$$

利用

$$|ab - cd|^2 = \frac{1}{4}|(a - c)(b + d) + (a + c)(b - d)|^2$$
$$\leqslant |a - c|^2(|b|^2 + |d|^2) + (|a|^2 + |c|^2)|b - d|^2,$$

即得

$$\frac{1}{2}I \leqslant \int_{\mathbb{R}^n} \int_{\mathbb{R}^n} |\psi(x) - \psi(y)|^2 |f(x)|^2 |x - y|^{-n-1} \mathrm{d}x\mathrm{d}y$$
$$+ \int_{\mathbb{R}^n} \int_{\mathbb{R}^n} |f(x) - f(y)|^2 |\psi(x)|^2 |x - y|^{-n-1} \mathrm{d}x\mathrm{d}y. \tag{2}$$

由于 ψ 一致有界, (2) 中的右边第二项被 $(f, |p|f)$ 的常数倍控制. 通过把 $\mathbb{R}^n \times \mathbb{R}^n$ 分成区域 $|x - y| \leqslant 1$ 和 $|x - y| > 1$, 容易估计第一项. 在前一区域中, 利用估计式 $|\psi(x) - \psi(y)|^2 \leqslant C|x - y|^2$, 其中 C 是常数 (由于 ψ 是可微的且有一致有界导数), 从而得到其界

$$C \int_{|x-y| \leqslant 1} |x - y|^{-n+1} |f(x)|^2 \mathrm{d}x\mathrm{d}y = C \int_{|x| \leqslant 1} |x|^{-n+1} \mathrm{d}x \|f\|_2^2.$$

在另一区域, 利用 ψ 一致有界这一事实, 得到如下估计

$$C \int_{|x-y| \geqslant 1} |x - y|^{-n-1} |f(x)|^2 \mathrm{d}x\mathrm{d}y = C \int_{|x| \geqslant 1} |x|^{-n-1} \mathrm{d}x \|f\|_2^2,$$

由此定理得证. ∎

• 下面给出在第三章中讨论过的对称递减重排这一概念的一个最重要的应用.

7.17 对称递减重排减少动能

设 $f : \mathbb{R}^n \to \mathbb{R}$ 为非负可测函数, 且在无穷远处趋于零 (见 3.2), 又设 f^* 表示其对称递减重排 (见 3.3), 假设在分布意义下 ∇f 是满足 $\|\nabla f\|_2 < \infty$ 的函数, 那么 ∇f^* 有同样的性质, 且

$$\|\nabla f\|_2 \geqslant \|\nabla f^*\|_2. \tag{1}$$

类似地, 若 $(f, |p|f) < \infty$, 则

$$(f, |p|f) \geqslant (f^*, |p|f^*). \tag{2}$$

注意到这里未要求 $f \in L^2(\mathbb{R}^n)$, 且 (2) 中的不等号是严格的除非 f 是对称递减函数的平移.

注　(1) 利用 7.12(4) 的右端, 即使 f 不属于 $L^2(\mathbb{R}^n)$, 也可以定义 $(f, |p|f)$.

(2) 若没有条件 $f = f^*$, (1) 中的等号也可以成立, 但是, 水平集 $\{x : f(x) > a\}$ 必须是球 [Brothers-Ziemer].

(3) 不等式 (2) 及其证明容易推广至 $\sqrt{p^2 + m^2}$.

(4) 不等式 (1) 可以将梯度在 $L^2(\mathbb{R}^n)$ 中推广至梯度在 $L^p(\mathbb{R}^n)$ $(1 \leqslant p < \infty)$ 中, 即 $\|\nabla f\|_p \geqslant \|\nabla f^*\|_p$ ([Hilden], [Sperner], [Talenti]), 以及推广至形如 $\int \Psi(|\nabla f|)$ 的积分, 这里 Ψ 是适当的凸函数 (见 [Almgren-Lieb], 第 698 页), 但是很难证明. 部分结论是: 当 $\Psi(|\nabla f|)$ 是可积的, 则 ∇f^* 也是函数, 且 $\Psi(|\nabla f^*|)$ 是可积的.

证明　**第一部分 —— 归结为 L^2.** 首先只需对 $L^2(\mathbb{R}^n)$ 函数证明 (1) 和 (2). 对于满足定理假设的任意 f, 定义

$$f_c(x) = \min\left[\max(f(x) - c, 0), \frac{1}{c}\right],$$

其中 $c > 0$. 由重排定义 $(f_c)^* = (f^*)_c$. 由于 f 在无穷远处趋于零, $f_c \in L^2(\mathbb{R}^n)$. 根据定理 6.19,

$$\nabla f_c(x) = \begin{cases} \nabla f(x), & c < f(x) < \dfrac{1}{c} + c, x \in \mathbb{R}^n, \\ 0, & 其他. \end{cases}$$

因此根据单调收敛定理, $\lim\limits_{c \to 0} \|\nabla f_c\|_2 = \|\nabla f\|_2$. 类似地有

$$\lim_{c \to 0} \|\nabla(f_c)^*\|_2 = \lim_{c \to 0} \|\nabla(f^*)_c\|_2 = \|\nabla f^*\|_2.$$

为了验证对 $(f, |p|f)$ 也有类似结果, 由定义, 我们用到

$$(f, |p|f) = \text{const.} \int\int \frac{|f(x) - f(y)|^2}{|x - y|^{n+1}} \mathrm{d}x \mathrm{d}y;$$

同时用到对所有 $x, y \in \mathbb{R}^n$, $|f_c(x) - f_c(y)| \leqslant |f(x) - f(y)|$ 这一事实 (这容易从 f_c 的定义得到). 再应用单调收敛定理, 即得 $\lim\limits_{c \to 0}(f_c, |p|f_c) = (f, |p|f)$; 而对 f^* 也有相应结果.

因此, 我们证明了, 只需分别对 $H^1(\mathbb{R}^n)$ 和 $H^{1/2}(\mathbb{R}^n)$ 中 f_c 证明定理.

第二部分 ——L^2 情形的证明. 不等式 (1) 是公式 7.10(1) 的推论, 事实上, 对于 $f \in H^1(\mathbb{R}^n)$, 我们有 $\|\nabla f\|_2 = \lim\limits_{t \to 0} I^t(f)$, 这里

$$I^t(f) = t^{-1}[(f, f) - (f, e^{t\Delta} f)].$$

上述 f 的 $L^2(\mathbb{R}^n)$ 范数在重排变换下不变, 而根据定理 3.7 (Riesz 重排不等式) 第二项递增, 因此 $I^t(f^*) \leqslant I^t(f)$, 再由定理 7.10, $I^t(f^*) \to \|\nabla f^*\|_2$.

不等式 (2) 是定理 7.12(4) 的推论. 将核 $K(x - y) = |x - y|^{-n-1}$ 改写为

$$K(x - y) = K_+(x - y) + K_-(x - y),$$

其中

$$K_-(x) := (1 + |x|^2)^{-(n+1)/2}.$$

容易验证 K_+ 和 K_- 都是对称递减的并且 K_- 严格递减. 令 $I_-(f)$ 表示 7.12(4) 中的 K 用 K_- 替换后的积分, 对 K_+ 也有类似记号. 由于 $K_- \in L^1(\mathbb{R}^n)$, $I_-(f)$ 是两个有限积分的差, 在第一项中 $|f(x) - f(y)|^2$ 用 $2|f(x)|^2$ 替代, 在第二项中用 $2f(x)f(y)$ 替代. 如果 f 用 f^* 替代, 第一项不变, 而根据定理 3.9 (严格重排不等式), 第二项严格递增除非 f 是 f^* 的平移.

如果我们能证明 $I_+(f) \geqslant I_+(f^*)$, 则定理证毕. 为此, 在一大数 c 处截断函数 K_+, 即 $K_+^c(x) = \min(K_+(x), c)$. 由于 $K_+^c \in L^1(\mathbb{R}^n)$, 上面关于 K_- 的论证类似给出关于 K_+^c 的所要结果. 最后令 $c \to \infty$, 利用单调收敛定理, 就证明了所要定理. ∎

7.18 弱极限

作为 $H^1(\mathbb{R}^n)$ 和 $H^{1/2}(\mathbb{R}^n)$ 的最后注记, 我们给出 Banach-Alaoglu 定理 2.18 (有界序列的弱极限)、定理 2.11 (范数的下半连续性) 以及定理 2.12 (一致有界性原理) 的推广. 首先我们需要对偶空间的概念, 利用范数的 Fourier 刻画, 即 7.9(2) 和 7.11(1), 这不难做到. 这些公式表明, $H^1(\mathbb{R}^n)$ 和 $H^{1/2}(\mathbb{R}^n)$ 恰好是 $L^2(\mathbb{R}^n, \mathrm{d}\mu)$, 其中

$$\mu(\mathrm{d}x) = (1 + 4\pi^2 |x|^2)\mathrm{d}x, \quad \text{对于 } H^1(\mathbb{R}^n)$$

以及

$$\mu(\mathrm{d}x) = (1 + 2\pi|x|)\mathrm{d}x, \quad \text{对于 } H^{1/2}(\mathbb{R}^n).$$

这样, 序列 f^j 在 $H^1(\mathbb{R}^n)$ 中弱收敛于 f 是指: 对于每个 $g \in H^1(\mathbb{R}^n)$, 当 $j \to \infty$ 时,

$$\int_{\mathbb{R}^n}[\hat{f}^j(k) - \hat{f}(k)]\hat{g}(k)(1 + 4\pi^2|k|^2)\mathrm{d}k \to 0. \tag{1}$$

类似地, 在 $H^{1/2}(\mathbb{R}^n)$ 中弱收敛是指: 对于每个 $g \in H^{1/2}(\mathbb{R}^n)$, 当 $j \to \infty$ 时,

$$\int_{\mathbb{R}^n}[\hat{f}^j(k) - \hat{f}(k)]\hat{g}(k)(1 + 2\pi|k|)\mathrm{d}k \to 0.$$

定理 2.11, 2.12 和 2.18 在 $H^1(\mathbb{R}^n)$ 和 $H^{1/2}(\mathbb{R}^n)$ 上的有效性, 是这三个定理应用到 $p = 2$ 情形的直接推论.

● 本章 7.19 节及其后面几节的内容, 初读时可以略去. 之所以列在这里有两个理由: (a) 为掌握本章前面给出的一些技巧, 这些内容可看成练习; (b) 因为它们在量子力学中有专门的应用.

7.19　磁场: H_A^1 空间

微分几何中, 常常必须考虑**联络**, 它们是比 ∇ 更为复杂的导数. 最简单的例子是 $\mathbb{R}^n$ 上 "$U(1)$ **丛**" 上的联络, 它表示将 $(\nabla + \mathrm{i}A(x))$ 作用于复值函数 f, 其中 $A(x) : \mathbb{R}^n \to \mathbb{R}^n$ 为预先给定的实向量场. 同样的算子也在三维空间粒子在外磁场中的量子力学刻画中出现. 在量子力学中引入磁场 $B : \mathbb{R}^3 \to \mathbb{R}^3$ 需要将 ∇ 替换为 $\nabla + \mathrm{i}A(x)$ (在适当的单位下), 这里 A 称为**矢势**且满足

$$\mathrm{curl}\, A = B.$$

一般地说, A 不是有界向量场, 例如, 如果 B 为常值磁场 $(0, 0, 1)$, 矢势 A 可以是 $A(x) = (-x_2, 0, 0)$. 不同于微分几何, A 亦无须光滑. 这是因为对 A 加上任意梯度后, 用 $A + D\chi$ 替换 A 之后, 得到的还是同一磁场 B, 这称为**规范不变性**. 但问题是, 即使 B 的性质很好, 但 χ (从而 A) 可以是很坏的函数.

由于这些原因, 我们想找出一大类 A, 使得 $(\nabla + \mathrm{i}A(x))$ 和 $(\nabla + \mathrm{i}A(x))^2$ (在分布意义下) 作用到 $L^2(\mathbb{R}^3)$ 的适当函数类上有意义. 通常习惯于考虑具有 $C^1(\mathbb{R}^3)$ 分量的 A, 但正如 [Simon] 所证, 这样的限制是不必要的 (也可见 [Leinfelder-Simader]).

对于一般维数 n, 今后我们假设适当的条件是

$$A_j \in L^2_{\mathrm{loc}}(\mathbb{R}^n), \quad j = 1, \cdots, n. \tag{1}$$

基于该条件, 对每个 $f \in L_{\mathrm{loc}}^2(\mathbb{R}^n)$, 函数 $A_j f \in L_{\mathrm{loc}}^1(\mathbb{R}^n)$, 因此对于每个 $f \in L_{\mathrm{loc}}^2(\mathbb{R}^n)$, 表达式

$$(\nabla + \mathrm{i}A)f$$

是分布, 它称为 f (关于 A) 的**协变导数**.

7.20 $H_A^1(\mathbb{R}^n)$ 的定义

对每个满足 7.19(1) 的 $A : \mathbb{R}^n \to \mathbb{R}^n$, 空间 $H_A^1(\mathbb{R}^n)$ 是由所有满足下述条件的 $f : \mathbb{R}^n \to \mathbb{C}$ 组成的:

$$f \in L^2(\mathbb{R}^n), \quad \text{且} \quad (\partial_j + \mathrm{i}A_j)f \in L^2(\mathbb{R}^n), \quad j = 1, 2, \cdots, n. \tag{1}$$

这里我们未要求 ∇f 或 Af 分别属于 $L^2(\mathbb{R}^n)$ (但 (1) 的确蕴涵着 $\partial_j f$ 是 $L_{\mathrm{loc}}^1(\mathbb{R}^n)$ 函数).

空间 H_A^1 的内积是

$$(f_1, f_2)_A = (f_1, f_2) + \sum_{j=1}^n ((\partial_j + \mathrm{i}A_j)f_1, (\partial_j + \mathrm{i}A_j)f_2), \tag{2}$$

这里 $(\cdot, \cdot)$ 是通常的 $L^2(\mathbb{R}^n)$ 内积. 与通常动能 $\|\nabla f\|_2^2$ 相比较, (2) 式右边第二项在 $f_1 = f_2 = f$ 时称为 f 的**动能**.

类似于 $H^1(\mathbb{R}^n)$ (见 7.3 节), $H_A^1(\mathbb{R}^n)$ 也是完备的, 因此是 Hilbert 空间. 设 f^m 是 Cauchy 序列, 根据 $L^2(\mathbb{R}^n)$ 的完备性, 存在 $L^2(\mathbb{R}^n)$ 中的函数 f, b_j, 使得当 $m \to \infty$ 时,

$$f^m \to f \quad \text{和} \quad (\partial_j + \mathrm{i}A_j)f^m \to b_j.$$

我们必须证明在 $\mathcal{D}'(\mathbb{R}^n)$ 中

$$b_j = (\partial_j + \mathrm{i}A_j)f.$$

后者的证明与定理 7.3 的证明一样, 现把细节留给读者 (注意到, 对任意的 $\phi \in C_c^\infty(\mathbb{R}^n)$, $A_j \phi \in L^2(\mathbb{R}^n)$).

重要注记 若 $\psi \in H_A^1(\mathbb{R}^n)$, 则 $(\nabla + \mathrm{i}A)\psi$ 是取值在 $\mathbb{R}^n$ 上的 $L^2(\mathbb{R}^n)$ 函数, 从而 $(\nabla + \mathrm{i}A)^2 \psi$ 作为分布是有意义的.

• $f \in H_A^1(\mathbb{R}^n)$ 未必蕴含 $f \in H^1(\mathbb{R}^n)$ (类似于定义 7.20(1) 后的注记), 但下一节将证明 $|f|$ 总属于 $H^1(\mathbb{R}^n)$. 定理 7.21 称为反磁不等式, 因为它表明除去磁场

$(A = 0)$ 后, 我们可以用 $|f|(x)$ 代替 $f(x)$ 而减少动能 (同时使 $|f(x)|^2$ 不变) (见 [Kato]).

7.21　反磁不等式

设 $A : \mathbb{R}^n \to \mathbb{R}^n$ 属于 $L^2_{\mathrm{loc}}(\mathbb{R}^n)$ 以及 $f \in H^1_A(\mathbb{R}^n)$, 则 f 的绝对值 $|f|$ 属于 $H^1(\mathbb{R}^n)$, 并且对于几乎处处的 $x \in \mathbb{R}^n$, 成立反磁不等式

$$|\nabla|f|(x)| \leqslant |(\nabla + \mathrm{i}A)f(x)|. \tag{1}$$

证明　由于 $f \in L^2(\mathbb{R}^n)$ 及 A 的每一分量均在 $L^2_{\mathrm{loc}}(\mathbb{R}^n)$ 中, 故 f 的分布导数属于 $L^1_{\mathrm{loc}}(\mathbb{R}^n)$. 记 $f = R + \mathrm{i}I$, 根据定理 6.17 (绝对值的导数), 知道该分布导数是 $L^1_{\mathrm{loc}}(\mathbb{R}^n)$ 中的函数, 且进一步有

$$(\partial_j |f|)(x) = \begin{cases} \mathrm{Re}\left(\dfrac{\bar{f}}{|f|} \partial_j f \right)(x), & \text{当 } f(x) \neq 0, \\ 0, & \text{当 } f(x) = 0. \end{cases} \tag{2}$$

这里 $\bar{f} = R - \mathrm{i}I$ 是 f 的复共轭函数. 由于

$$\mathrm{Re}\left(\frac{\bar{f}}{|f|} \mathrm{i}A_j f \right) = \mathrm{Re}(\mathrm{i}A_j|f|) = 0,$$

(2) 可以被下式替换

$$(\partial_j |f|)(x) = \begin{cases} \mathrm{Re}\left(\dfrac{\bar{f}}{|f|}(\partial_j + \mathrm{i}A_j)f \right)(x), & \text{当 } f(x) \neq 0, \\ 0, & \text{当 } f(x) = 0. \end{cases} \tag{3}$$

于是从 $|z| \geqslant |\mathrm{Re}z|$, 即得 (1). 由于 (1) 的右边属于 $L^2(\mathbb{R}^n)$, 故左边也是. ∎

7.22　$C^\infty_c(\mathbb{R}^n)$ 在 $H^1_A(\mathbb{R}^n)$ 中稠密

设 $f \in H^1_A(\mathbb{R}^n)$, 则存在一列 $f^m \in C^\infty_c(\mathbb{R}^n)$, 使得当 $m \to \infty$ 时,

$$\|f - f^m\|_{L^2(\mathbb{R}^n)} \to 0 \quad \text{和} \quad \|(\nabla + \mathrm{i}A)(f - f^m)\|_{L^2(\mathbb{R}^n)} \to 0.$$

此外, 对于 $f \in L^p(\mathbb{R}^n)(1 \leqslant p \leqslant \infty)$, 有 $\|f^m\|_p \leqslant \|f\|_p$.

证明 **第一步** 首先假设 f 有界且有紧支集, 则 $\|f\|_A < \infty$ 蕴涵 $f \in H^1(\mathbb{R}^n)$, 这容易从 $A_i f \in L^2(\mathbb{R}^n)$ 这一事实得到. 现在如 2.16 节, 令 $f^m = j_\varepsilon * f$, 其中 $\varepsilon = \dfrac{1}{m}$, $j \geqslant 0$ 以及 j 有紧支集, 通过选取子列 (仍用 m 表示), 我们可以假设在 $L^2(\mathbb{R}^n)$ 中,

$$f^m \to f, \quad \partial_i f^m \to \partial_i f$$

以及 f^m 几乎处处收敛于 f. 再由于 f^m 关于 x 一致有界, 利用控制收敛即得结论.

第二步 证明具紧支集的 $H_A^1(\mathbb{R}^n)$ 函数在 $H_A^1(\mathbb{R}^n)$ 中稠密. 选取 $\chi \in C_c^\infty(\mathbb{R}^n)$ 满足 $0 \leqslant \chi \leqslant 1$, 且在单位球 $\{x \in \mathbb{R}^n : |x| \leqslant 1\}$ 上 $\chi \equiv 1$, 再令 $\chi_m(x) = \chi(x/m)$, 则对于任意的 $f \in H_A^1(\mathbb{R}^n)$, $\chi_m f \to f$ 在 $L^2(\mathbb{R}^n)$ 中成立. 进而利用 6.12(3), 得到

$$(\nabla + iA)\chi_m f = \chi_m(\nabla + iA)f - (\nabla \chi_m)f.$$

因而

$$\|(\nabla + iA)(f - \chi_m f)\|_2 \leqslant \|(1 - \chi_m)(\nabla + iA)f\|_2 + \frac{1}{m}\sup_x |\nabla \chi(x)| \|f\|_2.$$

显然, 当 $m \to \infty$ 时, 上述式子右边两项都趋于零.

第三步 给定 $f \in H_A^1(\mathbb{R}^n)$, 根据前面一步, 可以假设 f 具有紧支集, 现在要证明 f 可以用一列 $H_A^1(\mathbb{R}^n)$ 中的有界函数列 f^k 来逼近, 且对所有的 x, 有 $|f^k(x)| \leqslant |f(x)|$. 这样, 再由第一步就完成了证明.

选取 $g \in C_c^\infty(\mathbb{R}^n)$, 使得当 $|t| \leqslant 1$ 时, $g(t) \equiv 1$; 当 $|t| \geqslant 2$ 时, $g(t) \equiv 0$, 再定义 $g_k(t) := g(t/k)$, $k = 1, 2, \cdots$. 考虑序列 $f^k(x) := f(x)g_k(|f|(x))$, 于是函数 f^k 的界为 $2k$. 现假定公式

$$\partial_i f^k = g_k(|f|)\partial_i f + fg_k'(|f|)\partial_i |f|, \quad \text{在 } \mathcal{D}'(\mathbb{R}^n) \text{ 中} \tag{1}$$

成立, 那么证明即可完成. 首先注意到, 由控制收敛定理, 在 $L^2(\mathbb{R}^n)$ 中

$$g_k(|f|)(\partial_i + iA_i)f \to (\partial_i + iA_i)f.$$

另一方面, 有

$$|fg_k'(|f|)| = |f||g_k'(|f|)| \leqslant \chi^k \sup_t |g'(t)|,$$

其中若 $|f| \geqslant k$, $\chi^k = 1$, 否则为 0. 根据定理 7.21 (反磁不等式), $\partial_i |f| \in L^2(\mathbb{R}^n)$, 因此当 $k \to \infty$ 时, $\|f(g_k)'(|f|)\partial_i f\|_2 \to 0$.

(1) 的证明由链式法则 (定理 6.16) 可得. 如果我们记 $f = R + iI$, 则 $f^k = (R+iI)g_k(\sqrt{R^2 + I^2})$ 是 R 和 I 的可微函数且有有界导数. 根据假设, 函数 R 和 I 的分布导数存在且属于 $L^1_{\mathrm{loc}}(\mathbb{R}^n)$. 因此可以应用链式法则, 其结果正是 (1). ∎

习题

1. 证明 $\mathbb{R}^n$ 中测度有限的正测度集的特征函数不可能属于 $H^1(\mathbb{R}^n)$, 也不属于 $H^{1/2}(\mathbb{R}^n)$.

2. 假设 $f^1, f^2, f^3, \cdots$ 是 $H^1(\mathbb{R}^n)$ 中一列函数, 使得在 $L^2(\mathbb{R}^n)$ 中, $f^j \rightharpoonup f$ 且 $(\nabla f^j)_i \rightharpoonup g_i$ $(i = 1, 2, \cdots, n)$. 证明 $f \in H^1(\mathbb{R}^n)$ 和 $g_i = (\nabla f)_i$.

3. 证明 7.15(3), 特别注意到该方程两边的意义以及 $\sqrt{-\Delta}v$ 作为函数和分布的区别 (参见定理 7.7).

4. 假设 $f \in H^1(\mathbb{R}^n)$, 证明对于每一 $1 \leqslant i \leqslant n$,

$$\int_{\mathbb{R}^n} |\partial_i f|^2 = \lim_{t \to 0} \frac{1}{t^2} \int_{\mathbb{R}^n} |f(x + t\mathbf{e}_i) - f(x)|^2 \mathrm{d}x,$$

其中 $\mathbf{e}_i$ 是 i 方向的单位向量.

5. 验证热方程的解满足方程 7.9(7) 和 7.9(8).

6. 假设 $\Omega_1, \Omega_2, \Omega_3, \cdots$ 为 $\mathbb{R}^n$ 中一列互不相交的有界可测子集, D_j 表示 Ω_j 的直径 (即, $\sup\{|x-y| : x \in \Omega_j, y \in \Omega_j\}$), 而 $|\Omega_j|$ 表示其体积, 设 $f \in H^{1/2}(\mathbb{R}^n)$, 再定义 f 在 Ω_j 上的平均为

$$\overline{f_j} := \int_{\Omega_j} f / |\Omega_j|,$$

试证下列严格不等式

$$(f, |p|f) > \frac{\Gamma\left(\frac{n+1}{2}\right)}{2\pi^{(n+1)/2}} \sum_j \frac{|\Omega_j|}{D_j^{n+1}} \int_{\Omega_j} |f - \overline{f_j}|.$$

这是相应于 $H^{1/2}(\mathbb{R}^n)$ 的 **Poincaré 不等式**的一个例子.

7. 利用习题 6 的结果, 证明对于 $H^{1/2}(\mathbb{R}^n)$ 函数 $f_1, f_2, \cdots, f_N$ 和直径为 D 的任意可测集 Ω, 成立

$$\sum_{j=1}^{N} (f_j, |p|f_j) \geqslant \frac{\Gamma\left(\frac{n+1}{2}\right)}{2\pi^{(n+1)/2}} \frac{|\Omega|}{D^{n+1}} \left[\sum_{j=1}^{N} \int_{\Omega} |f_j(x)|^2 \mathrm{d}x - \lambda \right],$$

其中 λ 是下述 **Gram 矩阵** $G_{i,j}$ 的最大特征值

$$G_{i,j} = \int_{\Omega} \overline{f_i(x)} f_j(x) \mathrm{d}x.$$

▶ (提示: 这是一个线性代数的问题.)

8. 与反磁不等式类似的一个分布不等式是 **Kato 不等式** [Reed-Simon, 第二卷].

由于在 8.17 中要用到, 我们在相当一般的情形给出该不等式. 令 $A(x)$ 是 $C^\infty(\mathbb{R}^n)$ 函数, 取值于实对称 $n \times n$ 矩阵, 即: $A^{\mathrm{T}}(x) = A(x)$, 且其矩阵元素是 $\mathbb{R}^n$ 中无穷次可微函数. 进一步, 再假设对所有 $\zeta \in \mathbb{R}^n$, $(\zeta, A(x)\zeta) \geqslant 0$, 这里 $(\cdot, \cdot)$ 是 $\mathbb{R}^n$ 中通常的内积.

考虑下述微分表达式

$$Lf = \sum_{i,j=1}^n \partial_i A_{i,j}(x) \partial_j f.$$

假若 $A(x)$ 是单位矩阵, 则 $L = \Delta$.

证明: 对于满足 $Lf \in L^1_{\mathrm{loc}}(\mathbb{R}^n)$ 的任意 $f \in L^1_{\mathrm{loc}}(\mathbb{R}^n)$, 分布不等式 $L|f| \geqslant \mathrm{Re}(\mathrm{sgn} f[Lf])$ 成立, 即对任意非负的 $\phi \in C_c^\infty(\mathbb{R}^n)$, 有

$$\int_{\mathbb{R}^n} |f(x)| L\phi(x) \mathrm{d}x \geqslant \int_{\mathbb{R}^n} \mathrm{Re}(\mathrm{sgn} f(x)[Lf(x)]) \phi(x) \mathrm{d}x,$$

其中, sgn 是符号函数

$$\mathrm{sgn}\, f = \begin{cases} \bar{f}/|f|, & \text{当 } f \neq 0, \\ 0, & \text{当 } f = 0. \end{cases}$$

▶ (提示: 先通过计算 $L\sqrt{|f(x)|^2 + \varepsilon^2}$ 证明 $f \in C^\infty(\mathbb{R}^n)$ 时的不等式, 接着取定 ε 并通过 C^∞ 函数 $j_\delta * f$ 逼近 f, 证明相应不等式成立, 最后取 ε 趋于零.)

9. 证明: 存在唯一的函数 $g_a \in H^1(\mathbb{R})$, 使得对于所有函数 $f \in H^1(\mathbb{R})$, 有

$$f(a) = (g_a, f)_{H^1(\mathbb{R})},$$

这里 a 是任意实数, 而 $(\cdot, \cdot)_{H^1(\mathbb{R})}$ 是 $H^1(\mathbb{R})$ 上的内积. 试给出函数 g_a 的显式表示. 在高维情形, 相应的函数 g_a 为什么不存在?

▶ (提示: 由分部积分, 证明 g_a 满足已经讨论过的简单微分方程, 只是需要明确分部积分的依据是什么.)

第八章 Sobolev 不等式

8.1 引言

所谓的 "Sobolev 不等式", 现在已成为用函数的高阶导数估计其低阶导数的一种一般性术语. 这种对某些函数类成立的估计, 在偏微分方程解的存在性和正则性理论、变分学、几何测度论以及分析学的其他众多分支中, 已经成为标准的工具. 对一维情形, 这些思想可追溯至 [Bliss], 但达到现在这样的辉煌, 则是经过了 [Sobolev], [Morrey] 及其他人的努力. 这些年来, 在原始框架基础上又发展了一些新的理论, 但这里我们仅仅提到最基本的不等式理论且只就最简单情形给予证明.

下述关于 $\mathbb{R}^n (n \geqslant 3)$ 中定义的函数 f 的梯度的 $L^2(\mathbb{R}^n)$ 范数和 f 的 $L^q(\mathbb{R}^n)$ 范数 (适当的 q) 之间的不等式是 Sobolev 不等式的最重要的例子, 即

$$\|\nabla f\|_2^2 \geqslant S_n \|f\|_q^2, \quad q = \frac{2n}{n-2}, \tag{1}$$

其中 S_n 是仅与 n 有关的常数.

对于 "相对论动能 $|p|$", 类似的不等式也成立,

$$(f, |p|f) \geqslant S_n' \|f\|_q^2, \quad q = \frac{2n}{n-1}, \quad n \geqslant 2 \tag{2}$$

这里 S_n' 仍为普适常数.

作为应用, 第十一章将用这两个不等式证明单粒子 Schrödinger 方程基态解的存在性.

为理解 (1) 和 (2), 首先也是重要的一步, 要注意到, 使得不等式成立的指标 q 仅仅是上述的那些特定的 q. 事实上, 通过 $\mathbb{R}^n$ 中的伸缩变换

$$x \mapsto \lambda x \quad \text{和} \quad f(x) \mapsto f\left(\frac{x}{\lambda}\right),$$

Fourier 空间中的乘法算子 p 和 $|p|$ 增加 λ^{-1} 倍, 而 n 维积分则增加 λ^n 倍. 因此, (1) 和 (2) 的左边项分别与 λ^{n-2} 和 λ^{n-1} 成比例, 而右边项增加 $\lambda^{2n/q}$ 倍. 显然, 只有等式两边的度规相同时, 两边才可以比较, 这就分别得到 $q = 2n/(n-2)$ 和 $q = 2n/(n-1)$.

另一值得注意的是, (1) 仅仅对 $n \geqslant 3$ 成立以及 (2) 对 $n \geqslant 2$ 成立. 因此, 自然要问, (1) 在一维、二维情形和 (2) 在一维情形会有什么样的不等式代替它们? 这有许多不同的答案, 常见的是

$$\|\nabla f\|_2^2 + \|f\|_2^2 \geqslant S_{2,q}\|f\|_q^2, \quad 2 \leqslant q < \infty, n = 2 \tag{3}$$

(但是对 $q = \infty$ 不成立) 和

$$\left\|\frac{\mathrm{d}f}{\mathrm{d}x}\right\|_2^2 + \|f\|_2^2 \geqslant S_1\|f\|_\infty^2, \quad n = 1 \tag{4}$$

对于相对论情形, 我们将考虑下述形式的不等式

$$(f, |p|f) + \|f\|_2^2 \geqslant S_{1,q}'\|f\|_q^2, \quad 2 \leqslant q < \infty, n = 1. \tag{5}$$

本章将证明不等式 (1)~(5).

正如前面所说, 不等式 (1) 和 (2) 不同于不等式 (3)~(5). 主要是 (1) 和范围较小的 (2), 有在共形变换下不变的明显的几何意义, 可见定理 4.5 (HLS 不等式的共形不变性) 的相关叙述. 另外, 与此有关的不等式还有 Poincaré, Poincaré-Sobolev, Nash 和对数型 Sobolev 不等式等, 它们在 8.11—8.14 节讨论.

然而, 这些不等式的要点在于它们都体现了**不确定性原理**, 即它们以函数的 "外展" 给出了函数平均梯度的下界. 这些原理还可推广到一阶以上高阶导数的情形, 这将在后面简要地提及.

还有一个在应用中很重要的相关主题是 **Rellich-Kondrashov 定理** 8.6 和 8.9. 设 $\mathcal{B}$ 是 $\mathbb{R}^n$ 中的球, 而 $f^1, f^2, \cdots$ 是 $L^2(\mathcal{B})$ 中一列具一致有界 $L^2(\mathcal{B})$ 范数的函数, 从 Banach-Alaoglu 定理 2.18, 知道存在弱收敛子列, 但未必存在强收敛子

列. 然而, 如果该序列是 $H^1(\mathcal{B})$ 中一致有界的 (即 $\int_{\mathcal{B}} |\nabla f^j|^2 \mathrm{d}x < C$), 则任何弱收敛子列也在 $L^2(\mathcal{B})$ 中强收敛, 这就是 Rellich-Kondrashov 定理. 由定理 2.7(L^p 空间的完备性), 可以再取新的子列, 从而做到点态收敛. 这个事实非常有用, 因为结合控制收敛定理, 可以推出涉及 f^j 的积分收敛. 值得注意的是, 梯度的一般性的某些粗略的界就可以保证得到所有这些结论.

在第十一章, 将举例说明这些概念在变分学中的应用.

● 现在先给出一个关于函数空间有用的专门注记. 在 7.2 节, 我们定义了 $H^1(\mathbb{R}^n)$ 为函数本身和它一阶分布导数都属于 $L^2(\mathbb{R}^n)$ 的函数集合. 虽然在应用 Sobolev 不等式的很多情况下, 都用到了函数属于 $L^2(\mathbb{R}^n)$ 这一事实, 但这不是一种自然的选择. 事实上, 真正重要的是 $\nabla f \in L^2(\mathbb{R}^n)$ 以及当 $|x| \to \infty$ 时, $f(x)$ 在某种意义下收敛于零. 同样, 类似的定义也可应用于 $W^{1,p}(\mathbb{R}^n)$.

8.2　$D^1(\mathbb{R}^n)$ 和 $D^{1/2}(\mathbb{R}^n)$ 的定义

函数 $f : \mathbb{R}^n \to \mathbb{C}$ 属于 $D^1(\mathbb{R}^n)$ 是指它属于 $L^1_{\mathrm{loc}}(\mathbb{R}^n)$, 它的分布导数 ∇f 是 $L^2(\mathbb{R}^n)$ 中的函数, 以及如同在 3.2 中一样, f 在无穷远处趋于零, 即对所有 $a > 0$, $\{x : f(x) > a\}$ 测度有限. 类似地, $f \in D^{1/2}(\mathbb{R}^n)$ 是指 f 属于 $L^1_{\mathrm{loc}}(\mathbb{R}^n)$, f 在无穷远处趋于零以及积分 7.12(4) 有限.

注　(1) 显然, 该定义可以推广到 $D^{1,p}(\mathbb{R}^n)$ 或 $D^{1/2,p}(\mathbb{R}^n)$, 只要分别将求导的指数 2 换成指数 p, 此时 7.12(4) 的被积函数被 $[f(x) - f(y)]^p |x - y|^{-n-p/2}$ 所替代. 但是, 对此我们将不加以证明.

(2) 注意到, 此定义正好描述了引理 7.17 中关于动能的重排不等式成立的所需条件, 换句话说, 引理 7.17 对于 $D^1(\mathbb{R}^n)$ 函数和 $D^{1/2}(\mathbb{R}^n)$ 函数均成立.

(3) $D^1(\mathbb{R}^n)$ 中弱收敛的概念是显然的. 序列 f^j 弱收敛于 $f \in D^1(\mathbb{R}^n)$ 是指对 $i = 1, 2, \cdots, n$, $\partial_i f^j$ 在 $L^2(\mathbb{R}^n)$ 中弱收敛于 $\partial_i f$. 在 $D^{1/2}(\mathbb{R}^n)$ 中相应的概念是: 序列 f^j 在 $D^{1/2}(\mathbb{R}^n)$ 中弱收敛于 $f \in D^{1/2}(\mathbb{R}^n)$, 是指对每个 $g \in D^{1/2}(\mathbb{R}^n)$,

$$\lim_{j \to \infty} \int_{\mathbb{R}^n} \int_{\mathbb{R}^n} (f^j(x) - f^j(y))(\overline{g(x)} - \overline{g(y)}) |x - y|^{-n-1} \mathrm{d}x \mathrm{d}y$$
$$= \int_{\mathbb{R}^n} \int_{\mathbb{R}^n} (f(x) - f(y))(\overline{g(x)} - \overline{g(y)}) |x - y|^{-n-1} \mathrm{d}x \mathrm{d}y.$$

根据 Schwarz 不等式, 上述所有积分都是有意义的.

对于 $D^1(\mathbb{R}^n)$ 和 $D^{1/2}(\mathbb{R}^n)$, 一致有界性原理和 Banach-Alaoglu 定理均成立, 事实上, 它们分别是定理 2.12 和定理 2.18 相应 L^p 的直接结论. 关于范数的弱下半连续性也同样成立 (见定理 2.11), 其简单证明留给读者.

8.3 关于梯度的 Sobolev 不等式

设 $f \in D^1(\mathbb{R}^n)$, $n \geqslant 3$, 则 $f \in L^q(\mathbb{R}^n)$, 其中 $q = 2n/(n-2)$, 且下述不等式成立:

$$\|\nabla f\|_2^2 \geqslant S_n \|f\|_q^2, \tag{1}$$

这里

$$S_n = \frac{n(n-2)}{4} |\mathbb{S}^n|^{2/n} = \frac{n(n-2)}{4} 2^{2/n} \pi^{1+\frac{1}{n}} \Gamma\left(\frac{n+1}{2}\right)^{-\frac{2}{n}}. \tag{2}$$

(1) 式中等号成立, 当且仅当 f 是函数 $(\mu^2 + (x-a)^2)^{-(n-2)/2}$ 的常数倍, 其中 $\mu > 0, a \in \mathbb{R}^n$ 任意.

注 对于 ∇f 的 L^p 范数, 也有类似的不等式成立 $(1 < p < n)$, 即

$$\|\nabla f\|_p \geqslant C_{p,n} \|f\|_q, \quad q = \frac{np}{n-p}. \tag{3}$$

最佳常数 $C_{p,n}$ 和等式成立的情形均来自 [Talenti].

证明 有几种方法证明本定理: 一是竞争对称法, 它在定理 4.3 (HLS 不等式) 中用过; 另一方法是仅用重排不等式求商式 $\|\nabla f\|_2 / \|f\|_q$ 的最小值, 这有技术上的难度, 因为首先要证明使此商式最小的 f 的存在性, 这在 [Lieb^b, 1983] 中已证明. 这里将采用的方法是证明本定理是带对偶指标 p 的 HLS 不等式 4.3 的对偶, 其中 $\frac{1}{q} + \frac{1}{p} = 1$.

回忆 $G_y(x) = [(n-2)|\mathbb{S}^{n-1}|]^{-1}|x-y|^{2-n}$ 是 Laplace 算子的 Green 函数, 即 $-\Delta G_y(x) = \delta_y$ (见 6.20 节). 下面用到记号

$$(G * g)(x) = \int_{\mathbb{R}^n} G_y(x) g(y) \mathrm{d}y$$

和 (f, g) 表示 $\int_{\mathbb{R}^n} \overline{f(x)} g(x) \mathrm{d}x$. 我们的目标是证明关于函数对 (f, g) 的不等式

$$|(f, g)|^2 \leqslant \|\nabla f\|_2^2 (g, G * g), \tag{4}$$

这表明了 Sobolev 不等式和 HLS 不等式之间的对偶性. 假设 (4) 成立, 由定理 2.14(2),

$$\|f\|_q = \sup\{|(f,g)| : \|g\|_p \leqslant 1\},$$

从而

$$\|f\|_q^2 \leqslant \|\nabla f\|_2^2 \sup\{(g, G * g) : \|g\|_p \leqslant 1\},$$

根据定理 4.3 (HLS 不等式), 上式是有限的, 于是即得 (1) 式.

现在先对 $g \in L^p(\mathbb{R}^n) \cap L^2(\mathbb{R}^n)$ 和 $f \in H^1(\mathbb{R}^n) \cap L^q(\mathbb{R}^n)$ 证明不等式 (4) 成立. 由于 f 和 g 在 $L^2(\mathbb{R}^n)$ 中, Parseval 公式给出

$$(f,g) = (\widehat{f}, \widehat{g}) = \int_{\mathbb{R}^n} \{|k|\overline{\widehat{f}(k)}\}\{|k|^{-1}\widehat{g}(k)\}\mathrm{d}k. \tag{5}$$

根据 5.9 节 ($|x|^{\alpha-n}$ 的 Fourier 变换) 的推论 5.10(1), 可知

$$h(k) := c_{n-1}(|x|^{1-n} * g)^{\vee}(k) = c_1 |k|^{-1}\widehat{g}(k).$$

再利用 Plancherel 定理和 HLS 不等式, h 是平方可积的, 因此可对 (5) 中两个函数 $|k|\overline{\widehat{f}(k)}$ 和 $|k|^{-1}\widehat{g}(k)$ 应用 Schwarz 不等式而得到上界

$$\left(\int_{\mathbb{R}^n} |k|^2 |\widehat{f}(k)|^2 \mathrm{d}k\right)^{\frac{1}{2}} \left(\int_{\mathbb{R}^n} |k|^{-2} |\widehat{g}(k)|^2 \mathrm{d}k\right)^{\frac{1}{2}}.$$

由定理 7.9 ($H^1(\mathbb{R}^n)$ 的 Fourier 刻画), 第一个因子等于 $(2\pi)^{-1}\|\nabla f\|_2$, 而由推论 5.10, 第二个因子等于 $2\pi(g, G * g)^{1/2}$, 因此对所有的 $f \in H^1(\mathbb{R}^n) \cap L^q(\mathbb{R}^n)$ 和 $g \in L^p(\mathbb{R}^n) \cap L^2(\mathbb{R}^n)$, 得到了 (4).

最后利用 HLS 不等式, 通过简单的逼近过程, 证明 (4) 对于所有的 $g \in L^p(\mathbb{R}^n)$ 都成立. 现取 $g = f^{q-1} \in L^p(\mathbb{R}^n)$, 从 (4) 和 4.3(1),(2), 即得

$$\|f\|_q^{2q} \leqslant \|\nabla f\|_2^2 (f^{q-1}, G * f^{q-1}) \leqslant d_n \|\nabla f\|_2^2 \|f\|_q^{2(q-1)}, \tag{6}$$

其中

$$d_n := S_n^{-1} = [(n-2)|\mathbb{S}^{n-1}|]^{-1}\pi^{n/2-1} \left[\Gamma\left(\frac{n}{2}+1\right)\right]^{-1} \left\{\Gamma\left(\frac{n}{2}\right)/\Gamma(n)\right\}^{-\frac{2}{n}}.$$

由于 $|\mathbb{S}^{n-1}| = 2\pi^{n/2}[\Gamma(n/2)]^{-1}$, 以及 Γ 函数的三倍公式 (即 $\Gamma(2z) = (2\pi)^{-\frac{1}{2}}2^{2z-\frac{1}{2}}\Gamma(z)\Gamma(z+\frac{1}{2})$), 就得到了 (1) 和 (2) 对于 $f \in H^1(\mathbb{R}^n) \cap L^q(\mathbb{R}^n)$ 成立.

为证 (1) 对 $f \in D^1(\mathbb{R}^n)$ 成立, 首先注意到, 由定理 7.8 (梯度的凸不等式), 可以假设 f 为非负函数. 将 f 替换为

$$f_c(x) = \min\left[\max(f(x) - c, 0), 1/c\right],$$

这里 $c > 0$ 是一常数. 由于 f_c 有界, 且其不为 0 的点集有有限测度, 所以 $f_c \in L^q(\mathbb{R}^n)$. 进一步, 应用推论 6.18 可知, 对满足 $c < f(x) < c + 1/c$ 的 x, $\nabla f_c(x) = \nabla f(x)$; 对其他点, 则 $\nabla f_c(x) = 0$. 故由定理 1.6 (单调收敛), 可得

$$\|\nabla f\|_2^2 = \lim_{c \to 0} \|\nabla f_c\|_2^2 \geqslant S_n \lim_{c \to 0} \|f_c\|_q^2 = S_n \|f\|_q^2,$$

这说明 $f \in L^q(\mathbb{R}^n)$ 且满足 (1). 同样的论证说明, 对于 $D^1(\mathbb{R}^n)$ 中所有非负函数, (6) 也成立.

(6) 对 $D^1(\mathbb{R}^n)$ 的成立可以用来确立 (1) 中等号成立的所有情形. 为了 (1) 中的等号从而也是 (6) 中的等号成立, 必须有 f^{q-1} 使得 (6) 中 HLS 不等式中的等号成立, 即 f 必须是 $(\mu^2 + |x - a|^2)^{-(n-2)/2}$ 的常数倍 (见 4.3 节). 直接计算即知此类函数的确使 (1) 中等号成立. ∎

8.4 关于 $|p|$ 的 Sobolev 不等式

设 $n \geqslant 2, f \in D^{1/2}(\mathbb{R}^n)$, 则 $f \in L^q(\mathbb{R}^n)$, 其中 $q = \dfrac{2n}{n-1}$ 而且下述不等式成立:

$$(f, |p|f) \geqslant S_n' \|f\|_q^2, \tag{1}$$

这里

$$S_n' = \frac{n-1}{2} |\mathbb{S}^n|^{\frac{1}{n}} = \frac{n-1}{2} 2^{1/n} \pi^{(n+1)/2n} \Gamma\left(\frac{n+1}{2}\right)^{-\frac{1}{n}}. \tag{2}$$

(1) 中等号成立当且仅当 f 是 $(\mu^2 + |x - a|^2)^{-(n-2)/2}$ 的常数倍, 其中 $\mu > 0$ 且 $a \in \mathbb{R}^n$ 任意.

证明 类似于前一定理的证明, 不等式

$$|(f, g)|^2 \leqslant \frac{1}{2} \pi^{-(n+1)/2} \Gamma\left(\frac{n-1}{2}\right) (f, |p|f)(g, |x|^{1-n} * g) \tag{3}$$

对于所有函数 $f \in H^{1/2}(\mathbb{R}^n) \cap L^q(\mathbb{R}^n)$ 和 $g \in L^p(\mathbb{R}^n)(\frac{1}{p} + \frac{1}{q} = 1)$ 成立. 取 $g = f^{q-1}$, 利用定理 4.3 (HLS 不等式), 可得

$$\|f\|_q^{2q} \leqslant [\sqrt{\pi}(n-1)]^{-1} \left\{ \frac{\Gamma(n)}{\Gamma(n-1)} \right\}^{\frac{1}{n}} (f, |p|f) \|f\|_q^{2q-2}, \tag{4}$$

这就证明了 (1) 和 (2) 对 $f \in H^{1/2}(\mathbb{R}^n) \cap L^q(\mathbb{R}^n)$ 都成立. 注意到 (4) 中等号成立仅限于 f^{q-1} 使 HLS 不等式 "饱和", 即 f 是本定理中给出的形式. 经过冗长的计算可以验证, 这样的函数的确使 (1) 中等号成立. 最后我们必须证明在较弱的假设 $f \in D^{1/2}(\mathbb{R}^n)$ 下, (1) 成立. 如同定理 8.3 中的证明, 只需对非负函数 f 证明即可, 这从定理 7.13 即得. 其次将 f 替换为 $f_c(x) = \min\left(\max(f(x) - c, 0), \frac{1}{c}\right)$, 其中 $c > 0$ 为常数. 容易知道 $|f_c(x) - f_c(y)| \leqslant |f(x) - f(y)|$, 从而根据 $(f, |p|f)$ 的定义 7.12(4), 即有 $(f_c, |p|f_c) \leqslant (f, |p|f)$. 现在从 $f_c \in L^q(\mathbb{R}^n)$, 再根据定理 1.6 (单调收敛), 即得 $f \in L^q(\mathbb{R}^n)$, 这是因为

$$(S_n')^{1/2} \|f\|_q = (S_n')^{1/2} \lim_{c \to 0} \|f_c\|_q \leqslant \lim_{c \to 0} (f_c, |p|f_c) = (f, |p|f). \quad \blacksquare$$

8.5　一维和二维的 Sobolev 不等式

(i) 任意 $f \in H^1(\mathbb{R})$ 是有界的, 且满足估计式

$$\left\|\frac{\mathrm{d}f}{\mathrm{d}x}\right\|_2^2 + \|f\|_2^2 \geqslant 2\|f\|_\infty^2, \tag{1}$$

等号成立当且仅当对某 $a \in \mathbb{R}$, f 是 $\exp[-|x - a|]$ 的常数倍. 此外, f 等价于某连续函数, 而后者则对所有 $x, y \in \mathbb{R}$, 成立估计式

$$|f(x) - f(y)| \leqslant \left\|\frac{\mathrm{d}f}{\mathrm{d}x}\right\|_2 |x - y|^{1/2}. \tag{2}$$

(ii) 设 $f \in H^1(\mathbb{R}^2)$, 则不等式

$$\|\nabla f\|_2^2 + \|f\|_2^2 \geqslant S_{2,q} \|f\|_q^2 \tag{3}$$

对所有 $2 \leqslant q < \infty$ 成立, 其中常数 $S_{2,q}$ 满足

$$S_{2,q} > \left[q^{1-2/q}(q-1)^{-1+1/q}((q-2)/8\pi)^{1/2-1/q}\right]^{-2}.$$

(iii) 设 $f \in H^{1/2}(\mathbb{R})$, 则不等式

$$(f, |p|f) + \|f\|_2^2 \geqslant S_{1,q}' \|f\|_q^2 \tag{4}$$

对所有 $2 \leqslant q < \infty$ 成立, 其中常数 $S_{1,q}'$ 满足

$$S_{1,q}' > \left[(q-1)^{-1/2+1/(2q)}(q(q-2)/2\pi)^{1/2-1/q}\right]^{-2}.$$

证明 对于 $f \in H^1(\mathbb{R})$, 根据定理 7.6 ($C_c^\infty(\Omega)$ 在 $H^1(\Omega)$ 中稠密), 存在序列 $f^j \in C_c^\infty(\mathbb{R})$ 在 $H^1(\mathbb{R})$ 中收敛于 f. 由微积分基本定理, 有

$$(f^j(x))^2 = \int_{-\infty}^x f^j(y)\left(\frac{\mathrm{d}f^j}{\mathrm{d}x}\right)(y)\mathrm{d}y - \int_x^\infty f^j(y)\left(\frac{\mathrm{d}f^j}{\mathrm{d}x}\right)(y)\mathrm{d}y.$$

因在 $L^2(\mathbb{R})$ 中, $f^j \to f$ 和 $\frac{\mathrm{d}f^j}{\mathrm{d}x} \to \frac{\mathrm{d}f}{\mathrm{d}x}$, 故上式右边收敛于 $\int_{-\infty}^x f(y)f'(y)\mathrm{d}y - \int_x^\infty f(y)f'(y)\mathrm{d}y$. 利用定理 2.7 ($L^p$ 空间的完备性), 通过取子列可以假设, $f^j(x) \to f(x)$ 对于几乎处处的 x 成立. 因此可知, 对于 a.e. $x \in \mathbb{R}$ 和 $H^1(\mathbb{R})$ 中的函数,

$$f(x)^2 = \int_{-\infty}^x f(y)f'(y)\mathrm{d}y - \int_x^\infty f(y)f'(y)\mathrm{d}y, \tag{5}$$

这样就有

$$|f(x)|^2 \leqslant \int_{-\infty}^x |f||f'| + \int_x^\infty |f||f'| = \int_{-\infty}^\infty |f||f'|,$$

再根据 Schwarz 不等式, 即得

$$\|f\|_\infty^2 \leqslant \|f'\|_2\|f\|_2. \tag{6}$$

最后由算术几何平均不等式 $2ab < a^2 + b^2$, 可从 (6) 推得 (1).

类似地可证不等式 (2). (2) 式表明 f 等价于一连续函数 (事实上是 Hölder 连续), 我们仍记之为 f (见 10.1 节的第二个注记).

利用定理 7.8 (梯度的凸不等式), (1) 中等号成立仅当 f 是实的. 由于 f 连续且在无穷远处趋于零, 故存在 $a \in \mathbb{R}$, 使得 $(f(a))^2 = \|f\|_\infty^2$, 因此

$$\|f\|_\infty^2 = 2\int_{-\infty}^a ff' \leqslant 2\left(\int_{-\infty}^a f^2\right)^{\frac{1}{2}}\left(\int_{-\infty}^a (f')^2\right)^{\frac{1}{2}}.$$

类似地有

$$\|f\|_\infty^2 \leqslant 2\left(\int_a^\infty f^2\right)^{\frac{1}{2}}\left(\int_a^\infty (f')^2\right)^{\frac{1}{2}}.$$

(1) 中的等式, 蕴涵着上述两个表达式的等式, 特别在 Schwarz 不等式应用中的等式 (见定理 2.3). 因此当 $x \leqslant a$ 时, 必有某常数 $c > 0$, 使 $f'(x) = cf(x)$, 从而对 $x < a$, $f(x) = \|f\|_\infty \exp[c(x-a)]$, 其中 $c > 0$. 读者可能反对这一点, 认为方程 $f' = cf$ 仅仅在分布意义下成立. 然而, 该方程等价于方程 $(e^{cx}f)' = 0$, 再从定理 6.11 即得此结果. 类似地, 对 $x > a$, $f(x) = \|f\|_\infty \exp[d(x-a)]$, 其中 $d < 0$. 由 (1) 中的等式可推出 $c = -d = 1$, 因此我们证明了, 当 (1) 中的等号成立时, 必有某个 a, 使 $f(x) = \exp[-|x-a|]$.

(3) 和 (4) 的证明采用不同方法, 即应用 Fourier 变换. 根据定理 7.9 ($H^1(\mathbb{R}^n)$ 的 Fourier 刻画), (3) 的左边等于

$$\int_{\mathbb{R}^2}(1+4\pi^2|k|^2)|\widehat{f}(k)|^2\mathrm{d}k.$$

令 $p<2$ 是 $q>2$ 的对偶指标, 即 $\frac{1}{p}+\frac{1}{q}=1$, 由定理 2.3 (Hölder 不等式),

$$\|\widehat{f}\|_p = \left(\int_{\mathbb{R}^2}|\widehat{f}(k)(1+4\pi^2|k|^2)^{\frac{1}{2}}|^p(1+4\pi^2|k|^2)^{-\frac{p}{2}}\mathrm{d}k\right)^{\frac{1}{p}}$$
$$\leqslant K\left(\|f\|_2^2+\|\nabla f\|_2^2\right)^{\frac{1}{2}},$$

这里 $K=\left(\int_{\mathbb{R}^2}(1+4\pi^2|k|^2)^{-q/(q-2)}\mathrm{d}k\right)^{(q-2)/2q}$, 且当 $2<q<\infty$ 时, 其值有限. 实际上, $K=[(q-2)/8\pi]^{(q-2)/2q}$. 最后从定理 5.7 (Hausdorff-Young 不等式的最佳形式) $\|f\|_q\leqslant C_p\|\widehat{f}\|_p$, 其中 $C_p=p^{1/p}q^{-1/q}$, 这就得到了 (3).

从

$$\|f\|_2^2+(f,|p|f)=\int_{\mathbb{R}}(1+2\pi|k|)|\widehat{f}(k)|^2\mathrm{d}k$$

开始, 逐字照搬前面的证明即得 (4). ∎

8.6　弱收敛蕴涵测度有限集合上的强收敛

设 $f^1,f^2,\cdots$ 是 $D^1(\mathbb{R}^n)$ 中的函数列, 使得 ∇f^j 在 $L^2(\mathbb{R}^n)$ 中弱收敛于某一向量值函数 v, 如果 $n=1,2$, 我们再假设 f^j 在 $L^2(\mathbb{R}^n)$ 中弱收敛, 那么必存在唯一的函数 $f\in D^1(\mathbb{R}^n)$, 使得 $v=\nabla f$.

现在令 $A\subset\mathbb{R}^n$ 是测度有限的任意集, χ_A 是其特征函数, 则当 $n\geqslant3$ 时, 对于所有 $p<2n/(n-2)$; 当 $n=2$ 时, 对于任意的 $p<\infty$; 以及当 $n=1$ 时, 对于任意的 $p\leqslant\infty$, 都有

$$\chi_A f^j\to\chi_A f \tag{1}$$

在 $L^p(\mathbb{R}^n)$ 中强收敛. 而且, 对于 $n=1$, 上述收敛是点态和一致的.

对于 $D^{1/2}(\mathbb{R}^n)$ 中函数, 类似的定理也成立, 即假设在 8.2 节注记 (3) 意义下, f^j 弱收敛于 $f\in D^{1/2}(\mathbb{R}^n)$, 则当 $n\geqslant2$ 时, 对于任意的 $p<2n/(n-1)$, (1) 总成立. 在一维情形, 如果我们还假设 f^j 在 $L^2(\mathbb{R}^n)$ 中弱收敛于 f, 则对于所有的 $p<\infty$, 同样的结论成立.

证明 对于 $n \geqslant 3$, 首先注意到序列 f^j 在 $L^q(\mathbb{R}^n)$ 中有界, 其中 $q = \frac{2n}{n-2}$. 这可从定理 2.12 (一致有界原理) 和定理 8.3 (梯度的 Sobolev 不等式) 得到, 而定理 2.12 蕴含了序列 $\|\nabla f^j\|_2$ 的一致有界性. 对于一维和二维情形, 序列 f^j 在 $L^2(\mathbb{R}^n)$ 中有界. 根据定理 2.18 (有界序列的弱极限), 存在子列 $f^{j(k)}, k = 1, 2, \cdots$, 使得 $f^{j(k)}$ 在 $L^q(\mathbb{R}^n)$ 中弱收敛于某函数 $f \in L^q(\mathbb{R}^n)$. 我们要证明整个序列弱收敛于 f, 若不然, 设 $f^{i(k)}$ 是另一子列且在 $L^q(\mathbb{R}^n)$ 中弱收敛于函数 g. 由于对于任意函数 $\phi \in C_c^\infty(\mathbb{R}^n)$,

$$-\int_{\mathbb{R}^n} f \partial_i \phi \mathrm{d}x = -\lim_{k\to\infty} \int_{\mathbb{R}^n} f^{j(k)} \partial_i \phi \mathrm{d}x = \lim_{k\to\infty} \int_{\mathbb{R}^n} \partial_i f^{j(k)} \phi \mathrm{d}x = \int_{\mathbb{R}^n} v_i \phi \mathrm{d}x, \quad (2)$$

类似地对于 g, 我们有 $\int_{\mathbb{R}^n}(f-g)\partial_i\phi\mathrm{d}x = 0$, 即对所有的 i, 在 $\mathcal{D}'(\mathbb{R}^n)$ 中 $\partial_i(f-g) = 0$. 根据定理 6.11, $f - g$ 是常数, 且因为 f 和 g 都在 $L^q(\mathbb{R}^n)$ 中, 该常数为零. 因为有弱极限的序列 f^j 的任一子列有相同的弱极限 $f \in L^q(\mathbb{R}^n)$, 这就证明了在 $L^q(\mathbb{R}^n)$ 中 $f^j \rightharpoonup f$ (这容易从 Banach-Alaoglu 定理得到). 由 (2), $\nabla f = v$ 在 $\mathcal{D}'(\mathbb{R}^n)$ 中成立. 对 $n = 1, 2$ 的情形, 论证完全类似. 对于 $D^{1/2}(\mathbb{R}^n)$ 中的序列 f^j, 由 Banach-Alaoglu 定理 (见定理 8.2 节的注记 (3)), 可知序列 $(f^j, |p|f^j)$ 是一致有界的.

我们断言, 对于所有的 $f \in D^1(\mathbb{R}^n)$, 有

$$\|f - \mathrm{e}^{t\Delta} f\|_2 \leqslant \|\nabla f\|_2 \sqrt{t}, \quad (3)$$

这里, 如 7.9(5) 所示,

$$(\mathrm{e}^{t\Delta} f)(x) = (4\pi t)^{-\frac{n}{2}} \int_{\mathbb{R}^n} \exp[-|x-y|^2/4t] f(y) \mathrm{d}y. \quad (4)$$

对于 $f \in H^1(\mathbb{R}^n)$, (3) 由定理 5.3 (Plancherel 定理),

$$\|f - \mathrm{e}^{t\Delta} f\|_2^2 = \int_{\mathbb{R}^n} |\widehat{f}(k)|^2 (1 - \exp[-4\pi^2|k|^2 t])^2 \mathrm{d}k,$$

不等式 $1 - \exp[-4\pi^2|k|^2 t] \leqslant \min(1, 4\pi^2|k|^2 t)$ 以及定理 7.9 ($H^1(\mathbb{R}^n)$ 的 Fourier 刻画) 得到. 通过考虑 f 的实部和虚部以及它们的正部和负部, 只要对于非负函数 $f \in D^1(\mathbb{R}^n)$ 证明 (3) 即可. 如定理 8.3 的证明, 替换 f 为 $f_c(x) = \min(\max(f(x)-c, 0), 1/c)$, 即有当 $c \to 0$ 时, $\|\nabla f_c\|_2$ 收敛于 $\|\nabla f\|_2$, 再应用定理 1.7 (Fatou 引理), 由于 $f_c \in L^2(\mathbb{R}^n)$, 故 $\liminf_{c\to 0} \|f_c - \mathrm{e}^{t\Delta} f_c\|_2 \geqslant \|f - \mathrm{e}^{t\Delta} f\|_2$, 因此就证明了 (3).

对于 $f \in D^{1/2}(\mathbb{R}^n)$, 完全类似地可证

$$\|f - \mathrm{e}^{-t|p|}f\|_2 \leqslant (f, |p|f)^{1/2}\sqrt{t}, \tag{5}$$

根据 7.11(10), 此处有

$$(\mathrm{e}^{-t|p|}f)(x) = \Gamma\left(\frac{n+1}{2}\right)\pi^{-(n+1)/2}t\int(t^2 + (x-y)^2)^{-(n+1)/2}f(y)\mathrm{d}y. \tag{6}$$

考虑序列 f^j 以及注意到 $\|\nabla f\|_2 < C$ 与 j 无关, 故有 $\|f^j - \mathrm{e}^{t\Delta}f^j\|_2 \leqslant C\sqrt{t}$. 设 $A \subset \mathbb{R}^n$ 是测度有限的任意集, χ_A 表示其特征函数, 暂且假设对每个 $t > 0$, 在 $L^2(\mathbb{R}^n)$ 中, $g^j := \mathrm{e}^{t\Delta}f^j$ 强收敛于 $g := \mathrm{e}^{t\Delta}f$, 我们要证明 $\chi_A f^j$ 也强收敛于 $\chi_A f$. 易见有

$$\|\chi_A(f^j - f)\|_2 \leqslant \|\chi_A(f^j - g^j)\|_2 + \|\chi_A(g^j - g)\|_2 + \|\chi_A(g - f)\|_2.$$

根据定理 2.11 (范数的下半连续性), 有 $\liminf_{j\to\infty}\|\nabla f^j\|_2 \geqslant \|\nabla f\|_2$, 因而上述右边第一项和最后一项均被 $C\sqrt{t}$ 控制. 因此

$$\|\chi_A(f^j - f)\|_2 \leqslant 2C\sqrt{t} + \|\chi_A(g^j - g)\|_2.$$

对于给定的 $\varepsilon > 0$, 先选取 $t > 0$(依赖于 ε), 使得 $2C\sqrt{t} < \varepsilon/2$, 再选取 j (也依赖于 ε) 足够大, 使得 $\|\chi_A(g^j - g)\|_2 < \varepsilon/2$, 从而对于 $j > j(\varepsilon)$, 有 $\|\chi_A(f^j - f)\|_2 < \varepsilon$.

余下要证明, 在 $L^2(\mathbb{R}^n)$ 中 $\chi_A g^j$ 强收敛到 $\chi_A g$. 为证之, 注意到由 (4) 和 Hölder 不等式,

$$\chi_A|g^j(x)| \leqslant (4\pi t)^{-n/2}\left(\int_{\mathbb{R}^n}\exp[-x^2 p/2t]\mathrm{d}x\right)^{1/p}\|f^j\|_q\chi_A(x),$$

其中 $1/p = 1 - 1/q$. 从定理 8.3 (梯度的 Sobolev 不等式) 可得, $\|f^j\|_q \leqslant S_n^{-1/2}\|\nabla f^j\|_2 \leqslant S_n^{-1/2}C$, 因此 $\chi_A g^j$ 被平方可积函数 $\chi_A(x)$ 的常数倍控制. 另一方面, 因为对每个固定 x, $\exp[-(x-y)^2/2t]$ 均在 $L^q(\mathbb{R}^n)$ 的对偶空间中, 而在 $L^q(\mathbb{R}^n)$ 中 f^j 弱收敛于 f, 因此对每个 $x \in \mathbb{R}^n$, $g^j(x)$ 点态收敛. 故结论从定理 1.8 (控制收敛) 即得.

一维和二维时的相应结果的证明是一样的, 事实上, 据假设, 序列在 $L^2(\mathbb{R}^n)$ 中一致有界, 证明更简单.

对于 $D^{1/2}(\mathbb{R}^n)$ 的证明, 微微修改后是一样的, 细节留给读者. 因此, 当 $p = 2$ 时, $\chi_A f^j$ 的强收敛得证.

不等式

$$\|\chi_A(f - f^j)\|_p \leqslant \|\chi_A\|_r \|\chi_A(f - f^j)\|_2, \quad \frac{1}{p} = \frac{1}{r} + \frac{1}{2}$$

证明了在 $1 \leqslant p \leqslant 2$ 时的定理. 再利用 Hölder 不等式, 有

$$\|\chi_A(f - f^j)\|_p \leqslant \|\chi_A(f - f^j)\|_2^\alpha \|\chi_A(f - f^j)\|_q^{1-\alpha},$$

这里 $\alpha = (1/p - 1/q)/(1/2 - 1/q)$, 当 $p < q$ 时, 它是严格正的. 如果 $f^j \in D^1(\mathbb{R}^n)$ 且 $n \geqslant 3$, 则由定理 8.3 (梯度的 Sobolev 不等式), 有

$$\|\chi_A(f - f^j)\|_q \leqslant \|f - f^j\|_q$$
$$\leqslant S_n^{-1/2}(\|\nabla f\|_2 + \|\nabla f^j\|_2) \leqslant C' = \text{某常数},$$

因此当 $j \to \infty$ 时, $\|\chi_A(f - f^j)\|_p \leqslant C^{1-\alpha} \|\chi_A(f - f^j)\|_2^\alpha \to 0$.

对于 $f^j \in D^{1/2}(\mathbb{R}^n)$ 的证明完全一样. 读者利用相应的 Sobolev 不等式 (定理 8.5) 容易证明 $n = 1, 2$ 情形的定理. 需要特别注意的是, 如果在 $L^2(\mathbb{R}^n)$ 中有 $\frac{\mathrm{d}}{\mathrm{d}x} f^j \to \frac{\mathrm{d}}{\mathrm{d}x} f$, 那么在有界集上一致成立 $f^j \to f$.

为了说明 $f^j(x)$ 处处收敛于 $f(x)$, 首先注意到由定理 6.9 (关于分布的微积分基本定理),

$$f^j(x) - f^j(0) = \int_0^x (\mathrm{d}f^j/\mathrm{d}x)(s)\mathrm{d}s$$

处处收敛于 $f(x) - f(0)$. 其次, 应用定理 8.5 (一维和二维的 Sobolev 不等式), 序列 $f^j(x)$ 一致有界, 因此对于 $g \in L^2(\mathbb{R}) \cap L^1(\mathbb{R})$, 由定理 1.8 (控制收敛) 可得

$$\lim_{j \to \infty} \int_\mathbb{R} (f^j(x) - f^j(0))g(x)\mathrm{d}x = \int_\mathbb{R} (f(x) - f(0))g(x)\mathrm{d}x.$$

但由假设

$$\lim_{j \to \infty} \int_\mathbb{R} f^j(x)g(x)\mathrm{d}x = \int_\mathbb{R} f(x)g(x)\mathrm{d}x,$$

因此 $f^j(0)$, 从而 $f^j(x)$ 也处处收敛.

其次要证明在任意有界闭区间上, 上述收敛是一致的. 首先应用微积分基本定理,

$$|f(x) - f(y)| = \left| \int_y^x (\mathrm{d}f/\mathrm{d}x)(s)\mathrm{d}s \right| \leqslant \|f'\|_2 |x - y|^{1/2},$$

因此可假设函数 f^j 和 f 是连续的. 又因 $\|f^j\|_2$ 一致有界, 故前面的估计是一致的, 即 $|f^j(x) - f^j(y)| \leqslant C|x - y|^{1/2}$, 其中 C 与 j 无关. 假设 I 是有界闭区间, 而

其上的收敛不一致, 则存在 $\varepsilon > 0$ 和点列 x_j, 使得 $|f^j(x_j) - f(x_j)| > \varepsilon$. 通过取子列, 可认为 x_j 收敛于 $x \in I$. 现在

$$|f^j(x_j) - f(x_j)| \leqslant |f^j(x_j) - f^j(x)| + |f^j(x) - f(x)| + |f(x) - f(x_j)|.$$

第一项可以用 $C|x - x_j|^{1/2}$ 来控制, 其中 C 与 j 无关, 从而当 $j \to \infty$ 时, 该项趋于零. 由于处处有 $f^j \to f$, 第二项趋于零. 再由于 f 是连续的, 最后一项也趋于零. 因此得到了矛盾. ∎

注 值得注意的是, $p = 2$ 情形的结论 (1) 的推导没有用到定理 8.4 和 8.5 (Sobolev 不等式), 用到的仅是方程 (3) 和 (5). 定理及其证明可以推广至任一 $r < p$, 对此需要有先验估计 $\|f^j\|_p < C$. 定理 8.6 中 Sobolev 不等式的唯一作用就是在 $p = 2n/(n-2)$ 等时估计有界.

8.7 弱收敛蕴涵着几乎处处收敛

设 $f^1, f^2, \cdots$ 是满足定理 8.6 条件的任意序列, 则存在一子列 $n(j)$, 使得 $f^{n(1)}(x), f^{n(2)}(x), \cdots$ 对几乎处处的 $x \in \mathbb{R}^n$ 收敛于 $f(x)$.

注 当然, 关键点是整个 $\mathbb{R}^n$, 不仅仅是在有限测度的集上.

证明 考虑一列中心在原点、半径为 $k = 1, 2, \cdots$ 的球 B_k, 根据上一定理和定理 2.7, 可以找到子列 $f^{n_1(j)}$ 在 B_1 上几乎处处收敛于 f. 从该序列中选取另一子列 $f^{n_2(j)}$ 在 B_2 中几乎处处收敛于 f, 诸如此类. 由于对于任意的 $x \in \mathbb{R}^n$, 存在 k, 使得 $x \in B_k$, 显见对于几乎处处的 $x \in \mathbb{R}^n$, 子列 $f^{n_j(j)}(x)$ 收敛于 $f(x)$. ∎

• 上面的结果可以从若干方向进行推广. 首先, 可以用高阶导数代替一阶导数并用 L^p 范数替换 L^2 范数, 即用 $W^{m,p}(\mathbb{R}^n)$ 代替 $H^1(\mathbb{R}^n)$. 本质上通过迭代, 可以断言, 类似于 8.3~8.6 的定理还将成立. 另一种推广是, 替换 $\mathbb{R}^n$ 为更一般的区域 (开集) $\Omega \subset \mathbb{R}^n$, 即考虑 $W^{m,p}(\Omega)$.

如 7.6 节所说, $H_0^1(\Omega)$ 是 $H^1(\Omega)$ 中能用 $C_c^\infty(\Omega)$ 函数在 $H^1(\Omega)$ 范数下逼近的函数所组成的空间. 我们定义 $W_0^{1,2}(\Omega) := H_0^1(\Omega)$. 对于空间 $W_0^{1,2}(\Omega)$, 显见定理 8.3, 8.5 和 8.6 还是成立的. 对于一般的 $1 \leqslant p < \infty$, $W_0^{1,p}(\Omega)$ 类似地定义为 $C_c^\infty(\Omega)$ 在 $W^{1,p}(\Omega)$ 范数下的闭包. 相应定理对于 $W_0^{1,p}(\Omega)$ 是成立的, 我们将在 8.8 节的注记中加以总结.

空间 $W^{m,p}(\Omega)$ (定义在 6.7 节) 更加复杂. 我们提醒读者注意, $f \in W^{m,p}(\Omega)$ 的必要条件是 $f \in L^p(\Omega)$. 为了使 Sobolev 不等式对这类函数也成立, 必须对 Ω 附加一些条件. 为了说明这一点, 考虑一个 "角状区域", 即由下述不等式给出的 $\mathbb{R}^3$ 中的区域:

$$0 < x_1 < 1, \quad (x_2^2 + x_3^2)^{1/2} < x_1^\beta, \quad \beta \geqslant 1.$$

注意到当 $\alpha < \beta - 1/2$ 时, 函数 $|x|^{-\alpha}$ 的梯度平方可积, 但是仅当 $\alpha < \beta/3 + 1/6$ 时, 其 L^6 范数是有限的. 这个断言, 利用柱坐标, 通过简单计算即可验证. 因此, 如果考虑 $\beta = 2$ 的 "角状区域" Ω, 函数 $|x|^{-1}$ 属于 $H^1(\Omega)$ 但不属于 $L^6(\Omega)$. 因此 Sobolev 不等式不可能成立.

有趣的是, 当 $\beta = 1$ 时, 即如果 "角状区域" 变成了 "锥", 上述例子与 Sobolev 不等式相一致. 事实上, Sobolev 不等式在锥的情形确实成立. 所以我们此刻的任务是定义一类适当的区域, 它们既推广了锥, 又使 Sobolev 不等式在其上成立.

考虑锥

$$\{x \in \mathbb{R}^n : x \neq 0, x_n > |x| \cos\theta\}.$$

这是顶点在原点, 张角为 θ 的锥. 如果用一半径为 r 且中心在原点的球与上述锥相交, 就得到顶点在原点的**有限锥** $K_{\theta,r}$. 称区域 $\Omega \subset \mathbb{R}^n$ 具有**锥性质**是指, 存在一固定的有限锥 $K_{\theta,r}$, 使得对于任意的 $x \in \Omega$, 都有一全等于 $K_{\theta,r}$ 的有限锥 K_x, 包含在 Ω 中且其顶点是 x. 这个锥性质在下一定理中是本质的.

Sobolev 不等式总结如下, 其证明略去. 对有关细节, 有兴趣的读者可参考 [Adams]. 下文中, $W^{0,p}(\Omega) \equiv L^p(\Omega)$.

8.8 关于 $W^{m,p}(\Omega)$ 的 Sobolev 不等式

设 Ω 是 $\mathbb{R}^n$ 中的区域, 具有关于 θ 和 r 的锥性质, 又设 $1 \leqslant p \leqslant q, m \geqslant 1$ 和 $k \leqslant m$, 则存在与 m, k, q, p, θ, r 有关但与 Ω 以及 f 无关的常数 C, 使得对于 $f \in W^{m,p}(\Omega)$, 下述不等式成立:

(i) 若 $kp < n$, 则

$$\|f\|_{W^{m-k,q}(\Omega)} \leqslant C\|f\|_{W^{m,p}(\Omega)}, \quad p \leqslant q \leqslant \frac{np}{n-kp}; \tag{1}$$

(ii) 若 $kp = n$, 则

$$\|f\|_{W^{m-k,q}(\Omega)} \leqslant C\|f\|_{W^{m,p}(\Omega)}, \quad p \leqslant q < \infty; \tag{2}$$

(iii) 若 $kp > n$, 则

$$\max_{0 \leqslant |\alpha| \leqslant m-k} \sup_{x \in \Omega} |D^\alpha f(x)| \leqslant C\|f\|_{W^{m,p}(\Omega)}. \tag{3}$$

注 (1) 不等式 (iii) 表明, 充分 "高" 的 Sobolev 空间中的函数是连续的, 或甚至是可微的 (精确地讲, 这是什么意思?). 这些不等式来自 [Morrey]. 例如, 在三维情形, $W^{1,2} = H^1$ 中的函数未必连续, 但假如果它有两阶导数在 L^2 中, 即如果 $f \in W^{2,2} =: H^2$, 则它是连续的.

(2) 关于 $W_0^{1,p}(\Omega)$ 的一个简单但重要的注记是, 由于对于每一 p, q, $\|\nabla f\|_{L^p(\mathbb{R}^n)} = \|\nabla f\|_{L^p(\Omega)}$ 和 $\|f\|_{L^q(\mathbb{R}^n)} = \|f\|_{L^q(\Omega)}$, 所以关于 $W_0^{1,p}(\Omega)$ 的下面两个定理是正确的. 一是 8.8 中 $m = 1$ 和 $k = 1$ 的情形, 根据 $p < n, p = n$ 或者 $p > n$ 有三种情形. 在定理 8.8 中, q 是受约束的, 但不是固定的. 第二个定理是带常数 $C_{p,n}$ 的 8.3(3), 这里 q 固定为 $np/(n-p)$ 和 $p < n$. 重要的区别是仅仅 $\|\nabla f\|_p$ 出现在 8.3(3), 而 $\|f\|_{W^{1,p}(\Omega)}$ 出现在 8.8 中. 锥条件在此都不需要, 这是由于 $\|f\|_{W^{1,p}(\Omega)} = \|f\|_{W^{1,p}(\mathbb{R}^n)}$, 以及 $\mathbb{R}^n$ 有锥性质.

• 要研究的另一个问题是, 定理 8.6 (弱收敛蕴涵测度有限集合上的强收敛) 对于 $W^{m,p}(\Omega)$ 和 $W_0^{1,p}(\Omega)$ 是否成立. 下面的定理给出了定理 8.6 的推广, 但仅仅叙述, 不加证明, 有兴趣的读者可以参考 [Adams].

8.9 Rellich-Kondrashov 定理

假设 Ω 有关于 θ, r 的锥性质, 而 $f^1, f^2, \cdots$ 是 $W^{m,p}(\Omega)$ 中的序列, 且在 $W^{m,p}(\Omega)$ 中弱收敛于函数 $f \in W^{m,p}(\Omega)$, 这里 $1 \leqslant p < \infty$ 且 $m \geqslant 1$. 固定 $q \geqslant 1$ 和 $1 \leqslant k \leqslant m$, 设 $\omega \subset \Omega$ 是任意有界开集. 则

(i) 若 $kp < n$ 且 $q < \frac{np}{n-kp}$, 则 $\lim_{j \to \infty} \|f^j - f\|_{W^{m-k,q}(\omega)} = 0$;

(ii) 若 $kp = n$, 则对所有的 $q < \infty$, $\lim_{j \to \infty} \|f^j - f\|_{W^{m-k,q}(\omega)} = 0$;

(iii) 若 $kp > n$, 则 f^j 在下述范数

$$\max_{0 \leqslant |\alpha| \leqslant m-k} \sup_{x \in \omega} |(D^\alpha f)(x)|$$

下收敛于 f.

注 注意到只需对 $m = 1$ 情形证明定理 8.8 和 8.9; $m > 1$ 情形可以通过 "Bootstrapping 方法" 得到, 例如, 如果 $m = 2$, 可以将 $m = 1$ 时的定理应用于 ∇f 来取代 f.

● 在应用中, 常常需要知道序列 f^j 在 $W^{1,p}(\mathbb{R}^n)$ 中有不等于零的弱极限. 假如对于所有的 j 和某固定的有界区域 Ω, $\|f^j\|_{L^p(\Omega)} > C > 0$, 那么 Rellich-Kondrashov 定理告诉我们, 这将是正确的. 不过, 下面定理告诉我们, 即使不存在这些区域, 仍有可能证明其非零收敛性. 正如 2.9 节所说, $L^p(\mathbb{R}^n)$ 中的序列可以有多种方式弱收敛于零, 甚至还可能在 $\|f^j\|_{L^p(\mathbb{R}^n)} > C > 0$ 时. 然而, 在 $W^{1,p}(\mathbb{R}^n)$ 情形, 序列不可能 "振荡着消失" 或者 "喷涌而上"; 那是 Sobolev 不等式或 Rellich-Kondrashov 定理的推论. 但它可能 "徘徊至无穷", 从而以零作为一个弱极限.

下一定理 [Lieb[b], 1983] 指出, 如果对序列进行平移而且还知道函数进一步的信息, 即在测度大于某个 $\delta > 0$ 的集合上, 函数列有下界 $\varepsilon > 0$ (可能与 j 有关), 则可以得到非零弱收敛极限. 换句话说, 该定理断言, 如果序列趋于无限, 而其振幅不是简单地递减趋于零, 则 f^j 不可能分裂成相隔很开的几小部分. 由 $\|\nabla f^j\|_p$ 的有限性推出这几部分中必包含一连通块, 其 $L^p(\Omega)$ 范数远离零.

在许多场合, 研究的问题具有 $\mathbb{R}^n$ 的平移不变性; 这时, 该定理就很有用. 证明用到了 "平均技巧", 这个具有独到趣味的技巧也可用在其他很多情形中 (见第十二章习题).

8.10 平移后的非零弱收敛

设 $1 < p < \infty$, $f^1, f^2, \cdots$ 是 $W^{1,p}(\mathbb{R}^n)$ 中的有界函数列, 假若对 $\varepsilon > 0, \delta > 0$ 和所有的 j, 集合 $E^j := \{x : |f^j(x)| > \varepsilon\}$ 的测度 $|E^j| > \delta > 0$. 则存在向量列 $y^j \in \mathbb{R}^n$, 使得平移序列 $f_*^j(x) := f^j(x + y^j)$ 有子列在 $W^{1,p}(\mathbb{R}^n)$ 中弱收敛于一非零函数.

注 p, q, r 定理 (习题 2.22) 给出了建立定理 8.10 所需的有用条件.

证明 令 B_y 是中心在 $y \in \mathbb{R}^n$、半径为 1 的球, 由 Rellich-Kondrashov 和 Banach-Alaoglu 定理, 只需证明存在 y^j 和 $\mu > 0$, 使得对于所有的 j, $|B_{y^j} \cap E^j| > \mu$, 于是 $\int_{B_0} |f_*^j| \geqslant \varepsilon\mu$, 从而任何弱极限不可能趋于零. 通过分别考虑 f^j 的实部和虚部, 可以假设 f^j 是实的, 而且, 进一步只需考虑正部 f_+^j (为什么?), 因此, 今后可假设 $E^j := \{x : f^j(x) > \varepsilon\}$.

令 $g^j = (f^j - \varepsilon/2)_+$, 故在 E_j 上, $g^j > \varepsilon/2$ 且 $\int_{\mathbb{R}^n} |g^j|^p > (\varepsilon/2)^p |E^j|$. 由于 $\int_{\mathbb{R}^n} |\nabla g^j|^p$ 可用某数 Q 控制, 故可定义

$$\lambda^j := \int_{\mathbb{R}^n} |\nabla g^j|^p \bigg/ \int_{\mathbb{R}^n} |g^j|^p < W,$$

这里 $W = Q(\varepsilon/2)^{-p}\delta^{-1}$.

设 G 是支集位于 B_0 内的非零 C_c^∞ 函数, 又设 $G_y(x) = G(x - y)$ 为其平移 (平移 y), 其支集在 B_y 中, 定义 $\gamma := \int_{\mathbb{R}^n} |\nabla G|^p / \int_{\mathbb{R}^n} |G|^p$.

令 $h_y^j = G_y g^j$, 显然有 $\nabla h_y^j = (\nabla G_y)g^j + G_y \nabla g^j$, 故有

$$|\nabla h_y^j|^p \leqslant 2^{p-1}\left[|\nabla G_y|^p |g^j|^p + |G_y|^p |\nabla g^j|^p\right]$$

(为什么?). 考虑

$$
\begin{aligned}
T_y^j := &\int_{\mathbb{R}^n} \{|\nabla h_y^j|^p - 2^p(W + \gamma)|h_y^j|^p\}\\
\leqslant &\, 2^{p-1} \int_{\mathbb{R}^n} \{|\nabla G_y|^p |g^j|^p + |G_y|^p |\nabla g^j|^p - 2(W + \gamma)|G_y|^p |g^j|^p\}. \qquad (1)
\end{aligned}
$$

由此 (先对 y 变量积分) 可得

$$
\begin{aligned}
2^{1-p} \int_{\mathbb{R}^n} T_y^j \mathrm{d}y \leqslant &\int_{\mathbb{R}^n} |\nabla G|^p \int_{\mathbb{R}^n} |g^j|^p + \int_{\mathbb{R}^n} |G|^p \int_{\mathbb{R}^n} |\nabla g^j|^p\\
&- 2(W + \gamma) \int_{\mathbb{R}^n} |G|^p \int_{\mathbb{R}^n} |g^j|^p < 0.
\end{aligned}
$$

我们可以断定, 存在某个 y^j (事实上, 这种 y 组成一个正测集), 使得 $\|h_{y^j}^j\|_p > 0$, 且比 $\sigma^j := \|\nabla h_{y^j}^i\|_p / \|h_{y^j}^j\|_p < 2^p(W + \gamma)$, 注意到 $h_{y^j}^j$ 属于 $H_0^1(B_{y^j})$.

考虑 $\sigma(D) := \inf \|\nabla h\|_p / \|h\|_p$, 这里的下确界是对所有 $h \in H_0^1(D)$ 取的, 而 D 是 $\mathbb{R}^n$ 中的一个开集. 根据关于 $\|\nabla h\|_p$ 的重排不等式 (引理 7.17 及其注记 (4)), 可知 $\sigma(B_r) \leqslant \sigma(D)$, 其中 D 是任意区域, 其体积等于半径为 r 的球 B_r 的体积. 由定理 8.8 (Sobolev 不等式), $\sigma(B_r) \neq 0$, 从而通过伸缩变换必有 $\sigma(B_r) = C/r^p$. 这样, $\sigma^j \geqslant C/r^p$, 其中 r 使得 $|\mathbb{S}|^{n-1} r^n / n$ 等于 $h_{y^j}^j$ 的支集的体积, 即 $|B_{y^j} \cap E^j|$. 因为 σ^j 是有上界的, 这就证明了 $B_{y^j} \cap E^j$ 是有下界的.　■

● 定理 8.3 形式的 Sobolev 不等式对于研究整个空间 $\mathbb{R}^n$ 上的偏微分方程是重要的, 例如第十一章的 Schrödinger 方程. 然而, 许多应用都与有界区域上的偏微分方程有关, 而定理 8.3 形式的 Sobolev 不等式, 在有界区域上不可能对所有函数都成立. 理由很简单: 因为常值函数的梯度为零, 但有正的 L^q 范数, 所以对这样的函数, 8.3(1) 肯定不对. 另一方面, 在有界区域上平均值为零的非零函数必有非零梯度, 因此用适当常数代替 S_n, 8.3(1) 对这些函数有可能成立.

除了涉及有界区域, 8.8 节中的 Sobolev 不等式在一个重要方面区别于 8.3(1). 8.8(1) 的右边项, 例如取 $m = 1, p = 2$, 出现 $W^{1,2}(\Omega)$ 范数, 即函数的 $L^2(\Omega)$ 范

数加上梯度的 $L^2(\Omega)$ 范数. 有了这个加项, 常值函数不会造成矛盾. 模仿 8.3(1), 我们的目标是建立这样的不等式, 其右边不出现函数的 $L^2(\Omega)$ 范数而仅仅有梯度的 $L^2(\Omega)$ 范数. 常值函数的例子说明, 不能仅用梯度项估计函数的大小, 但有希望以梯度来度量其波动部分 (即 "非常值部分") 的大小, 而这是有用的.

我们所研究的这种不等式有许多, 不同的作者对它们有不同的名称. 在 8.11 节, 我们证明一类不等式, 通常称为 Poincaré 不等式. 本质上, 这些不等式将波动的 $L^2(\Omega)$ 范数和梯度的 $L^2(\Omega)$ 范数联系在一起. 这里我们研究的广义 Poincaré 不等式走得更远, 它将波动的 $L^q(\Omega)$ 范数和梯度的 $L^p(\Omega)$ 范数, 以及函数的 $W^{m-1,q}(\Omega)$ 范数和 m 阶导数的 $L^p(\Omega)$ 范数联系起来. 8.12 节中的 Poincaré-Sobolev 不等式, 其 q 最高可取到临界值 $np/(n-p)$.

8.11 关于 $W^{m,p}(\Omega)$ 的 Poincaré 不等式

设 $\Omega \subset \mathbb{R}^n$ 是一有界连通开集, 且满足关于 θ, r 的锥性质, 又设 $1 \leqslant p < \infty$, 而 g 是 $L^{p'}(\Omega)$ 中满足 $\int_\Omega g = 1$ 的函数. 当 $p < n$ 时, 令 $1 \leqslant q < np/(n-p)$; 当 $p = n$ 时, 令 $q < \infty$; 当 $p > n$ 时, 令 $1 \leqslant q \leqslant \infty$, 则存在有限数 $S > 0$, 与 Ω, g, p, q 有关, 使得对任意 $g \in W^{1,p}(\Omega)$, 有

$$\left\| f - \int_\Omega fg \right\|_{L^q(\Omega)} \leqslant S \|\nabla f\|_{L^p(\Omega)}. \tag{1}$$

更加一般地, 设 α 表示 6.6 节的多重指标, 而 x^α 表示单项式 $x_1^{\alpha_1} x_2^{\alpha_2} \cdots x_n^{\alpha_n}$, 令函数族 $g_\alpha \in L^{p'}(\Omega)(|\alpha| \leqslant m-1)$ 满足

$$\int_\Omega g_\alpha(x) x^\beta \mathrm{d}x = \begin{cases} 1, & \alpha = \beta, \\ 0, & \alpha \neq \beta, \end{cases} \tag{2}$$

那么存在常数 $S > 0$ (与 $\Omega, g_\alpha, p, q, m$ 有关), 使得对任意 $f \in W^{m,p}(\Omega)$, 当 $p \leqslant n, 1 \leqslant q < np/(n-p)$ 时,

$$\left\| f - \sum_{|\alpha| \leqslant m-1} x^\alpha \int_\Omega fg_\alpha \right\|_{W^{m-1,q}(\Omega)} \leqslant S \sum_{|\alpha|=m} \|D^\alpha f\|_{L^p(\Omega)}; \tag{3}$$

当 $p > n$ 时, (3) 的左边项可以替换为 8.9 情形 (iii) 给出的范数.

注 (1) Poincaré 不等式常常以情形 (1) 中取 $q = p$ 和 $g = $ 常数的形式出现. 这时, $\int_\Omega fg$ 通常写成 $\bar{f}$ 或 $\langle f \rangle$.

(2) 利用 Sobolev 不等式 8.8, (3) 中的 $W^{m-1,q}$ 可以替换为 $W^{m-k,q}$, 其中 $q < np/(n-kp)$.

证明　我们将证明 (1). 同样的论证可得一般化的 (3)(利用定理 6.11 在习题 6.12 中的推广), 其证明是前面第二章和第八章中各种紧性思想的很好应用.

我们可以假设 $q \geqslant p$, 因为如果 $q < p$, 可先证明 $q = p$ 时定理成立, 然后利用 Ω 是有界的这一事实以及 Hölder 不等式, 即 p 范数控制 q 范数. 现在, 假设对于任意的 $S > 0$, (1) 都不成立, 则存在一列函数 f^j, 使得 (1) 的左边项对于所有的 j 都等于 1, 而当 $j \to \infty$ 时, 右边项趋于零. 令 $h^j = f^j - \int_\Omega g f^j$, f^j 的梯度等于 h^j 的梯度, 因而序列 h^j 在 $W^{1,p}(\Omega)$ 中有界 (这里, 必须注意到, 由假设 $\|\nabla h^j\|_p$ 是有界的; 而 h^j 的 q 范数 (值为 1) 控制了其 p 范数, $\|h^j\|_p$ 也是有界的). 根据定理 2.18, 存在 $h \in W^{1,p}$, 使得 (对于子列, 仍记为 h^j) 在 $W^{1,p}(\Omega)$ 中 $h^j \rightharpoonup h$ (为什么?). 由于 ∇h^j 的 $L^p(\Omega)$ 范数趋于零 (即, 强收敛), 故在分布意义下成立 $\nabla h = 0$. 因为 Ω 是连通的, 从定理 6.11 即得 h 是常值函数. 进一步有 $\int_\Omega hg = 0$ (为什么?). 又由于 $\int_\Omega g = 1$, 故 $h = 0$.

另一方面, 由 Rellich-Kondrashov 定理, 序列 h^j 在 $L^q(\Omega)$ 中强收敛于 h. 而 $\|h^j\|_{L^q(\Omega)} = 1$, 我们有 $\|h\|_{L^q(\Omega)} = 1$, 但这与 $h = 0$ 相矛盾. ∎

• 在 8.11 证明中所用的 Rellich-Kondrashov 定理, 当 $q = np/(n-p)$ 时不成立. 然而, 如下所述, 定理 8.11 却可以推广至 $q = np/(n-p)$ 的情形.

8.12　关于 $W^{m,p}(\Omega)$ 的 Poincaré-Sobolev 不等式

本定理的假设与 8.11 的一样, 则存在有限数 $S > 0$ (依赖于 Ω, g, p, q), 使得当 $p < n$ 时, 8.11(1) 和 8.11(3) 在指标 q 取临界值时也成立, 即 $1 \leqslant q \leqslant np/(n-p)$.

证明　Sobolev 不等式 (定理 8.8) 给出下述估计

$$\left\| f - \int_\Omega fg \right\|_{L^q(\Omega)} \leqslant C \left\| f - \int_\Omega fg \right\|_{W^{1,p}(\Omega)}$$

$$= C \left\{ \left\| f - \int_\Omega fg \right\|_{L^p(\Omega)}^p + \|\nabla f\|_{L^p(\Omega)}^p \right\}^{\frac{1}{p}},$$

其中 $q \leqslant np/(n-p)$. 结合 Poincaré 不等式

$$\left\| f - \int_\Omega fg \right\|_{L^p(\Omega)} \leqslant S\|\nabla f\|_{L^p(\Omega)},$$

即得所要的不等式. 关于 $W^{m,p}(m > 1)$ 的类似的论证也成立. ■

● 在许多场合都很有用的一个不等式是 Nash 不等式 [Nash], 这是一个用函数梯度的 $L^2(\mathbb{R}^n)$ 范数和函数的 L^1 范数来估计函数的 $L^2(\mathbb{R}^n)$ 范数的不等式. 它有别于仅仅用梯度的 $L^2(\mathbb{R}^n)$ 范数估计函数的 $L^{2n/(n-2)}(\mathbb{R}^n)$ 范数的 Sobolev 不等式. 然而, 不像 Sobolev 不等式仅在三维或更高维情形成立, Nash 不等式对所有维数均成立. 下面给出的证明来自 [Carlen-Loss, 1993], 同时还给出了包括等号成立的最佳常数.

该常数将用下述 $\mathbb{R}^n$ 中单位球 B_1 上的径向 **Neumann 问题**来表达. 考虑比式

$$\|\nabla f\|_2^2/\|f\|_2^2 \tag{1}$$

的最小值, 其中 f 取为 $H^1(B_1)$ 中积分为零的一球面对称函数. 第十二章的一个习题要求读者证明: 存在唯一的极小化函数 (但是见 8.13 证明后的注记, 大意是, 为了找出最佳常数, (1) 的极小化函数的存在性不是非要不可的). 其解 u 可以用 Bessel 函数表示, 精确地,

$$u(r) = (\text{const.})r^{1-n/2}\mathrm{J}_{(n-2)/2}(kr). \tag{2}$$

(1) 的极小值为 $\lambda_N = k^2$, 这里 k 是使得导数 $u'(1) = 0$ 的最小非零数. 函数 u 是 r 的递减函数且在 $r = 1$ 处是负的. 现在, 由上述准备可以给出 Nash 不等式了.

8.13　Nash 不等式

对于 $H^1(\mathbb{R}^n) \cap L^1(\mathbb{R}^n)$ 中的任意函数 f,

$$\|f\|_2^{1+2/n} \leqslant C_n\|\nabla f\|_2\|f\|_1^{2/n}, \tag{1}$$

这里 (如上所述, λ_N 是 8.12(1) 的极小值)

$$C_n^2 = 2n^{-1+2/n}\left(1 + \frac{n}{2}\right)^{1+2/n}\lambda_N^{-1}|\mathbb{S}^{n-1}|^{-2/n}. \tag{2}$$

而且, (1) 的等号成立当且仅当经过伸缩和平移,

$$f(x) = \begin{cases} u(|x|) - u(1), & |x| \leqslant 1, \\ 0, & |x| \geqslant 1. \end{cases} \tag{3}$$

证明　由定理 6.17, 可以假设 $f \geqslant 0$. 进一步, 利用引理 7.17 (对称递减重排减少动能) 和重排保持 $L^p(\mathbb{R}^n)$ 范数这一事实, 还可以假设 f 是径向递减的. 选取任意数 $R > 0$, 定义 g 是 f 在中心为原点、半径为 R 的球 B_R 上的限制, 定义 h 为函数 f 在球外部 B_R^c 上的限制. 于是,

$$\int_{\mathbb{R}^n} f(x)^2 \mathrm{d}x = \int_{B_R} g(x)^2 \mathrm{d}x + \int_{B_R^c} h(x)^2 \mathrm{d}x.$$

令 $\bar{g}$ 表示 g 在 B_R 上的平均, 则 $h(x) \leqslant \bar{g}$, 从而有

$$\int_{B_R} g(x)^2 \mathrm{d}x + \int_{B_R^c} h(x)^2 \mathrm{d}x \leqslant \int_{B_R} (g(x) - \bar{g})^2 \mathrm{d}x + |B_R|\bar{g}^2$$

$$+ 2\bar{g} \int_{B_R^c} h(x)\mathrm{d}x + \frac{1}{|B_R|} \left(\int_{B_R^c} h(x)\mathrm{d}x \right)^2.$$

最后三项之和为 $\|f\|_1^2/|B_R|$, 而第一项的上界为

$$\frac{R^2}{\lambda_N} \|\nabla g\|_2^2 \leqslant \frac{R^2}{\lambda_N} \|\nabla f\|_2^2. \tag{4}$$

因此, 下式

$$\int_{\mathbb{R}^n} f(x)^2 \mathrm{d}x \leqslant \frac{R^2}{\lambda_N} \|\nabla f\|_2^2 + \frac{1}{|B_R|} \|f\|_1^2, \tag{5}$$

对所有 $R > 0$ 都成立. 对 (5) 关于 R 最优化, 以及 $|B_R| = R^n |\mathbb{S}^{(n-1)}|/n$, 可知 (2) 右边的上界为 C_n. 其次, 取 $R = 1$, 由 (3) 给出函数 f, 则因为 $\bar{u} = 0$,

$$\|f\|_2^2 = \|u\|_2^2 + u(1)^2|B_1| = \frac{1}{\lambda_N} \|\nabla f\|_2^2 + \frac{1}{|B_1|} \|f\|_1^2$$

$$\geqslant \min_{R>0} \left\{ \frac{R^2}{\lambda_N} \|\nabla f\|_2^2 + \frac{1}{|B_R|} \|f\|_1^2 \right\}. \tag{6}$$

因此, C_n 必是最优常数, 而 f 必为达到最小值的函数. 关于 f 除伸缩和平移外是唯一的极值函数的证明, 需要更复杂的论证, 我们建议读者参考 [Carlen-Loss, 1993]. ∎

注 (1) 每个极值函数 f 都有紧支集.

(2) 最佳常数 C_n 的推导逻辑上不要求 8.12(1) 中 Neumann 问题的最小解的存在性. 我们仅需要 8.12(1) 中最小化函数列的存在性, 而按定义, 它是存在的. 不等式 (5) 按定义也是正确的, 而 (6) 可以通过利用 8.12(1) 的最小化序列而不是最小解来证明. 当然, 定理关于等式的叙述要求最小解的存在性.

● Sobolev 不等式将函数导数的信息转变为函数大小的信息. 函数大小通常用 $L^q(\mathbb{R}^n)$ 范数来度量, 其中 q 尽可能大. 8.1(1) 中的 Sobolev 指标是 $q = 2n/(n-2)$, 这表明当空间维数变大, Sobolev 不等式丢失了许多有用的信息, 它说, 基本上, 梯度平方可积的函数为 $L^2(\mathbb{R}^n)$ 函数——这并没有给出很多信息. 然而, 下述定理表明, 高维情形的 Sobolev 函数的可积性还是有可能改进的, 这可以通过 $\int_{\mathbb{R}^n} |f|^2 \ln |f|^2$ 来度量.

寻找不依赖于维数的其他 Sobolev 不等式的问题在七十年代中期由 [Stam] 所解决, 他证明了下述形式的与 **Gauss 测度**

$$\mathrm{d}m = \mathrm{e}^{-\pi|x|^2}\mathrm{d}x$$

相关联的 **对数型 Sobolev 不等式**. 对数型 Sobolev 不等式是

$$\frac{1}{\pi}\int_{\mathbb{R}^n} |\nabla g(x)|^2 \mathrm{d}m \geqslant \int_{\mathbb{R}^n} |g(x)|^2 \ln\left(\frac{|g(x)|^2}{\|g\|_2^2}\right)\mathrm{d}m, \tag{7}$$

其中 (仅仅这里) $\|g\|_2$ 是 $L^2(\mathbb{R}^n, \mathrm{d}m)$ 的范数. 值得注意的是, 这里的 (7) 不依赖于维数 n. 对数型 Sobolev 不等式的这种形式正是应用于量子场论的原始形式. 在那里, 人们必须对无穷多个变量的函数进行分析, 即, 必须做出关于空间的维数一致的估计, 而对数型 Sobolev 不等式是基本工具.

后来, [Federbush] 独立地从 [Nelson] 的 "超收缩估计" 得到了对数型 Sobolev 不等式. 然而, 全面理解该不等式的当推 [Gross]. 他利用 "两点过程" 的概率思想给出了对数型 Sobolev 不等式的不同证明, 此外他还证明超收缩估计也可以由它得到.

读者会发现虽然 (7) 中未出现自由参数, 但下面简单而形式化的计算指出, 实际上已经选择了度规. 令 $g(x) = \exp\{\pi|x|^2/2\}f(x)$, 并将此函数代入 (7), 由分部积分可以推出关于 f 的下述不等式:

$$\frac{1}{\pi}\int_{\mathbb{R}^n} |\nabla f(x)|^2 \mathrm{d}x \geqslant \int_{\mathbb{R}^n} |f(x)|^2 \ln(|f(x)|^2/\|f\|_2^2)\mathrm{d}x + n\|f\|_2^2, \tag{8}$$

这里的 L^2 范数是关于 Lebesgue 测度的. 读者会注意到, 不等式 (8) 在 x 的伸缩下不是不变的. 因此, 正如下面的定理 (其应用将在 8.18 节中给出), 它可以用一系列的对数型 Sobolev 不等式来替代.

8.14 对数型 Sobolev 不等式

设 f 为 $H^1(\mathbb{R}^n)$ 中的任意函数, $a > 0$ 是任意数, 则

$$\frac{a^2}{\pi} \int_{\mathbb{R}^n} |\nabla f(x)|^2 \mathrm{d}x \geqslant \int_{\mathbb{R}^n} |f(x)|^2 \ln\left(\frac{|f(x)|^2}{\|f\|_2^2}\right) \mathrm{d}x + n(1 + \ln a)\|f\|_2^2. \quad (1)$$

而且, 等号成立当且仅当相差一个平移下, f 是 $\exp\{-\pi|x|^2/2a^2\}$ 的常数倍.

证明　我们的方法是利用最佳形式的 Young 不等式推导 (1) 式, 这类似于 [Federbush] 的思想.

回顾热核 $\mathrm{e}^{t\Delta}f = G_t * f$, 其中 G_t 是 7.9(4) 给出的 Gauss 核. 由 Young 不等式, 如果 $p \leqslant q$, 则 $\mathrm{e}^{t\Delta}f$ 映 $L^p(\mathbb{R}^n)$ 入 $L^q(\mathbb{R}^n)$. 通过对作为 $L^p(\mathbb{R}^n)$ 到 $L^q(\mathbb{R}^n)$ 间映射的热核的最佳不等式 (在 $q = p = 2$ 的点) 求导, 可以得到最佳对数型 Sobolev 不等式 (通常, 对一不等式微分我们得不出什么结果, 但这里可以 —— 以后会证明). 为了计算热核不等式的最佳常数, 利用 4.2 节中的最佳 Young 不等式. 如 4.2(4) 所述,

$$\|\mathrm{e}^{t\Delta}f\|_q \leqslant (C_r C_p/C_q)^n \|g_t\|_r \|f\|_p,$$

其中 $1 + 1/q = 1/r + 1/p$ 且 $C_p^2 = p^{1/p}/p'^{1/p'}$. 容易估计 Gauss 积分 $\|g_t\|_r$, 因此得到

$$\|\mathrm{e}^{t\Delta}f\|_q \leqslant (C_p/C_q)^n \left[\frac{4\pi t}{1/p - 1/q}\right]^{-n(1/p-1/q)/2} \|f\|_p. \quad (2)$$

置 $q = 2$, 再令 $t \to 0$ 以及 $2 > p \to 2$, 且满足

$$t = a^2(1/p - 1/2)/\pi. \quad (3)$$

由 (2) 和 (3), 即得不等式

$$\|f\|_2^2 - \|\mathrm{e}^{t\Delta}f\|_2^2 \geqslant \|f\|_2^2 - \|f\|_p^2 + \left\{1 - [(2a)^{-\pi t/a^2}C_p/C_2]^{2n}\right\}\|f\|_p^2. \quad (4)$$

注意到, $t \to 0$ 时, (4) 的两边都趋于零, 特别地, 常数 $1 - [(2a)^{-\pi t/a^2}C_p/C_2]^{2n}$ 趋于零. 为了使 (4) 中的各个表达式都有意义, 除 $f \in H^1(\mathbb{R}^n)$ 之外, 还假设存在常数 $\delta > 0$, 使得 $f \in L^{2+\delta}(\mathbb{R}^n) \cap L^{2-\delta}(\mathbb{R}^n)$.

进一步注意到, (4) 的左边除以 $2t$ 后, 当 $t \to 0$ 时, 趋于 $\|\nabla f\|_2^2$. 这由定理 7.10 和 $\|e^{t\Delta} f\|_2^2 = (f, e^{2t\Delta} f)$ 得到. 形式地, 对 $\|f\|_p^2$ 关于 p 在 $p = 2$ 处求导, 得到

$$\frac{\mathrm{d}}{\mathrm{d}p}\|f\|_p^2\bigg|_{p=2} = \frac{1}{2} \int_{\mathbb{R}^n} |f(x)|^2 \ln\left(\frac{|f(x)|^2}{\|f\|_2}\right). \tag{5}$$

这里, 积分 $\int_{\mathbb{R}^n} |f|^p$ 的求导运算的依据是: 函数 $p \mapsto t^p$ 是凸的, 因此对于所有 $-\delta \leqslant \varepsilon \leqslant \delta$, 下述不等式成立 (为什么?):

$$\frac{|f(x)|^2 - |f(x)|^{2-\delta}}{\delta} \leqslant \frac{|f(x)|^2 - |f(x)|^{2-\varepsilon}}{\varepsilon} \leqslant \frac{|f(x)|^{2+\delta} - |f(x)|^2}{\delta}.$$

方程 (5) 就由控制收敛定理 (δ 固定) 得到. 因此, 利用 (3), 当 $t \to 0$ 时,

$$\frac{\|f\|_2^2 - \|f\|_p^2}{2t} \to \frac{\pi}{a^2} \int_{\mathbb{R}^n} |f(x)|^2 \ln\left(\frac{|f(x)|^2}{\|f\|_2}\right).$$

直接计算即得

$$\lim_{t \to 0} \frac{1 - [(2a)^{-\pi t/a^2} C_p/C_2]^{2n}}{2t} = n\frac{\pi}{a^2}(1 + \ln a),$$

这就证明了当 $f \in H^1(\mathbb{R}^n) \cap L^{2-\delta}(\mathbb{R}^n) \cap L^{2+\delta}(\mathbb{R}^n)$ 时不等式成立. 一般情形的不等式可由我们多次给过的标准逼近过程得到, 但有一个小小告诫: $\ln|f(x)|^2$ 可能是无界 (上或下) 的. 然而, 对于 $\varepsilon > 0$, $\ln|f(x)|^2 < |f(x)|^\varepsilon$ 对于所有足够大的 $|f(x)|$ 成立. 再结合 f 的 Sobolev 不等式, 就知道积分 $\int_{\mathbb{R}^n} |f|^2 (\ln|f|^2)_+$ 有意义且有限, 因此 (1) 的右边也是有意义的 —— 尽管它有可能是 $-\infty$.

直接验证可知, 定理中给出的函数使对数型 Sobolev 不等式的等号成立. 由于它们来自 4.2(3), 因此这里并不感到意外. 要证明只有这些函数才使等号成立, 那是比较难的, 建议读者参考 [Carlen]. ■

8.15 压缩半群简介

本节开始, 我们将对热方程进行很多讨论. 之所以要这样做, 是因为热方程在分析学的许多领域中起了中心的作用, 并且所用到的技巧简单精致, 此外它还是前几节所提到的某些思想的很好的例子. 为了使陈述简单明了, 有些过程仅做简要介绍.

热核 7.9(4) 是**半群**的最简单的例子. 显然, 方程 7.9(7) 是线性方程, 而 $e^{t\Delta}$ 是热方程在如下意义的 "算子值" 解: 对每个初值条件 f, 解 g_t 由 $e^{t\Delta} f$ 给出, 即

热核作用到函数 f 上. 这个关系可以写成很形象的公式, 也就是

$$\frac{\mathrm{d}}{\mathrm{d}t}\mathrm{e}^{t\Delta} = \Delta\mathrm{e}^{t\Delta}, \tag{1}$$

这类似于处理线性常微分方程的有限维系统时的公式, 在那里, $\mathrm{e}^{t\Delta}$ 换成与 t 有关的矩阵 P_t. 读者应当熟悉下述事实: $t \mapsto P_t$ 是矩阵的连续**单参数群**, 即 P_0 是恒等矩阵, 且对所有实数 s,t, $P_{s+t} = P_sP_t$. 特别地, P_{-t} 是 P_t 的逆矩阵. 容易验证, 热核 7.9(4) 也满足所有这些性质 (除了可逆性). $\mathrm{e}^{t\Delta}$ 的逆是没有定义的, 因为给定 $t = 0$ 的初值 f, 一般地说, 热方程对于 $t < 0$ 无解. 正因为如此, 通常称 $\mathrm{e}^{t\Delta}$ 为热半群. 由定理 4.2 (Young 不等式), 热核实际上是 $L^2(\mathbb{R}^n)$ 上的**压缩半群**, 即, 若记 $g_t := P_tf$, 则

$$\|g_t\|_2 \leqslant \|f\|_2 \tag{2}$$

对所有 $t \geqslant 0$ 成立.

热半群启发人们对压缩半群的一般定义. 这个概念的作用将在 8.17 节中说明. 为了让事情简单且有用, 我们将考虑 $L^2(\Omega, \mu)$, 其中 Ω 是一个 σ-有限测度空间, 例如带 Lebesgue 测度的 $\mathbb{R}^n$.

$L^2(\Omega, \mu)$ 上的**压缩半群**定义为 $L^2(\Omega, \mu)$ 中满足下述条件的一族线性算子 P_t (即 $P_t(af + bg) = aP_tf + bP_tg$) 的集合:

a) $P_{t+s}f = P_t(P_sf) = P_s(P_tf)$, 对所有 $s, t \geqslant 0$; $\tag{3}$

b) 函数 $t \mapsto P_tf$ 在 $L^2(\Omega, \mu)$ 上连续, 即

$$\|P_tf - P_sf\|_2 \to 0, \quad \text{当} t \to s; \tag{4}$$

c) $P_0f = f$; $\tag{5}$

d) $\|P_tf\|_2 \leqslant \|f\|_2$. $\tag{6}$

前三个条件定义了一个半群, 而最后一个条件定义了压缩性质. 这样的算子族也可以在更一般情形下考虑, 即将 $L^2(\Omega, \mu)$ 替换为某个 Banach 空间, 但我们不想在这方面推广.

每个压缩半群都有一个**生成元**, 即, 存在一般不连续的 (即不是有界的) 线性映射 $L : L^2(\Omega, \mu) \to L^2(\Omega, \mu)$, 使得

$$\frac{\mathrm{d}}{\mathrm{d}t}P_t = -LP_t \quad \text{或} \quad \frac{\mathrm{d}}{\mathrm{d}t}g_t = -Lg_t. \tag{7}$$

上述公式的作用范围仅限于如下的 f, 即 $g_t := P_tf \in D(L)$, 其中 $D(L)$ 是生成元 L 的**定义域**, 其定义为使极限

$$\lim_{t \to 0}\frac{P_th - h}{t} =: -Lh \tag{8}$$

在 $L^2(\Omega,\mu)$ 范数意义下存在的函数 h 全体 (例如可以牢记的一个例子是 $L = -\Delta$, 而 $D(L)$ 由所有使得 Δf (在分布意义下) 属于 $L^2(\Omega)$ 的函数所组成). (7) 中的负号是为了方便而引进的. 可以证明 $D(L)$ 在 $L^2(\Omega,\mu)$ 中稠密, 且它在半群 P_t 下不变 (因为 $[P_t(P_s h) - P_s h]/t = P_s[P_t h - h]/t$), 容易知道, 一旦初值条件 $f \in D(L)$, 那么对所有 t, $g_t \in D(L)$. 最后, 还剩下连续性, 即在赋予范数 $\|f\| := (\|f\|_2^2 + \|Lf\|_2^2)^{1/2}$ 后, $D(L)$ 是 Hilbert 空间 (2.21 节).

压缩性质 (6) 的一个直接推论是, 对所有函数 $f \in D(L)$,

$$\mathrm{Re}(f, Lf) \geqslant 0, \tag{9}$$

这是因为 $\mathrm{Re}(f, P_t f - f) \leqslant |(f, P_t f)| - (f, f) \leqslant \|f\|_2\{\|P_t f\|_2 - \|f\|_2\}$. 通常将 $L^2(\Omega, \mathrm{d}\mu)$ 中的内积表示为 $(\cdot, \cdot)$.

首先, 最重要的问题是刻画作为压缩半群生成元的那些线性映射 L. Hille 和 Yosida 的主要定理给出了 L 生成压缩半群 P_t 的充要条件, 从而给出了 (7) 定义的初值问题在 $L^2(\Omega,\mu)$ 中的唯一解. 其精确的叙述和证明在 [Reed-Simon, 第二卷] 中可以找到.

关于 (7) 还有一点要注意, 那就是, 对任意初值条件 $f \in L^2(\Omega,\mu)$, $g_t := P_t f$ 总是 $L^2(\Omega,\mu)$ 中的函数. 然而, 它可能不满足 (7), 因此讨论 (7) 时, 我们要求 $f \in D(L)$. 对于热方程 7.9(7), 我们是幸运的, 因为对所有 $t > 0$, P_t 把 $L^2(\mathbb{R}^n)$ 映入 $D(L)$. 但要注意, 这样好的性质并非对于所有压缩半群都成立.

继续考虑热方程, 下述两个额外的假设是自然的, 即 P_t 也是 $L^1(\Omega,\mu)$ 中的压缩算子,

$$\|P_t f\|_1 \leqslant \|f\|_1, \tag{10}$$

以及 P_t 是**对称的**,

$$(g, P_t f) = (P_t g, f), \quad \text{其中 } f, g \in L^2(\Omega,\mu). \tag{11}$$

(11) 的简单推论是: 对 $D(L)$ 中的任一函数 f 和 g,

$$(g, Lf) = (Lg, f), \tag{12}$$

从而 (9) 简化为

$$(f, Lf) \geqslant 0. \tag{13}$$

8.16　Nash 不等式和光滑估计的等价性

设 P_t 是 $L^2(\Omega, \mathrm{d}\mu)$ 上的压缩半群, 其中 Ω 是 σ-有限测度空间, 而 μ 为某测度. 假设 P_t 是对称的, 也在 $L^1(\Omega, \mathrm{d}\mu)$ 中压缩, 且生成元为 L. 令 γ 是 0 和 1 之间的某一固定数, 则下列两个命题等价 (C_1 和 C_2 为仅与 γ 有关的正数):

$$\|P_t f\|_\infty \leqslant C_1 t^{-\gamma/(1-\gamma)} \|f\|_1, \qquad f \in L^1(\Omega, \mathrm{d}\mu), \tag{1}$$

$$\|f\|_2^2 \leqslant C_2 (f, Lf)^\gamma \|f\|_1^{2(1-\gamma)}, \quad f \in L^1(\Omega, \mathrm{d}\mu) \cap D(L). \tag{2}$$

注　(1) 方程 (2) 是 Nash 不等式 8.13(2) 的抽象形式. 假若 $L = -\Delta$, 则如同在热半群中, (f, Lf) 正好就是 $\|\nabla f\|_2$, 以及对于 $\gamma = n/(n+2)$, (2) 式成立.

(2) 不等式 (1) 称为光滑估计, 因为它指出, 即使对任意小的 t, P_t 将一个 $L^1(\Omega, \mu)$ 无界函数映为一个 $L^\infty(\Omega, \mu)$ 函数.

证明　首先证明 (2) 导出 (1). 考虑解 $g_t = P_t f$, 初值 f 属于 $L^1(\Omega, \mathrm{d}\mu) \cap D(L)$. 令 $X(t) = \|g_t\|_2^2$ 且计算出

$$\frac{\mathrm{d}}{\mathrm{d}t} X = -2(g_t, Lg_t). \tag{3}$$

由不等式 (2) 得到估计

$$\frac{\mathrm{d}}{\mathrm{d}t} X \leqslant -2C_2^{-1/\gamma} \|g_t\|_1^{-2(1-\gamma)/\gamma} \|g_t\|_2^{2/\gamma}.$$

由于 P_t 是 L^1 压缩的, 即 $\|g_t\|_1 \leqslant \|f\|_1$, 故有以下微分不等式

$$\frac{\mathrm{d}}{\mathrm{d}t} X \leqslant -2C_2^{-1/\gamma} \|f\|_1^{-2(1-\gamma)/\gamma} X^{1/\gamma}, \tag{4}$$

后者易求其解 (如何求?) 而得到不等式

$$X(t) \leqslant C_3 t^{-\gamma/(1-\gamma)} \|f\|_1^2, \tag{5}$$

其中

$$C_3 = \left(\frac{\gamma}{2(1-\gamma)} C_2^{1/\gamma} \right)^{\gamma/(1-\gamma)}. \tag{6}$$

注意到, (4) 中 X 的幂仅与 γ 有关, 但它决定了关于时间的衰减性. 不等式 (2) 中的常数与衰减的幂指数 (即 $\frac{\gamma}{1-\gamma}$) 无关. 不等式 (5) 对 $D(L) \cap L^1(\Omega, \mathrm{d}\mu)$ 中的所有函数成立, 从而由连续性, 可以延拓至所有的 $L^1(\Omega, \mathrm{d}\mu)$ 函数. 因此, 我们已经证明了

$$\|g_t\|_2^2 \leqslant C_3 t^{-\gamma/(1-\gamma)} \|f\|_1^2 \tag{7}$$

对所有初值条件 $f \in L^1(\Omega, \mathrm{d}\mu)$ 成立.

不等式 (7) 可进一步推出 g_t 的 $L^\infty(\Omega, \mathrm{d}\mu)$ 范数的估计. 对 $L^2(\Omega, \mathrm{d}\mu) \cap L^1(\Omega, \mathrm{d}\mu)$ 中的所有函数 h, 由半群的对称性, 得到

$$|(h, g_t)| = |(h, P_{t/2}g_{t/2})| = |(P_{t/2}h, g_{t/2})|.$$

从而上式的上界可由下式控制

$$\|P_{t/2}h\|_2\|g_{t/2}\|_2 \leqslant C_3(t/2)^{-\gamma/(1-\gamma)}\|f\|_1\|h\|_1. \tag{8}$$

对 $|(h, g_t)|$ 关于函数 $h \in L^1(\Omega, \mathrm{d}\mu)(\|h\|_1 = 1)$ 取上确界, 由定理 2.14 和测度空间的 σ-有限性, 可得

$$\|g_t\|_\infty \leqslant C_3(t/2)^{-\gamma/(1-\gamma)}\|f\|_1. \tag{9}$$

即该半群将 $L^1(\Omega, \mathrm{d}\mu)$ 映入 $L^\infty(\Omega, \mathrm{d}\mu)$, 范数与 t 的行为有关, 即 (1) 成立.

为了证明其逆, 即 (1) 导出 (2), 注意到对任意 $f \in D(L)$ 和 $T > 0$,

$$\|g_T\|_2^2 - \|f\|_2^2 = -2\int_0^T (g_t, Lg_t)\mathrm{d}t.$$

因为 g_t 属于 $D(L)$, 函数 $t \mapsto (g_t, Lg_t)$ 是可微的且其导数为 $-2\|Lg_t\|_2^2$, 它是负的. 从而函数 $t \mapsto (g_t, Lg_t)$ 递减且 $(g_t, Lg_t) \leqslant (f, Lf)$. 因此, $\|g_T\|_2^2 - \|f\|_2^2 \geqslant -2T(f, Lf)$, 换言之,

$$(f, Lf) \geqslant \frac{1}{2T}\left[\|f\|_2^2 - \|g_T\|_2^2\right]. \tag{10}$$

由 (1) 及 $L^1(\Omega, \mathrm{d}\mu)$ 的压缩性可知

$$\|g_T\|_2^2 \leqslant \|g_T\|_\infty\|g_T\|_1 \leqslant C_1 T^{-\gamma/(1-\gamma)}\|f\|_1^2.$$

以此代入 (10), 再对该不等式关于 T 极大化, 即得不等式 (2). ■

8.17 在热方程上的应用

如前所述, 在上述定理意义下的热核光滑估计可以从 7.9(5) 直接推出, 即,

$$\|g_t\|_\infty \leqslant (4\pi t)^{-n/2}\|f\|_1. \tag{1}$$

然而, 也存在着没有解的基本表示的情形, 正是这种情形使得上述推理备受人们关注.

本节将在 $\mathbb{R}^n$ 中考虑一类变系数的广义热方程

$$\frac{\mathrm{d}}{\mathrm{d}t}g_t(x) = \sum_{i,j=1}^{n}\partial_i A_{ij}(x)\partial_j g_t(x) = \mathrm{div}A(x)\nabla g_t(x) =: -(Lg_t)(x). \qquad (2)$$

我们的目的是要推导出类似 (1) 的对方程 (2) 解的光滑估计, 对 t 的依赖关系与 (1) 相同, 但常数稍差.

方程 (2) 描述了一种媒介中的热流, 该媒介的导热率是变化的, 甚至沿不同方向也可能是不同的. 矩阵 $A(x)$ 是实对称的, 并假设其元素有界且具有无穷次可微的有界导数. 需要强调的是, 这些要求是很高的, 它在引入新的概念后, 这些要求可以降低, 而这已超出本书的范畴.

一个重要的假设是, 这个矩阵 $A(x)$ 满足**一致椭圆条件**, 即存在数 $\sigma > 0$ 和 $\rho > 0$ (称为**椭圆常数**), 使得对任意向量 $\eta \in \mathbb{R}^n$,

$$\rho(\eta,\eta) \geqslant (\eta, A(x)\eta) \geqslant \sigma(\eta,\eta), \qquad (3)$$

其中 $(\cdot,\cdot)$ 表示 $\mathbb{R}^n$ 中的标准内积.

显然, L 对于 $H^2(\mathbb{R}^n)$ 中所有函数有定义. 前面提到的 (但没有证明) Hille-Yosida 定理, 指出了 L 是 $L^2(\mathbb{R}^n)$ 中一个对称的压缩半群 P_t 的生成元, 且其定义域为 $H^2(\mathbb{R}^n)$. 因此, 对所有初值条件 $f \in H^2(\mathbb{R}^n)$, (2) 成立.

其次, 证明 P_t 也是 $L^1(\mathbb{R}^n)$ 中的压缩半群, 这个证明有点困难. 在证明 Kato 不等式 (第七章的习题) 的一步中是要证明, 对任意满足 $Lf \in L^1_{\mathrm{loc}}(\mathbb{R}^n)$ 的函数 $f \in L^1_{\mathrm{loc}}(\mathbb{R}^n)$,

$$Lf^\varepsilon \leqslant \mathrm{Re}\left(\frac{\bar{f}}{f^\varepsilon}Lf\right) \qquad (4)$$

在分布意义下成立. 这里 $f^\varepsilon(x) = \sqrt{|f(x)|^2 + \varepsilon^2}$. 特别地, 对所有函数 $f \in H^2(\mathbb{R}^n)$, 不等式 (4) 成立 (还是在分布意义下).

对任意非负函数 $\phi \in C_c^\infty(\mathbb{R}^n)$, 计算得

$$\frac{\mathrm{d}}{\mathrm{d}t}(g_t^\varepsilon, \phi) = \left(\mathrm{Re}\left(\frac{\bar{g}_t}{g_t^\varepsilon}\frac{\mathrm{d}}{\mathrm{d}t}g_t\right),\phi\right) = -\left(\mathrm{Re}\left(\frac{\bar{g}_t}{g_t^\varepsilon}Lg_t\right),\phi\right) \leqslant -(g_t^\varepsilon, L\phi). \qquad (5)$$

(左边的等式需要验证, 我们把它作为练习. 注意到, 由于 g_t 有 t 的强导数, 可以利用定理 2.7 得到差商在受控方式下点态收敛于 $-Lg_t$.) 由于函数 g_t^ε 局部地属于 $L^2(\mathbb{R}^n)$ 且在无穷远处有界, 假若令 $\phi(x) = \phi_R(x) := \exp[-\sqrt{1+|x|^2}/R]$, 即使 ϕ 没有紧支集, 不等式

$$\frac{\mathrm{d}}{\mathrm{d}t}(g_t^\varepsilon, \phi) \leqslant -(g_t^\varepsilon, L\phi) \qquad (6)$$

也成立, 容易算出

$$\frac{-L\phi_R(x)}{\phi_R(x)} = \frac{-1}{R\sqrt{1+r^2}}\left\{\sum_{i,j=1}^{n} x_j \partial_i A_{ij}(x) + \sum_{i=1}^{n} A_{ii}\right\}$$
$$+ \frac{(x, A(x)x)}{R(1+r^2)}\left(\frac{1}{R} + \frac{1}{\sqrt{1+r^2}}\right), \tag{7}$$

其中 $r = |x|$. 由上式, 以及矩阵 $A(x)$ 的元素具有有界导数的假设, 立即可得

$$-L\phi_R(x) \leqslant \frac{C}{R}\phi_R(x)$$

对某个与 R 无关的常数 C 成立, 因此可得微分不等式

$$\frac{\mathrm{d}}{\mathrm{d}t}(g_t^\varepsilon, \phi_R) \leqslant \frac{C}{R}(g_t^\varepsilon, \phi_R).$$

这等价于 $(g_t^\varepsilon, \phi_R)\exp[-Ct/R]$ 是 t 的非增函数. 通过取 $\varepsilon \to 0$ (以及利用控制收敛定理), 对于函数 $(|g_t|, \phi_R)\exp[-Ct/R]$ 成立同样的结论, 因此

$$(|g_t|, \phi_R) \leqslant \exp[Ct/R](|f|, \phi_R).$$

由于 $f \in L^1(\mathbb{R}^n)$, 令 $R \to \infty$, 由控制收敛定理推出

$$\|g_t\|_1 \leqslant \|f\|_1. \tag{8}$$

这就是想要的 P_t 的 $L^1(\mathbb{R}^n)$ 压缩性质.

由分部积分, 椭圆常数直接将 (f, Lf) 和 f 的梯度范数联系在一起, 即,

$$\rho\|\nabla f\|_2^2 \geqslant (f, Lf) = \int_{\mathbb{R}^n}(\nabla f, A\nabla f) \geqslant \sigma\|\nabla f\|_2^2,$$

因此, 应用 Nash 不等式 (定理 8.13), 可得对任意 $f \in L^1(\mathbb{R}^n)$,

$$\|f\|_2^{2+4/n} \leqslant C_n^2\|\nabla f\|_2^2\|f\|_1^{4/n} \leqslant C_n^2\sigma^{-1}(f, Lf)\|f\|_1^{4/n}. \tag{9}$$

由定理 8.16, 推出 (1) 定义的半群满足光滑性估计

$$\|g_t\|_\infty \leqslant D_n t^{-n/2}\|f\|_1. \tag{10}$$

这就是我们的目的.

从 (8) 可以获得两个有趣事实 (这里叙述是为了本章后面要用), 第一个是, 对任意初值条件 $f \in L^1(\mathbb{R}^n)$,

$$\int_{\mathbb{R}^n} g_t(x)\mathrm{d}x \ \text{与} \ t \ \text{无关}. \tag{11}$$

这可从 $\frac{\mathrm{d}}{\mathrm{d}t}(g_t, \phi) = (g_t, L\phi)$ 得到, 其中 $\phi \in C_c^\infty(\mathbb{R}^n)$. 假若取 $\phi(x) = \psi_R(x) = \psi(x/R)$, 其中 $\psi(x)$ 是在半径为 2 的球外面为零, 而在半径为 1 的球内部恒为 1 的 $C_c^\infty(\mathbb{R}^n)$ 函数, 则显然有 $L\psi_R$ 一致有界且当 $R \to \infty$ 时, 处处收敛于零. 由于 $g_t \in L^1(R^n)$, 故可令 $R \to \infty$, 从而得所要结论 (11).

第二个有趣事实是 $L^1(\mathbb{R}^n)$ 压缩性质的推论. 与 (1) 相关的半群 P_t 是保正的, 即若初值条件 f 是一个非负函数, 则解 g_t 也是, 这等于说负部 $[g_t]_-$ 必须为零, 这从下式即得

$$\begin{aligned}
\int_{\mathbb{R}^n} ([g_t]_+(x) + [g_t]_-(x))\mathrm{d}x &= \int_{\mathbb{R}^n} |g_t(x)|\mathrm{d}x \leqslant \int_{\mathbb{R}^n} f(x)\mathrm{d}x \\
&= \int_{\mathbb{R}^n} g_t(x)\mathrm{d}x = \int_{\mathbb{R}^n} ([g_t]_+(x) - [g_t]_-(x))\mathrm{d}x.
\end{aligned}$$

8.18　通过对数型 Sobolev 不等式导出热核

8.14(1) 的内容非常丰富, 仅从它, 再根据 [Davies-Simon] 的两个思想就可以引出热核. 利用上述思想推出具最佳常数的不等式以及 7.9(7) 的精确热核, 是由 [Carlen-Loss, 1995] 指出的.

作为第一个练习, 我们用对数型 Sobolev 不等式组, 证明热方程 7.9(7) 解的最佳估计, 即对任意 $T > 0$,

$$\|g_T\|_\infty \leqslant (4\pi T)^{-n/2}\|g_T\|_1. \tag{1}$$

在上一节, 已经知道 $f \mapsto g_t$ 是保正的, 从而只需对正函数证明 (1) 成立. 设 $p(t)$ 是 t 的单调递增的光滑函数, 满足 $p(0) = 1$ 和 $p(T) = \infty$. 我们稍后方便之时选取 $p(t)$. 简单计算, 即得

$$\begin{aligned}
p(t)^2 \|g_t\|_{p(t)}^{p(t)} \frac{\mathrm{d}}{\mathrm{d}t} \|g_t\|_{p(t)} &= \frac{\mathrm{d}p(t)}{\mathrm{d}t} \int_{\mathbb{R}^n} g_t(x)^{p(t)} \ln\left(g_t(x)^{p(t)}/\|g_t\|_{p(t)}^{p(t)}\right)\mathrm{d}x \\
&\quad + p(t)^2 \int_{\mathbb{R}^n} g_t(x)^{p(t)-1} \frac{\mathrm{d}}{\mathrm{d}t} g_t(x)\mathrm{d}x. \tag{2}
\end{aligned}$$

对 (2) 的右边利用热方程和分部积分, 可得

$$\frac{\mathrm{d}p(t)}{\mathrm{d}t} \int_{\mathbb{R}^n} g_t(x)^{p(t)} \ln \left(g_t(x)^{p(t)}/\|g_t\|_{p(t)}^{p(t)}\right) \mathrm{d}x - p(t)^2 \int_{\mathbb{R}^n} \nabla \left(g_t(x)^{p(t)-1}\right) \nabla g_t(x) \mathrm{d}x.$$

事实上, 由于

$$4(p(t)-1)|\nabla g_t(x)^{p(t)/2}|^2 = p(t)^2 \nabla \left(g_t(x)^{p(t)-1}\right) \nabla g_t(x),$$

最后我们就得到了以下等式

$$p^2 \|g_t\|_{p(t)}^{p(t)} \frac{\mathrm{d}}{\mathrm{d}t} \|g_t\|_{p(t)} = \frac{\mathrm{d}p(t)}{\mathrm{d}t} \int_{\mathbb{R}^n} g_t(x)^{p(t)} \ln \left(g_t(x)^{p(t)}/\|g_t\|_{p(t)}^{p(t)}\right) \mathrm{d}x$$
$$+ 4(p(t)-1) \int_{\mathbb{R}^n} |\nabla g_t(x)^{p(t)/2}|^2 \mathrm{d}x.$$

如果取 $a = 4\pi(p(t)-1)/(\mathrm{d}p(t)/\mathrm{d}t) > 0$, 则可以由对数型 Sobolev 不等式得到

$$\frac{\mathrm{d}}{\mathrm{d}t} \ln \|g_t\|_{p(t)} \leqslant -\frac{n}{p(t)^2} \frac{\mathrm{d}p(t)}{\mathrm{d}t} \left(1 + \frac{1}{2} \ln \left[\frac{4\pi(p(t)-1)}{\mathrm{d}p(t)/\mathrm{d}t}\right]\right). \tag{3}$$

两边同时从 0 到 T 积分, 我们得到不等式

$$\|g_t\|_\infty \leqslant \exp \left\{-\int_0^T \frac{n}{p(t)^2} \frac{\mathrm{d}p(t)}{\mathrm{d}t} \left(1 + \frac{1}{2} \ln \left[\frac{4\pi(p(t)-1)}{\mathrm{d}p(t)/\mathrm{d}t}\right]\right) \mathrm{d}t\right\} \|f\|_1. \tag{4}$$

取 $p(t) = T/(T-t)$, 容易计算该不等式右边的积分等于 $-(n/2)\ln(4\pi T)$, 这就证明了不等式 (1). 显然这是最佳的, 因为另一方向的界可以通过取 7.9(5) 中的 f 为 δ 函数来得到.

坦率说, 为了突出基本概念, 我们有意忽略了一些步骤. 事实上我们仅仅知道 g_t 是 $L^1(\mathbb{R}^n) \cap L^2(\mathbb{R}^n)$ 函数, 因此 (2) 中的计算只能在 $p(t) > 2$ 时才是合法的. 解决这个问题的一个方法是令 $p(T) = 2$ 而不是 $p(T) = \infty$, 也就是说, 令 $p(t) = 2T/(2T-t)$. 于是, 我们从 (4) 中得到 $\|g_T\|_2 \leqslant (8\pi T)^{-n/2}\|g_T\|_1$. 最后, 利用 8.16(7) 到 8.16(9) 的对偶论证就得到了 (1).

读者可能会提出质疑: 仅从对数型 Sobolev 不等式推导了 (1), 却没有得到积分核 7.9(4) 和表示式 7.9(5). 但此缺点将在下面的第二步中得到弥补.

首先, 我们证明光滑性估计 (1) 导致热方程的解能用积分核 $P_t(x, y)$ 表示. 先给出一个注记: 对于固定的 t, 解 g_t 是连续函数. 为证明这一点, 注意到, 如果 $f \in C_c^\infty(\mathbb{R}^n)$, 则 $g_t \in C^\infty(\mathbb{R}^n)$, 这是因为微分与热方程可以交换. 现在, 选取任意函数列 $f^j \in C_c^\infty(\mathbb{R}^n)$ 满足: 当 $j \to \infty$ 时, $\|f - f^j\|_1 \to 0$. 由 (1), 相应的连续

函数 g_t^j 组成了 $L^\infty(\mathbb{R}^n)$ 中的柯西序列, 从而收敛到某个连续函数, 它必定是 g_t (因为 $f \mapsto g_t$ 是 $L^1(\mathbb{R}^n)$ 中的一个压缩映射).

由于 $x \mapsto g_t(x)$ 是连续的, 所以 $g_t(x)$ 对所有的 x 都有定义, 从而对每个固定 x, 泛函 $f \mapsto g_t(x)$ 是 $L^1(\mathbb{R}^n)$ 上的有界线性泛函. 根据定理 2.14 (L^p 的对偶), 存在函数 $P_t(x,y) \in L^\infty(\mathbb{R}^n)$ (对于每一个固定的 x), 使得

$$g_t(x) = \int_{\mathbb{R}^n} P_t(x,y) f(y) \mathrm{d}y. \tag{5}$$

不难证明 $P_t(x,y) \geqslant 0$ 且 $P_t(x,y) = P_t(y,x)$, 因而将注意力集中在计算 $P_t(x,y)$.

为此, 利用已在热核界的研究中广泛使用的 [Davies] 论证方法. 选取任意非负函数 $f \in C_c^\infty(\mathbb{R}^n)$, 并考虑函数 $f^\alpha(x) := \mathrm{e}^{\alpha \cdot x} f(x)$, 其中 α 是 $\mathbb{R}^n$ 中任意取定向量. 显然, f^α 属于 $C_c^\infty(\mathbb{R}^n)$; 现在求解以此为初值的热方程, 并表示为 g_t^α. 通过简单的计算可以验证函数 $h_t^\alpha(x) = \mathrm{e}^{-\alpha \cdot x} g_t^\alpha(x)$ 是下述方程

$$\frac{\mathrm{d}}{\mathrm{d}t} h_t^\alpha = \Delta h_t^\alpha + 2\alpha \cdot \nabla h_t^\alpha + |\alpha|^2 h_t^\alpha$$

的解.

现在, 重复以前推导不等式 (1) 过程中的步骤, 要注意, 虽然出现了 $\alpha \cdot \nabla h_t^\alpha$ 这一项, 但它对 (2) 不起作用. 理由是 (2) 右边所得到的额外项是

$$p(t)^2 \int_{\mathbb{R}^n} (h_t^\alpha)^{p-1} \alpha \cdot \nabla h_t^\alpha,$$

而这是一个导数的积分, 故它为零, 从而

$$\|h_t^\alpha\|_\infty \leqslant (4\pi t)^{-n/2} \mathrm{e}^{|\alpha|^2 t} \|h_t^\alpha\|_1. \tag{6}$$

由于热核是用有界函数 $P_t(x,y)$ 给出的, 故从 (6) 即得

$$\mathrm{e}^{-\alpha \cdot x} P_t(x,y) \mathrm{e}^{\alpha \cdot y} \leqslant (4\pi t)^{-n/2} \mathrm{e}^{|\alpha|^2 t},$$

稍加变形得

$$P_t(x,y) \leqslant (4\pi t)^{-n/2} \exp\{\alpha \cdot (x-y) + |\alpha|^2 t\}. \tag{7}$$

由向量 α 的任意性, 可对 (7) 的右边进行最优化, 即得

$$0 < P_t(x,y) \leqslant (4\pi t)^{-n/2} \exp\left\{ -\frac{|x-y|^2}{4t} \right\}. \tag{8}$$

由于 (8) 式两边的积分都为 1, 故它们几乎处处相等. 因此, (8) 中的 "$\leqslant$" 是等号, 从而由对数型 Sobolev 不等式得到的 (6) 的界, 导致了热核的存在性及其精确表达式.

习题

1. 设 Ω 是 $\mathbb{R}^n$ 中的真开子集, 对 $H_0^1(\Omega)$ (见 7.6 节) 证明 Sobolev 不等式 8.3(1) 成立, 且其最佳常数与 8.3(2) 给出的相同. 再证明: 不同于 $\mathbb{R}^n$ 情形, $H_0^1(\Omega)$ 中不存在函数使等式成立.

2. 假若把 $H_0^1(\Omega)(\Omega \subset \mathbb{R}^n)$ 定义为在集合 Ω 外为 0 的 $H^1(\mathbb{R}^n)$ 函数全体, 那么对这样的定义, 会遇到什么困难? 试对每个 n, 各给出一个例子, 以说明该定义的答案是正确和不正确的.

   ▶ 提示: 考虑 $H_0^1(\Omega)$, 其中 $\Omega = (-1,1) \sim \{0\}$, 描述该空间的所有函数.

3. 定理 8.10 的推广 (平移后的非零弱收敛): 该定理是对 $W^{1,p}(\mathbb{R}^n)$ 序列叙述的, 但文献 [Blanchard-Brüning, 引理 9.2.11] 指出, 它在更大的空间 $D^{1,p}(\mathbb{R}^n)$ 中也成立 (见 8.2 节中的注记 (1)), 证明此推广.

4. 一个在 $L^2((0,\infty),\mathrm{d}x)$ 上非对称的半群例子是 $(P_t f)(x) = f(x + at)$, 其中 $a \in \mathbb{R}$, 证明它是压缩半群. 生成元及其定义域是什么?

第九章 位势理论与 Coulomb 能量

9.1 引言

位势理论这个主题可以追溯到 Newton 的万有引力理论以及与位势函数 Φ 有关的数学问题. 在三维时, Φ 是由一个源函数 f 通过下式产生的,

$$\Phi(x) = \int_{\mathbb{R}^3} |x - y|^{-1} f(y) \mathrm{d}y. \tag{1}$$

$\mathbb{R}^3$ 的情形推广到 $\mathbb{R}^n (n \geqslant 3)$ 时, (1) 中的 $|x-y|^{-1}$ 要换成 $|x-y|^{2-n}$; 而当 $n = 2$ 时, 则换为 $\ln|x-y|$ (参考 6.20 (Green 函数的分布 Laplace 算子)). 对万有引力情形, $f(x)$ 可视为在 x 点的质量密度的相反数. 若上推一个世纪,[①] 可令 $f(x)$ 为点 x 的电荷密度, $\Phi(x)$ 即为 f 的 **Coulomb 位势** (在高斯单位下).

相应于 Φ 的 **Coulomb 能量**, 对 $L^1_{\mathrm{loc}}(\mathbb{R}^n)$ 中的复值函数 f, g 以及 $\mathbb{R}^n (n \geqslant 3)$, 可用下式定义

$$D(f, g) := \frac{1}{2} \int_{\mathbb{R}^n} \int_{\mathbb{R}^n} \bar{f}(x) g(y) |x - y|^{2-n} \mathrm{d}x \mathrm{d}y. \tag{2}$$

我们假定它绝对收敛, 或是 f, $g > 0$. 在后一种情形下, $D(f, g)$ 总有定义, 尽管它有可能为 $+\infty$.

[①]译者注: 指在经典电动力学中.

从物理上看, $D(f,f)$ 在 $n=3$ 时是电荷密度 f 的物理能量, 这是从 "无穷小" 电荷聚集成 f 所需的能量. 在万有引力情形, 物理能量是 $-GD(f,f)$, 其中 G 是 Newton 万有引力常数, f 是质量密度.

我们对 Φ 的研究将推迟到 9.6 节, 先介绍下调和函数以及上调和函数的定义和性质, 因为这些函数是研究 Φ 的一个自然的函数类. 对这些函数的研究称为位势理论.

9.2 调和、下调和以及上调和函数的定义

设 Ω 是 $\mathbb{R}^n(n \geqslant 1)$ 的开子集, $f : \Omega \to \mathbb{R}$ 是 $L^1_{\mathrm{loc}}(\Omega)$ 函数, 这里 f 是一个确定的 Borel 可测函数, 而非等价类. 对于中心在 $x \in \mathbb{R}^n$、半径为 R 的开球 $B_{x,R} \subset \Omega$, 体积记为 $|B_{x,R}|$. 以

$$\langle f \rangle_{x,R} := |B_{x,R}|^{-1} \int_{B_{x,R}} f(y)\mathrm{d}y \tag{1}$$

表示 f 在 $B_{x,R}$ 上的平均. 函数 f 称为 (在 Ω 上) 是**下调和**的, 是指对于几乎处处 $x \in \Omega$,

$$f(x) \leqslant \langle f \rangle_{x,R} \tag{2}$$

对所有使 $B_{x,R} \subset \Omega$ 的实数 R 成立. 若不等式 (2) 反向 (即 $-f$ 是下调和的), 称 f 是**上调和**的. 若 (2) 是等式, 即对于几乎处处 $x \in \Omega$, $f(x) = \langle f \rangle_{x,R}$ 成立, 则称 f 是**调和**的.

因为 f 是 Borel 可测的, 所以 f 限制在球面是在球面上 $(n-1$ 维) 可测的. 中心在 x、半径为 R 的球面记做 $S_{x,R} = \partial B_{x,R}$. 若 f 在 $S_{x,R} \subset \Omega$ 上可积, 记它的平均为

$$[f]_{x,R} = |S_{x,R}|^{-1} \int_{S_{x,R}} f(y)\mathrm{d}y = |\mathbb{S}^{n-1}|^{-1} \int_{\mathbb{S}^{n-1}} f(x+R\omega)\mathrm{d}\omega. \tag{3}$$

这里 $\mathbb{S}^{n-1}$ 是 $\mathbb{R}^n$ 中的单位球面, $|\mathbb{S}^{n-1}|$ 为它的 $n-1$ 维面积; $|S_{x,R}|$ 为 $S_{x,R}$ 的面积.

由 Fubini 定理 (同时利用极坐标) 可知, 任意固定 $x \in \Omega$, 对几乎处处的 R, f 在球面 $S_{x,R}$ 上可积. 对于任意 $x \in \Omega$, 令 $R_x = \sup\{R : B_{x,R} \subset \Omega\}$, 在 $0 < r < R_x$ 上定义的函数 $[f]_{x,r}$ 是 r 的可积函数.

回忆 1.5 节与习题 1.2 中上半连续和下半连续函数的定义, 以及 6.22 节中出现的在 $D'(\Omega)$ 下 $\Delta f \geqslant 0$ 的含义.

9.3 调和、下调和以及上调和函数的性质

设 $f \in L^1_{\mathrm{loc}}(\Omega)$, 其中 $\Omega \subset \mathbb{R}^n$ 是开的, 则分布 Laplace 满足

$$\Delta f \geqslant 0 \;\Leftrightarrow\; f \text{ 是下调和的.} \tag{1}$$

若 f 是下调和的, 则存在唯一的函数 $\tilde{f} : \Omega \to \mathbb{R} \cup \{-\infty\}$ 满足:

• 对于几乎处处 $x \in \Omega$, $\tilde{f}(x) = f(x)$.

• $\tilde{f}$ 是上半连续的. (注意到即使 f 是有界的也未必存在与 f 几乎处处相等的连续函数.)

• 对于所有的 $x \in \Omega$, $\tilde{f}$ 是下调和的, 即对于任意的 x 以及使得 $B_{x,R} \subset \Omega$ 的 R, $\tilde{f}$ 满足 9.2(2).

此外, $\tilde{f}$ 还满足:

(i) $\tilde{f}$ 在紧集上有上界, 尽管在某些 x 上 $\tilde{f}(x)$ 可能为 $-\infty$;

(ii) 对于任意的 $B_{x,R} \subset \Omega$, $\tilde{f}$ 在 $S_{x,R}$ 上是可积的;

(iii) 对于任意固定的 $x \in \Omega$, 定义在 $0 < r < R_x$ 的函数 $r \mapsto [\tilde{f}]_{x,r}$ 关于 r 是连续非减的, 且满足

$$\tilde{f} = \lim_{r \to 0} [\tilde{f}]_{x,r}. \tag{2}$$

注 (1) 定理 9.3 的一个直接推论是, $\tilde{f}$ 有以下性质 (称为**平均值不等式**)

$$[\tilde{f}]_{x,r} \geqslant \langle \tilde{f} \rangle_{x,r} \geqslant \tilde{f}(x). \tag{3}$$

(2) 若 f 是上调和的, 只需将上述有关结论反向即可. 若 f 是调和的, 两组结论都适用, 特别地, 此时不等式 (3) 成为等式, 从而等式 $[\tilde{f}]_{x,r} = \tilde{f}(x)$ 与 r 无关. 由定义, (1) 暗示

$$\Delta f = 0 \text{ 当且仅当 } f \text{ 是调和的,} \tag{4}$$

$$\Delta f \leqslant 0 \text{ 当且仅当 } f \text{ 是上调和的.} \tag{5}$$

(3) 在调和情形下的新的特性: 此时 $\tilde{f}$ 不仅仅是连续的, 它是无穷次可微的. 我们把此事的证明留作习题.

(4) 在 $\mathbb{R}^1$ 中, $\Delta f \geqslant 0$ 的条件等价于函数 $f \in L^1_{\mathrm{loc}}(\mathbb{R}^1)$ 是凸的. 然而在一般的 $\mathbb{R}^n$ 中, 下调和性类似于但弱于凸性, 以下是它们之间的关系. 定义 $n \times n$ **Hessian 矩阵**

$$H_{i,j}(x) = \partial^2 f(x) / \partial x^i \partial x^j$$

(在分布意义下); 凸性的条件为: $H(x)$ 对于每个 x 都是半正定的, 而下调和性只要求 $H(x)$ 的迹非负. 然而, 下调和性继承了某些凸性. 如下定义 $r(t)$,

$$
r(t) = \begin{cases} t, & 0 < t < R_x, & \text{若 } n = 1, \\ \mathrm{e}^t, & -\infty < t < \ln R_x, & \text{若 } n = 2, \\ t^{-1/(n-2)}, & R_x^{2-n} < t < \infty, & \text{若 } n \geqslant 3, \end{cases} \tag{6}
$$

则函数

$$
t \mapsto [\tilde{f}]_{x, r(t)} \tag{7}
$$

是凸的. 证明留作习题.

(5) 下调和的原始定义 9.2(2) 是作为一种整体性质要求的 (即 9.2(2) 必须对所有球成立), 但 (1) 式说明它事实上只是一个局部性质, 即只要验证 $\Delta f \geqslant 0$, 因此只要在那些半径充分小的球上验证 9.2(2) 即可. 这和复解析函数有某些相似性; 的确, 若 $\Omega \subset \mathbb{C}$, 又 $f : \Omega \to \mathbb{C}$ 是解析的, 则 $|f| : \Omega \to \mathbb{R}^+$ 是下调和的.

证明 第一步 首先假设 $f \in C^\infty(\Omega)$, 这样我们可以自由地进行分部积分. 令

$$
g_{x,r} := \int_{S_{x,r}} \nabla f \cdot \nu = r^{n-1} \int_{\mathbb{S}^{n-1}} \nabla f(x + r\omega) \cdot \omega \mathrm{d}\omega, \tag{8}
$$

其中 ν 是单位外法向量. 若 $\Delta f \geqslant 0$, 由 Gauss 定理,

$$
0 \leqslant \int_{B_{x,r}} \Delta f = g_{x,r}, \tag{9}
$$

从而可知 $g_{x,r}$ 关于 r 是非负非减的连续函数. 利用 9.2(3) 右边的公式, 在积分号下微分后可得到

$$
\frac{\mathrm{d}}{\mathrm{d}r} [f]_{x,r} = |\mathbb{S}^{n-1}|^{-1} r^{1-n} g_{x,r}. \tag{10}
$$

由 (10) 可知 $r \mapsto [f]_{x,r}$ 是连续非减的, 且此时 (3) 是它的基本推论. 若我们选取 $\tilde{f} \equiv f$, 则易见定理中关于 $\tilde{f}$ 的结论除了唯一性其他都是成立的, 唯一性的证明我们将放在最后.

其次证明: 若 f 为下调和的, 则 $\Delta f \geqslant 0$; 若不然, 函数 $h := \Delta f$ 属于 $C^\infty(\Omega)$ 且在某开集 $\Omega' \subset \Omega$ 内是负的. 由以上结论, f 在 Ω' 内是上调和的, 即如果 $B_{x,R} \subset \Omega'$, 则 $f(x) > [f]_{x,R}$ (此处可用 $>$ 代替 $\geqslant$ 是因为 (9) 和 (10) 指出 $-[f]_{x,R}$ 的导数是严格正的). 这意味着在 Ω' 上 $f(x) > \langle f \rangle_{x,R}$, 这与下调和性的假设矛盾. 这样, 在 $f \in C^\infty(\Omega)$ 的情况下, (1) 证毕.

第二步　现在我们去掉 $f \in C^\infty(\Omega)$ 的假设, 选取 $h \in C_c^\infty(\mathbb{R}^n)$, 使得 $h \geqslant 0$, $\int h = 1$, $|x| \geqslant 1$ 时 $h(x) = 0$, 且 h 是球面对称的. 同时对于任意 $\varepsilon > 0$, 定义 $h_\varepsilon(x) = \varepsilon^{-n} h(x/\varepsilon)$, 于是函数

$$f_\varepsilon := h_\varepsilon * f \tag{11}$$

在集合 $\Omega_\varepsilon = \{x : \operatorname{dist}(x, \partial\Omega) > \varepsilon\} \subset \Omega$ 内有定义, 且 $f_\varepsilon \in C^\infty(\Omega_\varepsilon)$, 此处 $*$ 表示两个函数通常的卷积. 而且, 若 $\Delta f \geqslant 0$, 则 $\Delta f_\varepsilon \geqslant 0$. 事实上, 由定理 2.16,

$$\Delta f_\varepsilon = h_\varepsilon * \Delta f.$$

该定理还指出: 存在一列趋于零的序列 $\varepsilon_1 > \varepsilon_2 > \cdots$, 使得当 $i \to \infty$ 时, 对于几乎处处的 x, 有 $f_{\varepsilon_i}(x) \to f(x)$, 且对于任意紧集 $K \subset \Omega$, 在 $L^1(K)$ 意义下 $f_{\varepsilon_i} \to f$. 今后把 $i \to \infty$ 极限简记为 $\lim_{\varepsilon \to 0}$. 今后常常会引进如 (11) 式那样的积分, 我们总默认它们仅仅定义在 ε 充分小或者 x 离 $\partial\Omega$ 并不太近的地方.

若 $\Delta f \geqslant 0$, 则 $\Delta f_\varepsilon \geqslant 0$, 于是 (由第一步) f_ε 在 Ω_ε 内下调和. 由定义可知, 对于比较小的数 ε,

$$f_\varepsilon(x) \leqslant |B_{x,R}|^{-1} \int_{B_{x,R}} f_\varepsilon.$$

当 $\varepsilon \to 0$ 时, 上式右边收敛到 $|B_{x,R}|^{-1} \int_{B_{x,R}} f$, 而左边对几乎处处的 x 收敛到 $f(x)$. 从而 f 也是下调和的. 反过来, 设 f 是下调和的. 因为 f 是下调和的 $\Leftrightarrow |B| f \leqslant \chi_B * f$, 其中 χ_B 是球 B 的特征函数, 所以 f_ε 在 Ω_ε 内是下调和的, 从而

$$\chi_B * f_\varepsilon = \chi_B * (h_\varepsilon * f) = h_\varepsilon * (\chi_B * f) \geqslant |B| h_\varepsilon * f = |B| f_\varepsilon.$$

然而, f_ε 下调和 $\Rightarrow \Delta f_\varepsilon \geqslant 0 \Rightarrow$ 对于充分小的数 ε 以及任意非负函数 $\phi \in C_c^\infty(\Omega)$, 有 $\int f_\varepsilon \Delta \phi \geqslant 0$. 当 $\varepsilon \to 0$ 时, 这个积分收敛于 $\int f \Delta \phi$, 所以 $\Delta f \geqslant 0$. 这样在 $f \in L_{\mathrm{loc}}^1(\Omega)$ 时, (1) 证毕.

第三步　剩下我们要证明在 $f \in L_{\mathrm{loc}}^1(\Omega)$ 以及 f 是下调和的假设下, 具有定理中特定性质的 $\tilde{f}$ 是唯一存在的.

为证明唯一性, 设任意函数 g 满足 $\tilde{f}$ 所满足的三条性质. 因为对于所有 x, 有 $\langle f \rangle_{x,r} = \langle g \rangle_{x,r} \geqslant g(x)$, 所以 g 在紧集上是上有界的, 特别地, 存在一个与 r 无关的常数 C, 使得在任意具有充分小半径 r 的球 $B_{x,r}$ 上 $g \leqslant C$, 故函数 $C - g$ 是正的且是下半连续的. 由此结合 Fatou 引理可知 $\limsup_{r \to 0} \langle g \rangle_{x,r} \leqslant g(x)$. 因为 g 是处处下调和的, 故 $\liminf_{r \to 0} \langle g \rangle_{x,r} \geqslant g(x)$, 因此 $\lim_{r \to 0} \langle f \rangle_{x,r} = \lim_{r \to 0} \langle g \rangle_{x,r} = g(x)$. 显然这对于函数 $\tilde{f}$ 亦成立, 唯一性证毕.

下面要证明的一个重要事实是 $\varepsilon \mapsto f_\varepsilon(x)$ 是 ε 的非减函数. 若 $f \in C^\infty(\Omega)$, 简单计算可得

$$f_\varepsilon(x) = \int_{|y| \leqslant 1} h(y)[f]_{x,|y|\varepsilon} \mathrm{d}y, \tag{12}$$

由 (10) 可知 f_ε 关于 ε 单调递增. 若 $f \notin C^\infty(\Omega)$, 定义 $g_{\varepsilon,\mu} = h_\varepsilon * f_\mu$. 由前述, 对于任意固定的 μ, 它关于 ε 是单调的, 对于任意紧集 $K \subset \Omega$, 在 $L^1(K)$ 意义下 $f_\mu \to f (\mu \to 0)$, 所以当 $\mu \to 0$ 时, $(h_\varepsilon * f_\mu)(x) \to h_\varepsilon * f(x) = f_\varepsilon(x)$ 对于任意的 x 成立. 因为单调函数的点态极限还是单调的, 所以即使 $f \notin C^\infty(\Omega)$, f_ε 还是单调的.

据此, 我们定义

$$\tilde{f}(x) := \inf\{f_\varepsilon(x) : \Omega_\varepsilon \subset \Omega\}, \tag{13}$$

函数 $\tilde{f}$ 是上半连续的 (因为它是连续函数的下确界). 对于任意紧集 $K \subset \Omega$, 存在常数 $\varepsilon_K > 0$, 使得 $f_{\varepsilon_K}(x)$ 在任意的 $x \in K$ 上都有定义 (为什么?); 于是 $\tilde{f}(x) \leqslant f_{\varepsilon_K}(x)$, 从而 $\tilde{f}$ 在 K 上被一个 $C^\infty(\Omega)$ 函数从上方控制. 而且, $\tilde{f}(x) = f(x)$ 对于几乎处处的 $x \in \Omega$ 成立, 这是因为由单调性可知, 对于任意 $x \in \Omega$,

$$\tilde{f}(x) = \lim_{\varepsilon \to 0} f_\varepsilon(x), \tag{14}$$

同时如前所述, 这个极限几乎处处等于 $f(x)$. 现使用通常的 $f_\pm(x)$ 的定义, 由 (14) 我们有 $\tilde{f}_\pm(x) = \lim_{\varepsilon \to 0} f_{\pm,\varepsilon}(x)$. 若 $S_{x,R} \subset K$, 则由控制收敛定理 (因为 $0 \leqslant \tilde{f}_+ \leqslant f_{+,\varepsilon_K}$),

$$\lim_{\varepsilon \to 0} \int_{S_{x,R}} f_{+,\varepsilon} = \int_{S_{x,R}} \tilde{f}_+, \tag{15}$$

而由单调收敛性 (单调性由 (12) 可知), 则有

$$\lim_{\varepsilon \to 0} \int_{S_{x,R}} f_{-,\varepsilon} = \int_{S_{x,R}} \tilde{f}_-. \tag{16}$$

虽然 (15) 式中的极限是有限的, 但 (16) 式中的极限看上去可能达到 $+\infty$, 而事实上这是不可能的, 因为若极限为 $+\infty$, 则对于任意 $r < R$, 积分也将会是 $+\infty$ (因为 $[f_\varepsilon]_{x,r}$ 关于 r 是非减的). 这与 $f \in L^1_{\mathrm{loc}}(\Omega)$ 矛盾.

至此我们已经证明了, 对于满足 $B_{x,R} \subset \Omega$ 的 $r < R$, $[\tilde{f}]_{x,r}$ 有定义且有限, 并且等于 $\lim_{\varepsilon \to 0}[f_\varepsilon]_{x,r} \geqslant \lim_{\varepsilon \to 0} f_\varepsilon(x) = \tilde{f}(x)$. 进一步, $[\tilde{f}]_{x,r}$ 是非减函数的点态极限, 因而也是非减的. 由于 $\langle \tilde{f} \rangle_{x,r}$ 为球平均积分, 因此证明了对每点 $x \in \Omega$, $\tilde{f}$ 是下调和的.

接下来我们证明

$$J(x) := \lim_{r \to 0} [\tilde{f}]_{x,r} = \tilde{f}(x).$$

由于 $[\tilde{f}]_{x,r}$ 关于 r 是非减的, 所以对于任意 x, 极限 $J(x)$ 存在 (虽然可能为 $-\infty$), 且由前面的讨论可知 $J(x) \geqslant \tilde{f}(x)$. 假设存在点 y 使得 $J(y) \geqslant \tilde{f}(y) + C$, 其中 $C > 0$, 则对于所有较小的数 r, 必存在点 $x(r) \in \Omega$, 使得 $\tilde{f}(x(r)) \geqslant \tilde{f}(y) + C$ (因为 $\tilde{f}$ 在 $S_{y,r}$ 上的平均超过 $\tilde{f}(y) + C$). 而 $\tilde{f}$ 是上半连续的, 因此 $\limsup_{r \to 0} \tilde{f}(x(r)) \leqslant \tilde{f}(y)$, 两者矛盾, 所以 $J(y) = \tilde{f}(y)$.

因为定义在一个开区间上的凸函数是连续的, 由 (6) 中提到的凸性即可得函数 $r \mapsto [\tilde{f}]_{x,r}$ 的连续性. ■

9.4 强极大值原理

设集合 $\Omega \subset \mathbb{R}^n$ 是连通的开集 (见习题 1.23), 又设 $f : \Omega \to \mathbb{R}$ 是下调和的且 $f = \tilde{f}$, 其中 $\tilde{f}$ 是 f 的具有在定理 9.3 中所列性质的唯一的代表元. 假设

$$F := \sup\{f(x) : x \in \Omega\} \tag{1}$$

是有限的, 则有以下两种可能. 或者

(i) 对于任意 $x \in \Omega$, $f(x) < F$,

或者

(ii) 对于任意 $x \in \Omega$, $f(x) = F$.

若 f 是上调和的, 则 (1) 式中的 sup 被 inf 取代, 相应地 (i) 中的不等式反向. 若 f 是调和的, 则除了 f 是常数的情形, f 在 Ω 内达不到极大和极小值.

注 (1) 去掉 (ii) 且把 (i) 改成 $f(x) \leqslant F$, 其中 F 为 f 在 Ω 边界上的上确界, 就成了 "弱" 极大值原理.

(2) 若 f 在 Ω 内是连续下调和的, 而且可以连续延拓到 Ω 的闭包 $\overline{\Omega}$ 上, 则定理 9.4 说明, f 在 Ω 的边界 $\partial\Omega$ 上 (定义为 $\overline{\Omega} \cap \overline{\Omega^c}$) 或是在无穷远处 (若 Ω 是无界的) 达到极大值.

(3) 对于 $\mathbb{C}$ 上的解析函数的绝对值来说, 强极大值原理是众所周知的.

(4) 强极大值原理有一个显然的推论, 在物理学文献中被称为 **Earnshaw 定理** (参见 [Earnshaw], [Thomson]). 该定理说, 对静态点电荷来说不可能有稳定的平衡. 这意味着原子必为动态的, 这最终导致量子论诞生的几种观点之一.

证明 我们要证明, 如果存在 $y \in \Omega$, 使得 $f(y) = F$, 则 $f(x) = F$ 对于任意 $x \in \Omega$ 成立. 设 $B \subset \Omega$ 为中心在 y 的球, 则由 9.2(2), 我们有

$$|B|F \leqslant \int_B f \leqslant \int_B F = |B|F,$$

从而 $f(x) = F$ 对几乎处处的 $x \in B$ 成立. 在 B 中选取一点 x, 由于全 Lebesgue 测度集是稠密的, 故在 B 中存在一列收敛于 x 的序列 x_j, 使得 $f(x_j) = F$. 由 f 的上半连续性, 可得

$$F = \lim_{j \to \infty} f(x_j) \leqslant f(x) \leqslant F,$$

从而 $f(x) = F$. 这样我们证明了对于所有的 $x \in B$, $f(x) = F$.

现在设 x 是 Ω 中任意一点, 且令 Γ 是连接 x 和 y 的一条连续曲线 (因为 Ω 是连通的, 这样的曲线存在). 这条曲线可定义为满足 $\gamma(0) = y$ 以及 $\gamma(1) = x$ 的连续函数 $\gamma : [0,1] \to \Omega$. 设 $T \in [0,1]$ 为使得 $f(\gamma(t)) = F$ 的最大实数 t (读者可以由 γ 的连续性以及 f 的上半连续性验证 T 的存在性). 我们要证明 $T = 1$, 从而得到定理要求的 $f(x) = F$. 事实上, 若 $0 \leqslant T < 1$, 则存在中心是 $\gamma(T) \in \Omega$ 的球 $B_T \subset \Omega$ (因为 Ω 是开的); 由上一段可知, $f(z) = F$ 对于任意 $z \in B_T$ 成立. 由 γ 的连续性, 存在 $s > t$ 使得 $\gamma(s) \subset B_T$, 从而 $f(\gamma(s)) = F$, 这与假设 $f(\gamma(t)) < F(t > T)$ 相矛盾.

以下是一个更为直接的证明. 假设定理不成立, 可以定义 Ω 内两个非空的不相交的集合 $A = \{x : f(x) < F\}$ 和 $B = \{x : f(x) = F\}$. 因为 f 是上半连续的, 所以集合 A 是开的. 另一方面, 由上一种证明的第一部分可知, 集合 B 也是开的. 也就是可以在使得 $f = F$ 的点周围画一个小球, 在这个球里 $f = F$ 仍然成立. 因此我们得到 Ω 是两个不相交开集的并, 然而由 Ω 的连通性这是不可能的. ∎

• 以下的不等式很有用, 因为它通过确定非负调和函数变化量的界来量化极大值原理. 如下形式的 Harnack 不等式并不是最佳的, 但其证明较简单.

9.5 Harnack 不等式

设 f 是开球 $B_{z,R} \subset \mathbb{R}^n$ 上的一个非负调和函数, 则对于任意 $x, y \in B_{z,R/3}$,

$$3^{-n} f(x) \leqslant 2^{-n} f(z) \leqslant f(y). \tag{1}$$

(1) 的一个推论是, 若 f 是 $\mathbb{R}^n$ 上的调和函数, 且存在常数 C 使得对所有 x, 或者 $f(x) \leqslant C$, 或者 $f(x) \geqslant C$, 则 f 必为常值函数, 因此 $\mathbb{R}^n$ 上的半有界调和函数只能是常值函数.

证明　不失一般性, 可设 $R = 3$. 若 $y \in B_{z,1}$, 则因为 $B_{z,3} \supset B_{y,2} \supset B_{z,1}$, 我们有

$$f(y) = \langle f \rangle_{y,2} \geqslant 2^{-n} \langle f \rangle_{z,1} = 2^{-n} f(z).$$

另一方面,

$$f(z) = \langle f \rangle_{z,3} \geqslant 3^{-n} 2^n \langle f \rangle_{x,2} = 3^{-n} 2^n f(x).$$

为证推论, 注意到 (1) 对每一对 $x, y \in \mathbb{R}^n$ 都成立. 设 $f \geqslant C$, 令 $F = \inf\{f(x) : x \in \mathbb{R}^n\}$, 它是有限的. 又设 $g(x) := f(x) - F \geqslant 0$. 给定 $\varepsilon > 0$, 必有点 $y \in \mathbb{R}^n$, 使 $0 \leqslant g(y) \leqslant \varepsilon$. 于是由 (1) 可知, $0 \leqslant g(x) \leqslant 3^n \varepsilon$ 对于任意 x 成立, 这就导致 $g(x) \equiv 0$, 即 $f(x) \equiv F$.　∎

● 现在回到引言 9.1 中所讨论过的 Coulomb 位势与能量.

9.6　下调和函数为位势

令 $n \geqslant 3$ 且设

$$G_y(x) := [(n-2)|\mathbb{S}^{n-1}|]^{-1} |x - y|^{2-n} \tag{1}$$

为 6.20 节前给出的 Green 函数, 又设 $f : \mathbb{R}^n \to [-\infty, 0]$ 为非正下调和函数. 由定理 9.3, 在 $\mathcal{D}'(\mathbb{R}^n)$ 中 $\mu := \Delta f \geqslant 0$, 且由定理 6.22 (正分布为正测度), μ 是 $\mathbb{R}^n$ 上的正测度.

我们新的论断是, $(1 + |x|)^{2-n}$ 为 μ-可积的, 且

$$f^{\dagger}(x) := -\int_{\mathbb{R}^n} G_y(x) \mu(\mathrm{d}y) \tag{2}$$

关于几乎处处的 x 是有限的. 事实上, 存在常数 $C \geqslant 0$, 使得

$$\tilde{f} = f^{\dagger} - C$$

为定理 9.3 中给出的 f 的唯一代表元 $\tilde{f}$.

反过来, 若 μ 为 $\mathbb{R}^n$ 上使得 $(1 + |x|)^{2-n}$ 是 μ-可积的任意正 Borel 测度, 则 (2) 中的积分定义了一个下调和函数 $f^{\dagger} : \mathbb{R}^n \to [-\infty, 0]$ 且在 $\mathcal{D}'(\mathbb{R}^n)$ 中 $\Delta f^{\dagger} = \mu$.

注 (1) 当 $n = 1$ 或 2 时, 不存在非常数的非正下调和函数: $n = 1$ 时, 是因为这样的函数一定是凸函数; $n = 2$ 时, 是因为定理 9.3(6) 告诉我们圆周平均函数 $[f]_{0,\exp(t)}$ 在 $-\infty < t < \infty$ 上关于 t 是凸的.

(2) 显然定理对于上调和函数也成立, 只要在某些显然的位置把符号反向.

(3) 条件 $f(x) \leqslant 0$ 似乎有些奇怪. 它实际上告诉我们, 若 f 下调和 (但没有 $f(x) \leqslant 0$ 的条件), 且 $\Delta f = \mu$, 则只要存在某调和函数 $\tilde{H}(x) \geqslant f(x)$ 对所有 $x \in \mathbb{R}^n$ 成立, 就可将 f 写成

$$f = f^\dagger + H, \tag{3}$$

其中 $f^\dagger$ 由 (2) 式给出, 而 H 是一个调和函数. 作为一个反例, 令 $f(x_1, x_2, x_3) := |x_1|$. f 是下调和的, 但是不存在能控制 f 的调和函数 $\tilde{H}$. 此时 (2) 式中的积分对所有 y 是无穷的, 因为 Δf 是一个在两维平面 $x_1 = 0$ 上的 "δ 函数".

证明　第一步　首先设 $\Delta f = m$, 其中 m 是一个非负 $C_c^\infty(\mathbb{R}^n)$ 函数. 显然, $(1 + |x|)^{2-n} m(x)$ 是可积的, 且有

$$f^\dagger(y) = -\int_{\mathbb{R}^n} G_y(x) m(x) \mathrm{d}x = -(G_0 * m)(y) = -(m * G_0)(y),$$

这是因为 $G_y(x) = G_0(y-x)$ 且卷积是可交换的. 由定理 2.16, $\Delta f^\dagger = -m*(\Delta G_0)$. 但从定理 6.20, $\Delta G_0 = -\delta_0$, 所以 $\Delta f^\dagger = m$. 于是 $\phi(x) := f(x) - f^\dagger(x)$ 是调和的 (因为 $\Delta \phi = 0$). 进一步 $|f^\dagger(x)|$ 显然是有界的 (由 Hölder 不等式), 因此 $\phi(x)$ 是上有界的 (因为 $f(x) \leqslant 0$). 由定理 9.5, $\phi(x) = -C$. 显然当 $x \to \infty$ 时, $f^\dagger(x) \to 0$, 所以 $C \geqslant 0$. 最后, 由定理 2.16 可知 $f^\dagger \in C^\infty(\mathbb{R}^n)$, 所以 $f^\dagger - C$ 是定理 9.3 中的唯一的代表元 $\tilde{f}$.

反之, 若 $m \in C_c^\infty(\mathbb{R}^n)$, 则由 6.21 (Poisson 方程的解) 可知, 由 (2) 式通过 $\mu(\mathrm{d}x) = m(x)\mathrm{d}x$ 定义的 $f^\dagger$ 满足 $\Delta f^\dagger = m$.

第二步　现设 $\Delta f = m$, 其中 $m \in C^\infty(\mathbb{R}^n)$, 但无紧支集. 选取函数 $\chi \in C_c^\infty(\mathbb{R}^n)$ 球面对称、径向递减且对 $|x| \leqslant 1$ 满足 $\chi(x) = 1$. 定义 $\chi_R(x) = \chi(x/R)$, 且设 $m_R := \chi_R(x) m(x)$, 显然 $m_R \in C_c^\infty(\mathbb{R}^n)$. 如 (2) 设 $f_R^\dagger = -G_0 * m_R$, 且令 $\tilde{f}$ 是定理 9.3 中的代表元. 于是如第一步中的证明, $\Delta f_R^\dagger = m_R$, 从而 $\phi_R := \tilde{f} - f_R^\dagger$ 是下调和的, 因为 $\Delta \phi_R = m - m_R \geqslant 0$. 因为 $m_R(x)$ 是 R 的递增函数 (因为 χ 径向递减), 对于任意 y, $f_R^\dagger(y)$ 是 R 的递减函数. 此外, 如第一步中的证明, 也有 $f_R^\dagger \in C^\infty(\mathbb{R}^n)$, 以及当 $|x| \to \infty$ 时, $f_R^\dagger(x) \to 0$.

还可以推得一些结论:

(i) $f_R^\dagger(x) \geqslant \tilde{f}(x)$ 几乎处处成立. 不然, $\phi_R(x)$ 是一个在正测度集上取正值的下调和函数, 同时一致地有 $\lim_{|x|\to\infty} \phi_R(x) \leqslant 0$ (为什么?). 由定理 9.3, 这是不可能的.

(ii) 因为由单调收敛性,

$$\int_{\mathbb{R}^n} (1+|x|)^{2-n} m(x)\mathrm{d}x = \lim_{R\to\infty} \int_{\mathbb{R}^n} (1+|x|)^{2-n} m_R(x)\mathrm{d}x,$$

由 (i) 以及 $f_R^\dagger$ 的定义可知上式左边积分是有限的. 事实上, 同样的理由可得 $f^\dagger(y) = \lim_{R\to\infty} f_R^\dagger(y)$, 且因为极限是单调的, 所以 $f^\dagger$ 是上半连续的.

(iii) 若定义 $\phi = \tilde{f} - f^\dagger$, 则因为对于任意 x, 当 $R \to \infty$ 时, $m(x) - m_R(x) \to 0$, 所以 $\Delta\phi = 0$ (注意到 $\Delta\phi$ 是由 $\int h\Delta\phi = \int \phi\Delta h$ 定义的, 其中任意 $h \in C_c^\infty(\mathbb{R}^n)$; 但是 $\int \phi\Delta h = \lim_{R\to\infty} \int \phi_R \Delta h$ (控制收敛定理) $= \lim_{R\to\infty} \int \Delta\phi_R h = \lim_{R\to\infty} \int h(m_R - m) = 0$), 于是 ϕ 是调和的且 $\phi \leqslant 0$ 几乎处处成立 (因为 $f_R^\dagger \geqslant \tilde{f}$ 是几乎处处成立的), 所以 $\phi = -C$.

最后, 若给定 $m \in C^\infty(\mathbb{R}^n)$ 使 $(1+|x|)^{2-n} m(x)$ 是可积的, 则 $f^\dagger$ 是下调和的且 $\Delta f^\dagger = m$. 这个结论的证明只要如上引进 m_R 和 $f_R^\dagger$ 并取极限 $R \to \infty$.

第三步 最后一步是一般情形 $\Delta f = \mu$, 而 μ 是测度. 利用定理 9.3 证明中的函数 $h_\varepsilon \in C_c^\infty(\mathbb{R}^n)$, 考虑函数 $f_\varepsilon := h_\varepsilon * f \in C^\infty(\mathbb{R}^n)$. f_ε 满足定理的假设, 且 $f_\varepsilon \geqslant f$ (利用如同 9.3(12) 中 f 的下调和性), 而且容易验证 $\Delta f_\varepsilon = m_\varepsilon \in C^\infty(\mathbb{R}^n)$, 其中 $m_\varepsilon(y) = \int h_\varepsilon(y-x)\mu(\mathrm{d}x)$. 若 $f_\varepsilon^\dagger$ 由 $\mu(\mathrm{d}x) = m_\varepsilon(x)$ 通过 (2) 式给出, 则 $f_\varepsilon = f_\varepsilon^\dagger - C_\varepsilon$, 其中 $C_\varepsilon \geqslant 0$. 当 $\varepsilon \to 0$ 时 (可选取一个适当的子列), $f_\varepsilon \to f$ 几乎处处成立并且是单调的, 从而也有 $f_\varepsilon^\dagger \to f^\dagger$ 几乎处处成立 (利用 $f_\varepsilon^\dagger = -G_0 * (h_\varepsilon * \mu) = -h_\varepsilon * (G_0 * \mu)$, 这可由 Fubini 定理得到). 如同 9.3(12)~(14), $f^\dagger$ 是 $f_\varepsilon^\dagger$ 的单调极限, 且 $f_\varepsilon^\dagger \geqslant f_\varepsilon \geqslant f$, 所以 $f^\dagger$ 是上半连续的. 如上亦容易验证 $\Delta(f - f^\dagger) = 0$. 因为 $f - f^\dagger \leqslant 0$, 我们得到 $f = f^\dagger - C$.

反向的证明留给读者. ∎

• [Newton] 中的下述定理是根本的. 虽然今天看来它很简单, 但它是十七世纪数学的顶峰之一. 我们对测度 μ 的情形进行证明. (3) 式说明, 离开地球表面, 地球的总质量似乎都聚集在它的中心.

9.7 球面电荷分布与点电荷 "等效"

设 μ_+, μ_- 为 $\mathbb{R}^n$ 上 (正) Borel 测度, 且设 $\mu := \mu_+ - \mu_-$. 假设 $\nu := \mu_+ + \mu_-$

满足 $\int_{\mathbb{R}^n} \omega_n(x)\mathrm{d}\nu(x) < \infty$, 其中 $\omega_n(x)$ 由 6.21(8) 定义. 再令

$$V(x) := \int_{\mathbb{R}^n} G_y(x)\mu(\mathrm{d}y), \tag{1}$$

则 (1) 式中的积分对几乎处处 $x \in \mathbb{R}^n$ (关于 Lebesgue 测度) 是绝对可积的 (即 $G_y(x)$ 是 ν-可积的). 于是 $V(x)$ 几乎处处有定义; 事实上, $V \in L^1_{\text{loc}}(\mathbb{R}^n)$.

现设 μ 是球面对称的 (即 $\mu(A) = \mu(\mathcal{R}A)$ 对于任意 Borel 集 A 以及任意旋转 $\mathcal{R}$ 成立), 则

$$|V(x)| \leqslant |G_0(x)| \int_{\mathbb{R}^n} \mathrm{d}\nu. \tag{2}$$

以 B_R 记中心在原点、半径为 R 的闭球, 若对于 $A \cap B_R = \varnothing$ 的集合 A 必有 $\mu(A) = 0$, 则对于任意 $|x| \geqslant R$, 有 **Newton 定理**:

$$V(x) = G_0(x) \int_{\mathbb{R}^n} \mathrm{d}\mu. \tag{3}$$

证明 我们只对 $n \geqslant 3$ 的情况证明, 但是结论在一般情况下也是成立的. 设 $P(x) := \int_{\mathbb{R}^n} |x - y|^{2-n}\nu(\mathrm{d}y)$. 为了证明 $P \in L^1_{\text{loc}}(\mathbb{R}^n)$, 只要说明对于中心在原点的任意球, 有 $\int_B P(x)\mathrm{d}x < \infty$. 由 Fubini 定理, 可以先对 x 再对 y 进行积分, 为此我们需要以下形式

$$J(r,y) = |\mathbb{S}^{n-1}|^{-1} \int_{\mathbb{S}^{n-1}} |r\omega - y|^{2-n}\mathrm{d}\omega = \min(r^{2-n}, |y|^{2-n}). \tag{4}$$

若 $n = 3$, 上式可由极坐标积分得到. 一般情况下这样做有点困难, 所以我们采用别的方法证明 (4). 注意到, $J(r,y)$ 是函数 $|x - y|^{2-n}$ 关于变量 x 在半径为 r 的球面上的平均. 视 x 为变量时函数 $x \mapsto |x - y|^{2-n}$ 是球 $\{x : |x| < |y|\}$ 内的调和函数, 从而由平均值性质 (见 9.3(3) 等式情形), $J(r,y) = J(0,y) = |y|^{2-n}$, J 仅依赖于 $|y|$ 和 r 且关于这两个变量是对称函数. 于是当 $r \neq |y|$ 时 (4) 成立. $J(r,y)$ 关于 r 和 y 的连续性留给读者证明, 从而 $r = |y|$ 时 (4) 亦成立.

易证 $\int_0^R \min(r^{2-n}, |y|^{2-n})r^{n-1}\mathrm{d}r \leqslant C(R)(1 + |y|)^{2-n}$, 其中 $C(R)$ 依赖于 R 但不依赖于 $|y|$. 于是利用极坐标, 我们有

$$\int_B |x - y|^{2-n}\mathrm{d}x \leqslant C(R)(1 + |y|)^{2-n},$$

结合关于 μ 的可积性假设可得 $\int_B P < \infty$. 因 $P \in L^1_{\text{loc}}(\mathbb{R}^n)$, 故 P 几乎处处有限, 同样对 V 也成立, 因 $|V| \leqslant P$.

现在证明 (2), 注意 V 是球面对称的 (即当 $|x_1| = |x_2|$ 时, $V(x_1) = V(x_2)$), 所以任意固定 x 后, $V(x) = V(|x|\omega)$ 对于任意 $\omega \in \mathbb{S}^{n-1}$ 成立. 现在可以计算 $V(|x|\omega)$ 在 $\mathbb{S}^{n-1}$ 上的平均, 并利用 (4), 即可得 (2). 为证 (3), 以 μ 代替 ν 后做相同的计算 (绝对可积保证了这样做的可行性), 可得

$$V(x) = \left[(n-2)|\mathbb{S}^{n-1}|\right]^{-1} \left[|x|^{2-n} \int_{|y| \leqslant |x|} \mu(\mathrm{d}y) + \int_{|y| > |x|} |y|^{2-n} \mu(\mathrm{d}y)\right]. \qquad (5)$$

若 $\nu(\{y : |y| > |x|\}) = 0$, 由 (5) 即得 (3).　∎

9.8　Coulomb 能量的正性质

若 $f : \mathbb{R}^n \to \mathbb{C}$ 满足 $D(|f|, |f|) < \infty$, 则

$$D(f, f) \geqslant 0. \qquad (1)$$

上面的等式成立当且仅当 $f \equiv 0$. 而且, 若 $D(|g|, |g|) < \infty$, 则

$$|D(f, g)|^2 \leqslant D(f, f) D(g, g). \qquad (2)$$

$g \not\equiv 0$ 时, (2) 中的等号成立当且仅当存在常数 c, 使 $f = cg$. 映射 $f \mapsto D(f, f)$ 是严格凸的, 即当 $f \neq g$ 且 $0 < \lambda < 1$ 时,

$$D(\lambda f + (1-\lambda)g, \lambda f + (1-\lambda)g) < \lambda D(f, f) + (1-\lambda) D(g, g). \qquad (3)$$

注　定理 9.8 可以叙述得更一般, 可以去掉 $n \geqslant 3$ 的限制以及把 $D(f, g)$ 定义 9.1(2) 中的指数 $2 - n$ 换成任意数 $\gamma \in (-n, 0)$, 见定理 4.3 (HLS 不等式). 之所以选择 $2 - n$, 自然是因为 $|x - y|^{2-n}$ 作为 Laplace 算子 (见 6.20 节与 9.7 节) 的 Green 函数具有潜在的理论上的意义.

证明　对 f 的实部和虚部作简单考虑可知, 证明 (1) 只需假设 f 是实值函数. 设 $h \in C_c^\infty(\mathbb{R}^n)$, 其中 $h \geqslant 0$ 对于任意 x 成立, 且 h 是球面对称的, 即当 $|x| = |y|$ 时, $h(x) = h(y)$. 设 $k(x) := (h * h)(x) = K(|x|)$ 是卷积, h 乘以适当的常数后, 可认为 $\int_0^\infty t^{n-3} K(t) \mathrm{d}t = \frac{1}{2}$. 通过简单的伸缩 $t \mapsto t|x|^{-1}$, 有

$$I(x) := \int_0^\infty t^{n-3} k(tx) \mathrm{d}t = |x|^{2-n} \int_0^\infty t^{n-3} K(t) \mathrm{d}t = \frac{1}{2}|x|^{2-n}. \qquad (4)$$

然而, $I(x - y)$ 也可以记为

$$I(x - y) := \int_0^\infty t^{2n-3} \int_{\mathbb{R}^n} h(t(z - y))h(t(z - x))\mathrm{d}z\mathrm{d}t,$$

其中利用了 $h(x) = h(-x)$. 利用 Fubini 定理 (此处要用到 $D(|f|, |f|) < \infty$),

$$D(f, f) = \int_{\mathbb{R}^n} \int_{\mathbb{R}^n} \bar{f}(x)f(y)I(x - y)\mathrm{d}x\mathrm{d}y = \int_0^\infty t^{-3} \int_{\mathbb{R}^n} |g_t(z)|^2 \mathrm{d}z\mathrm{d}t, \quad (5)$$

其中 $g_t(z) = t^n \int_{\mathbb{R}^n} h(t(z - x))f(x)\mathrm{d}x = h_t * f(z)$, 且 $h_t(y) := t^n h(ty)$. 由 (5) 易见不等式 $D(f, f) \geqslant 0$.

现在假设 $D(f, f) = 0$, 要证 $f \equiv 0$. 由 (5) 可知, $g_t \equiv 0$ 对于几乎处处的 $t \in (0, \infty)$ 成立. 设 h 在半径为 R 的球 B_R 内具有支集, 从而对于任意 $t \geqslant 1$, h_t 的支集也都在 B_R 内. 于是, 若 $\chi_{\omega, 2R}$ 为中心在 ω、半径为 $2R$ 的球 $B_{\omega, 2R}$ 的特征函数, 又若 $f_\omega(x) = \chi_{\omega, 2R}(x)f(x)$, 则我们得到, 当 $t \geqslant 1$ 以及 $|x - \omega| \leqslant R$ 时, $(h_t * f_\omega)(x) = (h_t * f)(x) = g_t(x) = 0$. 然而, $f_\omega \in L^1(\mathbb{R}^n)$, 由定理 2.16 ($C^\infty$ 函数逼近) (注意到 $C := \int h_t$ 与 t 无关), 可在满足 $g_t \equiv 0$ 的 t 中取出一列 $t \to \infty$, 使 $h_t * f_\omega \to Cf_\omega$ 在 $L^1(\mathbb{R}^n)$ 中成立. 因而, 当 $t \to \infty$ 时, $0 \equiv g_t \to f$ 在 $L^1(B_{\omega, R})$ 中成立. 所以, $f(x) = 0$ 在 $B_{\omega, R}$ 内几乎处处成立, 又因为 ω 是任意的, 即得 $f \equiv 0$.

定理最后的两点是前面两点的直接推论. 如果设 $F = f - \lambda g$ 以及 $\lambda = D(g, f)/D(g, g)$, 并且考虑 $D(F, F)$, 则不等式 (2) 得证. 为证明 (3), 只需注意到右边减去左边即为 $\lambda(1 - \lambda)D(f - g, f - g)$. ∎

- 我们已经知道 $\Delta f \geqslant 0$ 导致平均值不等式 9.3(3), 作为寻求 Schrödinger 方程 (见 9.10 节) 正解有效下界的辅助工具, 我们要把前面的定理 9.5 推广到比较弱的条件 $\Delta f \geqslant \mu^2 f$, 而不要求 $f \geqslant 0$.

9.9 关于 $\Delta - \mu^2$ 的平均值不等式

设 $\Omega \subset \mathbb{R}^n$ 是开集, $\mu > 0$, 且设 $f \in L^1_{\mathrm{loc}}(\Omega)$ 满足

$$\Delta f - \mu^2 f \geqslant 0, \quad \text{在 } \mathcal{D}'(\Omega) \text{ 中}, \quad (1)$$

则存在 Ω 上唯一的上半连续函数 $\tilde{f}$, 它与 f 几乎处处相等, 且满足

$$\tilde{f}(x) \leqslant \frac{1}{J(R)}[\tilde{f}]_{x, R}, \quad (2)$$

此外, (2) 的右边是 R 的单调非减函数, 其中球面平均 $[\tilde{f}]_{x,R}$ 已在 9.2(3) 中定义, 函数 $J : [0,\infty) \to (0,\infty)$ 满足 $J(0) = 1$ 且是

$$(\Delta - \mu^2)J(|x|) = 0 \tag{3}$$

的解. 使用 Bessel 函数 $I_{(n-2)/2}$, J 可以表示为

$$J(r) = \Gamma(n/2)(\mu r/2)^{1-n/2}I_{(n-2)/2}(\mu r). \tag{4}$$

若 $n = 3$, $J(r) = \sinh(\mu r)/\mu r$. 可以在 R 上对不等式 (2) 进行积分, 得到

$$\tilde{f}(x) \leqslant (W_R * f)(x) \leqslant \frac{1}{J(R)}[\tilde{f}]_{x,R}, \tag{5}$$

其中 $W_R(x) = \chi_{\{|x|<R\}}(x)/J(|x|)$.

注　若不等式 (1) 反向, 则显然 (2) 和 (5) 都反向, 且相应的 $\tilde{f}$ 是下半连续的.

证明　基本上仿效定理 9.3 的证明.

第一步　设 $f \in C^\infty(\Omega)$, 在此种情况下, 不等式 (1) 点态成立. 不等式 (1) 是平移不变的, 所以只要假设 $0 \in \Omega$ 以及对 $x = 0$ 证明 (2) 和 (5). 我们将证明 $[f]_{0,r}/J(r)$ 是 r 的递增函数. 设 $K = J(|x|)$ 为 $C^\infty(\mathbb{R}^n)$ 函数, 并注意到 (1) 意味着

$$\operatorname{div}(K\nabla f - f\nabla K) \geqslant 0. \tag{6}$$

(此处, $(\operatorname{div}V)(x) = \sum_1^n \partial V_i/\partial x_i$.) 在 $B_{0,r}$ 上对 (6) 进行积分得到

$$J(r)\frac{\mathrm{d}}{\mathrm{d}r}[f]_{0,r} - [f]_{0,r}\frac{\mathrm{d}}{\mathrm{d}r}J(r) \geqslant 0.$$

而这又表明

$$\frac{\mathrm{d}}{\mathrm{d}r}\frac{[f]_{0,r}}{J(r)} \geqslant 0. \tag{7}$$

由上即可得, (2) 式对于 $C^\infty(\Omega)$ 函数和任意 x 成立, 从而 (5) 也成立.

第二步　对一般情形, 设 j 为球面对称、非负的 $C_c^\infty(\mathbb{R}^n)$ 函数, 支集在单位球内, 且对于任意 $m = 1, 2, 3, \cdots$, 令 $j_m(x) = m^n j(mx)$. 定义 $h_m(x) = j_m(x)/J(|x|)$, 它也属于 $C_c^\infty(\mathbb{R}^n)$, 且置

$$f_m = h_m * f,$$

如果 $m > M$, 这是个 $C^\infty(\Omega_M)$ 函数, 其中

$$\Omega_M := \{x \in \Omega : x + y \in \Omega, \text{ 对于任意 } |y| \leqslant 1/M\}.$$

于是 f_m 在 Ω_M 内点态满足 (1). 以下要证明, 对任意取定的 x, $f_m(x)$ 是 m 的非增函数. 如前, 考虑 $f_{l,m} := h_l * f_m = h_m * f_l$, 对 $x \in \Omega_M$, 当 m, l 充分大时, 我们有

$$f_{l,m}(x) = \int_{\mathbb{R}^n} \frac{j_m(y)}{J(|y|)} f_l(x - y)\mathrm{d}y = \int_{\mathbb{R}^n} \frac{j(y)}{J(|y|/m)}[f_l]_{x,|y|/m}\mathrm{d}y. \tag{8}$$

因为 $f_l \in C_c^\infty(\mathbb{R}^n)$ 且由第一步的证明, 对于任意取定的 x, $[f_l]_{x,r}/J(r)$ 是 r 的非减函数, (8) 式定义的函数关于 m 是非增的. 对 (8) 式左边的积分应用定理 2.16 (C^∞ 函数逼近) 可得, 当 $l \to \infty$ 时, $f_{l,m}(x) \to f_m(x)$ 对于任意 x 成立. 由此可得 $\tilde{f}(x) = \lim_{m\to\infty} f_m(x)$ 存在, 且因为关于 m 的单调性, 它是一个上半连续函数.

剩下的证明除了一些细微的改动外与 9.3 相同. 改动之一是按照 (2), (7), 9.3(iii) 中 $[f]_{x,r}$ 关于 r 递增的假设, 现在要替换为 $[f]_{x,r}/J(r)$ 关于 r 是递增的. 另一处改动是对定理 2.16 证明的一个小修改表明当 $m \to \infty$ 时, 在 $L^1_{\mathrm{loc}}(\Omega_M)$ 中 $h_m * f \to f$. 这些改动都是平凡的, 且依赖于 $K \in C^\infty(\mathbb{R}^n)$ 和 $K(0) = J(0) = 1$ 的事实. ∎

• 我们要利用定理 9.9 证明 Schrödinger 方程解的广义 Harnack 不等式. 这是很大的课题, 以下只是粗粗地予以介绍, 它有很长的历史.

9.10 Schrödinger "波函数" 的下界

设 $\Omega \subset \mathbb{R}^n$ 是连通开集, $\mu > 0$, 又设 $W : \Omega \to \mathbb{R}$ 为可测函数, 且对任意 $x \in \Omega, W(x) \leqslant \mu^2$, W 没有任何下界限制. 假若 $f : \Omega \to [0, \infty)$ 是非负的 $L^1_{\mathrm{loc}}(\Omega)$ 函数, 使得 $Wf \in L^1_{\mathrm{loc}}(\Omega)$, 且在 $\mathcal{D}'(\Omega)$ 中, 有不等式

$$-\Delta f + Wf \geqslant 0. \tag{1}$$

我们的结论是, 存在唯一的下半连续 $\tilde{f}$ 满足 (1), 并且几乎处处与 f 相等. $\tilde{f}$ 具有以下性质: 对于任意紧集 $K \subset \Omega$, 存在仅依赖于 K, Ω, μ 但不依赖于 $\tilde{f}$ 的常数 $C = C(K, \Omega, \mu)$, 使得

$$\tilde{f}(x) \geqslant C \int_K f(y)\mathrm{d}y \tag{2}$$

对于任意 $x \in K$ 成立.

注 (1) 中的 f 与 9.9 中的 $-f$ 进行比较, 这样, 那里的上半连续变为这儿的下半连续, 诸如此类. 9.9 与 9.10 中符号的选取符合惯例.

(2) 定理中关于 W 的假设以及得到的结论远不是最佳的, 下面的文献提供了许多改进: [Aizenman-Simon], [Fabes-Stroock], [Chiarenza-Fabes-Garofalo] 和 [Hinz-Kalf].

证明 定理 9.9 保证了 $\tilde{f}$ 的存在性, 剩下只要证明 (2), 置 $f = \tilde{f}$.

因为 K 是紧的, 所以存在数 $3R > 0$, 使得 $B_{x,3R} \subset \Omega$ 对于任意 $x \in K$ 成立. 而且, K 作为紧集, 它可由有限个 (比如说 N 个) 球 $B_i := B_{x_i,R}$ 覆盖, 其中 $x_i \in K$. 设 $F_i = \int_{B_i} f$, 于是这些数中总有一个数, 不妨设为 F_1, 满足 $F_i \geqslant N^{-1} \int_K f$.

如定理 9.6 的证明, 利用 9.9(4), 我们有对于任意 $w \in B_i$,

$$f(w) \geqslant \delta F_i, \tag{3}$$

其中 $\delta = [J(2R)|B_{0,2R}|]^{-1}$. 现设 $y \in K$, 且令 γ 是连接 y 和 x 的连续曲线, 这条曲线被球 B_i 覆盖, 比如说 $B_2, B_3, \cdots, B_M$, 并满足对于任意 $i = 1, 2, \cdots, M-1$, $B_i \cap B_{i+1}$ 非空. 因为每个 $w \in B_i \cap B_{i+1}$ 满足 (3), 故

$$F_{i+1} \geqslant \int_{B_i \cap B_{i+1}} f \geqslant \delta |B_i \cap B_{i+1}| F_i. \tag{4}$$

若记 $\alpha := \min\{|B_i \cap B_j| : B_i \cap B_j \text{ 非空}\} > 0$, 则由 (4) 可得

$$F_{i+1} \geqslant \delta \alpha F_i. \tag{5}$$

迭代 (5) 式并利用 (3), 还可得

$$f(y) \geqslant \delta(\delta\alpha)^{M-1} F_1 \geqslant \delta(\delta\alpha)^{M-1} N^{-1} \int_K f.$$

显然 $M \leqslant N$, 若取 $C = \delta^N \alpha^{N-1}/N$, 定理得证. ∎

• 在 6.23 节, 我们研究了非齐次 Yukawa 方程的解, 而把唯一性 (定理 6.23(v)) 的证明推到本章完成. 有好几种证法, 其中之一就是应用定理 9.9. 如在定理 6.23 证明中所提到的, 唯一性等价于齐次方程 9.11(1) 的唯一性.

9.11　Yukawa 方程的唯一解

若存在某个 p $(1 \leqslant p \leqslant \infty)$, 使得 $f \in L^p(\mathbb{R}^n)$ 是

$$\Delta f - \mu^2 f = 0 \quad \text{在 } \mathcal{D}'(\mathbb{R}^n) \text{ 中} \tag{1}$$

的解, 则 $f \equiv 0$.

证明　函数 $-f$ 也满足 (1), 所以 f 和 $-f$ 都满足 9.9(5), 这意味着 9.9(5) 中的两个不等式对于几乎处处的 x 是等式. 因为对于任意函数 h, $|\int h| \leqslant \int |h|$, 可得 $|f|$ 几乎处处满足

$$R^n |f(x)| \leqslant \frac{|\mathbb{S}^{n-1}|}{n} (W_R * |f|)(x), \tag{2}$$

其中 $W_R(x) = \chi_{\{|x| < R\}}(x)/J(|x|)$. 对于较大的 r, $\ln[J(r)] \sim r$, 可知 $\|W_R\|_1 < \|1/J\|_1 < \infty$, 于是对 (2) 应用 Young 不等式, 得到 $R^n \|f\|_p \leqslant C\|f\|_p$ 对于任意 R 成立, 但当 $R > C^{\frac{1}{n}}$ 时, 这是不可能的, 除非 $f \equiv 0$. ∎

习题

1. 参考定理 9.3 后的注 (3), 证明调和函数是无穷次可微的. 仅仅使用对于任意 x 成立 $f(x) = \langle f \rangle_{x,R}$ 这个调和性质.

2. 证明 **Weyl 引理**: 设 T 是在 $\mathcal{D}'(\Omega)$ 意义下满足 $\Delta T = 0$ 的一个分布, 证明 T 是调和函数.

3. 证明定理 9.3 后注 (4), 即由 9.3(7) 定义的函数 $t \mapsto [\tilde{f}]_{x,r(t)}$ 是凸的.

4. 设 $f^1, f^2, \cdots$ 是开集 $\Omega \subset \mathbb{R}^n$ 上的一列下调和函数, 对于任意 $x \in \Omega$, 考虑 $g(x) = \sup_{1 \leqslant i < \infty} f^i(x)$, 证明 $g(x)$ 也是下调和的, 并且考虑上调和函数的相似叙述.

5. 考虑如下给出的 $\mathcal{D}'(\mathbb{R}^n)$ 上的分布: 对于 $R > 0$,

$$T_R(\phi) := |\mathbb{S}^{n-1}|^{-1} \int_{\mathbb{S}^{n-1}} \phi(R\omega) \mathrm{d}\omega.$$

由定理 6.22, 存在唯一的正则 Borel 测度 μ, 使得 $T_R(\phi) = \int \phi(x)\mu(\mathrm{d}x)$.

a) 对该测度 μ 计算 9.7(1), 并计算 $D(\mu,\mu)$, 必须证明 $|x-y|^{2-n}$ 关于 $\mu(\mathrm{d}x) \times \mu(\mathrm{d}y)$ 是可测的.

b) 证明若 $\nu(\mathrm{d}x) = \mu(\mathrm{d}x) - \rho\mathrm{d}x$, 其中 $\rho \in L^1(\mathbb{R}^n)$ 是非负的, 则 $D(\nu,\nu) \geqslant 0$.

c) 利用上述结果计算

$$\inf\left\{D(\rho,\rho):\rho(x)\geqslant 0,\ \int\rho=1,\ 对\ |x|>R\ 有\ \rho(x)=0\right\}.$$

这个下界能达到吗?

第十章 Poisson 方程解的正则性

10.1 引言

定理 6.21 指出, 对于在无穷远处满足某种较弱可积性条件的 $L^1_{\text{loc}}(\mathbb{R}^n)$ 函数 f, 例如 $y \mapsto w_n(y)f(y)$ 是可积的 ($w_n(y)$ 的定义见 6.21(8)), Poisson 方程

$$-\Delta u = f \text{ 在 } \mathcal{D}'(\mathbb{R}^n) \text{ 中} \tag{1}$$

有一个解, 这个解对于几乎处处的 $x \in \mathbb{R}$, 可由

$$K_f(x) = \int_{\mathbb{R}^n} G_y(x)f(y)\mathrm{d}y \tag{2}$$

给出, 而其他解都可表示为

$$u = K_f + h, \tag{3}$$

其中 h 是任意调和函数. 若 $\mathbb{R}^n$ 换为开集 Ω, 结论也相同, 此时只要把 (2) 式中的 $\mathbb{R}^n$ 替换为 Ω.

函数 K_f 是一个 $L^1_{\text{loc}}(\mathbb{R}^n)$ 函数, 它未必在古典意义下可微, 甚至未必是连续的, 但是它的分布导数是一个函数. 以下是本章要考虑的问题: 对 f 再加什么条件, 可以保证 K_f 是二次连续可微的, 或者仅仅是一次连续可微的, 或者放得更宽, 仅仅是连续的? 注意到 (3) 中的调和函数 h 通常是无穷次可微的 (定理

9.3 注 (3)), 所以以上关于 K_f 的问题也可以对一般解 (3) 来提. 本章将回答这些问题, 但在回答之前, 须先给出一些注记.

(1) 这里仅仅是很肤浅地涉及了一个较大的称为**椭圆正则性理论**的主题. 在该理论中, Laplace Δ 换成更一般的二阶微分算子

$$L = \sum_{i,j=1}^{n} a_{ij}(x)\partial^2/\partial x_i \partial x_j + \sum_{i=1}^{n} b_i(x)\partial/\partial x_i + c(x).$$

椭圆这个词来源于要求对称矩阵 $a_{ij}(x)$ 对于每个 x 是正定的这个条件. 此外, 人们考虑区域 Ω, 而不是 $\mathbb{R}^n$, 并且研究直到 Ω 边界的正则性 (即可微性等). 这类问题是很难的, 这里我们就只考虑 $\mathbb{R}^n$ 的情况. 换一种说法就是可以考虑任意区域 (见 (2)) 但是只考虑**内部正则性**. 文献 [Gilbarg-Trudinger] 和 [Evans] 是关于椭圆正则性较详细的参考书. 特别地, 定理 10.2 证明的最后部分是基于 [Gilbarg-Trudinger] 的引理 4.5. 想知道更多关于奇异积分的知识, 可参考 [Stein].

(2) 在目前讨论的范围, 需要引进局部 Hölder 连续性 (或局部 Hölder 连续可微) 的概念, 因为它比连续性 (或者强一点, 连续可微性) 更有用. 称定义在区域 $\Omega \subset \mathbb{R}^n$ 上的函数 g 是 α (其中 $0 < \alpha \leqslant 1$) **阶局部 Hölder 连续的**, 是指对于 Ω 中的任意紧集 K, 存在常数 $b(K)$, 使得

$$|f(x) - f(y)| \leqslant b(K)|x-y|^\alpha$$

对于任意 $x, y \in K$ 成立. 特殊的 $\alpha = 1$ 的情形被称为 **Lipschitz 连续**. Ω 上所有 k 阶可微且 k 阶导数是 α 阶局部 Hölder 连续的函数构成的集合记为

$$C_{\text{loc}}^{k,\alpha}(\Omega).$$

以下的两个例子表明在 $n > 1$ 时通常连续性的不足之处.

例 1 设 $B \subset \mathbb{R}^3$ 是中心在原点、半径为 $1/2$ 的球, 且令 $u(x) = w(r) := \ln[-\ln r]$, 其中 $r = |x|$. 用通常的方法计算 Δu, 即 $f(x) = -\Delta u(x) = -w''(r) - 2w'(r)/r$, 可以发现 $f \in L^{3/2}(B)$ (如 6.20 节那样, 容易验证以上的公式其实是在分布意义下给出了 Δu). 此时有趣的是: $f \in L^{3/2}(B)$, 但 u 却不连续, 甚至不是有界的. 然而定理 10.2 说, 若 $f \in L^{3/2+\varepsilon}(B)$ 对于任意 $\varepsilon > 0$ 成立, 则 u 自动地是指数小于 $4\varepsilon/(3 + 2\varepsilon)$ 的 Hölder 连续函数.

例 2 B 如上例所取, 设 $u(x) = w(r)Y_2(x/r)$, 其中 $w(r) = r^2 \ln[-\ln r]$ 且 $Y_2(x/r)$ 是第二球面调和函数 $x_1 x_2/r^2$. 同样, 容易验证

$$f(x) = -\Delta u(x) = [-w''(r) - 2r^{-1}w'(r) + 6r^{-2}w(r)]Y_2(x/r),$$

且 f 是连续的. f 在原点邻域的性态如 $-5(\ln r)^{-1}Y_2(x/r)$, 因此在原点为 0. 然而 u 在原点不是二次可微的, 且当 $r \to 0$ 时 $\partial^2 u/\partial x_1 \partial x_2$ 甚至是趋于无穷的, 所以并不如我们所期望的那样, 即 f 的连续性推不出 $u \in C^2(\Omega)$. 不过定理 10.3 说, 若 f 是 $\alpha(\alpha < 1)$ 阶 Hölder 连续的, 则 $u \in C^{2,\alpha}_{\mathrm{loc}}(\Omega)$.

(3) 正则性问题纯粹是一个局部性问题, 所以在证明中总可假设 f 具有紧支集, 原因是: 若我们想在 $x_0 \in \Omega$ 附近研究 u 和 f, 可以取定函数 $j \in C^\infty_c(\Omega)$, 使得在中心为 x_0 的某个球 $B_1 \subset \Omega$ 上 $j(x)=1$, 且在 Ω 上 $0 \leqslant j(x) \leqslant 1$, 于是可写

$$f = jf + (1-j)f := f_1 + f_2, \tag{4}$$

相应地就有 $K_f = K_{f_1} + K_{f_2}$, 函数 K_{f_1} 将是我们研究的对象, 另一方面, 根据定理 6.21, K_{f_2} 是一个在 B_1 内满足 $-\Delta K_{f_2} = f_2 = 0$ 的函数. 由于 K_{f_2} 在 B_1 内调和, 它在 B_1 上是无穷次可微的, 从而 K_{f_1} 和 K_f 具有相同的连续性和可微性, 所以 K_f 在任意开集 $\omega \subset \Omega$ 内的正则性完全由 ω 内的 f 所决定. 称一个算子 L 是**次椭圆**的是指, 这个算子像 Δ 一样具有如下性质: 若 f 在某个 $\omega \subset \Omega$ 内无穷次可微, 则方程

$$Lu = f \quad 在 \ \mathcal{D}'(\Omega) \ 中$$

的所有解 u 在 ω 内也是无穷次可微的.

以下定理的一个典型应用是所谓的 **Bootstrap 过程**. 作为一个例子, 考虑方程

$$-\Delta u = Vu \quad 在 \ \mathcal{D}'(\mathbb{R}^n) \ 中, \tag{5}$$

其中 $V(x)$ 是一个 $C^\infty(\mathbb{R}^n)$ 函数. 因为 $u \in L^1_{\mathrm{loc}}(\mathbb{R}^n)$, 由定义, $Vu \in L^1_{\mathrm{loc}}(\mathbb{R}^n)$. (在任何情况下, Vu 必须属于 $L^1_{\mathrm{loc}}(\mathbb{R}^n)$ 以使 (5) 在 $\mathcal{D}'(\mathbb{R}^n)$ 下有意义.) 由 (3) 式、上述注记 (3) 以及定理 10.2 可知, $u \in L^{q_0}_{\mathrm{loc}}(\mathbb{R}^n)$, 其中 $q_0 = n/(n-2) > 1$, 从而 $Vu \in L^{q_0}_{\mathrm{loc}}(\mathbb{R}^n)$. 重复此过程可得 $u \in L^{q_1}_{\mathrm{loc}}(\mathbb{R}^n)$, 其中 $q_1 = n/(n-4)$. 最终, 我们有 $Vu \in L^p(\mathbb{R}^n)$, 其中 $p > n/2$. 由定理 10.2, $u \in C^{0,\alpha}(\mathbb{R}^n)$, 其中 $\alpha > 0$. 于是利用定理 10.3, $u \in C^{2,\alpha}(\mathbb{R}^n)$. 反复迭代, 可得最后结论, 即 $u \in C^\infty(\mathbb{R}^n)$.

10.2 Poisson 方程解的连续性和一阶可微性

设 $f \in L^p(\mathbb{R}^n)$, $1 \leqslant p \leqslant \infty$, 且具有紧支集, 又设 K_f 由 10.1(2) 给出.

(i) $n=1$ 时, K_f 是连续可微的; $n=2$, $p=1$ 时, 或者 $n>2$, $1 \leqslant p < n/2$ 时, 若 $p=1, n=2$, 则 $K_f \in L^q_{\mathrm{loc}}(\mathbb{R}^2)$ 对于任意 $q < \infty$ 成立;

若 $p = 1, n \geqslant 3$, 则 $K_f \in L^q_{\text{loc}}(\mathbb{R}^n)$ 对于任意 $q < \frac{n}{n-2}$ 成立;

若 $p > 1, n \geqslant 3$, 则 $K_f \in L^q(\mathbb{R}^n)$, 其中 $q = \frac{pn}{n-2p}$.

(ii) 若 $n/2 < p \leqslant n$, 则 K_f 是 α 阶的 Hölder 连续函数, 其中 $\alpha < 2 - n/p$,

$$|K_f(x) - K_f(y)| \leqslant C_n(\alpha, p)|x - y|^{\alpha}\|f\|_p(\mathcal{L}^n(\text{supp}\{f\}))^{\frac{2-\alpha}{n} - \frac{1}{p}}. \tag{1}$$

(iii) 若 $n < p$, 则 K_f 有导数, 且由 6.21(4) 给出,

$$\partial_i K_f(x) = \int_{\mathbb{R}^n}(\partial G_y/\partial x_i)(x)f(y)\mathrm{d}y,$$

对任意 $\alpha < 1 - n/p$, K_f 的导数还是 α 阶的 Hölder 连续函数, 即

$$|\partial_i K_f(x) - \partial_i K_f(y)| \leqslant D_n(\alpha, p)|x - y|^{\alpha}\|f\|_p(\mathcal{L}^n(\text{supp}\{f\}))^{\frac{1-\alpha}{n} - \frac{1}{p}}, \tag{2}$$

此处 $D_n(\alpha, p)$ 与 $C_n(\alpha, p)$ 是仅依赖于 α 和 p 的普适常数.

证明　我们只对 $n \geqslant 2$ 的情形证明, 而把简单的 $n = 1$ 的情形留给读者. 首先证明 (i). 当 $n = 2$ 时, 可以利用如下的事实: 对于任意 $\varepsilon > 0$ 以及 $\mathbb{R}^2$ 内一个半径为 R 的固定球内两点 x 和 y, 存在常数 c 和 d 使得 $|\ln|x - y|| \leqslant c|x - y|^{-\varepsilon} + d := h(x - y)$. 现在可对 $f(y)$ 和 $H(x) = h(x)\chi_{2R}(x)$ 应用 Young 不等式 4.2(4), 其中 χ_{2R} 是半径为 $2R$ 的球的特征函数. 因为 $H \in L^r(\mathbb{R}^2)$ 对于任意 $r < 2/\varepsilon$ 成立, 我们有 $K_f \in L^q_{\text{loc}}$, 其中 $1 + 1/q = 1/p + 1/r > 1/p + \varepsilon/2$.

对 $n \geqslant 3$, $p = 1$ 的情形, 利用 $|x|^{2-n}\chi_{2R}(x) \in L^r(\mathbb{R}^n)$ 对于任意 $r < n/(n-2)$ 成立的事实, 并如上进行讨论. 若 $1 < p < n/2$, 需要用到 4.3 节中的 Hardy-Littlewood-Sobolev 不等式.

对于 (ii), 首先注意到, 若 $b > 1$ 以及 $0 < \alpha < 1$, 则对 $m \geqslant 1$, 下式成立 (利用 Hölder 不等式),

$$\begin{aligned}
\frac{1}{m}(1 - b^{-m}) &= \int_1^b t^{-m-1}\mathrm{d}t \\
&\leqslant \left(\int_1^b \mathrm{d}t\right)^{\alpha}\left(\int_1^{\infty} t^{-(m+1)/(1-\alpha)}\mathrm{d}t\right)^{1-\alpha} \leqslant (b-1)^{\alpha}.
\end{aligned}$$

同样地,

$$\ln b = \int_1^b t^{-1}\mathrm{d}t \leqslant (b-1)^{\alpha}\left(\int_1^{\infty} t^{-1/(1-\alpha)}\mathrm{d}t\right)^{1-\alpha} \leqslant \frac{1}{\alpha}(b-1)^{\alpha}.$$

用 b/a 替换 b, 可得 (对于 $a > 0$)

$$|b^{-m} - a^{-m}| \leqslant m|b - a|^{\alpha} \max(a^{-m-\alpha}, b^{-m-\alpha}),$$

$$|\ln b - \ln a| \leqslant |b - a|^{\alpha} \max(a^{-\alpha}, b^{-\alpha})/\alpha.$$

若 x, y, z 都在 $\mathbb{R}^n$ 中, 可由三角不等式 $||x-z| - |y-z|| \leqslant |x-y|$ 以及 $\max(s,t) \leqslant s + t$, 得到

$$\left| |x - z|^{-m} - |y - z|^{-m} \right| \leqslant m|x-y|^{\alpha}\{|x-z|^{-m-\alpha} + |y-z|^{-m-\alpha}\},$$

$$\left| \ln|x - z| - \ln|y - z| \right| \leqslant |x-y|^{\alpha}\{|x-z|^{-\alpha} + |y-z|^{-\alpha}\}/\alpha. \tag{3}$$

若把 (3) 代入 K_f 的定义式 10.1(2) 中, 可知当 $n \geqslant 2$ 时存在一个普适常数 C_n, 使得

$$|K_f(x) - K_f(y)| \leqslant C_n|x-y|^{\alpha} \sup_x \int_{\mathbb{R}^n} |x-y|^{2-n-\alpha} |f(y)| \mathrm{d}y. \tag{4}$$

利用 Hölder 不等式, 即得

$$|K_f(x) - K_f(y)| \leqslant C_n|x-y|^{\alpha} \sup_x \left\{ \int_{\mathrm{supp}\{f\}} |x-y|^{(2-n-\alpha)p'} \mathrm{d}y \right\}^{1/p'} \|f\|_p. \tag{5}$$

若 $p > n/2$, 则 $p' < n/(n-2)$, 所以只要 $\alpha < 2 - n/p$, $|x|^{2-n-\alpha} \in L_{\mathrm{loc}}^{p'}(\mathbb{R}^n)$. 对于这样的 α, 当 $\mathrm{supp}\{f\}$ 是以 x 为中心的球时, (5) 式中的积分是最大的 (给定 $\mathrm{supp}\{f\}$ 的体积). 这个证明用了最简单的重排不等式 (见定理 3.4) 以及 $|y|^{-1}$ 是对称递减函数. 由 (5) 可得 (1).

(2) 的证明基本上类似, 只是此时要从 $\partial_i K_f$ 的表示 6.21(4) 开始讨论. ∎

10.3 Poisson 方程解的高阶可微性

设 $f \in C^{k,\alpha}(\mathbb{R}^n)$ 且具有紧支集, 其中 $k \geqslant 0$, $0 < \alpha < 1$, 又设 K_f 由 10.1(2) 给出, 则

$$K_f \in C^{k+2,\alpha}(\mathbb{R}^n).$$

证明　这里仍然只考虑 $n \geqslant 2$ 的情形, 而此时也只要考虑 $k = 0$ 的情形就可以了, 因为 "微分运算和 Poisson 方程是可交换的", 即 $-\Delta u = f$ 在 $\mathcal{D}'(\mathbb{R}^n)$ 下成立意味着 $-\Delta(\partial_i u) = \partial_i f$ 在 $\mathcal{D}'(\mathbb{R}^n)$ 下成立. 这直接可由 $C_c^{\infty}(\mathbb{R}^n)$ 试验函数中分布导数的基本定义得到, 所以可设 $k = 0$.

由定理 10.2 可知 $u \in C^{1,\alpha}(\mathbb{R}^n)$, 其导数由 6.21(4) 给出. 为了证明 $u \in C^2(\mathbb{R}^n)$, 根据定理 6.10, 只要证明 $\partial_i u$ 有连续的分布导数. 为了计算这个分布导数, 我们引入一个试验函数 ϕ, 即

$$-\int_{\mathbb{R}^n} (\partial_j \phi)(x)(\partial_i u)(x)\mathrm{d}x = \int_{\mathbb{R}^n} f(y) \int_{\mathbb{R}^n} (\partial_j \phi)(x)(\partial G_y / \partial x_i)(x)\mathrm{d}x\mathrm{d}y, \quad (1)$$

这里用到了 Fubini 定理.

注意到此时不能再次进行分部积分, 因为 $\partial_i \partial_j G_y(x)$ 具有不可积的奇异性. 然而, 由控制收敛定理, (1) 的右边可写成

$$\lim_{\varepsilon \to 0} \int_{\mathbb{R}^n} f(y) \int_{|x-y| \geqslant \varepsilon} (\partial_j \phi)(x)(\partial G_y / \partial x_i)(x)\mathrm{d}x\mathrm{d}y, \quad (2)$$

故只需计算关于 x 的内积分. 不失一般性, 令 $y = 0$. 若用 e_j 记第 j 个分量为 1、其他分量为 0 的向量, 则内积分可记为

$$\int_{|x| \geqslant \varepsilon} \operatorname{div}(e_j \phi)(x)(\partial G_0 / \partial x_i)(x)\mathrm{d}x. \quad (3)$$

由分部积分以及 Gauss 定理, 上式可表示为

$$-\varepsilon^{n-1} \int_{\mathbb{S}^{n-1}} \phi(\varepsilon \omega)(\partial G_0 / \partial x_i)(\varepsilon \omega)\omega_j \mathrm{d}\omega - \int_{|x| \geqslant \varepsilon} \phi(x)(\partial^2 G_0 / \partial x_i \partial x_j)(x)\mathrm{d}x, \quad (4)$$

其中 $\omega_j = x_j / |x|$.

为计算第二项, 对于任意 $|x| \neq 0$, 计算得

$$\int_{\mathbb{S}^{n-1}} (\partial^2 G_0 / \partial x_i \partial x_j)(|x|\omega)\mathrm{d}\omega = 0, \quad (5)$$

因为

$$(\partial^2 G_0 / \partial x_i \partial x_j)(x) = \frac{1}{|\mathbb{S}^{n-1}|}|x|^{-n}(n\omega_i \omega_j - \delta_{ij}), \quad (6)$$

其中 δ_{ij} 满足若 $i = j$, $\delta_{ij} = 1$; 若 $i \neq j$, $\delta_{ij} = 0$. 从而 (4) 中的第二项等于

$$\int_{|x| \geqslant 1} \phi(x)(\partial^2 G_0 / \partial x_i \partial x_j)(x)\mathrm{d}x$$
$$+ \int_{1 \geqslant |x| \geqslant \varepsilon} (\phi(x) - \phi(0))(\partial^2 G_0 / \partial x_i \partial x_j)(x)\mathrm{d}x. \quad (7)$$

把 (4) 中的第一项代入 (2) 且以 y 代替 0, 由控制收敛定理, 对 $\varepsilon \to 0$, 可得

$$\frac{1}{n}\delta_{ij} \int_{\mathbb{R}^n} \phi(y)f(y)\mathrm{d}y. \quad (8)$$

结合 (7) 和 (2), 并利用 Fubini 定理即得

$$
\int_{\mathbb{R}^n} \phi(x) \int_{|x-y| \geqslant 1} f(y) \left(\partial^2 G_y / \partial x_i \partial x_j \right)(x) \mathrm{d}y \mathrm{d}x \tag{9}
$$
$$
+ \lim_{\varepsilon \to 0} \int_{\mathbb{R}^n} \phi(x) \int_{1 \geqslant |x-y| \geqslant \varepsilon} (f(y) - f(x)) \left(\partial^2 G_y / \partial x_i \partial x_j \right)(x) \mathrm{d}y \mathrm{d}x.
$$

因为 $f \in C^{0,\alpha}(\mathbb{R}^n)$, 内积分当 $\varepsilon \to 0$ 时是一致收敛的, 因此交换极限与积分次序后由定理 6.5 (函数由分布唯一确定) 可得

$$
(\partial_i \partial_j u)(x) = \frac{1}{n} \delta_{ij} f(x) + \int_{|x-y| \geqslant 1} f(y) \left(\partial^2 G_y / \partial x_i \partial x_j \right)(x) \mathrm{d}y
$$
$$
+ \lim_{\varepsilon \to 0} \int_{1 \geqslant |x-y| \geqslant \varepsilon} (f(x) - f(y)) \left(\partial^2 G_y / \partial x_i \partial x_j \right)(x) \mathrm{d}y \tag{10}
$$

对于几乎所有 $x \in \mathbb{R}^n$ 成立.

(10) 式右边的第一项显然是 Hölder 连续的. 因为 f 具有紧支集, 所以第二项也是. 第三项是有意思的一项, 因为 $|f(y) - f(x)| < C|x - y|^\alpha$, 由控制收敛定理, 可以在积分号内取 $\varepsilon \to 0$ 的极限, 从而被积函数是 $L^1(\mathbb{R}^n)$ 的. 把此时的第三项记为 $W_{ij}(x)$, 对任意 x, W_{ij} 由 (10) 中的积分在 $\varepsilon = 0$ 时定义.

我们要证明

$$
|W_{ij}(x) - W_{ij}(z)| \leqslant C|x - z|^\alpha,
$$

其中 $C > 0$ 是常数. 在 $W_{ij}(x)$ 的积分中进行 y 到 $y+x$ 的变量替换, 又在 $W_{ij}(z)$ 中做 y 到 $y + z$ 的变换, 然后将它们相减, 得到

$$
W_{ij}(x) - W_{ij}(z) = \int_{|y| < 1} [f(x) - f(z) - f(y + x) + f(y + z)] H(y) \mathrm{d}y, \tag{11}
$$

其中 $H(y) := (\partial^2 G_0 / \partial x_i \partial x_j)(y)$ 由 (6) 给出. 注意到 $|H(y)| \leqslant C_1 |y|^{-n}$. 显然, (11) 中的因子 $f(x) - f(z) - f(y + x) + f(y + z)$ 由 $2C_2|y|^\alpha$ 上方控制, 其中 C_2 是 f 的 Hölder 常数, 即 $|f(x) - f(z)| \leqslant C_2|x - z|^\alpha$.

因为有平移不变性, 为讨论方便, 可以假设 $z = 0$. (11) 中的积分域 $0 < |y| < 1$ 可以写成集合区域 $A = \{y : 0 < |y| \leqslant 4|x|\}$ 和区域 $B = \{y : 4|x| < |y| < 1\}$ 的并. 若 $|x| \geqslant 1/4$, 则第二个区域是空集. 对于区域 A, 利用界 $|y|^\alpha$ 可得到 (11) 在 A 上的积分有上界,

$$
2C_1 C_2 C_3 \int_0^{4|x|} r^{-n} r^\alpha r^{n-1} \mathrm{d}r = C_4 |x|^\alpha,
$$

这正是我们想要的结果.

对于区域 B, 因为由 (5), H 的角度积分是零, 所以 $\int_B [f(x) - f(0)] H(y) \mathrm{d}y = 0$. 对于 (11) 式中的第三项 $f(y+x)$, 我们做往回的变量替换 $y + x \to y$, 从而 (11) 式中第三和第四项之和为

$$I := -\int_D f(y) H(y-x) \mathrm{d}y + \int_B f(y) H(y) \mathrm{d}y, \tag{12}$$

其中 $D = \{y : 4|x| < |y - x| < 1\}$.

为计算上式中第二个积分, 写 $B = (B \cap D) \cup (B \sim D)$, 对第一个积分, 可写 $D = (B \cap D) \cup (D \sim B)$. 在公共区域上, 我们有

$$I_1 = \int_{B \cap D} f(y) [H(y) - H(y-x)] \mathrm{d}y.$$

但当 $y \in B \cap D$ 时, $|H(y) - H(y-x)| \leqslant C_5 |x| |y|^{-n-1}$, 而且 $B \cap D \subset \{y : 3|x| < |y| < 1 + |x|\}$, 因而

$$|I_1| \leqslant C_3 C_5 |x| \int_{3|x|}^{1+|x|} r^\alpha r^{-n-1} r^{n-1} \mathrm{d}r \leqslant \frac{C_6}{1-\alpha} |x|^\alpha.$$

(注意 $|x| < 1/4$.) 此处是证明中第一次要求 $\alpha < 1$ 而不仅仅是 $\alpha \leqslant 1$.

区域 $B \sim D$ 实质上是由两部分组成的, 可写 $B \sim D \subset E \cup G$, 其中 $E = \{y : 4|x| < |y| < 5|x|\}$, $G = \{y : 1 - |x| < |y| < 1\}$, 于是

$$\left| \int_E f(y) H(y) \mathrm{d}y \right| \leqslant C_1 C_2 C_3 \int_{4|x|}^{5|x|} r^\alpha r^{-n} r^{n-1} \mathrm{d}r \leqslant C_7 |x|^\alpha,$$

$$\left| \int_G f(y) H(y) \mathrm{d}y \right| \leqslant C_1 C_2 C_3 \int_{1-|x|}^{1} r^\alpha r^{-n} r^{n-1} \mathrm{d}r \leqslant C_8 |x|^\alpha.$$

(12) 式的第二个积分在 $D \sim B$ 上也有同样的估计, 因而 (10) 中最后一项也是 α 阶 Hölder 连续的. ∎

第十一章　变分法介绍

11.1　引言

　　作为本书中所展开的数学的应用, 我们将提供另外三个最优化问题的例子 (不同于第四章的例子). 第一个例子来自量子力学, 是要求出原子能量的问题, 主要目标是决定其最低的能级. 第二个例子是经典的极小化问题, 即 Thomas-Fermi 问题, 它来自化学. 第三个例子是静电学中的电容器问题. 在所有这些例子中, 困难都在于要证明极小元的存在性, 因此是一个偏微分方程的求解问题. 当然, 以下关于建立微分方程解的考虑 (称为**变分的直接方法**) 并不仅仅局限于上述这些基本例子, 而是处理最优化问题的一般方法.

　　历史上直至今日, 存在性问题在很多场合, 由于太麻烦而常被忽略. 简单地假设极小元或极大元的存在性, 然后试图导出它的一些性质, 这种做法会导致大矛盾, 如同以下取自 [L. C. Young] 由 Perron 提出的一个有趣的例子所说: "令 N 是最大的自然数. 因为 $N^2 \geqslant N$ 且 N 是最大的自然数, 所以 $N^2 = N$ 从而 $N = 1$." 这个例子告诉我们即使 "变分方程" (在这里就是 $N^2 = N$) 能显式解出, 但得到的解和想要解决的问题可能毫无关系.

　　现在我们给出函数极小化问题的几个注记来继续我们的观点. 分析中有一个一般定理说: 定义在 $\mathbb{R}^n$ 中有界闭集 K 上的有界连续实函数能达到它的最小值. 为证此事, 取一列点 x^j, 使得当 $j \to \infty$ 时,

$$f(x^j) \to \lambda := \inf_{x \in K} f(x).$$

因为 K 是有界闭集, 于是存在子列, 仍然记为 x^j 以及一个点 $x \in K$, 使得 $j \to \infty$ 时 $x^j \to x$. 又因 f 连续, 所以

$$\lambda := \lim_{j \to \infty} f(x^j) = f(x),$$

且最小值在 x 达到.

将空间 $\mathbb{R}^n$ 换成 $L^2(\Omega, \mathrm{d}\mu)$, 且令 $F(\psi)$ 为定义在该空间上的某个泛函. 很多情形下 $F(\psi)$ 是强连续的, 即只要 $j \to \infty$ 时, $\|\psi^j - \psi\|_2 \to 0$, 则 $F(\psi^j) \to F(\psi)$. 假如要想证明 $F(\psi)$ 的下确界在 $K := \{\psi \in L^2(\Omega, \mathrm{d}\mu) : \|\psi\|_2 \leqslant 1\}$ 上能达到. 集合 K 显然是有界闭集, 但是对于一个有界序列 $\psi^j \in K$ 来说, 未必存在强收敛的子列 (见 2.9 节).

现在的想法是放宽收敛的要求. 事实上, 若以弱收敛概念代替强收敛概念, 则由定理 2.18 (有界序列的弱极限) 可得, K 中任意一个序列有弱收敛子列. 这样, 收敛序列的集合就扩充了, 但是新的问题产生了, 泛函 $F(\psi)$ 未必是弱连续的 (这种情况很少发生). 总的来说, 有收敛子列的序列越多, $F(\psi)$ 在这些序列上连续的可能性就越小. 摆脱这两难境地的出路是, 在许多例子中泛函具有的**弱下半连续性**, 即若 ψ^j 弱收敛于 ψ, 则

$$\liminf_{j \to \infty} F(\psi^j) \geqslant F(\psi),$$

因而若 ψ^j 是极小化序列, 即若

$$F(\psi^j) \to \inf\{F(\psi) : \psi \in \mathbb{C}\} = \lambda,$$

则存在子列 ψ^j 使得 ψ^j 弱收敛于 ψ, 于是

$$\lambda = \lim_{j \to \infty} F(\psi^j) \geqslant F(\psi) \geqslant \lambda.$$

所以 $F(\psi) = \lambda$, 我们的目的也达到了.

11.2 Schrödinger 方程

$\mathbb{R}^n$ 中与外力场 $F(x) = -\nabla V(x)$ 相互作用的质点所满足的**不含时 Schrödinger 方程** [Schrödinger] 为

$$-\Delta \psi(x) + V(x)\psi(x) = E\psi(x), \tag{1}$$

其中函数 $V : \mathbb{R}^n \to \mathbb{R}$ 称为**位势** (不要和第九章的位势相混淆). "波函数" ψ 是 $L^2(\mathbb{R}^n)$ 中的一个复值函数, 满足**规一化条件**

$$\|\psi\|_2 = 1. \tag{2}$$

函数 $\rho_\psi(x) = |\psi(x)|^2$ 理解为在 x 找到质点的概率密度. 对任意 E, (1) 的 $L^2(\mathbb{R}^n)$ 解可能存在也可能不存在; 事实上经常不存在. 若实数 E 使得这种解存在, 则称它为**特征值**, 而称解 ψ 为**特征函数**.

与 (1) 相关的是变分问题. 考虑以下定义在 $L^2(\mathbb{R}^n)$ 中一个适当的函数类上的泛函 (下面会详细介绍):

$$\mathcal{E}(\psi) = T_\psi + V_\psi, \tag{3}$$

其中

$$T_\psi = \int_{\mathbb{R}^n} |\nabla\psi(x)|^2 \mathrm{d}x, \quad V_\psi = \int_{\mathbb{R}^n} V(x)|\psi(x)|^2 \mathrm{d}x. \tag{4}$$

物理学上, T_ψ 称为 ψ 的**动能**, V_ψ 是它的**势能**, 而 $\mathcal{E}(\psi)$ 是 ψ 的**总能量**.

我们要考虑的变分问题是: 在 $\|\psi\|_2 = 1$ 的限制下极小化 $\mathcal{E}(\psi)$.

如我们将要在 11.5 节中介绍的, 如果一个极小元 ψ_0 存在, 则它必满足方程 (1), 其中 $E = E_0$, 而

$$E_0 := \inf\{\mathcal{E}(\psi) : \int |\psi|^2 = 1\}.$$

这样的函数 ψ_0 称为一个**基态**, E_0 称为**基态能量**[①].

因而此变分问题不仅决定了 ψ_0, 而且也决定了相应的特征值 E_0, 它是 (1) 的最小特征值.

我们这种寻求 (1) 的解的方法带来一个关键问题: 对 V 进行适当的假设后, 证明极小元存在, 即要证明存在满足 (2) 的函数 ψ_0, 使得

$$\mathcal{E}(\psi_0) = \inf\{\mathcal{E}(\psi) : \|\psi\|_2 = 1\}.$$

有例子说明这样的极小元不存在, 比如 V 恒等于零时.

在 11.5 节将证明, 在 V 的适当假设下, $\mathcal{E}(\psi)$ 的极小元的存在性. 我们同时也会解决相应的相对论情形的问题, 在那里动能是由 $(\psi, |p|\psi)$ 给出的, 见 7.11 节. 在非相对论的情形 ((1), (4)), 要证明极小元在分布意义下满足 (1). 11.6 节要阐明高阶的特征值. 11.7 节的内容是应用第十章的结果, 来证明在对 V 进行

[①]物理上, 基态能量是质点可能获得的最低能量. 在物理上, 质点通常是以光 (电磁波) 的形式散发能量最终达到基态能量.

适当的假设后, (1) 的分布解将满足足够的正则性而成为古典解, 即它是二次连续可微的.

最后要考虑的是极小元的唯一性. 在 Schrödinger 例子里, 唯一性意味着 (1) 的基态解除了一个 "常数相位" (即 $\psi_0(x) \to \mathrm{e}^{i\theta}\psi_0(x)$, 其中 $\theta \in \mathbb{R}$) 外是唯一的. 极小元的唯一性 (在定理 11.8 中证明) 意味着方程 (1) 在 $E = E_0$ 时解的唯一性, 此事并不明显, 推论 11.9 对此做了证明. 证明极小元唯一性的工具是, 对于严格正的函数 $\rho : \mathbb{R}^n \to \mathbb{R}^+$, 映射 $\rho \to \mathcal{E}(\sqrt{\rho})$ 是严格凸的. (见定理 7.8 (关于梯度的凸性不等式).) 难点在于建立极小元的严格正性. 定理 9.10 (Schrödinger 波函数的下界) 在这里起了关键作用.

11.3　动能对势能的控制

回忆要考虑的泛函是

$$\mathcal{E}(\psi) = \int_{\mathbb{R}^n} |\nabla\psi(x)|^2 \mathrm{d}x + \int_{\mathbb{R}^n} V(x)|\psi(x)|^2 \mathrm{d}x,$$

且基态能量

$$E_0 = \inf\{\mathcal{E}(\psi) : \|\psi\|_2 = 1\}. \tag{1}$$

动能对于任意 $H^1(\mathbb{R}^n)$ 函数是有定义的. 若假设 $V \in L^1_{\mathrm{loc}}(\mathbb{R}^n)$, 则第二项至少对于 $\psi \in C_c^\infty(\mathbb{R}^n)$ 来说是有定义的. 极小元存在的第一个必要条件是 $\mathcal{E}(\psi)$ 有一个与 ψ (此时 $\|\psi\|_2 \leqslant 1$) 无关的常数作为下界. 读者可以设想, 例如当 $V(x) = -|x|^{-3}$ 时, $\mathcal{E}(\psi)$ 将不再下有界. 事实上, 对于任意满足 $\|\psi\|_2 = 1$ 以及 $\int V(x)|\psi(x)|^2\mathrm{d}x < \infty$ 的函数 $\psi \in C_c^\infty(\mathbb{R}^n)$, 定义 $\psi_\lambda(x) = \lambda^{n/2}\psi(\lambda x)$, 易见 $\|\psi_\lambda\|_2 = 1$. 简单计算可得

$$\mathcal{E}(\psi_\lambda) = \lambda^2 \int_{\mathbb{R}^n} |\nabla\psi(x)|^2 \mathrm{d}x + \lambda^3 \int_{\mathbb{R}^n} V(x)|\psi(x)|^2 \mathrm{d}x.$$

显然当 $\lambda \to \infty$ 时, $\mathcal{E}(\psi_\lambda) \to -\infty$. 从此例可知, 在 V 上所加的条件必须使得 V_ψ 能被动能 T_ψ 和范数 $\|\psi\|_2$ 下方控制.

动能 T_ψ 控制 ψ (但不包括 $\nabla\psi$) 的某种类型的积分的不等式称为**测不准原理**. 这个奇怪称呼的历史原因是: 这样的不等式意味着如果动能不能充分大, 就不会有很负的势能, 即做不到把一个质点在 $\mathbb{R}^n$ 和 $\mathbb{R}^n$ 的 Fourier 变换空间上同时定位. 历史上最著名的测不准原理是 Heisenberg 的测不准原理: 在 $\mathbb{R}^n$ 中, 若

$\psi \in H^1(\mathbb{R}^n)$, 且 $\|\psi\|_2 = 1$, 则

$$(\psi, p^2\psi) \geqslant \frac{n^2}{4}(\psi, x^2\psi)^{-1}. \tag{2}$$

这个不等式的证明 (利用了 $\nabla \cdot x - x \cdot \nabla = n$) 可以在很多教材里找到, 此处不再赘述, 因为 (2) 并不是很有用. 对 $(\psi, x^2\psi)$ 的了解并不能给出多少 T_ψ 的信息, 原因是可以很容易对 ψ 进行任意小的修改 (在 $H^1(\mathbb{R}^n)$ 范数下), 使得 ψ 集中在某处, 即 $(\psi, p^2\psi)$ 并不小但是 $(\psi, x^2\psi)$ 却非常大. 为说明这一点, 可任意取定函数 ψ, 再用 $\psi_y(x) = \sqrt{1 - \varepsilon^2}\psi(x) + \varepsilon\psi(x - y)$ 替代它, 其中 $\varepsilon \ll 1, |y| \gg 1$. 这样在很好的近似下, $\psi_y = \psi$, 但是当 $|y| \to \infty$ 时, $\|\psi_y\|_2 \to 1$, 且 $(\psi_y, x^2\psi_y) \to \infty$. 于是当 $|y| \to \infty$ 时, (2) 的右边趋于零, 而 $T_{\psi_y} \approx T_\psi$ 并不趋于零.

从这方面来说, Sobolev (见 8.3 节和 8.5 节) 不等式有用得多. 对一个在 $\mathbb{R}^n$ ($n \geqslant 3$) 的无穷远处为 0 的函数, 存在常数 S_n 使得

$$T_\psi \geqslant S_n \left\{ \int_{\mathbb{R}^n} |\psi(x)|^{2n/(n-2)} \mathrm{d}x \right\}^{(n-2)/n} = S_n\|\rho_\psi\|_{n/(n-2)}$$
$$= \frac{3}{4}(2\pi^2)^{2/3}\|\rho_\psi\|_3, \quad n = 3. \tag{3}$$

另一方面, 当 $n = 1$ 或 $n = 2$ 时, 我们有:

$n = 2$ 时,

$$T_\psi + \|\psi\|_2^2 \geqslant S_{n,p}\|\rho_\psi\|_p \tag{4}$$

对于任意 $2 \leqslant p < \infty$ 成立;

$n = 1$ 时,

$$T_\psi + \|\psi\|_2^2 \geqslant S_1\|\rho_\psi\|_\infty. \tag{5}$$

而且当 $n = 1, \psi \in H^1(\mathbb{R}^1)$ 时, ψ 不仅是有界的还是连续的.

对 (3) 运用 Hölder 不等式可得, 当 $n \geqslant 3$ 时, 对于任意位势 $V \in L^{n/2}(\mathbb{R}^n)$, 有

$$T_\psi \geqslant S_n\|\rho_\psi\|_{n/(n-2)} \geqslant S_n|(\psi, V\psi)|\|V\|_{n/2}^{-1}. \tag{6}$$

因此当 $\|V\|_{n/2} \leqslant S_n$, 从 (6) 直接得

$$T_\psi + V_\psi \geqslant 0. \tag{7}$$

(6) 的一个简单推广可给出 $n \geqslant 3, V \in L^{n/2}(\mathbb{R}^n) + L^\infty(\mathbb{R}^n)$ 时基态能量的下界, 即若

$$V(x) = v(x) + w(x), \tag{8}$$

其中 $v \in L^{n/2}(\mathbb{R}^n)$, 且 $w \in L^{\infty}(\mathbb{R}^n)$, 则存在常数 λ, 使得 $h(x) := -(v(x) - \lambda)_- = \min(v(x) - \lambda, 0) \leqslant 0$ 满足 $\|h\|_{n/2} \leqslant \frac{1}{2} S_n$ (留给读者作为练习). 特别地, 由 (6) 可得 $h_\psi \geqslant -\frac{1}{2} T_\psi$, 于是

$$
\begin{aligned}
\mathcal{E}(\psi) = T_\psi + V_\psi &= T_\psi + (v - \lambda)_\psi + \lambda + w_\psi \\
&\geqslant T_\psi + h_\psi + \lambda + w_\psi \geqslant \frac{1}{2} T_\psi + \lambda - \|w\|_\infty,
\end{aligned}
\tag{9}
$$

故 $\lambda - \|w\|_\infty$ 是 E_0 的下界. 此外, (9) 式意味着总能量能有效地控制动能, 即

$$
T_\psi \leqslant 2(\mathcal{E}(\psi) - \lambda + \|w\|_\infty).
\tag{10}
$$

当 $n = 2$ 时, 对于任意 $p > 1$, 若 $V \in L^p(\mathbb{R}^2) + L^\infty(\mathbb{R}^2)$, 则以上的讨论结合 (4) 可得到一个有限的 E_0. 同样地, $n = 1$ 时, 若 $V \in L^1(\mathbb{R}^1) + L^\infty(\mathbb{R}^1)$, 则 E_0 也是有限的. 事实上, 在 $n = 1$ 的情况下还可得到更多的结果. 因为 $\psi \in H^1(\mathbb{R}^1)$ 意味着 ψ 是连续的, 所以当 μ_1, μ_2 是 $\mathbb{R}^1$ 上有界正的 Borel 测度时, $\int \psi(x) \mu(\mathrm{d}x)$ 是有意义的 (此处 "有界" 的意义是 $\int \mu_i(\mathrm{d}x) < \infty$). 在物理文献中有个众所周知的例子是 $\mu(\mathrm{d}x) = c\delta(x)\mathrm{d}x$, 其中 $\delta(x)$ 是 Dirac "δ 函数", 更精确地, $\int \psi(x) \mu(\mathrm{d}x) = c\psi(0)$. 故可定义

$$
\mathcal{E}(\psi) = T_\psi + \int_{\mathbb{R}^n} |\psi(x)|^2 \mu(\mathrm{d}x),
\tag{11}
$$

从而 (5) 以及其后意味着前面定义的 E_0 是有限的. 简而言之, 在一维情形, "位势" 可写成一个有界测度加上一个 $L^\infty(\mathbb{R})$ 函数.

至此我们考虑了非相对论动能 $T_\psi = (\psi, p^2\psi)$. 在相对论情形下, $T_\psi = (\psi, |p|\psi)$, 类似的不等式也是成立的. 类似于 (3)~(5) 的相对论情形的不等式是以下的 (12) 和 (13) 式 (见 8.4 节和 8.5 节). 当 $n \geqslant 2$ 时, 存在常数 S_n', 使得

$$
T_\psi \geqslant S_n' \|\rho_\psi\|_{n/(n-1)},
\tag{12}
$$

其中 $S_3' = 2^{1/3}\pi^{2/3}$. 当 $n = 1$ 时, 对于任意 $2 \leqslant p < \infty$, 存在常数 $S_{1,p}'$ 使得

$$
T_\psi + \|\psi\|_2^2 \geqslant S_{1,p}' \|\rho_\psi\|_p.
\tag{13}
$$

以下概述本节的结果.

对于所有的维数 $n \geqslant 1$, 假设 V 在以下空间

$$
\text{非相对论情形} \begin{cases} L^{n/2}(\mathbb{R}^n) + L^\infty(\mathbb{R}^n), & \text{当 } n \geqslant 3, \\ L^{1+\varepsilon}(\mathbb{R}^2) + L^\infty(\mathbb{R}^2), & \text{当 } n = 2, \\ L^1(\mathbb{R}^1) + L^\infty(\mathbb{R}^1), & \text{当 } n = 1, \end{cases}
\tag{14}
$$

或是

$$
相对论情形 \begin{cases} L^n(\mathbb{R}^n) + L^\infty(\mathbb{R}^n), & \text{当 } n \geqslant 2, \\ L^{1+\varepsilon}(\mathbb{R}^1) + L^\infty(\mathbb{R}^1), & \text{当 } n = 1, \end{cases} \tag{15}
$$

则可推出两个结论:

$$
E_0 \text{ 是有限的}, \tag{16}
$$

$$
T_\psi \leqslant C\mathcal{E}(\psi) + D\|\psi\|_2^2 \tag{17}
$$

对于适当的常数 C 和 D 成立, 其中 $\psi \in H^1(\mathbb{R}^n)$ (非相对论情形), 或 $\psi \in H^{1/2}(\mathbb{R}^n)$ (相对论情形). 而且, 在一维的非相对论情形下, V 可以推广为一个有界 Borel 测度.

在相当弱的假设下将对单体问题证明极小能量 (或基态) 函数的存在性, 主要工具是 Sobolev 不等式 (定理 8.3~8.5), 以及 Rellich-Kondrashov 定理 (定理 8.7, 8.9). 方便起见, 做如下定义:

$$
H^\#(\mathbb{R}^n) \text{ 表示} \begin{cases} H^1(\mathbb{R}^n), & \text{非相对论情形}, \\ H^{1/2}(\mathbb{R}^n), & \text{相对论情形}. \end{cases}
$$

主要的结果是以下的定理.

11.4 势能的弱连续性

设 $V(x)$ 是 $\mathbb{R}^n$ 上满足条件 11.3(14)(非相对论情形) 或 11.3(15)(相对论情形) 的函数, 另外假设 $V(x)$ 在无穷远处为 0, 即对任意 $a > 0$,

$$
|\{x : |V(x)| > a\}| < \infty.
$$

若 $n = 1$ 且在非相对论情形下, 则 V 可以是一个有界 Borel 测度和一个在无穷远处趋于零的 $L^\infty(\mathbb{R}^n)$ 函数 ω 之和. 那么由 11.2(4) 定义的 V_ψ 在 $H^\#(\mathbb{R}^n)$ 中弱连续, 即当 $j \to \infty$ 时, 若 ψ^j 在 $H^\#(\mathbb{R}^n)$ 中弱收敛于 ψ, 则 $V_{\psi^j} \to V_\psi$.

证明 注意到由定理 2.12 (一致有界性原理) $\|\psi^j\|_{H^\#}$ 是一致有界的. 首先, 假设 V 是一个函数.

如下定义 $V^\delta(x)$ (当 V 是函数时),

$$
V^\delta(x) = \begin{cases} V(x), & \text{若 } |V(x)| \leqslant 1/\delta, \\ 0, & \text{若 } |V(x)| \geqslant 1/\delta, \end{cases}
$$

且注意到 (由控制收敛定理) $\delta \to 0$ 时, 在 11.3(14) 或 11.3(15) 中的适当的 $L^p(\mathbb{R}^n)$ 范数下, $V - V^\delta \to 0$. 因为 $\|\psi^j\|_{H^\#} \leqslant t$, 定理 8.3~8.5 (Sobolev 不等式) 导致

$$\int (V - V^\delta)|\psi^j|^2 < C_\delta,$$

其中 C_δ 与 j 无关, 而且当 $\delta \to 0$ 时, $C_\delta \to 0$. 因而, 如能证明对任意 $\delta > 0$, 当 $j \to \infty$ 时, $V^\delta_{\psi^j} \to V^\delta_\psi$, 则就证明了 $j \to \infty$ 时, $V_{\psi^j} \to V_\psi$. 若 $n = 1$ 且 V 为测度, 则 V^δ 即可取为 V 自身.

证明 $j \to \infty$ 时 $V^\delta_{\psi^j} \to V^\delta_\psi$ 的困难在于 V^δ 在无穷远处为 0 只在弱意义下成立. 取定 δ, 对于 $\varepsilon > 0$, 定义集合

$$A_\varepsilon = \{x : |V^\delta(x)| > \varepsilon\}.$$

由假设, $|A_\varepsilon| < \infty$, 则

$$V^\delta_{\psi^j} = \int_{A_\varepsilon} V^\delta |\psi^j|^2 + \int_{A_\varepsilon^c} V^\delta |\psi^j|^2. \tag{1}$$

最后一项不会超过 $\varepsilon \int |\psi^j|^2 = \varepsilon$ (与 j 无关), 从而 (因为 ε 是任意的) 只要证明 (1) 中的第一项关于 ψ^j 的一个子列收敛到 $\int_{A_\varepsilon} V^\delta |\psi|^2$.

由定理 8.6 (弱收敛性蕴含了测度有限集合上的强收敛), 在任意有限测度集上 (取为 A_ε), 存在子列 (仍记为 ψ^j), 使得 ψ^j 在 $L^r(A_\varepsilon)$ 中强收敛于 ψ, 此处 $2 \leqslant r < p$. 用不等式

$$\left| |\psi^j|^2 - |\psi|^2 \right| \leqslant |\psi^j - \psi||\psi^j + \psi|$$

可以验证 $|\psi^j|^2$ 在 $L^{r/2}(A_\varepsilon)$ 中强收敛到 $|\psi|^2$. 因为 $V^\delta \in L^\infty(\mathbb{R}^n)$, 我们有 $V^\delta \in L^s(A_\varepsilon)$ 对于任意 $1 \leqslant s \leqslant \infty$ 成立. 因而, 若取 $1/s + 2/r = 1$, 论断即得证. $n = 1$ 时, 读者自己验证在 $\mathbb{R}^1$ 的有界区间上 $\psi^j(x) \to \psi(x)$ 是一致的, 从而当 V 是有界测度加 $L^\infty(\mathbb{R}^1)$ 函数时, 相同的证明在非相对论情形下也能通过. ∎

11.5　E_0 的极小元的存在性

设 $V(x)$ 是 $\mathbb{R}^n$ 上满足条件 11.3(14)(非相对论情形) 或 11.3(15)(相对论情形) 的函数, 又设 $V(x)$ 在无穷远处为 0, 即对于任意 $a > 0$,

$$|\{x : |V(x)| > a\}| < \infty.$$

在非相对论情形下, 若 $n = 1$, 则 V 可以是一个有界测度与一个在无穷远处为 0 的 $L^\infty(\mathbb{R}^n)$ 函数 w 之和. 如前设 $\mathcal{E}(\psi) = T_\psi + V_\psi$, 且假设

$$E_0 = \inf\{\mathcal{E}(\psi) : \psi \in H^\#(\mathbb{R}^n), \|\psi\|_2 = 1\} < 0.$$

由 11.3(16), 若 $\|\psi\|_2 = 1$, 则 $\mathcal{E}(\psi)$ 是下有界的.

我们的结论是, 存在 $H^\#(\mathbb{R}^n)$ 中的函数 ψ_0, 使得 $\|\psi_0\|_2 = 1$ 且

$$\mathcal{E}(\psi_0) = E_0. \tag{1}$$

(在 11.8 节中将会看到, 除一个因子外 ψ_0 是唯一的, 且可取为正的.) 而且, 任意一个极小元 ψ_0 必在分布意义下满足以下 Schrödinger 方程:

$$H_0\psi_0 + V\psi_0 = E_0\psi_0, \tag{2}$$

其中 $H_0 = -\Delta$ (非相对论情形), $H_0 = (-\Delta + m^2)^{1/2} - m$ (相对论情形). 注意到 (2) 意味着函数 $V\psi_0$ 也是一个分布; 这说明 $V\psi_0 \in L^1_{\text{loc}}(\mathbb{R}^n)$.

注 (1) 由 (2) 可知, 分布 $(H_0 + V)\psi_0$ 通常也是一个函数 (即 $E_0\psi_0$). 当 $n = 1$ 时, 即使 V 是测度, 这在非相对论情形下也是成立的.

(2) 定理 11.5 说明, 一极小元满足 Schrödinger 方程 (2). 另一方面, 若设 ψ 是 $H^\#(\mathbb{R}^n)$ 中的函数, 在 $\mathcal{D}'(\mathbb{R}^n)$ 意义下满足将 E_0 换成某实数 E 的方程 (2). 我们能否断定 $E \geqslant E_0$, 并且 $E = E_0$ 当且仅当 ψ 是极小元? 答案是肯定的. 读者可通过取一列收敛于 ψ 的序列 $\phi^j \in C_0^\infty(\mathbb{R}^n)$ 以检验 (2). 取极限 $j \to \infty$, 易证 $\mathcal{E}(\psi) = E\|\psi\|_2^2$. 由此即得要证明的结论.

证明 设 ψ^j 是极小化序列, 即 $j \to \infty$ 时, $\mathcal{E}(\psi^j) \to E_0$, 且 $\|\psi^j\|_2 = 1$. 首先由 11.3(17) 可知 T_{ψ^j} 是有界的, 且界是一个与 j 无关的常数. 因为 $\|\psi^j\|_2 = 1$, 所以序列 ψ^j 在 $H^\#(\mathbb{R}^n)$ 中是有界的. 因为 $H^{1/2}(\mathbb{R}^n)$ 和 $H^1(\mathbb{R}^n)$ 中的有界集都是弱列紧的 (见 7.18 节), 所以可找到 $H^\#(\mathbb{R}^n)$ 中的函数 ψ_0 以及子列 (仍记为 ψ^j), 使得 ψ^j 在 $H^\#(\mathbb{R}^n)$ 中弱收敛于 ψ_0. ψ_j 弱收敛于 ψ_0 意味着 $\|\psi_0\|_2 \leqslant 1$. 下面证明函数 ψ_0 即为极小元. 注意到, 动能是弱下半连续的 (见 8.2 节末), 又因由定理 11.4, V_ψ 在 $H^\#(\mathbb{R}^n)$ 中是弱连续的, 所以 $\mathcal{E}(\psi)$ 在 $H^\#(\mathbb{R}^n)$ 上弱下半连续, 从而

$$E_0 = \lim_{j \to \infty} \mathcal{E}(\psi^j) \geqslant \mathcal{E}(\psi_0),$$

若已知 $\|\psi_0\|_2 = 1$, 则 ψ_0 即为极小元. 然而由假设,

$$0 > E_0 \geqslant \mathcal{E}(\psi_0) \geqslant E_0\|\psi_0\|_2^2.$$

最后一个不等式成立是由于 E_0 的定义, 且由于 $E_0 < 0$, 从而 $\|\psi_0\|_2 = 1$. 极小元的存在性证毕.

为证明 ψ_0 满足 Schrödinger 方程 (2), 可取任意函数 $f \in C_c^\infty(\mathbb{R}^n)$ 且对于 $\varepsilon \in \mathbb{R}$, 设 $\psi^\varepsilon := \psi_0 + \varepsilon f$. 易见商 $\mathcal{R}(\varepsilon) = \mathcal{E}(\psi^\varepsilon)/(\psi^\varepsilon, \psi^\varepsilon)$ 是两个关于 ε 的二次多项式的比, 因而关于较小的 ε 是可微的. 因为极小值 E_0 发生在 $\varepsilon = 0$ (由假设), 故在 $\varepsilon = 0$ 处, $\mathrm{d}\mathcal{R}(\varepsilon)/\mathrm{d}\varepsilon = 0$. 这就给出

$$\frac{\mathrm{d}\mathcal{E}(\psi^\varepsilon)}{\mathrm{d}\varepsilon}\bigg|_{\varepsilon=0} = E_0 \frac{\mathrm{d}(\psi^\varepsilon, \psi^\varepsilon)}{\mathrm{d}\varepsilon}\bigg|_{\varepsilon=0}, \tag{3}$$

从而

$$((H_0 + V)f, \psi_0) = E_0(f, \psi_0) \tag{4}$$

对于 $f \in C_c^\infty(\mathbb{R}^n)$ 成立, 所以由第六章中分布及其导数的定义可知方程 (2) 成立. ∎

• 下面的定理把定理 11.5 推广到高阶特征值和特征函数. 基态能量 E_0 是第一特征值, ψ_0 是第一特征函数. 因 $\mathcal{E}(\psi)$ 为二次型, 故在 ψ 是规范的且与 ψ_0 正交, 即

$$(\psi, \psi_0) = \int_{\mathbb{R}^n} \overline{\psi(x)}\psi_0(x)\mathrm{d}x = 0 \tag{5}$$

的限制下, 可设法在 $H^1(\mathbb{R}^n)$ 中 (相应地在相对论情形下是 $H^{1/2}(\mathbb{R}^n)$) 极小化 $\mathcal{E}(\psi)$. 我们称这个最小值称为 E_1 且是**第二特征值**. 如果它能达到, 称相应的极小元 ψ_1 为**第一激发态**或**第二特征函数**. 类似地可递归定义第 $(k+1)$ 特征值 (在假设前 k 个特征函数 $\psi_0, \cdots, \psi_{k-1}$ 存在的前提下) 为

$$E_k := \inf\{\mathcal{E}(\psi) : \psi \in H^1(\mathbb{R}^n), \|\psi\|_2 = 1 \text{ 且 } (\psi, \psi_i) = 0, i = 0, \cdots, k-1\}.$$

在非相对论情形下必须把 $H^1(\mathbb{R}^n)$ 换成 $H^{1/2}(\mathbb{R}^n)$.

这些特征值在物理中的重要意义是, 它们的差决定了量子力学系统中可能发射的光的频率. 事实上, 就氢原子而言 (见 11.10 节), 它与实验的高度吻合说服了对量子理论基本思想持反对意见的多数人.

11.6 高阶特征值和特征函数

设 V 如定理 11.5, 且设之前给出的第 $k+1$ 特征值 E_k 是负的 (这意味着前 k 个特征函数是存在的), 则第 $k+1$ 个特征函数也存在, 且在分布意义下满

足 Schrödinger 方程

$$(H_0 + V)\psi_k = E_k\psi_k. \tag{1}$$

换句话说, 上一节末提到的递归过程如果没有达到零能量则可以一直进行下去. 此外, 每个数 E_k 只能有有限次的重复, 即每个数 $E_k < 0$ 在特征值列中只出现有限次. 反之, 若 $E \leqslant 0$, $\psi \in H^1(\mathbb{R}^n)$ (在相对论情形下是 $H^{1/2}(\mathbb{R}^n)$), 则 $(H_0 + V)\psi = E\psi$ 的每个规范解是特征值 E 对应的特征函数的线性组合.

注 若 $E_k = 0$, 有关极小元的存在性尚无一般性定理.

证明 极小元 ψ_k 存在性的证明基本上与定理 11.5 相同. 取极小化序列 ψ_k^j ($j = 1, 2, \cdots$), 其中的每一个都和函数 $\psi_0, \cdots, \psi_{k-1}$ 正交. 通过选取子列可以在 $H^1(\mathbb{R}^n)$ 中 (在相对论情形下是 $H^{1/2}(\mathbb{R}^n)$) 找到一个弱极限, 称之为 ψ_k. 如同定理 11.4, $\mathcal{E}(\psi_k) = E_k$ 且 $\|\psi_k\|_2 = 1$. 需要验证的只是 ψ_k 与 $\psi_0, \cdots, \psi_{k-1}$ 都正交. 而这由弱极限的定义即得.

(1) 的证明需要一些步骤. 首先, 类似于定理 11.5 的证明, 可得分布 $D := (H_0 + V - E_k)\psi_k$ 满足以下性质: 对于任意 $f \in C_c^\infty(\mathbb{R}^n)$, 若 $(f, \psi_i) = 0$ 对于任意 $i = 0, \cdots, k-1$ 成立, 则有 $D(f) = 0$. 由定理 6.14 (分布的线性相关性), 可知存在数 $c_0, \cdots, c_{k-1}$, 使得

$$D = \sum_{i=0}^{k-1} c_i\psi_i. \tag{2}$$

现在的目的是要证明 $c_i = 0$ 对于任意 i 成立. 从形式上看, 只要在 (2) 式两边同乘以 ψ_j, 其中 $j \leqslant k-1$, 再进行分部积分 (利用刚才提到的正交性) 可得

$$\int_{\mathbb{R}^n} \overline{\nabla\psi_j} \cdot \nabla\psi_k + \int_{\mathbb{R}^n} V\overline{\psi_j}\psi_k = c_j. \tag{3}$$

另一方面, 在 (1) 中取第 j 式, 取复共轭再对其两边同乘以 ψ_k, 得到

$$\int_{\mathbb{R}^n} \overline{\nabla\psi_j} \cdot \nabla\psi_k + \int_{\mathbb{R}^n} V\overline{\psi_j}\psi_k = 0. \tag{4}$$

以上形式运算之严格验证留作习题 3.

为证明 E_k 的重数为有限次的, 采用反证法, 假设不对. 于是 $E_k = E_{k+1} = E_{k+2} = \cdots$, 由前述, 存在一列满足 (1) 的正交序列 $\psi_1, \psi_2, \cdots$, 由 11.3(10) 可知动能 T_{ψ_j} 保持有界, 即存在常数 $C > 0$ 使得 $T_{\psi_j} < C$. 因为 ψ_j 是正交的, 所以当 $j \to \infty$ 时, 它们在 $L^2(\mathbb{R}^n)$ 中弱收敛于零, 从而在 $H^1(\mathbb{R}^n)$ 中也一样. 而定理 11.4 说明 $j \to \infty$ 时 $V_{\psi_j} \to 0$, 从而 $E_k = \lim_{j\to\infty} T_{\psi^j} + V_{\psi_j} \geqslant 0$, 由此得到矛盾.

如同 (1) 的证明, 可以用分部积分证明, Schrödinger 方程的任意解是特征值 E 对应的特征函数的线性组合, 见练习 3. ∎

11.7 解的正则性

设 $\mathcal{B}_1 \subset \mathbb{R}^n$ 为开球, 又设 u 和 V 是满足

$$-\Delta u + Vu = 0, \quad \text{在 } \mathcal{D}'(\mathcal{B}_1) \text{ 意义下} \tag{1}$$

的 $L^1(\mathcal{B}_1)$ 函数, 则在与 $\mathcal{B}_1$ 同心且半径小于 $\mathcal{B}_1$ 的任意球 $\mathcal{B}$ 上, 下列几条成立:

(i) $n = 1$, 不需对 V 进行进一步的假设, u 是连续可微的.

(ii) $n = 2$, 不需对 V 进行进一步的假设, $u \in L^q(\mathcal{B})$ 对于任意 $q < \infty$ 成立.

(iii) $n \geqslant 3$, 不需对 V 进行进一步的假设, $u \in L^q(\mathcal{B})$ 对于任意 $q < n/(n-2)$ 成立.

(iv) $n \geqslant 2$, 设 $n \geqslant p > n/2$, 且 $V \in L^p(\mathcal{B}_1)$, 则对于任意 $\alpha < 2 - n/p$, 存在常数 C, 使得

$$|u(x) - u(y)| \leqslant C|x - y|^\alpha$$

对于任意 $x, y \in \mathcal{B}$ 成立.

(v) $n \geqslant 1$, 设 $p > n$, 且 $V \in L^p(\mathcal{B}_1)$, 则 u 是连续可微的, 且一阶导数 $\partial_i u$ 满足

$$|\partial_i u(x) - \partial_i u(y)| \leqslant C|x - y|^\alpha$$

对于任意 $\alpha < 1 - n/p$ 以及任意 $x, y \in \mathcal{B}$ 成立, 其中 C 为常数.

(vi) 设 $V \in C^{k,\alpha}(\mathcal{B}_1)$, 其中 $k \geqslant 0$ 以及 $0 < \alpha < 1$ (见 10.1 节中注 (2)), 则 $u \in C^{k+2,\alpha}(\mathcal{B})$.

证明 (1) 的假设意味着 $Vu \in L^1_{\mathrm{loc}}(\mathcal{B}_1)$. 正如 10.1 节解释的那样, 正则性问题完全是一个局部化问题, 因而, 利用定理 10.2(i) 易得 (i), (ii) 和 (iii). 我们用 Bootstrap 方法证明 (iv). 若 $n = 2$, 由 (ii) 可知 $u \in L^q(\mathcal{B}_2)$ 对于任意 $q < \infty$ 成立, 从而存在 $r > n/2$, 使得 $Vu \in L^r(\mathcal{B}_2)$, 此处 $\mathcal{B} \subset \mathcal{B}_2 \subset \mathcal{B}_1$ 且 $\mathcal{B}_2$ 与 $\mathcal{B}_1$ 同心, 于是由定理 10.2(ii), 可知 u 是 Hölder 连续的, 这说明事实上 $Vu \in L^p(\mathcal{B}_3)$. 同样, $\mathcal{B} \subset \mathcal{B}_3 \subset \mathcal{B}_2$, 且 $\mathcal{B}_3$ 与 $\mathcal{B}_2$ 同心. 因为这些球的半径可以以任意小的数量递减, 所以再应用定理 10.2(ii), 可得 $n = 2$ 时所要的结果.

若 $n \geqslant 3$, 证明如下: 设 $Vu \in L^{s_1}(\mathcal{B}_2)$ 对某 s_1 成立, 其中 $1 < s_1 < n/2$, $\mathcal{B}_2$ 是与 $\mathcal{B}_1$ 同心但半径小于 $\mathcal{B}_1$ 的球. 由定理 10.2(i) 可得 $u \in L^t(\mathcal{B}_3)$ 对任意

$t < ns_1/(n - 2s_1)$ 成立, 其中 $\mathcal{B}_3$ 为与 $\mathcal{B}_2$ 同心但半径小于 $\mathcal{B}_2$ 的球, 但可与 $\mathcal{B}_2$ 的半径任意接近. 因为 $V \in L^p(\mathcal{B}_1)$, 其中 $n/2 < p \leqslant n$, 所以可设 $1/p = 2/n - \varepsilon$, 其中 $0 < \varepsilon \leqslant 1/n$. 由 Hölder 不等式, 可得 $Vu \in L^{s_2}(\mathcal{B}_3)$ 对于任意 $s_2 < s_1/(1 - \varepsilon s_1)$ 成立, 从而特别地, 对任意 $s_2 < s_1/(1 - \varepsilon)$ 亦成立. 重复这样的估计可得, 对于某有限的 k, $Vu \in L^{s_k}(\mathcal{B}_{k+1})$, 其中 $s_k > n/2$. 于是由定理 10.2(ii) 可知 u 是 Hölder 连续的. 现在对于某个与 $\mathcal{B}_1$ 同心且半径小于 $\mathcal{B}_1$ 的球 $\mathcal{B}$, $Vu \in L^p(\mathcal{B})$ 成立, 再次利用定理 10.2(ii) 可得所要的结果.

用同样的方法, 并由定理 10.3, 读者易证 (v) 和 (vi). ■

11.8　极小元的唯一性

设 $\psi_0 \in H^1(\mathbb{R}^n)$ 是 $\mathcal{E}$ 的极小元, 即 $\mathcal{E}(\psi_0) = E_0 > -\infty$, 且 $\|\psi_0\|_2 = 1$, 此处我们仅仅假设 $V \in L^1_{\text{loc}}(\mathbb{R}^n)$ 以及 V 是局部上有界的 (不必下有界), 当然还要求 $V|\psi_0|^2$ 可积, 则 ψ_0 满足 $E = E_0$ 的 Schrödinger 方程, 而且 ψ_0 可以取成严格正函数, 最重要的是除了一个常数相位外 ψ_0 是唯一的极小元.

在相对论情形下, 同样的结论对于 $H^{1/2}(\mathbb{R}^n)$ 极小元也成立, 但此时只要求 $V \in L^1_{\text{loc}}(\mathbb{R}^n)$.

证明　因为 $\psi_0 \in H^1(\mathbb{R}^n)$ 且

$$E_0 = \mathcal{E}(\psi_0) = \int_{\mathbb{R}^n} |\nabla \psi_0|^2 + \int_{\mathbb{R}^n} V(x)|\psi_0(x)|^2,$$

故

$$\int_{\mathbb{R}^n} [V(x)]_+ |\psi_0(x)|^2 \mathrm{d}x$$

和

$$\int_{\mathbb{R}^n} [V(x)]_- |\psi_0(x)|^2 \mathrm{d}x$$

必有限, 所以特别地, 对任意 $\phi \in C_c^\infty(\mathbb{R}^n)$, $\int_{\mathbb{R}^n} V(x)\psi_0(x)\phi(x)\mathrm{d}x$ 是有限的. 其次, 对于任意 $\phi \in C_c^\infty(\mathbb{R}^n)$, 计算

$$0 \leqslant \mathcal{E}(\psi_0 + \varepsilon\phi) - E_0 \|\psi_0 + \varepsilon\phi\|_2^2$$

$$= \mathcal{E}(\psi_0) - E_0 + 2\varepsilon\mathrm{Re}\int [\nabla\psi_0\overline{\nabla\phi} + (V - E_0)\psi_0\bar\phi]$$

$$+ \varepsilon^2 \int [|\nabla\phi|^2 + (V - E_0)|\phi|^2].$$

上式中每一项都是有限的, 且因为 $\mathcal{E}(\psi_0) = E_0$, 故最后两项之和是非负的. 因为 ε 是任意的且其符号也可任意, 这表明在 $\mathcal{D}'(\mathbb{R}^n)$ 意义下,

$$-\Delta\psi_0 + W\psi_0 = 0, \tag{1}$$

其中 $W := V - E_0$.

其次, 注意到, 若 $\psi_0 = f + \mathrm{i}g$, 则 f 与 g 分别都是极小元. 因为由定理 6.17 (绝对值的导数) 可得 $\mathcal{E}(f) = \mathcal{E}(|f|)$, $\mathcal{E}(g) = \mathcal{E}(|g|)$, 所以 $\phi_0 = |f| + \mathrm{i}|g|$ 也是一个极小元. 由定理 7.8 (梯度的凸不等式), 就有 $\mathcal{E}(|\phi_0|) \leqslant \mathcal{E}(\phi_0)$, 从而知其必为等式. 但同样的定理 7.8 说, 若 $|f(x)|$ 或 $|g(x)|$ 对于任意 $x \in \mathbb{R}^n$ 是严格正的, 则等式成立当且仅当存在常数 c 使得 $|f| = c|g|$.

因为这些函数都是极小元, 它们满足 Schrödinger 方程 (1), 且因为 V 是局部有界的, W 也是局部有界的. 由定理 9.10(Schrödinger "波" 函数的下界) 可知 $|f(x)|$ 和 $|g(x)|$ 依次等同于严格正的下半连续函数 $\widetilde{f}$ 和 $\widetilde{g}$. 于是除了取定的符号外, $f = \widetilde{f}$, $g = \widetilde{g}$, 于是存在常数 c, 使得 $f = cg$, 即 $\psi_0 = (1 + \mathrm{i}c)f$.

对于相对论情形, 其证明是类似的. 只是此时关于相对论动能的凸不等式定理 7.13, 不要求有关函数是严格正的. ∎

11.9 正解的唯一性

设 $V \in L^1_{\mathrm{loc}}(\mathbb{R}^n)$ 有上界 (要求是一致的而不仅仅是局部的), 且 $E_0 > -\infty$, 又设 $\psi \neq 0$ 是满足 $\|\psi\|_2 = 1$ 的 $H^1(\mathbb{R}^n)$ 中的非负函数, 且在 $\mathcal{D}'(\mathbb{R}^n)$ 意义下满足非相对论情形的 Schrödinger 方程 11.2(1) 或者在 $H^{1/2}(\mathbb{R}^n)$ 中满足相对论情形的 Schrödinger 方程

$$\left[\sqrt{p^2 + m^2} - m\right]\psi + V\psi = E\psi, \quad \text{在 } \mathcal{D}'(\mathbb{R}^n) \text{ 意义下}, \tag{1}$$

则 $E = E_0$, 且 ψ 是唯一的极小元 ψ_0.

证明 主要步骤是证明 $E = E_0$, 剩下的可由 11.5 节的注 (2)(极小元的存在性) 以及定理 11.8 (极小元的唯一性) 得到. 以下将证明 $E \neq E_0$ 意味着正交关系 $\int \psi\psi_0 = 0$, 从而就证明了 $E = E_0$ (由 11.5 节中的注 (2) 可知 $E \geqslant E_0$). 因为 ψ_0 是严格正的且 ψ 是非负的, 这个正交性是不可能的.

为了在非相对论情形下证明 $E \neq E_0$ 导致正交性, 可取 ψ_0 满足 Schrödinger

方程, 并乘以 ψ, 再在 $\mathbb{R}^n$ 上积分而得 (形式上的)

$$\int_{\mathbb{R}^n} \nabla\psi \cdot \nabla\psi_0 + \int_{\mathbb{R}^n} (V - E_0)\psi\psi_0 = 0. \tag{2}$$

为验证此事, 注意到由 11.2(1) 可知, 分布 $\Delta\psi$ 其实是函数, 从而它在 $L^1_{\text{loc}}(\mathbb{R}^n)$ 中. 又因 ψ 非负且 V 是上有界的, 故存在非负函数 $f \in L^1_{\text{loc}}(\mathbb{R}^n)$ 以及 $g \in L^2(\mathbb{R}^n)$, 使得 $\Delta\psi = f + g$, 于是 (2) 由定理 7.7 推得.

若交换 ψ 和 ψ_0, 则可得以 E 替代 E_0 的 (2) 式. 若 $E \neq E_0$, 矛盾, 除非 $\int \psi\psi_0 = 0$.

在相对论情形下的证明完全类似, 只是证明中以 7.15(3) 代替 7.7(2).   ∎

11.10 例子 (氢原子)

位于 $\mathbb{R}^3$ 原点的氢原子的位势 V 是

$$V(x) = -|x|^{-1}. \tag{1}$$

通过观察可发现 Schrödinger 方程 11.2(1) 的一个解为

$$\psi_0(x) = \exp\left(-\frac{1}{2}|x|\right), \quad E_0 = -\frac{1}{4}. \tag{2}$$

因为 ψ_0 是正的, 所以它是基态, 即是

$$\mathcal{E}(\psi) = \int_{\mathbb{R}^3} |\nabla\psi|^2 - \int_{\mathbb{R}^3} \frac{1}{|x|}|\psi(x)|^2 \mathrm{d}x$$

的唯一极小元. 这由推论 11.9 (正解的唯一性) 可得. 此事并不显然, 且在标准的量子力学课本里通常也不提起.

现在可从前面的定理推得有关 ψ_0 的一些性质:

(i) 因为 V 在原点 $x = 0$ 的补集上是无穷次可微的, 所以在该区域 ψ_0 也无穷次可微, 这由定理 11.7 (解的正则性) 直接得到. 事实上, V 在该区域上是实解析的 (意即可在此区域的任一点展开为幂级数, 且收敛半径不为零). 这实际上是个一般性定理, 在我们的例子中已得到证实, 此时 ψ_0 在此区域内也是实解析的, 这是 Morrey 的结果, 可在 [Morrey] 中找到.

(ii) 因为对于 $3 > p > 3/2$, $V \in L^p_{\text{loc}}(\mathbb{R}^n)$, 所以还可由定理 11.7 得到 ψ_0 在原点是 Hölder 连续的, 即

$$|\psi_0(x) - \psi_0(0)| < c|x|^{\alpha}$$

对于任意指数 $1 > \alpha > 0$ 成立. 此例的 ψ_0 其实要稍微好些, 它是 Lipschitz 连续的, 即可取 $\alpha = 1$.

● 现在转向变分问题的第二个重要例子: Thomas-Fermi (TF) 问题, 见[Lieb-Simon] 和 [Lieb, 1981]. 这要追溯到 1926 年 L. H. Thomas 和 E. Fermi 提出的观点, 他们认为可以用 "电荷密度" $\rho(x)$ 的简单非线性模型, 近似描述一个具有多电子的大原子. 我们只陈述这个数学问题, 而不想给出从 Schrödinger 方程导出该近似的过程.

下面要出现的位势函数 $Z/|x|$ 可方便地推广为

$$V(x) := \sum_{j=1}^{K} Z_j |x - R_j|^{-1},$$

其中 $Z_j > 0$, $R_j \in \mathbb{R}^3$, 但为了简便我们不这么做.

这次不像上面那样细致地观察 Schrödinger 方程, 而是将很多步骤留给读者作为练习 (读者应该意识到, 没有汗水就没有收获).

11.11　Thomas-Fermi 问题

TF 理论是考虑 $\mathbb{R}^3$ 上某个非负函数类 ρ 上的能量泛函 $\mathcal{E}$:

$$\mathcal{E}(\rho) := \frac{3}{5} \int_{\mathbb{R}^3} \rho(x)^{\frac{5}{3}} \mathrm{d}x - \int_{\mathbb{R}^3} \frac{Z}{|x|} \rho(x) \mathrm{d}x + D(\rho, \rho), \tag{1}$$

其中 $Z > 0$ 是固定参数 (原子核的电荷), 而

$$D(\rho, \rho) := \frac{1}{2} \int_{\mathbb{R}^3} \int_{\mathbb{R}^3} \rho(x)\rho(y)|x - y|^{-1} \mathrm{d}x \mathrm{d}y \tag{2}$$

为 9.1(2) 给出的电荷密度的库仑能量, 容许函数类是

$$\mathcal{C} := \left\{ \rho : \ \rho \geqslant 0, \ \int_{\mathbb{R}^3} \rho < \infty, \ \rho \in L^{5/3}(\mathbb{R}^3) \right\}. \tag{3}$$

作为习题读者可自行验证, 当 $\rho \in \mathcal{C}$ 时, (1) 中的每一项对于 $\rho \in \mathcal{C}$ 都有定义且有限.

我们的问题是, 对于任给的正数 N (可视为原子中电子的个数), 在 $\int \rho = N$ 的条件下极小化 $\mathcal{E}(\rho)$. $N = Z$ 是特殊情形, 称为中性情形. 如下定义 $\mathcal{C}$ 的两个子集:

$$\mathcal{C}_N := \mathcal{C} \cap \left\{ \rho : \int_{\mathbb{R}^3} \rho = N \right\} \subset \mathcal{C}_{\leqslant N} := \mathcal{C} \cap \left\{ \rho : \int_{\mathbb{R}^3} \rho \leqslant N \right\}.$$

与以上两个集合相对应的是两个能量: "约束" 能量

$$E(N) = \inf\{\mathcal{E}(\rho) : \rho \in \mathcal{C}_N\} \tag{4}$$

和 "无约束" 能量

$$E_{\leqslant}(N) = \inf\{\mathcal{E}(\rho) : \rho \in \mathcal{C}_{\leqslant N}\}. \tag{5}$$

显然, $E_{\leqslant}(N) \leqslant E(N)$.

引入无约束问题的原因以后会讲清楚. 当 $N > Z$ 时, 约束问题 (4) 的极小元将不存在 (TF 理论中原子不能带负电!). 但对无约束问题, 极小元总存在. 在变分问题中这有利于把问题放宽从而获得极小元. 事实上, 在 Schrödinger 方程的研究中已经使用过这种方法. 若一个约束问题的极小元存在, 则稍后将看到这个 ρ 就是无约束问题的极小元.

11.12 无约束 Thomas-Fermi 问题极小元的存在性

对于任意 $N > 0$, 无约束 TF 问题 (5) 存在唯一一个极小元 ρ_N, 即 $\mathcal{E}(\rho_N) = E_{\leqslant}(N)$. 约束能量 $E(N)$ 与无约束能量 $E_{\leqslant}(N)$ 相等, 而且, $E(N)$ 是关于 N 的非增凸函数.

注 定理的最后一句话成立仅仅是因为我们的问题是定义在整个 $\mathbb{R}^3$ 上. 若以 $\mathbb{R}^3$ 的有界子集代替 $\mathbb{R}^3$, 则 $E(N)$ 将不是一个非增函数.

证明 作为练习, 读者自己验证 $\mathcal{E}(\rho)$ 在集合 $\mathcal{C}_{\leqslant N}$ 上有下界, 所以 $E_{\leqslant}(N) > -\infty$. 设 $\rho^1, \rho^2, \cdots$ 是一列极小化序列, 即 $\mathcal{E}(\rho^j) \to E_{\leqslant}(N)$. 作为练习, 可以证明 $\|\rho^j\|_{5/3}$ 为有界数列, 因此, 由定理 2.18 (有界序列的弱极限) 可知, 选取一个子列后, 可设 ρ^j 在 $L^{5/3}(\mathbb{R}^3)$ 中弱收敛到某个 $\rho_N \in L^{5/3}(\mathbb{R}^3)$. 因为 ρ_N 是 ρ^j 的弱极限, 所以可以推断 $\int \rho_N \leqslant N$, 从而 $\rho_N \in \mathcal{C}_{\leqslant N}$ (原因: 若 $\int \rho_N > N$, 则存在充分大的球 B 使得 $\int_B \rho_N > N$, 由于 $\chi_B \in L^{5/2}(\mathbb{R}^3)$, 从而矛盾. $\mathcal{E}(\rho)$ 中的第一项是弱下半连续的 (由定理 2.11 (范数的下半连续性)). 我们断言, 由于以下原因, $D(\rho, \rho)$ 也是下半连续的. 因为序列 ρ^j 是 $L^1(\mathbb{R}^n)$ 中的有界序列, 由 Hölder 不等式, 它在 $L^{6/5}(\mathbb{R}^n)$ 中也是有界的. 可进一步选取子列使之在 $L^{6/5}(\mathbb{R}^n)$ 中也是弱收敛的 (当然是收敛到同样的 ρ_N). 利用 4.3 节的弱 Young 不等式以及定理 9.8 (库仑能量的正性质), 作为练习可证明 $D(\rho, \rho)$ 也是弱下半连续的.

我们想要证明整个泛函是弱下半连续的. 若此事成立, 则因为

$$E_{\leqslant}(N) = \lim_{j\to\infty} \mathcal{E}(\rho^j) \geqslant \mathcal{E}(\rho_N) \geqslant E_{\leqslant}(N),$$

于是 ρ_N 为极小元. 因为负项 $-Z\int_{\mathbb{R}^3} |x|^{-1}\rho(x)\mathrm{d}x$ 显然是上半连续的 (因为负号的缘故), 所以必须证明这一项事实上是连续的, 这是容易做到的 (比较定理 11.4).

为证明 ρ_N 的唯一性, 注意到 $\mathcal{E}(\rho)$ 在凸集 $\mathcal{C}_{\leqslant N}$ 上是 ρ 的严格凸函数 (为什么?). 若在 $\mathcal{C}_{\leqslant}(N)$ 中存在两个不同的极小元 ρ^1 和 ρ^2, 则 $\rho = (\rho^1 + \rho^2)/2$ 也在 $\mathcal{C}_{\leqslant N}$ 中, 且具有严格小于 $E_{\leqslant}(N)$ 的能量, 从而矛盾. 推导过程亦证明了 $E_{\leqslant}(N)$ 是凸函数. 由 $E_{\leqslant}(N)$ 的定义易得它是非增的.

正如上面所述, 由定义, $E_N \geqslant E_{\leqslant}(N)$. 为了证明反向不等式, 不妨设 $\int \rho_N = M < N$, 否则结果是显然的. 任取非负函数 $g \in L^{5/3}(\mathbb{R}^3) \cap L^1(\mathbb{R}^3)$ 满足 $\int g = N - M$; 且对每个 $\lambda > 0$, 考虑函数 $\rho^\lambda(x) := \rho_N(x) + \lambda^3 g(\lambda x)$. 若 $1 < p \leqslant 5/3$, 则当 $\lambda \to 0$ 时, ρ^λ 在每个 $L^p(\mathbb{R}^3)$ 中强收敛于 ρ_N. 因此 $\mathcal{E}(\rho^\lambda) \to \mathcal{E}(\rho_N)$. 又因为 $\mathcal{E}(\rho^\lambda) \geqslant E(N)$, 从而 $E(N) \leqslant E_{\leqslant}(N)$ (正是此处用到了定义域为整个 $\mathbb{R}^3$). ■

11.13　Thomas-Fermi 方程

无约束问题的极小元 ρ_N 是满足以下方程的非零函数, 其中 $\mu \geqslant 0$ 是依赖于 N 的常数:

$$\rho_N(x)^{2/3} = Z/|x| - [|x|^{-1} * \rho_N](x) - \mu, \quad 若\ \rho_N(x) > 0; \tag{1a}$$

$$0 \geqslant Z/|x| - [|x|^{-1} * \rho_N](x) - \mu, \quad 若\ \rho_N(x) = 0. \tag{1b}$$

注　(1) 的等价记法是

$$\rho_N(x)^{2/3} = \left[Z/|x| - [|x|^{-1} * \rho_N](x) - \mu \right]_+. \tag{1}$$

证明　因为容易构造出较小的 ρ 使得 $\mathcal{E}(\rho) < 0$, 所以显然 $E_{\leqslant}(N)$ 是严格负的, 这意味着 $\rho_N \not\equiv 0$.

对于任意函数 $g \in L^{5/3}(\mathbb{R}^3) \cap L^1(\mathbb{R}^3)$ 以及任意实数 $0 \leqslant t \leqslant 1$, 考虑函数族

$$\rho_t(x) := \rho_N(x) + t\left(g(x) - \left[\int g \,\Big/ \int \rho_N \right] \rho_N(x) \right).$$

因为 $\rho_N \not\equiv 0$, 上述函数族均有定义. 显然, $\int \rho_t = \int \rho_N$, 且易验证若 g 满足以下两个条件: $g(x) \geqslant -\rho_N(x)/2$, 且 $\int g \leqslant \int \rho_N / 2$, 则对任意 $0 \leqslant t \leqslant 1$, 有 $\rho_t(x) \geqslant 0$.

定义函数 $F(t) := \mathcal{E}(\rho_t)$, 显然对任意 $0 \leqslant t \leqslant 1$, $F(t) \geqslant E_{\leqslant}(N)$. 因此, 若导数 $F'(t)$ 存在, 必有 $F'(0) \geqslant 0$. 事实上, 由定理 2.6 (范数的可微性), 11.11(1) 中的 $\int \rho^{5/3}$ 项是可微的. 11.11(1) 中的第二和第三项是多项式, 自然也是可微的. 因而, 若定义函数

$$W(x) := \rho_N^{2/3}(x) - Z|x|^{-1} + \left[|x|^{-1} * \rho_N\right](x), \tag{2}$$

且设

$$\mu := - \int_{\mathbb{R}^3} \rho_N(x)W(x)\mathrm{d}x \Big/ \int_{\mathbb{R}^3} \rho_N(x)\mathrm{d}x\,, \tag{3}$$

则条件 $F'(0) \geqslant 0$, 即

$$\int_{\mathbb{R}^3} g(x)[W(x) + \mu]\mathrm{d}x \geqslant 0 \tag{4}$$

对所有满足上述条件的函数 g 成立.

特别地, 对于满足

$$\int_{\mathbb{R}^3} g \leqslant \frac{1}{2} \int_{\mathbb{R}^3} \rho_N$$

的任意非负函数 g, (5) 式成立, 从而若 g 为 $L^{5/3}(\mathbb{R}^3) \cap L^1(\mathbb{R}^3)$ 中的任意非负函数, (5) 式成立. 由此可得 $W(x) + \mu \geqslant 0$ 几乎处处成立, 这就是 (1b). 由 (4) 可得, $-\mu$ 是 W 关于测度 $\rho_N(x)\mathrm{d}x$ 的平均, 从而由条件 $W(x) + \mu \geqslant 0$ 推出在 $\rho_N(x) > 0$ 的点上 $W(x) + \mu = 0$. 这就证明了 (1a).

最后要证明 $\mu \geqslant 0$. 若 $\mu < 0$, 则 (1a) 蕴涵着, 对 $|x| > -\mu/Z$, $\rho_N(x)^{2/3}$ 等于一个 $L^6(\mathbb{R}^3)$ 函数加上一个常值函数 $-\mu$. 若 ρ_N 具有这样的性质, 则它不可能在 $L^1(\mathbb{R}^3)$ 中. ∎

● Thomas-Fermi 方程 11.13(2) 揭示了 ρ_N 的许多有趣性质, 读者可以在 [Lieb-Simon] 和 [Lieb, 1981] 中查阅这方面的理论. 这里我们仅给出一个例子, 即利用第九章的位势理论来阐明 ρ_N 与 11.11 节提到的约束问题的解之间的关系.

11.14　Thomas-Fermi 极小元

如前, 设 ρ_N 是无约束问题的极小元, 则

$$\int_{\mathbb{R}^3} \rho_N(x)\mathrm{d}x = N, \quad \text{若 } 0 < N \leqslant Z, \tag{1}$$

$$\rho_N = \rho_Z, \quad \text{若 } N \geqslant Z. \tag{2}$$

特别地, (1) 意味着当 $N \leqslant Z$ 时, ρ_N 就是约束问题的极小元. 若 $N > Z$, 约束问题没有极小元.

当且仅当 $N \geqslant Z$ 时, $\mu = 0$, 且在此情形, $\rho_N(x) \equiv \rho_Z(x) > 0$ 对于任意 $x \in \mathbb{R}^3$ 成立.

如下定义的 **Thomas-Fermi 位势**

$$\Phi_N(x) := Z/|x| - [|x|^{-1} * \rho_N](x) \tag{3}$$

对任意 $x \in \mathbb{R}^3$, 满足 $\Phi_N(x) > 0$. 从而, 当 $\mu = 0$ 时, 相应于 $N = Z$, TF 方程成为

$$\rho_Z(x)^{2/3} = \Phi_Z(x). \tag{4}$$

证明　首先证明约束问题的极小元存在当且仅当 $\int \rho_N = N$, 此时极小元显然就是 ρ_N. 若 $\int \rho_N = N$, 则 ρ_N 是 $E(N)$ 的极小元. 若 $E(N)$ 问题有极小元 (记为 ρ^N), 则 $\int \rho^N = N$, 且由定理 11.12 的单调性结论, ρ^N 是无约束问题的极小元. 因为极小元是唯一的, 所以 $\rho^N = \rho_N$.

现设存在 $M > 0$, 使得 $M > \int \rho_M =: N_c$ (我们很快将看到 $N_c = Z$). 由唯一性, 我们有 $E(M) = E(N_c)$. 于是以下两断言成立:

a) 对于任意 $N \geqslant N_c$, 有 $\int \rho_N = N_c$ 和 $\rho_N = \rho_{N_c}$;

b) 对于任意 $N \leqslant N_c$ 有 $\int \rho_N = N$.

为证 a), 假设 $N \geqslant N_c$, 我们将证明 $E(N) = E(N_c)$ (回忆 $E(N) = E_{\leqslant}(N)$), 因此由唯一性 $\rho_N = \rho_{N_c}$. 显然, $E(N) \leqslant E(N_c)$. 若 $E(N) < E(N_c)$ 且 $N < M$, 这又与函数 E 的单调性矛盾. 若 $E(N) < E(N_c)$ 且 $N > M$, 这与函数 E 的凸性相矛盾. 从而 $E(N) = E(N_c)$, a) 得证. 断言 b) 可从 a) 推得, 因若假设 $\int \rho_N =: P < N$, 则以 P 和 N 依次代替 N_c 和 M, a) 的结论仍然成立. 于是由 a), $\int \rho_Q = P$ 对于任意 $Q \geqslant P$ 成立. 若选取

$$Q = N_c \geqslant N > P,$$

可见 $N_c = \int \rho_{N_c} = P$, 这是矛盾.

下面要证 $N_c = Z$, 并把它与 TF 位势的非负性一起证明.

设 $A = \{x \in \mathbb{R}^3 : \Phi_N(x) < 0\}$, 由引理 2.20($L^p(\mathbb{R}^n)$ 对偶空间函数卷积的连续性), Φ_N 在 $x = 0$ 外连续且当 $|x| \to \infty$ 时一致趋于 0 (为什么?). 从而 A 是开集. 在 $x = 0$ 的某小邻域中 $\Phi_N(x)$ 显然是正的, 所以 $0 \notin A$. 由 TF 方程 (其中 $\mu \geqslant 0$), 可得 $\rho_N(x) = 0$ 对于任意 $x \in A$ 成立. 而在 A 中,

$$\Delta \Phi_N = 4\pi \rho_N = 0,$$

定理 9.3 说明 Φ_N 在 A 中是调和的. 因为 Φ_N 是连续的, 所以 Φ_N 在 A 的边界上等于 0. 又因为 Φ_N 在 ∞ 处一致趋于 0, 由强极大值原理 (定理 9.4) 可知 $\Phi_N(x) \equiv 0$ 对于 $x \in A$ 成立, 因而 A 是非空的, 关于 Φ_N 是严格正的, 证明留作练习.

设 $N > Z$ 且考虑无约束最优解 ρ_N. 我们断言: $\int \rho_N \leqslant Z$. 由于 ρ_N 是一个径向函数, 从方程 9.7(5)(Newton 定理) 可得

$$[|x|^{-1} * \rho_N](x) = |x|^{-1} \int_{|y| \leqslant |x|} \rho_N(y)\mathrm{d}y + \int_{|y| > |x|} |y|^{-1} \rho_N(y)\mathrm{d}y.$$

据此以及 Φ_N 的定义, 易得 $\lim_{|x| \to \infty} |x| \Phi_N(x) = Z - \int \rho_N$. 从而 $\int \rho_N \leqslant Z$, 否则与 Φ_N 的正性相矛盾. 于是 $N > Z$ 时, 约束 TF 问题不存在极小元, 同时 $N_c \leqslant Z$.

因为 $E(N_c)$ 是 $\mathcal{E}(\rho)$ 在 C 上的绝对最小值, 又因为 ρ_{N_c} 是绝对的极小元, 类似于定理 11.13 的证明, 可证明 ρ_{N_c} 满足 $\mu = 0$ 时的 TF 方程. 因为 Φ_N 是非负的, 这是以 ρ_{N_c} 代替 ρ_Z 的方程 (4). 已知 $|x|$ 充分大时, $\Phi_N(x)$ 与 $(Z - N_c)/|x|$ 行为类似. 若 $N_c < Z$, 则由 (4), $\rho_{N_c} \notin L^{5/3}(\mathbb{R}^3)$, 这是一个矛盾. ∎

11.15 电容器问题

以下两个问题将进一步阐明本书的一些思想: 第一个问题 (11.16 节) 可以追溯到古代, 而第二个问题 (11.17 节) 早在 [Pólya-Szegö] 中已有描述, 那里还有几个同类型问题的介绍.

恰当定义 $n \geqslant 3$ 时有界集 $A \subset \mathbb{R}^n$ 的 (静电) **容量** $\mathrm{Cap}(A)$ 是很麻烦的事, 所以我们从启发式的讨论开始. 有若干种定义方式, 这里介绍四种, 第四种将作为我们的最终定义, 11.16 节的一个定理就是用此定义描述的. 一维和两维情形下集合容量的定义, 会引出一些额外的我们并不想处理的问题.

第一种方式是从以下问题开始的: 如何将一个单位的电荷散布到 A 上, 使得由 9.1(2) 给出的库仑能量为最小? 这个最小能量定义为 $\frac{1}{2}\mathrm{Cap}(A)^{-1}$, 于是

$$\frac{1}{2\mathrm{Cap}(A)} := \inf \left\{ \mathcal{E}(\rho) : \int_A \rho = 1 \right\}, \tag{1}$$

其中

$$\mathcal{E}(\rho) := \frac{1}{2} \int_A \int_A \rho(x)\rho(y)|x - y|^{2-n}\mathrm{d}x\mathrm{d}y. \tag{2}$$

因而, 一个大集合的容量比小集合的大, 因为电荷能散布到更大范围. 可以在 (1) 的定义中限制 ρ 为非负的, 这是正确的, 却并不显然. 换句话说, 允许两种符号的电荷 (具有单位总电荷) 存在只会增加总能量 $\mathcal{E}$. 用 (1) 作为容量的定义是完全正确的, 但有一个缺点. 若 A 是闭集, 可以证明极小元 ρ 存在, 但它是一个测度, 而不是函数. 这个测度集中在 A 的 "表面", 因为这个原因, 当 A 不是闭集时, 我们不能期望极小元存在, 即使是作为支集在 A 中的测度. 例如, 若 A 是一个半径为 R 的球或是球面, 电荷的最佳分布是半径为 $|x|$ 的 "δ 函数", 即

$$\rho(x) = |\mathbb{S}^{n-1}|^{-1} R^{1-n} \delta(|x| - R),$$

且 $\mathrm{Cap}(A) = R^{n-2}$. 所以为了证明 (1) 的极小元存在, 必须把函数类扩大到包含测度并在这个类中取极限. 就是说通过以下定义, 将 (2) 推广到测度 μ,

$$\mathcal{E}(\mu) := \frac{1}{2} \int_A \int_A |x - y|^{2-n} \mu(\mathrm{d}x)\mu(\mathrm{d}y), \tag{3}$$

且限制条件为 $\mu(A) = 1$. 虽然这肯定能做到, 而且也可以证明, 若 A 是闭集, 则 (1) 的极小化测度存在, 但是我们不想沿此路线进行下去, 因为希望能采用迄今为止只对函数而尚未对测度发展起来的方法, 而且我们也不希望仅仅局限于闭集的讨论.

第二种方式是定义容量为: 在 A 各点的位势不超过 1 的条件下, A 上能放置的最多电荷 (这说明了 "容量" 的词源). 由一个测度 μ 产生的位势定义为

$$\phi(x) = \int_A |x - y|^{2-n} \mu(\mathrm{d}y), \tag{4}$$

又

$$\mathrm{Cap}(A) = \sup\{\mu(A) : \phi(x) \leqslant 1, \text{ 对所有 } x \in A\}. \tag{5}$$

极小化 (1) 的 μ 和极大化 (5) 的 μ 事实上是相同的. 至少从直观上说, 这是因为 (1) 的极小元满足类似于 Thomas-Fermi 方程 11.13(2) 的方程 (因为同样的原因), 即

$$[|x|^{2-n} * \mu](x) = \phi(x) = \lambda \tag{6}$$

对于任意 $x \in A$ 成立, 其中 λ 是常数. 对 (6) 关于 $\mu(\mathrm{d}x)$ 积分后可得 $\mathcal{E}(\mu) = \lambda/2$. 重点在于第一个问题的极小元产生的位势在 A 上自动地为常数, 且这个位势必为第二个问题的极小元 (因为至少当 A 具有连通的非空内部时, (6) 关于 $\lambda = 1$ 只有一个解).

第三种方式试图通过用位势 ϕ 表示 $\mathcal{E}(\rho)$ 来直接处理 ϕ. 由 6.19(2) 和 6.21, $-\Delta\phi = (n-2)|\mathbb{S}^{n-1}|\rho$, 从而

$$\mathcal{E}(\rho) = \frac{1}{2}[(n-2)|\mathbb{S}^{n-1}|]^{-1}\int_{\mathbb{R}^n}|\nabla\phi(x)|^2\mathrm{d}x.$$

于是可设

$$\mathrm{Cap}(A) = \inf\left\{[(n-2)|\mathbb{S}^{n-1}|]^{-1}\int_{\mathbb{R}^n}|\nabla\phi(x)|^2\mathrm{d}x :\right.$$
$$\left.\phi\in D^1(\mathbb{R}^n)\cap C^0(\mathbb{R}^n) \text{ 且 } \phi(x)\geqslant 1 \text{ 对于任意 } x\in A \text{ 成立}\right\}. \tag{7}$$

这个定义乍看有些奇怪: 代替 (1) 中的 $1/\mathrm{Cap}(A)$, 这里是 $\mathrm{Cap}(A)$, 又以 $\phi(x)\geqslant 1$ 代替 (5) 中的 $\phi(x)\leqslant 1$. 差别产生的原因是, 在一种情形下总电荷数是固定的, 而在另一种情形下位势是固定的. 希望读者能彻底弄清这些关系.

(7) 中要求 ϕ 为连续的这一条件在许多情形下是至关重要的, 例如若没有连续性, 按照 (7) 的定义, 一个零测度集的容量或许为零 (因为一个 $D^1(\mathbb{R}^n)$ 函数在一个 Lebesgue 零测度集上调整其值为零后在 $D^1(\mathbb{R}^n)$ 意义下与原来的函数相同), 但这显然与 (1) 的容量定义不一致. 事实上, 作为一个简单的练习, 可以证明半径相同的球和球面具有相同的容量. 另一个简单的练习是: 容量为零的集合, 测度必为零.

另一方面, 若如 (7) 那样要求连续性, 则可看到集合 A 和它的闭集 $\bar{A}$ 的容量是相等的. 这个 "结论" 与第一种方式的公式 (1) 得到的容量不符, 而我们认为公式 (1) 是最自然和最基本的. 一个有趣而简单的例子是构造一个集合 A, 使之在 (1) 的意义下 $\mathrm{Cap}(A)\neq\mathrm{Cap}(\bar{A})$. 因此, 虽然 (7) 看上去很合理, 事实上并不合适.

我们的第四种定义也就是本书 $\mathrm{Cap}(A)$ 的实际定义, 在某种意义下结合了前三种定义, 但是最终是与第一种定义 (1) 相一致的. 首先给出这个定义, 然后说明它与 (1) 的关系.

容量的定义:

$$\mathrm{Cap}(A) := \inf\left\{C_n\int_{\mathbb{R}^n}f^2 : f\in L^2(\mathbb{R}^n)\right.$$
$$\left.\text{ 且 } [|x|^{1-n}*f](x)\geqslant 1 \text{ 对于任意 } x\in A \text{ 成立}\right\}, \tag{8}$$

其中

$$C_n := \pi^{n/2+1}\Gamma((n-2)/2)/\Gamma((n-1)/2)^2.$$

注意到此定义并不要求 A 是可测的. 此外由 HLS 不等式 4.3 可知, $|x|^{1-n} * f \in L^{2n/(n-2)}(\mathbb{R}^n)$.

在某种意义下, (8) 可以看作第一和第三种方式的折中. 为了理解这一点, 视 ρ 为已知的, 且将 f 看作 $f = C_n^{-1}|x|^{1-n} * \rho$. 由公式 5.10(3) 和 5.9(1), 我们有

$$C_n|x|^{2-n} = |x|^{1-n} * |x|^{1-n},$$

于是,

$$2\mathcal{E}(\rho) = C_n \int_{\mathbb{R}^n} f^2, \quad \phi = |x|^{1-n} * f,$$

且 (8) 中的条件和 (7) 的条件相同. 反过来的关系是 $f = C\sqrt{-\Delta}\phi$, 而不是 $f = C|\nabla\phi|$, 其中 C 为常数.

(7) 和 (8) 的重要区别在于, (8) 中并不要求指定任何连续性. 函数 $\phi := |x|^{1-n} * f$ 不允许在一个零测度集上以任何方式改变其值 (虽然在这样的集合上 f 的值可以任意改变). 事实上, ϕ 本身就具有一定的连续性. 为了说明这点, 首先注意到, 不失一般性, (8) 中"下确界"可对非负函数 f 来取, 因为以 $|f|$ 代替 f, 仅增加 $[|x|^{1-n} * f](x)$ 而并不改变 $f(x)^2$. 若 f 是正的, 则 ϕ 自动是下半连续的, 这由 Fatou 引理可得, 即若 $x_j \mapsto x \in \mathbb{R}^n$, 则 $|x_j - y|^{1-n}$ 处处点态收敛到 $|x - y|^{1-n}$.

下半连续性总是成立. 定理 11.16 中构造的极小元 ϕ 在"一般"情形下是连续的, 但有时它仅仅是下半连续的. 这种情形的一个例子就发生在所谓 "Lebesgue 针"的顶端.

虽然 (7) 一般来说并不正确, 但若在 (7) 中仅要求 ϕ 下半连续而不要求 $\phi \in C^0(\mathbb{R}^n)$, 则这个定义仍是正确的. 作为练习可证明, 经过以上修改的 (7) 与 (8) 以及 (1) 的定义是一致的. 然而, 在 (7) 中要求 ϕ 下半连续而非连续这件事看上去或许不太自然.

我们希望解决 (8) 的极小元 f 的存在性问题. 注意到一个明显的事实: 集合容量的定义与极小元的存在性无关. 在"一般"情形下极小元是存在的, 但是例外也可能发生, 例子可参见习题 12. 一个单点 x_0 的容量为零, 但是不存在满足 $\int f^2 = 0$ 和 $[|x|^{1-n} * f](x_0) \geq 1$ 的 f. 事实上总存在一个 f 使 $\int f^2$ 达到极小, 但只满足稍弱一些的条件: 在去掉一个零容量集 (测度必定为零) 的 A 上, $\phi(x) = [|x|^{1-n} * f](x) \geq 1$ 处处成立. 在单点集的情形, 零函数是在前述意义下的极小元.

有了以上准备, 现在可以精确地叙述主要结果了.

11.16 电容器问题的解

对于任意有界集 $A \subset \mathbb{R}^n (n \geqslant 3)$, 存在唯一的 $f \in L^2(\mathbb{R}^n)$ 满足以下两个条件:

a) $\mathrm{Cap}(A) = C_n \int_{\mathbb{R}^n} f^2$.

b) 函数 $\phi := |x|^{1-n} * f$ 对于任意 $x \in A \sim B$ 满足 $\phi(x) \geqslant 1$, 其中 B(可能是空集) 是 A 的子集, 且 $\mathrm{Cap}(B) = 0$.

此函数处处满足 $0 \leqslant \phi \leqslant 1$ (特别地, 在 $A \sim B$ 上, $\phi(x) = 1$) 且有以下的性质:

c) ϕ 在 $\mathbb{R}^n$ 上是上调和的, 即 $\Delta\phi \leqslant 0$.

d) ϕ 在 A 的闭包 $\overline{A}$ 外是调和的, 即在 $\overline{A}^c$ 内, $\Delta\phi = 0$.

e) $\mathrm{Cap}(A) = [(n-2)|\mathbb{S}^{n-1}|]^{-1} \int_{\mathbb{R}^n} |\nabla\phi(x)|^2 \mathrm{d}x$.

注 如 11.15 节所述, f 是非负的, ϕ 下半连续且 $\phi \in L^{2n/(n-2)}(\mathbb{R}^n)$. 这一点与上述 e) 结合可得 $\phi \in D^1(\mathbb{R}^n)$.

证明 首先寻找一个满足 a) 和 b) 的 f, f 的唯一性由映射 $f \mapsto \int f^2$ 的严格凸性即得.

证明有些复杂, 且说明了 Mazur 定理 2.13 (强收敛的凸组合) 的用处. 为了阐明该定理的威力, 我们将沿用本章前面一些例子采用的方法, 即取弱极限以及利用 $\int f^2$ 的下半连续性. 某些地方会遇到困难, 定理 2.13 正好可以解决.

我们从一个极小化序列 $f^j(j = 1, 2, 3, \cdots)$ 开始, 即

$$C_n \int_{\mathbb{R}^n} (f^j)^2 \to \mathrm{Cap}(A),$$

且 $\phi^j := |x|^{1-n} * f^j$ 满足, 对任意 $x \in A$, $\phi^j(x) \geqslant 1$ (注意到, 因为 A 是一个有界集, 所以确实存在 $L^2(\mathbb{R}^n)$ 中的函数在 A 上满足 $|x|^{1-n} * f \geqslant 1$). 因为此序列在 $L^2(\mathbb{R}^n)$ 中有界, 所以存在一个 f 使得 f^j 弱收敛到 f. 由下半连续性, $\mathrm{Cap}(A) \geqslant C_n \int_{\mathbb{R}^n} f^2$, 从而若在 A 上有 $\phi := |x|^{1-n} * f \geqslant 1$, 则 f 有可能是极小元, 但并非一定是, 例如在 Lebesgue 针的情形下就是这样. 问题在于函数 $|x|^{1-n}$ 不属于 $L^2(\mathbb{R}^n)$, 所以 f^j 在 $L^2(\mathbb{R}^n)$ 中弱收敛到 f 还不足以推出 ϕ 的点态性质.

现在我们引入定理 2.13, 因为 f^j 弱收敛到 f, 所以存在 f^j 的凸组合, 记为 F^j, 使得 F^j 在 $L^2(\mathbb{R}^n)$ 中强收敛到 f, 于是,

$$\mathrm{Cap}(A) \geqslant C_n \int_{\mathbb{R}^n} f^2 = C_n \lim_{j\to\infty} \int_{\mathbb{R}^n} (F^j)^2.$$

另一方面, 因为每个 F^j 是可容许函数, 所以 $C_n \lim_{j\to\infty} \int_{\mathbb{R}^n}(F^j)^2 \geqslant \mathrm{Cap}(A)$, 因此,

$$\mathrm{Cap}(A) = C_n \int_{\mathbb{R}^n} f^2. \tag{1}$$

现在需要证明的是去掉一个零容量集, ϕ 在 A 上等于 1. 对任意 $\varepsilon > 0$, 定义如下集合

$$B_\varepsilon = \{x \in A : \phi(x) \leqslant 1 - \varepsilon\},$$
$$V_\varepsilon^j = \{x : \big|[|x|^{1-n} * F^j](x) - [|x|^{1-n} * f](x)\big| \geqslant \varepsilon\},$$
$$T_\varepsilon^j = \left\{x : [|x|^{1-n} * \frac{|F^j - f|}{\varepsilon}](x) \geqslant 1\right\}.$$

显然, $B_\varepsilon \subset V_\varepsilon^j \subset T_\varepsilon^j$ 对任意 j 成立, 从而由容量的单调性可得,

$$\mathrm{Cap}(B_\varepsilon) \leqslant \mathrm{Cap}(V_\varepsilon^j) \leqslant \mathrm{Cap}(T_\varepsilon^j).$$

然而由定义,

$$\mathrm{Cap}(T_\varepsilon^j) \leqslant \varepsilon^{-2}\|F^j - f\|_2^2,$$

且当 $j \to \infty$ 时, 上式收敛到零, 因此 $\mathrm{Cap}(B_\varepsilon) = 0$.

现在若定义

$$B = \{x \in A : \phi(x) < 1\},$$

则 $B \subset \bigcup_{k=1}^\infty B_{1/k}$. 然而从 11.15(8) 易得, 容量是次可列可加的 (见习题 11), 因此,

$$\mathrm{Cap}(B) \leqslant \sum_{k=1}^\infty \mathrm{Cap}(B_{1/k}) = 0,$$

$\mathrm{Cap}(A) = \mathrm{Cap}(A \sim B)$, 且 f 是 11.15(8) 关于集合 $A \sim B$ 的真正极小元.

接下来要推导 ϕ 的性质 c)~e) 以及 $\phi \leqslant 1$. 以下证明 c), 设 η 是 $C_c^\infty(\mathbb{R}^n)$ 中的任意非负函数, $\Delta\eta \in C_c^\infty(\mathbb{R}^n)$. 对于 $\varepsilon > 0$, 设 $f_\varepsilon := f - \varepsilon g$, 其中 $g = |x|^{1-n} * \Delta\eta$, 相应地,

$$\phi_\varepsilon := |x|^{1-n} * f_\varepsilon = \phi - \varepsilon(|x|^{1-n} * |x|^{1-n}) * \Delta\eta.$$

(此处利用 Fubini 定理交换了两重卷积的积分次序.) 由定理 6.21 (Poisson 方程的解) 以及 $|x|^{1-n} * |x|^{1-n} = C_n|x|^{2-n}$ 的事实, 可得

$$-(|x|^{1-n} * |x|^{1-n}) * \Delta\eta = C_n'\eta,$$

其中 $C_n' > 0$. 从而, 由于 $\phi_\varepsilon \geqslant \phi$, 所以 f_ε 关于集合 $A \sim B$ 以及任意 $\varepsilon > 0$ 是可容许函数. 因为 f 是 11.15(8) 关于集合 $A \sim B$ 的极小元, 故

$$0 \leqslant -2\varepsilon \int_{\mathbb{R}^n} fg + \varepsilon^2 \int_{\mathbb{R}^n} g^2.$$

上式对任意 $\varepsilon > 0$ 都成立, 所以 $\int_{\mathbb{R}^n} fg \leqslant 0$. 换句话说,

$$0 \geqslant \int_{\mathbb{R}^n} f|x|^{1-n} * \Delta\eta = \int_{\mathbb{R}^n} \phi\Delta\eta$$

对任意非负函数 $\eta \in C_c^\infty(\mathbb{R}^n)$ 成立 (再次用到了 Fubini 定理). 据定义, 此即在分布意义下 $\Delta\phi \leqslant 0$, c) 得证.

如果不加 $\eta \geqslant 0$ 的条件限制, 类似的方法可证明 d).

e) 的证明作为 Fourier 变换的练习留给读者.

$\phi \leqslant 1$ 的证明有点复杂. 因为 ϕ 是上调和的, 且在无穷远处为 0, 定理 9.6 (下调和函数为位势) 证明了 $\phi = |x|^{2-n} * \mathrm{d}\mu$, 其中 μ 是一个正测度, 因此, 由 Fubini 定理,

$$|x|^{2-n} * |x|^{1-n} * \mathrm{d}\mu = |x|^{1-n} * \phi = C_n |x|^{2-n} * f.$$

两边取 Laplace 算子, 由定理 6.21, $C_n f = |x|^{1-n} * \mathrm{d}\mu$ 作为分布, 从而又由定理 6.5 (函数由分布唯一确定) 可得, 该分布亦为函数, 所以,

$$\mathrm{Cap}(A \sim B) = \mathrm{Cap}(A) = C_n \int_{\mathbb{R}^n} f^2 = 2\mathcal{E}(\mu) = \int_{\mathbb{R}^n} \phi \mathrm{d}\mu.$$

现设 $\phi_0(x) := \min\{1, \phi(x)\}$, $\phi_0(x)$ 也是上调和的 (为什么?). 再次由定理 9.6 可知, $\phi_0 = |x|^{2-n} * \mathrm{d}\mu_0$, 于是

$$\int_{\mathbb{R}^n} \phi \mathrm{d}\mu \geqslant \int_{\mathbb{R}^n} \phi_0 \mathrm{d}\mu = \int_{\mathbb{R}^n} \phi \mathrm{d}\mu_0 (\text{由 Fubini 定理}) \geqslant \int_{\mathbb{R}^n} \phi_0 \mathrm{d}\mu_0.$$

故, 若定义 $f_0 = |x|^{1-n} * \mathrm{d}\mu_0$, 可见 f_0 满足合适的条件且给出比 $\mathrm{Cap}(A \sim B) = \mathrm{Cap}(A)$ 小的值, 所以得到矛盾, 除非 $\phi = \phi_0$. ∎

• 作为重排的一个应用, 我们要解决以下问题: 在测度相同的一切有界集中, 怎样的集容量最小? 以下定理给出了答案.

11.17　球具有最小电容

设 $A \subset \mathbb{R}^n (n \geqslant 3)$ 是有界集, Lebesgue 测度为 $|A|$, 且设 B_A 是 $\mathbb{R}^n$ 中具有相同测度的球, 则

$$\mathrm{Cap}(B_A) \leqslant \mathrm{Cap}(A).$$

证明　设 ϕ 是 $\mathrm{Cap}(A)$ 的极小化位势, 因为 ϕ 是非负的, 且 $\phi \in D^1(\mathbb{R}^n)$, 所以从梯度的重排不等式 (引理 7.17) 得到 $\int_{\mathbb{R}^n} |\nabla \phi^*|^2 \leqslant \int_{\mathbb{R}^n} |\nabla \phi|^2$, 其中 ϕ^* 是 ϕ 的对称递减重排 (见 3.3 节). 由重排的等可测性, 在 B_A 上 $\phi^* = 1$.

设 ϕ_b 为球 B_A 的位势, 我们断定 $\int_{\mathbb{R}^n} |\nabla \phi^*|^2 \geqslant \int_{\mathbb{R}^n} |\nabla \phi_b|^2$, 由此即得定理, ϕ^* 和 ϕ_b 都是径向递减的函数. 在 B_A 外, 我们有 $\phi_b(r) = (R/r)^{2-n}$, 其中 R 是 B_A 的半径 (为什么?). 由 Schwarz 不等式以及 $x \in B_A$ 时 $\phi^*(x) = 1$ 的事实可得

$$\int_{\mathbb{R}^n} |\nabla \phi^*|^2 = \int_{|x|>R} |\nabla \phi^*|^2 \geqslant \left\{ \int_{|x|>R} \nabla \phi^* \cdot \nabla \phi_b \right\}^2 \Big/ \int_{|x|>R} |\nabla \phi_b|^2 .$$

然而, 借助于极坐标可知, $\int_{|x|>R} \nabla \phi^* \cdot \nabla \phi_b$ 正比于 $\int_{r>R} (\mathrm{d}\phi^*/\mathrm{d}r)\mathrm{d}r$, 而由分布导数的微积分基本定理 (定理 6.9), 后者又正比于 $\phi^*(0) = 1$ (为什么 ϕ^* 是连续的?). 换句话说, $\int_{\mathbb{R}^n} |\nabla \phi^*|^2$ 有一个仅与 $\phi^*(0)$ 有关的下界, 因此若以 ϕ_b 代替 ϕ^*, 这个量仍旧不变. ∎

习题

1. 通过检验 11.17 节提到的 $\phi_b(x) = |x|^{2-n}$, 计算 $\mathbb{R}^n$ 中半径为 1 的球的容量. 利用定理 11.16 的 c) 和 d).

2. 证明维数为 1 和 2 时 11.15(7) 的右端为零.

3. 在定理 11.6 的证明中, 首先对 ψ_j 用 $C_c^\infty(\mathbb{R}^n)$ 函数逼近, 其次对 ψ_k 用 $C_c^\infty(\mathbb{R}^n)$ 函数逼近, 证明这种形式操作是正确的, 验证方程 (3) 以及在证明最后提到的 Schrödinger 方程的任意解是特征函数的线性组合.

4. 参看 11.11 节, 证明 $\rho \in \mathcal{C}$ 时 Thomas-Fermi 能量中的每一项都是有定义的.

5. 证明定理 11.12 证明中断言的 $\mathcal{E}(\rho)$ 在集合 $\mathcal{C}_{\leqslant N}$ 上是下有界的.

6. 利用本书的众多不等式证明定理 11.12 证明中的断言: 若 ρ^j 是 $\mathcal{C}_{\leqslant N}$ 上的极小化序列, 则 $\|\rho^j\|_{5/3}$ 是有界序列.

7. 证明定理 11.12 证明中所断言的 $D(\rho, \rho)$ 在 $L^{6/5}(\mathbb{R}^3)$ 上是弱下半连续的. 那个证明似乎暗示必须通过 ρ^j 的一个子列才能获得 $L^{6/5}(\mathbb{R}^3)$ 弱极限; 事实上并非如此 (为什么?).

8. 证明定理 11.12 中的 $-\int_{\mathbb{R}^3} Z|x|^{-1}\rho^j(x)\mathrm{d}x$ 收敛到 $-\int_{\mathbb{R}^3} Z|x|^{-1}\rho_N(x)\mathrm{d}x$.

9. 证明相同半径的球和球面具有相同的容量.

10. 若 $\mathrm{Cap}(A)=0$, 则 $\mathcal{L}^n(A)=0$.

11. 证明**容量的次可列可加性**, 即, 设 $A_1,A_2,\cdots$ 是 $\mathbb{R}^n$ 中一列有界子集, 且

$$\sum_{i=0}^{\infty}\mathrm{Cap}(A_i)<\infty.$$

设集合 $A:=\bigcup_{i=0}^{\infty}A_i$ 也是有界集, 则

$$\mathrm{Cap}(A)\leqslant\sum_{i=0}^{\infty}\mathrm{Cap}(A_i),$$

此处不要求 A_i 是互不相交的. 构造一个不需要 11.15(8) 最小元 f 存在性的证明.

12. 证明单点的容量为零. 因而由习题 11, 可列个点的容量是零.

13. 构造一个集合 A, 使得 $\mathrm{Cap}(A)\neq\mathrm{Cap}(\overline{A})$.

14. 完成定理 11.16(电容器问题的解)e) 的证明.

15. 证明若把 11.15(7) 中条件 $\phi\in C^0(\mathbb{R}^n)$ 改为较弱的条件: ϕ 仅需是下半连续的, 则 11.15(7) 中的极小值仍和 11.15(8) 的相同.

▶ 提示: 说明在 "除掉一个零容量集" 的意义下 11.15(7) 存在最小元, 且是一个上调和函数. 重点在于验证次可列可加性. 验证此上调和函数就是定理 11.16 中的那个函数.

第十二章 特征值的进一步研究

我们在 11.6 节介绍了 $L^2(\mathbb{R}^n)$ 上算子 $H_0 + V$ 的高阶特征值 $E_0 < E_1 \leqslant E_2 \leqslant \cdots$ 以及相应的特征函数 ψ_i, 其中 H_0 在非相对论情形为 $-\Delta$, 在相对论情形为 $\sqrt{-\Delta + m^2} - m$. 这种做法带来的不便是, E_k 的定义依赖于对前 k 个特征函数的已知, 但后者很难做到.

本章将给出几个在未知特征函数 ψ_i 的情形下估计特征值的例子, 不仅对 Schrödinger 问题而且对某一区域上 Laplace 算子的特征值都有讨论. 同时我们也将建立特征值与经典力学相空间之间的联系, 后面这种理论称为**半经典逼近**, 它有大量文献, 不过此处我们只做必要的简单的介绍. 我们将引入一种**相干态**, 并利用它来证明半经典逼近在某些极限意义下实际是精确的. 然而在 12.3 和 12.4 节, 某些特征值之和的界甚至不需要取极限的过程, 从中会得到一个规范正交函数动能之和的不等式.

接下来关于极小极大原理的定理, 在不知道 ψ_i 的前提下, 指出了获得有用信息的途径, 由此提供了估计所有特征值上界以及在某种程度上的下界的方法. 这个方法有几种等价的形式, 它们都是线性代数应用于 11.6 节基本定义的练习. 然而, 这些原理对许多应用非常有用, 本章包括了其中的一些应用. 额外的参考资料为 [Reed-Simon, 第 4 卷, 第 76 页].

为具体起见, 定理 12.1 表述的是 Schrödinger 方程的特征值问题, 但是很显然, 该定理对于不是 $H_0 + V$ 的更多类型的特征值问题同样适用. 回忆 11.2(3) 中

能量 $\mathcal{E}(\psi)$ 的定义, 更重要的是回忆特征值的定义: E_0 定义为 ψ 取遍所有满足 $\|\psi\|_2 = 1$ 的函数时 $\mathcal{E}(\psi)$ 的下确界, 所以 E_0 总是有定义的, 且 $\mathcal{E}(\psi) \geqslant E_0(\psi, \psi)$ 对于任意 ψ 成立不过是 E_0 定义的重复而已. 若 E_0 对某个函数 ψ_0 达到, 则总可接着定义 E_1 为 ψ 取遍所有满足 $\|\psi\|_2 = 1$ 以及 $(\psi, \psi_0) = 0$ 的函数时 $\mathcal{E}(\psi)$ 的下确界, 等等. 不够明显的是如何像刚才对 E_0 那样简单给出 E_1 的一个上界, 定理 12.1 回答了这个问题. 最后, 可能存在某个 J 使 E_J 达不到, 这样就必须停下来 (但 E_J 作为下确界如 11.5 节所述, 总是有定义的). 为了定理 12.1 的目的, 对于任意 $k \geqslant J$, 定义 $E_k = E_J$, 并附带地称数 E_J(不存在 ψ 使 E_J 达到) 为**本性谱**的底.

12.1　极小极大原理

设 V 使得 $V_-(x) := \max(-V(x), 0)$ 满足 11.5 节的假设, 对 $V_+(x) := \max(V(x), 0)$ 则不作任何要求. 在 $L^2(\mathbb{R}^n)$ 中选取 $N + 1$ 个标准正交的函数 $\phi_0, \cdots, \phi_N$, 同时假设它们都在 $H^1(\mathbb{R}^n)$ 中, 或相应地都在 $H^{1/2}(\mathbb{R}^n)$ 中, 且满足 $|\phi_i|^2 V \in L^1(\mathbb{R}^n)$ 对于任意 $i = 0, \cdots, N$ 成立. 设 $J \geqslant 0$ 为使得 E_j 不是特征值的最小整数.

版本一: 构造 $(N + 1) \times (N + 1)$ Hermite 矩阵

$$h_{ij} = \int_{\mathbb{R}^n} \overline{\widehat{\phi_i}(k)} \widehat{\phi_j}(k) T(k) \mathrm{d}k + \int_{\mathbb{R}^n} V(x) \overline{\phi_i(x)} \phi_j(x) \mathrm{d}x, \tag{1}$$

则特征值问题

$$hv = \lambda v, \quad v \in \mathbb{C}^{N+1}$$

有 $N + 1$ 个特征值 $\lambda_0 \leqslant \lambda_1 \leqslant \cdots \leqslant \lambda_N$, 且它们满足

$$\lambda_i \geqslant E_i, \quad i = 0, \cdots, N. \tag{2}$$

特别地, 对于任意 $N + 1$ 个 $L^2(\mathbb{R}^n)$ 中的标准正交函数 ϕ_i, 有

$$\sum_0^N E_i \leqslant \sum_{i=0}^N \lambda_i = \sum_{i=0}^N h_{ii} = \sum_{i=0}^N \mathcal{E}(\phi_i). \tag{3}$$

版本二 (极大极小): 若 $N < J$, 则

$$E_N = \max_{\phi_0, \cdots, \phi_{N-1}} \min\{\mathcal{E}(\phi_N) : \phi_N \perp \phi_0, \cdots, \phi_{N-1}\}. \tag{4}$$

版本三 (极小极大): 若 $N < J$, 则

$$E_N = \min_{\phi_0,\cdots,\phi_N} \max\{\mathcal{E}(\phi) : \phi \in \text{Span}(\phi_0,\cdots,\phi_N)\}. \tag{5}$$

若 $N \geqslant J$, 则 (4) 中的极大极小变为极大下确界 (max-inf), (5) 中的极小极大变为下确界极大 (inf-max).

注 (1) 在 (4) 和 (5) 中, 不要求 $\phi_0,\cdots,\phi_{N-1}$ 是正交的, 但在 (5) 中, ϕ_j 线性无关的条件是本质的.

(2) 原则上版本二可以给出下界, 但它的应用性较差. 而版本三对上界估计有用.

(3) 版本一中用到的函数 ϕ_j 称为**变分**、**试验**或**比较函数**.

回忆 11.5(5) 以及 2.21 节的定义 $(f,g) := \int_{\mathbb{R}^n} \overline{f} g$.

证明 我们只讨论 $N \leqslant J$ 的情形, $N > J$ 时的简单推广留给读者.

矩阵 h 的 $N+1$ 个标准正交特征向量 $v^j (1 \leqslant j \leqslant N+1)$ 定义了 $N+1$ 个标准正交函数 $\chi_i(x) = \sum_{j=0}^N v_i^j \phi_j(x)$. 由 E_0 的定义, 显然 $E_0 \leqslant \mathcal{E}(\chi_0) = (v_0, hv_0) = \lambda_0$. 假设 $i = 0,1,\cdots,k-1$ 时, (2) 成立, 要证明 $i = k$ 时, (2) 成立. 函数 $\chi_0,\cdots,\chi_k$ 所张的空间的维数为 $k+1$, 从而该空间包含了函数 $\chi = \sum_{j=0}^N c_j\chi_j$, 使得 $1 = (\chi,\chi) = \sum_{j=0}^k |c_j|^2$, 且 $(\chi,\psi_i) = 0$ 对于任意 $i = 0,\cdots,k-1$ 成立. 由定义, $\mathcal{E}(\chi) \geqslant E_k$. 然而 $(v_i, hv_j) = \lambda_i\delta_{ij}$, 由此易得 $\mathcal{E}(\chi) = \sum_{j=0}^k |c_j|^2\lambda_j \leqslant \lambda_k$.

对于版本二, 以 γ_N 记 (4) 式的右边, 由 E_N 的定义, 显然

$$\gamma_N \geqslant \min\{\mathcal{E}(\phi_N) : \phi_N \perp \psi_0,\cdots,\psi_{N-1}\} = E_N. \tag{6}$$

注意到对任意选取的 $\phi_0,\cdots,\phi_{N-1}$, 总存在一个线性组合 $f = \sum_{j=0}^N c_j\psi_j$, 满足 f 与每个 $\phi_i(i = 0,\cdots,N-1)$ 都正交. 这是线性代数的一个练习. 但 $\mathcal{E}(f) \leqslant E_N$, 从而 $\min\{\mathcal{E}(\phi_N) : \phi_N \perp \phi_0,\cdots,\phi_{N-1}\} \leqslant E_N$.

为证明第三个版本, 记 (5) 式右边为 γ_N, 且选取 $\phi_0,\cdots,\phi_N$ 为 $\psi_0,\cdots,\psi_N$, 于是由 E_N 定义可得 $\gamma_N \leqslant E_N$. 其次, 对于任意 $\phi_0,\cdots,\phi_N$, 在其所张空间中存在向量 f 与 $\psi_0,\cdots,\psi_{N-1}$ 所张空间相垂直, 这也是线性代数的一个练习. 于是对于任意 $\phi_0,\cdots,\phi_N$, $\mathcal{E}(f) \geqslant E_N$, 从而 $\gamma_N \geqslant E_N$. ∎

12.2 广义极小极大原理

设 $\phi_0,\phi_1,\cdots,\phi_L$ 为 $H^1(\mathbb{R}^n)$ 中 $L+1$ 个函数, 且它们构成的半正定矩阵

$\mathcal{I}_{i,j} = (\phi_i, \phi_j)$ 以单位阵为上界, 即 $\sum_{i,j} \mathcal{I}_{i,j} \overline{u_i} u_j \leqslant \sum_i |u_i|^2$ 对任意 $u \in \mathcal{C}^{L+1}$ 成立. 又设 $\sum_{i=0}^{L} \mathcal{I}_{i,i} = N + 1 + \delta$, 其中 $0 \leqslant \delta \leqslant 1$, 则

$$\sum_{i=0}^{L} \mathcal{E}(\phi_i) \geqslant \sum_{i=0}^{N} E_i + \delta E_{N+1}. \tag{1}$$

证明 这是线性代数的一个练习. 显然, 可假设每个 $\phi_i \neq 0$.

首先假设 ϕ_i 互相垂直, 要证 (1) 成立. 设 $T_i = \mathcal{I}_{i,i} \leqslant 1$. 把 T_i 排序使之满足 $0 < T_L \leqslant T_{L-1} \leqslant \cdots$. 定义规范正交族 $\psi_i = (T_i)^{-1/2} \phi_i$, 则由 12.1(3) 可得

$$\begin{aligned}
\sum_{i=0}^{L} \mathcal{E}(\phi_i) &= \sum_{i=0}^{L} T_i \mathcal{E}(\psi_i) \\
&= T_L \sum_{i=0}^{L} \mathcal{E}(\psi_i) + (T_{L-1} - T_L) \sum_{i=0}^{L-1} \mathcal{E}(\psi_i) + \\
&\quad \cdots + (T_1 - T_0) \sum_{i=0}^{L} \mathcal{E}(\psi_i) + T_0 \mathcal{E}(\psi_0) \\
&\geqslant T_L \sum_{i=0}^{L} E_i + (T_{L-1} - T_L) \sum_{i=0}^{L-1} E_i + \cdots + T_0 E_0 \\
&= \sum_{i=0}^{L} T_i E_i \geqslant \sum_{i=0}^{N} E_i + \delta E_{N+1}. \tag{2}
\end{aligned}$$

最后一个不等式是对求和应用了浴缸原理.

一般情形下设 $g_j^{\alpha}, \mu^{\alpha}$ 分别为 $\mathcal{I}$ 的标准正交特征向量和特征值, 即 $\sum_j \mathcal{I}_{i,j} g_j^{\alpha} = \mu^{\alpha} g_i^{\alpha}$, 矩阵 $g_j^{\alpha} (0 \leqslant \alpha, j \leqslant L)$ 是一个 $(L+1) \times (L+1)$ 的酉矩阵. 于是 $\Phi^{\alpha} := \sum_j g_j^{\alpha} \phi_j$ 满足 $(\Phi^{\alpha}, \Phi^{\beta}) = \mu^{\alpha} \delta_{\alpha, \beta}$. 因为 $\sum_{\alpha} \overline{g_i^{\alpha}} g_j^{\alpha} = \delta_{i,j}$, 计算得 $\sum_{\alpha} \mathcal{E}(\Phi^{\alpha}) = \sum_{\alpha} \sum_i \sum_j h_{i,j} \overline{g_i^{\alpha}} g_j^{\alpha} = \sum_i h_{i,i} = \sum_i \mathcal{E}(\phi_i)$. 把 $\phi_0, \cdots, \phi_L$ 换为 $\Phi^0, \cdots, \Phi^L$, 应用前面的证明, 即可得 (1). ■

• 除了第十一章的 Schrödinger 特征值问题外还有其他有趣的特征值问题, 对它们也可应用极小极大原理. 一个有趣的特征值问题是, 在体积为有限的开集 $\Omega \subset \mathbb{R}^n$ 上的 **Dirichlet** 问题. 回忆 $H_0^1(\Omega)$ 的定义是 $C_0^{\infty}(\Omega)$ 在 H^1 范数下的闭包. 对于这样的函数, 可定义

$$\mathcal{E}(\phi) = \int_{\Omega} |\nabla \phi(x)|^2 \mathrm{d}x. \tag{3}$$

对于任意 $k = 0, 1, \cdots$, 可用通常方法归纳定义 **Dirichlet 特征值**. 问题

$$E_0 = \min\left\{ \mathcal{E}(\phi) : \phi \in H_0^1(\Omega), \int_\Omega |\phi(x)|^2 \mathrm{d}x = 1 \right\} \tag{4}$$

的极小元的存在性, 作为练习留给读者. 若记前 k 个特征函数为 $\psi_0, \cdots, \psi_{k-1}$, 则第 $k+1$ 个特征函数 ψ_k 定义为问题

$$E_k = \min\Big\{ \mathcal{E}(\phi) : \phi \in H_0^1(\Omega), \int_\Omega |\phi(x)|^2 \mathrm{d}x = 1,$$
$$\int_\Omega \phi(x)\overline{\psi_i(x)}\mathrm{d}x = 0, i = 0, \cdots, k-1 \Big\} \tag{5}$$

的极小元 (它也存在). 仿效定理 11.6 和习题 11.3 的证明, 可知这些特征函数满足方程

$$-\Delta\psi_j = E_j\psi_j, \tag{6}$$

反之, 对于任意 E, (6) 在 $H_0^1(\Omega)$ 中的任一解都是特征值 E 所对应的特征函数 (在 (5) 的意义下) 的线性组合. 对应于不同特征值的特征函数都是正交的, 那些对应于同一特征值的特征函数可取为正交的, 于是, 它们构成标准正交集 (若把 $H_0^1(\Omega)$ 换为 $H^1(\Omega)$, 即为 **Neumann 特征值**, 对此的证明放在练习中). 当然特征函数可取为实的.

下面的兴趣是要估计前 N 个特征值之和的下界, 即找 $\sum_{j=0}^{N-1} E_j$ 的下界.

以下定理来自 [Li-Yau], 其实早在 [Berezin] 中就已隐含了这个定理.

12.3　区域上特征值之和的界

设 Ω 为 $\mathbb{R}^n$ 内具有有限体积 $|\Omega|$ 的开集, $\phi_0, \cdots, \phi_{N-1}$ 为 $H_0^1(\Omega)$ 内在 $L^2(\Omega)$ 意义下标准正交的一组函数, 则

$$\sum_{j=0}^{N-1} \mathcal{E}(\phi_j) \geqslant (2\pi)^2 \frac{n}{n+2}\left(\frac{n}{|\mathbb{S}^{n-1}|}\right)^{2/n} N^{1+2/n}|\Omega|^{-2/n}. \tag{1}$$

特别地, 若在 (1) 中插入标准正交 Dirichlet 特征函数, 我们有

$$S(N) := \sum_{j=0}^{N-1} E_j \geqslant (2\pi)^2 \frac{n}{n+2}\left(\frac{n}{|\mathbb{S}^{n-1}|}\right)^{2/n} N^{1+2/n}|\Omega|^{-2/n}. \tag{2}$$

证明　因为 $H_0^1(\Omega)$ 是 $C_0^\infty(\Omega)$ 在 H^1 范数下的闭包, 所以只要对 $C_0^\infty(\Omega)$ 中的标准正交函数证明 (1) 即可. 把这些函数零延拓为 $C_0^\infty(\mathbb{R}^n)$ 中的函数 (支集外恒为零), 则 $\mathcal{E}(\phi_j) = (\nabla\phi_j, \nabla\phi_j)$, 其中 $(f, g) = \int_{\mathbb{R}^n} \overline{f}g$, 如 11.5(5). 利用定理 7.9, (1) 中和式可由 Fourier 变换函数 $\widehat{\phi_j}(k)$ 表示为

$$\sum_{j=0}^{N-1} \mathcal{E}(\phi_j) = \int_{\mathbb{R}^n} |2\pi k|^2 \rho(k)\mathrm{d}k, \tag{3}$$

其中 $\rho(k) = \sum_{j=0}^{N-1} |\widehat{\phi_j}(k)|^2$. 因为函数 ϕ_j 在 $L^2(\mathbb{R}^n)$ 中是标准化的, 所以由定理 5.3 (Plancherel 定理),

$$\int_{\mathbb{R}^n} \rho(k)\mathrm{d}k = N. \tag{4}$$

进一步, 由于函数 ϕ_j 在 $L^2(\mathbb{R}^n)$ 中是标准正交的, 所以可将它们补充, 成为 $L^2(\mathbb{R}^n)$ 中的标准正交基 $\{\phi_j\}_{j=0}^\infty$. 记 $e_k : \mathbb{R}^n \to \mathbb{C}$ 为由 $e_k(x) = \mathrm{e}^{2\pi\mathrm{i}k\cdot x}\chi_\Omega(x)$ 给出的函数, 其中 $\chi_\Omega(x)$ 是 Ω 的特征函数. 则 $\widehat{\phi_j}(k) = (\phi_j, e_k)$, 且

$$\rho(k) = \sum_{j=0}^{N-1} |(\phi_j, e_k)|^2 \leqslant \sum_{j=0}^\infty |(\phi_j, e_k)|^2 = (e_k, e_k) = |\Omega|. \tag{5}$$

当然, 若对表达式 (3) 关于所有满足 (4) 和 (5) 的函数 ρ 取极小即得 (1) 中和的下界. 此处正好是利用定理 1.14 (浴缸原理) 的情形. 极小化函数 $\rho_m(k)$ 必为 $|\Omega|$ 乘以 $|k|^2$ 的一个水平集的特征函数, 且满足 (4) 和(5). 换句话说, ρ_m 是 $|\Omega|$ 乘以所选的半径为 κ 的球的特征函数, 且使得 (4) 满足. 简单计算可得

$$\kappa^n = nN/|\Omega||\mathbb{S}^{n-1}|,$$

再在 (3) 中把 ρ 换为 ρ_m 后进行估计即得定理所需的界.　∎

注　不等式 (2) 意味着第 N 个特征值 E_{N-1} 满足

$$E_{N-1} \geqslant (2\pi)^2 \frac{n}{n+2} \left(\frac{n}{|\mathbb{S}^{n-1}|}\right)^{2/n} N^{2/n}|\Omega|^{-2/n}. \tag{6}$$

Pólya 猜想认为对于一般区域, 有

$$E_{N-1} \geqslant (2\pi)^2 \left(\frac{n}{|\mathbb{S}^{n-1}|}\right)^{2/n} N^{2/n}|\Omega|^{-2/n}. \tag{7}$$

这在 [Pólya] 中关于**贴砖区域** (tiling domains) 有证明. 所谓贴砖区域, 即该区域的平移能覆盖整个 $\mathbb{R}^n$, 内部没有任何洞或者重叠. [Laptev] 把此结果推广到了 "乘积区域". 在一般区域上, 尽管 (6) 和 (7) 非常接近, 此猜想至今仍未解决.

习题 2 要求读者计算 $\mathbb{R}^n$ 中立方体的第 N 个特征值并对此验证 Pólya 猜想.

• 类似于定理 12.3, 现在想求出算子 $p^2 + V(x)$ 的负特征值之和, 这在第十一章讨论过. 事实上可以给出这个和的下界, 但其证明比定理 12.3 要复杂得多. 我们也将说明如何估计除一次幂外其他幂和的界. 这些不等式源自 [Lieb-Thirring], 它不仅适用于 Schrödinger 方程, 而且在许多方面都有应用. 除了 $\mathbb{R}^n$, 它们还被推广到 Riemann 流形上.

12.4 Schrödinger 特征值之和的界

取定 $\gamma \geqslant 0$, 设位势 $V = V_+ - V_-$ 满足 11.3(14) 的条件, 且 $V_- \in L^{\gamma+n/2}(\mathbb{R}^n)$. 设 $E_0 < E_1 \leqslant E_2 \leqslant \cdots$ 是 $-\Delta + V$ 在 $\mathbb{R}^n$ 上的负特征值 (若有的话), 则对于适当的 n, 存在与 V 无关的有限常数 $L_{\gamma,n}$, 使得

$$\sum_{j\geqslant 0} |E_j|^\gamma \leqslant L_{\gamma,n} \int_{\mathbb{R}^n} V_-^{\gamma+n/2}(x)\mathrm{d}x. \tag{1}$$

上式在以下情形成立:

$$n = 1 \text{ 时}, \quad \gamma \geqslant \frac{1}{2}, \tag{2}$$

$$n = 2 \text{ 时}, \quad \gamma > 0, \tag{3}$$

$$n = 3 \text{ 时}, \quad \gamma \geqslant 0. \tag{4}$$

否则, 对于任意选取的 $L_{\gamma,n}$, 存在一个不符合 (1) 的 V_-. $L_{\gamma,n}$ 可如下选取:

$$L_{\gamma,n} = (4\pi)^{-n/2} 2^\gamma \gamma \begin{cases} (n+\gamma)\Gamma(\gamma/2)^2/2\Gamma(\gamma+1+n/2), & \text{若 } n>1, \gamma>0, \\ & \text{或 } n=1, \gamma \geqslant 1, \\ \sqrt{\pi} \Big/ \left(\gamma^2 - \dfrac{1}{4}\right), & \text{若 } n=1, \gamma > 1/2. \end{cases}$$

$$\tag{5}$$

证明 第一步 由极小极大原理可知, V_+ 的作用仅仅是增加特征值 E_i, 且因为 V_+ 并不出现在式 (1) 的右端, 所以可假设 $V_+ = 0$. 为了记号上的方便, 记 $V_- = U$.

利用 Yukawa 位势, 特征值方程 $(-\Delta - U)\psi = E\psi$ 可改写为 $\psi = G^\mu * (U\psi)$, 其中 $\mu^2 := e = -E > 0$ (根据定理 6.23), 记 $\phi := \sqrt{U}\psi$, 此方程成为

$$\phi = K_e\phi,$$

其中 K_e (称为 **Birman-Schwinger 核** [Birman, Schwinger]) 是由下式给出的积分核,

$$K_e(x, y) = \sqrt{U(x)}G^\mu(x - y)\sqrt{U(y)}. \tag{6}$$

而 $(K_e\phi)(x) = \int_{\mathbb{R}^n} K_e(x, y)\phi(y)\mathrm{d}y$.

K_e 的以下几点性质可由 $G^\mu(x)$ 的 Fourier 变换表示得到.

a) K_e 是正的, 即 $(f, K_e f) \geqslant 0$ 对任意 $f \in L^2(\mathbb{R}^n)$ 成立.

b) K_e 是有界的, 即存在常数 C_e, 使得 $(f, K_e f) \leqslant C_e(f, f)$.

c) K_e 关于 e 是递减的, 即若 $e < e'$, 则 $(f, K_e f) \geqslant (f, K_{e'}f)$ 对于任意 f 成立.

可通过设 $\lambda_e^1 = \sup\{(\phi, K_e\phi) : \|\phi\|_2 = 1\}$, $\lambda_e^2 = \sup\{(\phi, K_e\phi) : \|\phi\|_2 = 1, (\phi, \phi_e^1) = 0\}$ 等通常方式定义 K_e 的特征值. 所有这些上确界都是可以达到的 (为什么?), 且满足对于任意 $j = 1, 2, \cdots$, 有

$$\lambda_e^j\phi_e^j = K_e\phi_e^j.$$

相反地, 此方程的每个 $L^2(\mathbb{R}^n)$ 解对应于刚才列出的特征值中的一个, 可以选取这些特征向量是标准正交的.

算子 $-\Delta - U$ 的一个负特征值 E 可引出 K_e 的特征值 1, 以及相应 $e = -E$ 的 $L^2(\mathbb{R}^n)$ 特征函数 (为什么是 $L^2(\mathbb{R}^n)$?). 反过来也是对的: 若 K_e 有特征值 1(相应地有一个 $L^2(\mathbb{R}^n)$ 特征函数), 则 $-e$ 是 $-\Delta - U$ 的特征值 (这是一个练习. 定义 $\psi = G^e\sqrt{U}\phi$, 证明 $\psi \in L^2(\mathbb{R}^n)$, 且满足特征值方程). λ_e^j 恰好是使得 $-\Delta - U(x)/\lambda_e^j$ 具有特征值 $-e$ 的数.

由上述 c) 可知, 每个 λ_e^j 是 e 的单调非增函数 (极小极大原理), 由此可推导出以下重要事实: 若以 $N_e(U)$ 记 $-\Delta - U$ 的特征值中小于 $-e$ 的个数, 则 $N_e(U)$ 等于 K_e 的特征值中大于 1 的个数. 读者可以通过作图 (视 λ_e^j 为 e 的函数) 来理解最后的论断.

第二步 以上论断特别地意味着, 对于任意数 $m > 0$, 有

$$N_e(U) \leqslant N_e^{(m)}(U) := \sum_j (\lambda_e^j)^m. \tag{7}$$

定义积分核 $\mathcal{K}_e(x,y) := \sum_j \lambda_e^j \phi_e^j(x) \phi_e^j(y)$, 其中和式是关于所有满足 $\lambda_e^j > 1$ 的 j 作和 (若存在无穷多个这样的 j, 则先在有限数 N 处截断, 然后令 N 趋于无穷). 由上述 a) 可知在 $(f, \mathcal{K}_e f) \leqslant (f, K_e f)$ 对于任意 f 成立的意义下, $\mathcal{K}_e \leqslant K_e$.

从 (7) 可得, 当 m 是整数时,

$$N_e^{(m)}(U) = \int_{\mathbb{R}^n} \int_{\mathbb{R}^n} \mathcal{K}_e(x,y) K_e^{m-1}(x,y) \mathrm{d}x \, \mathrm{d}y, \tag{8}$$

其中 K_e^{m-1} 表示 K_e 的 $m-1$ 次迭代. 用另一种方法来看, 若定义 $\mathcal{I}_e(x,y) := \sum_j \phi_e^j(x) \phi_e^j(y)$, 其中 $\lambda_e^j > 1$, 那么 $(f, \mathcal{I}_e f) \leqslant (f, f)$ 并且

$$N_e^{(m)}(U) = \int_{\mathbb{R}^n} \int_{\mathbb{R}^n} \mathcal{I}_e(x,y) K_e^m(x,y) \mathrm{d}x \, \mathrm{d}y. \tag{9}$$

现令 m 为整数, 若 m 是偶数则用 (9) 式, 否则用 (8) 式. 对于偶数的情形, 注意到可写 $K_e^m(x,y) = \int_{\mathbb{R}^n} K_e^{m/2}(x,z) K_e^{m/2}(z,y) \mathrm{d}z$. 用 Fubini 定理, 可将 (9) 中的积分写成 $\int_{\mathbb{R}^n} (F_z, \mathcal{I}_e F_z) \mathrm{d}z$ 的形式, 其中 $F_z(x) = K_e^{m/2}(x,z)$. 对不等式 $(f, \mathcal{I}_e f) \leqslant (f, f)$ 求积分 $\mathrm{d}z$ 可得

$$N_e^{(m)}(U) \leqslant \int_{\mathbb{R}^n} K_e^m(z,z) \mathrm{d}z. \tag{10}$$

类似地, 对 m 是奇数的情形用 (8) 和 $\mathcal{K}_e$, 可得 (10) 对所有整数 $m > 0$ 成立.

把 (10) 中的积分写成两个因子的乘积的积分, 每个因子都是关于 m 个变量的函数. 第一个因子是 $U^{(m)}(z_1, z_2, \cdots, z_m) := U(z_1) U(z_2) \cdots U(z_m)$, 而第二个因子是 $G^{(m)}(z_1, z_2, \cdots, z_m) := G^\mu(z_1 - z_2) G^\mu(z_2 - z_3) \cdots G^\mu(z_m - z_1)$. 定义 $\mathrm{d}z^{(m)} := \mathrm{d}z_1 \cdots \mathrm{d}z_m$ 并且把 $\mathrm{d}\tau := G^{(m)} \mathrm{d}z^{(m)}$ 看成 $\mathbb{R}^{nm}$ 上的测度. 然后对 $U^{(m)}$ 在测度 τ 下的积分应用 Hölder 不等式 (取指数为 $p_1 = p_2 = \cdots = p_m = m$), 可得

$$N_e^{(m)}(U) \leqslant \int_{\mathbb{R}^{nm}} U(z_1)^m G^\mu(z_1 - z_2) G^\mu(z_2 - z_3) \cdots G^\mu(z_m - z_1) \mathrm{d}z_1 \cdots \mathrm{d}z_m. \tag{11}$$

对 $z_2, \cdots, z_m$ 的积分可以通过 Fourier 变换 6.23(7) 求得, 而 (11) 变成 (记住 $\mu^2 = e$ 并且假定 $m > n/2$)

$$N_e^{(m)}(U) \leqslant \int_{\mathbb{R}^n} \int_{\mathbb{R}^n} U(z_1)^m ([2\pi p]^2 + \mu^2)^{-m} \mathrm{d}z_1 \mathrm{d}p$$

$$= e^{-m+n/2} (2\pi)^{-n} \int_{\mathbb{R}^n} U(x)^m \mathrm{d}x \int_{\mathbb{R}^n} (p^2 + 1)^{-m} \mathrm{d}p$$

$$= (4\pi)^{-n/2}\frac{\Gamma(m-n/2)}{\Gamma(m)}e^{-m+n/2}\int_{\mathbb{R}^n}U(x)^m\mathrm{d}x. \tag{12}$$

第三步 $N_e(U)$ 的界可以用来控制 (1) 的左边. 根据层饼表示原理,

$$\sum_{j\geqslant 0}|E_j|^\gamma = \gamma\int_0^\infty N_e(U)e^{\gamma-1}\mathrm{d}e. \tag{13}$$

尽管此式成立, 但它无助于估计 (12) 的界, 因为相应的积分会发散. 现在注意到 $N_e(U) \leqslant N_{e/2}((U-e/2)_+)$, 这是因为相应于位势 $V=-U$ 的 N_e 等于相应于位势 $V=e/2-U$ 的 $N_{e/2}$, 后者比相应于位势 $V=(e/2-U)_-$ 的 $N_{e/2}$ 小 (由第一步的注记, 去掉 V_+ 只会增加 N_e), 所以

$$\sum_{j\geqslant 0}|E_j|^\gamma \leqslant (4\pi)^{-n/2}\gamma\frac{\Gamma(m-n/2)}{\Gamma(m)}$$
$$\times \int_0^\infty\int_{\mathbb{R}^n}\left(U(x)-\left(\frac{e}{2}\right)\right)_+^m\left(\frac{e}{2}\right)^{-m+n/2}\mathrm{d}xe^{\gamma-1}\mathrm{d}e. \tag{14}$$

先作 (14) 中的 e-积分, 易得

$$\int_0^\infty(A-e)_+^s e^t\mathrm{d}e = A^{s+t+1}\int_0^1(1-y)^s y^t\mathrm{d}y$$
$$= A^{s+t+1}\Gamma(s+1)\Gamma(t+1)\Gamma(s+t+2),$$

于是

$$\sum_{j\geqslant 0}|E_j|^\gamma \leqslant (4\pi)^{-n/2}2^\gamma\gamma m\frac{\Gamma(m-n/2)\Gamma(-m+\gamma+n/2)}{\Gamma(\gamma+1+n/2)}$$
$$\times \int_{\mathbb{R}^n}U(x)^{\gamma+n/2}\mathrm{d}x, \tag{15}$$

除了 m 的选取还未完成, 这正是我们所要的结果. 这里注意两个问题:

问题一: 为了 (12) 中的 p-积分有限, 要求 $m>n/2$.

问题二: 为了 (14) 中的 e-积分有限, 要求 $-m+n/2+\gamma>0$.

总之, 要求不等式 $\gamma+n/2>m>n/2$ 成立.

因为在推导 (12) 的过程中假定了 m 是整数, 这就限制了 γ 的范围. 例如, 如果要研究 $\gamma=1$ 的情形, 那么 n 必须是奇数, 可取 $m=(n+1)/2$. 如果 n 为偶数, 就无法找到合适的整数 m. 被排除的例外情形是: 当 m 为偶数时, γ 是整数; 当 m 为奇数时, $\gamma+1/2$ 是整数.

然而, 上述限制实际上是不存在的. 正如预期的那样, 即使 m 不是整数, (12) 式也成立, 只要 $m \geqslant 1$. 这个推广的证明并不平凡 (需要用到算子理论和一个非平凡的 "迹" 不等式), 有兴趣的读者可以参考 [Lieb-Thirring]. 通过选取 $m = (\gamma + n)/2$, 当 $n > 1$ 或 $n = 1, \gamma \geqslant 1$ 以及 $m = 1$ (当 $n = 1$), 除了临界情形 $n = 1, \gamma = 1/2$ 和 $n \geqslant 3, \gamma = 0$ 之外, 定理所给的值都能得到. 这些遗留的情形将在下面的注记中讨论.

作为练习, 证明当 γ 不在 (2) 中列出的范围时, 不可能成立 (1) 型的不等式.
∎

注   (1) 临界情形 $\gamma = 0, n \geqslant 3$ 的证明用的是完全不同的方法, 而不是以上证明的简单推广, 是由 [Cwikel], [Lieb, 1980] 和 [Rosenbljum] 给出的 (也可参看 [Lieb-Thirring] 结尾的注解), 被称为 CLR 界. 其他的证明可以参看 [Li-Yau] 和 [Conlon]. 除了后来有一些细微的改进外, [Lieb, 1980] 给出的 $L_{0,n}$ 的值仍然是低维情形的最佳结果.

(2) 奇怪的是, $\gamma = 1/2, n = 1$ 的情形的证明很久以后才在 [Weidl] 中给出. 同样奇怪的是, 这种情形是目前已知的少数几种精确常数的情形之一 [Hundertmark-Lieb-Thomas]: $L_{1/2,1} = 1/2$.

(3) 12.6 节将讨论如下定义的 $L_{\gamma,n}$ 的 "经典" 值. 对于任意 $n \geqslant 1, \gamma \geqslant 0$, 定义如下:

$$L_{\gamma,n}^{\text{class}} = 2^{-n} \pi^{-n/2} \Gamma(\gamma + 1)/\Gamma(\gamma + 1 + n/2). \tag{16}$$

由定理 12.12 及其后注记可知, 关于 $-\Delta - U$ 的和 $\sum_{j \geqslant 0} |E_j|^\gamma$ 当 $\mu \to \infty$ 时渐近趋近于 $L_{\gamma,n}^{\text{class}} \int_{\mathbb{R}^n} (\mu U)^{\gamma + n/2}$, 这意味着 $L_{\gamma,n} \geqslant L_{\gamma,n}^{\text{class}}$ 对任意 γ, n 成立.

(4) [Aizenman-Lieb] 证明, 比值 $L_{\gamma,n}/L_{\gamma,n}^{\text{class}}$ 是关于 γ 的单调非增函数. 所以若能证明存在 γ_0, 使得 $L_{\gamma_0,n} = L_{\gamma_0,n}^{\text{class}}$, 则 $L_{\gamma,n} = L_{\gamma,n}^{\text{class}}$ 对于任意 $\gamma \geqslant \gamma_0$ 成立.

(5) [Laptev-Weidl] 证明, 对任意 $n \geqslant 1$, $L_{3/2,n} = L_{3/2,n}^{\text{class}}$, 从而 $L_{\gamma,n} = L_{\gamma,n}^{\text{class}}$ 对任意 $\gamma \geqslant 3/2$ 成立 (早在 [Lieb-Thirring] 中就有 $n = 1$ 时的结果). 受此启发, 随后 [Benguria-Loss] 给出了另外的证明.

(6) [Helffer-Robert] 证明 $\gamma < 1$ 时, $L_{\gamma,n} > L_{\gamma,n}^{\text{class}}$.

(7) [Daubechies] 推导了关于 $|p| + V$ 的 (1) 的类似结果, 除改变 $L_{\gamma,n}$ 外, 还需把 (1) 中的指数 $\gamma + n/2$ 换成 $\gamma + n$.

● 定理 12.4 ($\gamma = 1$ 时) 的一个重要应用是应用到 $H^1(\mathbb{R}^n)$ 中 N 个标准正交函数 $\Phi = (\phi_1, \cdots, \phi_N)$ 上 (注意: 此处的 "标准正交" 是指 $L^2(\mathbb{R}^n)$ 意义下, 而非

$H^1(\mathbb{R}^n)$ 意义下, 即 $\int_{\mathbb{R}^n} \overline{\phi^i}\phi^j = \delta_{i,j}$). 这个不等式补充了 Sobolev 不等式, 在许多地方很有用. 除了 $\mathbb{R}^n$, 在 Riemann 流形上也有相应的推广.

回忆 $n \geqslant 3$ 时成立的 Sobolev 不等式 8.3(1). 若设 $\|f\|_2 = 1$, 且对 8.3(1) 式右边的 $L^q(\mathbb{R}^n)$ 范数使用 Hölder 不等式, 可得

$$\int_{\mathbb{R}^n} |\nabla f(x)|^2 \mathrm{d}x \geqslant S_n \int_{\mathbb{R}^n} (|f(x)|^2)^{1+2/n}\mathrm{d}x. \tag{17}$$

很快会看到这个不等式像 Nash 不等式一样, 对于任意 $n \geqslant 1$ 成立 ($n \geqslant 3$ 时 S_n 要换成更大的适当常数). 更重要的是, 它能以某种方式推广到 N 个标准正交函数上, 而 Sobolev 不等式却做不到.

12.5 反对称函数的动能

设 $\Phi = \{\phi^j\}_{j=1}^N$ 是 N 个 $L^2(\mathbb{R}^n)$ 中标准正交函数组成的集合, 定义

$$\rho_\Phi(x) := \sum_{j=1}^N |\phi^j(x)|^2, \tag{1}$$

使得 $\int \rho_\Phi = N$, 则

$$T_\Phi := \sum_{j=1}^N \int_{\mathbb{R}^n} |\nabla \phi^j(x)|^2 \mathrm{d}x \geqslant K_n \int_{\mathbb{R}^n} \rho_\Phi(x)^{1+2/n}\mathrm{d}x, \tag{2}$$

其中

$$K_n = (1+2/n)^{-1}[(1+n/2)L_{1,n}]^{-2/n}. \tag{3}$$

当 12.4(1) 中 $L_{1,n}$ 为最佳常数时, 相应的 K_n 也是 (2) 的最佳常数 (界由 (6) 给出).

更一般地, 设 $\psi(x_1, x_2, \cdots, x_N)$ $(x_j \in \mathbb{R}^n)$ 属于 $H^1(\mathbb{R}^{nN})$ 且 $\|\psi\|_{L^2} = 1$. 又设 ψ 是**反对称**的, 即对任意 $i \neq j$, 有

$$\psi(\cdots, x_i, \cdots, x_j, \cdots) = -\psi(\cdots, x_j, \cdots, x_i, \cdots).$$

定义

$$\rho_\psi(x) := N \int_{\mathbb{R}^{n(N-1)}} |\psi(x, x_2, \cdots, x_N)|^2 \mathrm{d}x_2 \cdots \mathrm{d}x_N, \tag{4}$$

使得 $\int_{\mathbb{R}^n} \rho_\psi = N$, 则

$$T_\psi := \sum_{j=1}^{N} \int_{\mathbb{R}^{nN}} |\nabla_j \psi(x_1, x_2, \cdots, x_N)|^2 \mathrm{d}x_1 \cdots \mathrm{d}x_N$$

$$\geqslant K_n \int_{\mathbb{R}^n} \rho_\psi(x)^{1+2/n} \mathrm{d}x. \tag{5}$$

注　(1) 因为 $|\psi|^2$ 是对称的, 所以 (4) 中 N 个变量中固定哪一个都是一样的.

(2) 若在 (3) 中用 $L_{1,n} \geqslant L_{1,n}^{\mathrm{class}}$, 或者使用 12.4(5) 的第一行, 可得 K_n 的上下界

$$\frac{4\pi}{1+2/n} [\Gamma(1+n/2)]^{2/n} \geqslant K_n \geqslant \frac{4\pi}{1+2/n} \left[\frac{\Gamma(1+n/2)}{\pi(n+1)} \right]^{2/n}. \tag{6}$$

(3) 定理中 "更一般" 的意义是指以下事实: 给定了标准正交函数 $\phi^1, \phi^2, \cdots, \phi^N$, 就可构造如下的规范反对称函数 ψ,

$$\psi(x_1, x_2, \cdots, x_N) = (N!)^{-1/2} \det\{\phi^i(x_j)\}|_{i,j=1}^{N}, \tag{7}$$

其中 $\det$ 是行列式. 于是一个简单的练习是证明, 若把 ψ 代入 (4), 结果为 (1); 若代入 (5), 结果为 (2).

(4) ψ 的反对称性或 ϕ^j 的标准正交性都是本质的. 有 L^2 规范性, 而无反对称性 (或是正交性), 则只能得到右边有额外因子 $N^{-2/n}$ 的 (2) 或 (5). 这个弱得多的不等式可通过在 (2) 式中取 $N=1$, 并利用 Hölder 不等式得到.

(5) 若在 T_Φ 或 T_ψ 的定义中以 $|p|$ 代替 p^2, 可得到类似于 (2) 和 (4) 的不等式. 除了 $L_{1,n}$ (见 12.4) 和证明中的常数 c 明显改变外, 指数 $1+2/n$ 也要变为 $1+1/n$, 其他部分的证明都一样.

证明　首先证明 (2). 把 $U(x) := c\rho_\Phi(x)^{2/n}$ 作为 Schrödinger 算子 $p^2 - U(x)$ 中的位势, 此处 $c = ((1+n/2)L_{1,n})^{-2/n}$, 则有

$$T_\Phi - c\int_{\mathbb{R}^n} \rho^{2/n}(x) \sum_{j \geqslant 0} |\phi^j(x)|^2 \mathrm{d}x \geqslant \sum_{j \geqslant 0} E_j \geqslant -L_{1,n} c^{1+2/n} \int_{\mathbb{R}^n} \rho^{1+2/n}(x) \mathrm{d}x. \tag{8}$$

右边的不等式是取位势 $V = -U$ 时的 12.4(1), 左边的不等式是由于对 V 用了极小极大原理, 于是可得 (2) 式. 注意到, 在以下意义下这是最佳的: 若 (2) 式关于某个更大的 K_n 普遍成立, 则可以反过来改进 12.4(1) 中 $L_{1,n}$ 的值 (见习题).

(4) 和 (5) 的证明类似, 但稍为复杂. 如前, 利用 $U(x) = c\rho_\psi(x)^{2/n}$, c 也同前. (8) 式右边的不等式仍是 12.4(1). 为验证左边的不等式, 要研究以下极小化问题:

对于 $\psi \in H^1(\mathbb{R}^{nN})$ 以及 $U \in L^{1+n/2}(\mathbb{R}^n)$, 定义

$$\mathcal{E}^N(\psi) = \int_{\mathbb{R}^{nN}} \sum_{j=1}^N |\nabla_j \psi|^2 - U(x_j)|\psi|^2 \mathrm{d}x_1 \cdots \mathrm{d}x_N. \tag{9}$$

如前, 我们可以定义最小特征值为

$$E^N = \inf\{\mathcal{E}^N(\psi) : \psi \in H^1(\mathbb{R}^{nN}), \|\psi\|_2 = 1\}, \tag{10}$$

只是现在还要求 ψ 是反对称的. 我们断言 (10) 的一个极小元就是 (7) 中的行列式函数 ψ.

为证明上述断言, 首先定义 "密度矩阵"

$$\rho_\psi(x, y) := N \int_{\mathbb{R}^{n(N-1)}} \psi(x_1, x_2, \cdots, x_N)\overline{\psi}(y, x_2, \cdots, x_N)\mathrm{d}x_2 \cdots \mathrm{d}x_N. \tag{11}$$

此处 ρ_ψ 是一个好的积分核, 通过 $f \mapsto \rho_\psi f(x) = \int_{\mathbb{R}^n} \rho_\psi(x, y)f(y)\mathrm{d}y$ 把 $L^2(\mathbb{R}^n)$ 映射到 $L^2(\mathbb{R}^n)$. 事实上,

$$0 \leqslant (f, \rho_\psi f) \leqslant (f, f). \tag{12}$$

(12) 式中的第一个不等式是显然的, 而第二个不等式非常不平凡, 考虑到在 (11) 式中出现了 N. 这就是 ψ 的反对称性起作用的地方.

暂时设 (12) 成立来推导 (5) 式. 按通常方式定义 ρ_ψ 的特征值 $\lambda_0 \geqslant \lambda_1 \geqslant \cdots$ (只不过现在是按递减次序). 其中 $\lambda_0 = \sup\{(f, \rho_\psi f) : \|f\|_2 = 1\}$, $\lambda_1 = \sup\{(f, \rho_\psi f) : \|f\|_2 = 1, (f, f_0) = 0\}$, 等等, 正像对 Birman-Schwinger 核所做的那样. 易见这些不同的上确界可以在一组标准正交的函数 f_j 上达到 (为什么?). 由 (12), $\lambda_0 \leqslant 1$. 对于任意整数 $L > 0$, 函数 $\phi_j(x) = \sqrt{\lambda_j}f_j(x)$ 满足推论 12.2 的条件. (因为 $\psi \in H^1(\mathbb{R}^{nN})$, 易见 $\phi_j \in H^1(\mathbb{R}^n)$.) (9) 式右边为 $\int_{\mathbb{R}^n} \sum_{j \geqslant 0} |\nabla \phi_j(x)|^2 - U(x)|\phi_j(x)|^2 \mathrm{d}x$, 因此 (9) 有下界 $\sum_{j \geqslant 0} E_j$. 剩下的证明同 (2).

剩下要证明 (12), 即 $\lambda_0 \leqslant 1$. 我们可以扩充 f_0 成为 $L^2(\mathbb{R}^n)$ 的标准正交基, 即 $g_0, g_1, g_2, \cdots$, 其中 $g_0 = f_0$. ψ 在这组基下可展开为

$$\psi(x_1, x_2, \cdots) = \sum_{j_1, j_2, \cdots, j_N \geqslant 0} C(j_1, \cdots, j_N)g_{j_1}(x_1) \cdots g_{j_N}(x_N).$$

(这是因为对于几乎所有 $x_2,\cdots,x_N$, 函数 $x_1 \mapsto \psi(x_1,x_2,\cdots)$ 在 $L^2(\mathbb{R}^n)$ 中, 等等.) 由 ψ 的规范化可得 $\sum_{j_1,j_2,\cdots,j_N} |C(j_1,\cdots,j_N)|^2 = 1$. 由 ψ 的反对称性可知 $C(j_1,\cdots,j_N) = 0$, 除非 $j_1,\cdots,j_N$ 互不相等, 且 C 自身在对调自变数下是反对称的. 由此通过一个简单的练习易得 $(f_0, \rho_\psi f_0) \leqslant 1$. ∎

12.6　半经典逼近

习题 2 要求读者计算 $\mathbb{R}^n$ 中立方体的第 N 个 Dirichlet 特征值, 且在此情形下验证 Pólya 猜想. 对立方体我们会证明

$$E_{N-1} = (2\pi)^2 \left(\frac{n}{|\mathbb{S}^{n-1}|}\right)^{2/n} N^{2/n} |\Omega|^{-2/n} + o(N^{2/n}), \tag{1}$$

其中 $o(N^{2/n})$ 为增长速度比 $N^{2/n}$ 慢的项. 此事立刻意味着 (对 (1) 从 $N=0$ 到 N 求和), 至少对立方体而言, 12.3(2) 对于大的 N 是最佳的 (此处 "最佳" 是指不等式右边若换成更小的常数, 对大的 N 是不成立的). 事实上, 我们将利用定理 12.11 中的相干态证明对边界面积 (在 12.10(4) 中定义) 有限的任意区域, 此估计是最佳的, 于是

$$S(N) := \sum_{j=0}^{N-1} E_j = (2\pi)^2 \frac{n}{n+2} \left(\frac{n}{|\mathbb{S}^{n-1}|}\right)^{2/n} N^{1+2/n} |\Omega|^{-2/n} + o(N^{1+2/n}), \tag{2}$$

这称为 **Weyl 定律** [Weyl], 它说明对于 Ω 和与它等体积的立方体, 它们的大特征值是类似的.

还有一种启发式的叙述来阐明这个结果: 考虑在区域 Ω 内自由移动的经典粒子 (在边界上有反射), 该粒子在任何时候的运动状态可通过**动量** p 以及它的位置 x 来描述. 所有的允许对 (p,x) 称为**相空间**, 此处为 $\mathbb{R}^n \times \Omega$. 此空间赋予自然体积元 $\mathrm{d}p\mathrm{d}x$. "自然" 这个词是指此体积元在牛顿时间演化下是保持不变的, 即若在相空间中取区域 $D \subset \mathbb{R}^n \times \Omega$, 且考虑从 D 出发的所有粒子的力学轨道, 它们在时刻 t 决定了新的区域 D_t. 这个新区域的体积与 D 的相同, 这就是力学中众所周知的 **Liouville 定理**.

按我们的观点, 比 p 更自然的变量是

$$k := \frac{p}{2\pi}, \tag{3}$$

其原因与第五章定义 "Fourier 变换" 时多一个因子 2π 相同. 注意到在那里我们

记 $-\Delta$ 为 p^2, 而它的 "Fourier 变换" 为 $(2\pi k)^2$. 因此我们要使用的体积元是

$$\mathrm{d}k\mathrm{d}x = (2\pi)^{-n}\mathrm{d}p\mathrm{d}x. \tag{4}$$

很遗憾出现了 2π, 但是它们总会在某些地方出现的.

接着我们定义 $\mathbb{R}^n \times \Omega$ 内的自由粒子的机械能为 $\mathcal{E}(p,x) = p^2 = 4\pi^2 k^2$, 且考虑能量至多为 E 的所有点 (p,x), 此集合的体积为

$$\Xi(E) := \iint_{\{|p|\leqslant\sqrt{E}\}\times\Omega} \mathrm{d}k\mathrm{d}x = (2\pi)^{-n}\frac{|\mathbb{S}^{n-1}|}{n}E^{n/2}|\Omega|. \tag{5}$$

若 Ω 为立方体, 我们来解释这个体积的意义. 在 (5) 中置 $E = E_{N-1}$, 由 (1) 可得

$$\Xi(E) = N + o(N). \tag{6}$$

于是在立方体的情形下可以说, 对于大的能量 E, 比 E 小的特征值的个数是由相空间的体积给出的. 粗略地讲, "每个特征值在相空间中占据一个单位体积" (测度为 $\mathrm{d}k\mathrm{d}x$).

可以证明, 上述结论对具有充分 "好" 边界的区域也是成立的. 因此用这种语言重新表达的话, Pólya 猜想可改述为: 比 E 小的特征值的个数有上界 $\Xi(E)$.

比第 N 个特征值的能量简单的数量是以上给出的 $S(N)$. 基于我们所要考虑的问题, 随着 N 之增大, 我们会期望 $S(N)$ 渐近于

$$S^{\mathrm{class}}(N) = \iint_{\{|p|\leqslant\sqrt{E}\}\times\Omega} |p|^2\mathrm{d}k\mathrm{d}x = (2\pi)^{-n}\frac{|\mathbb{S}^{n-1}|}{n+2}E^{1+n/2}|\Omega|, \tag{7}$$

其中 E 为方程 (5) 取 $\Xi = N$ 时的解. 我们将会满意地看到 $S^{\mathrm{class}}(N)$ 就等于 (2) 式右边的第一项, 这将在定理 12.11 中证明.

由相同的方法, 在 $p^2 + V(x)$ 有大量负特征值时, 我们可以试图估计它的负特征值绝对值的和. 考虑到经典的牛顿轨道 (此时是在相空间 $\mathbb{R}^n \times \mathbb{R}^n$ 中, 但我们也可考虑具有 Dirichlet 边值条件的区域 Ω 内的 "粒子", 即 $\psi \in H_0^1(\Omega)$), 我们猜测这个和 (称它为 $\Sigma(V)$) 可被半经典值

$$\begin{aligned}\Sigma^{\mathrm{class}}(V) &= \iint_{p^2+V(x)\leqslant 0} |p^2 + V(x)|\mathrm{d}k\mathrm{d}x \\ &= (2\pi)^{-n}\frac{2|\mathbb{S}^{n-1}|}{n(n+2)}\int_{\mathbb{R}^n}(V)_-^{1+n/2}(x)\mathrm{d}x\end{aligned} \tag{8}$$

很好地逼近.

若考虑的是 $\sqrt{p^2 + m^2} + V(x) = \sqrt{-\Delta + m^2} + V(x)$, 则必须把被积函数中的 p^2 换为 $\sqrt{p^2 + m^2}$. 注意到 (8) 式右边的常数等于 12.4(16) 中的 $L_{1,n}^{\text{class}}$.

借助于相干态, 可以证明上述有关 $S(N)$ 以及 $\Sigma(V)$ 渐近性的猜测. 该技巧和拟微分算子理论紧密相关, 此处我们不打算涉及这个课题. 相干态是由 Schrödinger 在 1926 年首先定义的, 而由 Glauber 在 1964 年予以命名, 它有时称为 Glauber 相干态以区别于和李群表示论有关的另外一些相干态.

12.7   相干态的定义

设 $G \in L^2(\mathbb{R}^n)$ 为满足 $\|G\|_2 = 1$ 的固定函数, 从属于 G 的**相干态**构成一族带参数 $k \in \mathbb{R}^n$ 和 $y \in \mathbb{R}^n$ 的函数

$$F_{k,y}(x) = \mathrm{e}^{2\pi i(k,x)} G(x - y). \tag{1}$$

显然 $F_{k,y} \in L^2(\mathbb{R}^n)$ 且 $\|F_{k,y}\|_2 = 1$.

G 的选择不受限制, 因为对于不同的应用需要选取合适的 G, 此处只要求 $G \in L^2(\mathbb{R}^n)$, 但是以后会加上必要的限制, 例如 $G \in H^1(\mathbb{R}^n)$ 或 $H^{1/2}(\mathbb{R}^n)$. 我们不要求 G 是实的或是对称的 (即 G 仅是 $|x|$ 的函数或 $G(x) = G(-x)$). 最初的相干态 G 是一个 Gauss 函数 (所以采用 G 的符号), 而 F 与 Heisenberg 群的表示论相关. 事实上, 还有关于其他李群的相干态, 只是此处不需要考虑群论.

若 $\psi \in L^2(\mathbb{R}^n)$, 它的**相干态变换** $\widetilde{\psi}$ 由

$$\widetilde{\psi}(k, y) = (F_{k,y}, \psi) = \int_{\mathbb{R}^n} \overline{F}_{k,y}(x)\psi(x)\mathrm{d}x \tag{2}$$

给出. 显然, 对于任意 y, $\widetilde{\psi}(k, y)$ 是 $L^1(\mathbb{R}^n)$ 函数的 Fourier 变换, 从而它是有界的.

和 $F_{k,y}$ 相关的是到 $F_{k,y}$ 上的投射 $\pi_{k,y}$, 它是 $L^2(\mathbb{R}^n)$ 上的线性变换, 它对于任意 $f \in L^2(\mathbb{R}^n)$ 的作用为

$$(\pi_{k,y}f)(x) := F_{k,y}(x)(F_{k,y}, f), \tag{3}$$

且具有积分核

$$\pi_{k,y}(x, z) = F_{k,y}(x)\overline{F}_{k,y}(z). \tag{4}$$

12.8 单位分解

设 $\psi \in L^2(\mathbb{R}^n)$ 且设 $\widehat{\psi}$ 和 $\widehat{G}$ 分别为 ψ 和 G 的 Fourier 变换 (它们也在 $L^2(\mathbb{R}^n)$ 中), 则 (其中 $G_R(x) := G(-x)$, $*$ 代表卷积)

$$\int_{\mathbb{R}^n} |\widetilde{\psi}(k,y)|^2 \mathrm{d}k = (|\psi|^2 * |G_R|^2)(y), \quad \text{对于几乎处处的 } y \text{ 成立}, \tag{1}$$

$$\int_{\mathbb{R}^n} |\widetilde{\psi}(k,y)|^2 \mathrm{d}y = (|\widehat{\psi}|^2 * |\widehat{G}|^2)(k), \quad \text{对于几乎处处的 } k \text{ 成立}, \tag{2}$$

$$\int_{\mathbb{R}^n} \int_{\mathbb{R}^n} |\widetilde{\psi}(k,y)|^2 \mathrm{d}k\mathrm{d}y := \|\widetilde{\psi}\|_2^2 = (\psi, \psi) = (\widehat{\psi}, \widehat{\psi}). \tag{3}$$

最后, 对于任意 k 和 y, 有

$$\widetilde{\psi}(k,y) = (2\pi)^{-n} \mathrm{e}^{-2\pi\mathrm{i}(k,y)} \int_{\mathbb{R}^n} \widehat{\psi}(q) \mathrm{e}^{2\pi\mathrm{i}(q,y)} \overline{\widehat{G}(q-k)} \mathrm{d}q. \tag{4}$$

注 形式上看, (3) 说明了

$$\int_{\mathbb{R}^n} \int_{\mathbb{R}^n} \pi_{k,y} \mathrm{d}k\mathrm{d}y = I = \text{Identity}, \tag{5}$$

其中 $\pi_{k,y}$ 是到 $F_{k,y}$ 上的投射, 即 $(\pi_{k,y}\psi)(x) = (F_{k,y}, \psi)$, 形式上这也可以记为

$$\int_{\mathbb{R}^n} \int_{\mathbb{R}^n} F_{k.y}(x) \overline{F}_{k,y}(x') \mathrm{d}k\mathrm{d}y = \delta(x-x'). \tag{6}$$

严格地说, (6) 是无意义的, 因为左边出现的是一个函数 (如果它有意义), 而右边是分布, 而非函数. 在 Fourier 变换中, 在试图记 $\int \exp[2\pi\mathrm{i}(k, x-x')]\mathrm{d}k = \delta(x-x')$ 时, 也出现同样问题. 方程 (6) 必须像 (3) 那样理解, 即作为一个弱积分 (就像 Parseval 恒等式), 即

$$\int_{\mathbb{R}^n} \int_{\mathbb{R}^n} (\psi, \pi_{k,y}\psi) \mathrm{d}k\mathrm{d}y = \int |\widehat{\psi}(k)|^2 \mathrm{d}k = (\psi, \psi). \tag{7}$$

证明 为证明 (1), 考虑双变量函数 $H(x,y) \equiv |\psi(x)|^2 |G(x-y)|^2$, 显然它是非负可测的. 由 Fubini 定理, $\int\{\int H(x,y)\mathrm{d}x\}\mathrm{d}y = \int\{\int H(x,y)\mathrm{d}y\}\mathrm{d}x < \infty$, 只要这两个累次积分中的一个有限. 因为 $\int |G(x-y)|^2 \mathrm{d}y = \int |G(y)|^2 \mathrm{d}y = 1$, 可算得这两个积分的第二个积分为 $\int |\psi(x)|^2 \mathrm{d}x = \|\psi\|_2^2$, 于是可知函数

$$y \mapsto \int H(x,y)\mathrm{d}x = (|\psi|^2 * |G_-|^2)(y)$$

是 $L^1(\mathbb{R}^n)$ 函数, 从而它关于几乎处处的 y 是有限的.

看待这个结果的另一种方法是对几乎处处的 y, 函数 $x \mapsto \overline{G}(x-y)\psi(x)$ 在 $L^2(\mathbb{R}^n)$ 中, 同时也在 $L^1(\mathbb{R}^n)$ 中 (因为 $G \in L^2$ 且 $\psi \in L^2$). $\widetilde{\psi}(k,y)$ 即为此函数的 Fourier 变换, 而我们的结果 (1) 只不过就是 Plancherel 定理 (5.3 节). 由 (1) 结合定理 5.3 即得公式 (3).

这个小练习说明了 Fubini 定理的威力.

类似地, 通过交换 k 和 y (注意到 $|e^{2\pi i(k,y)}| = 1$), 由 (4) 可得 (2). 现在我们证明 (4). Parseval 恒等式是 $(A,B) = (\widehat{A}, \widehat{B})$, 其中 $A, B \in L^2(\mathbb{R}^n)$. 设 $A(x) = F_{k,y}(x)$, 则 $\widetilde{\psi}(k,y) = (A, \psi)$, 而 (4) 的右边正是 $(\widehat{A}, \widehat{\psi})$. ∎

由定理 12.8 可知, 不仅 $\|\widetilde{\psi}\|_2 = \|\psi\|_2$, 而且 $\widetilde{\psi}$ 处处可被 $\|\psi\|_2$ 控制. 利用 12.7(1), 可得

$$\|F_{k,y}\|_2 = 1 \tag{8}$$

对于任意 k, y 成立, 又因 $\widetilde{\psi}(k,y) = (F_{k,y}, \psi)$, 结合 Schwarz 不等式可得

$$|\widetilde{\psi}(k,y)| \leqslant \|\psi\|_2 \tag{9}$$

对于任意 k, y 成立. 一个更有趣的事实是, 若 $\phi_0, \phi_1, \cdots, \phi_N$ 为 $L^2(\mathbb{R}^n)$ 中的标准正交函数, 则

$$\sum_{j=0}^{N} |\widetilde{\phi_j}(k,y)|^2 \leqslant 1. \tag{10}$$

证明用到 (3) 并仿效 12.3(5); 我们把它留给读者.

• 下面的定理将说明如何用相干态表示动能 $\|\nabla\psi\|_2^2$. 这个公式类似于 7.9 节中用 Fourier 变换表示动能的公式, 即

$$\|\nabla\psi\|_2^2 = \int_{\mathbb{R}^n} |2\pi k|^2 |\widehat{\psi}(k)|^2 \mathrm{d}k,$$

但更为复杂. 读者可能会不理解为什么要求一个积分表示为一个双重积分加上一个额外的负项. 它的好处是势能 (在 Schrödinger 特征值的情形下) 或区域 Ω 连同 Laplace 算子也能方便地包容在这个表达式中. 我们要求读者在这一点上要有耐心.

12.9 非相对论动能的表示

设 12.7(1) 中的 G 在 $H^1(\mathbb{R}^n)$ 中, 又设对任意 x 成立 $G(x) = G(-x)$ 或者 $G(x)$ 关于所有 x 是实的, 则对于任意 $\psi \in H^1(\mathbb{R}^n)$, 有

$$\|\nabla\psi\|_2^2 = \int_{\mathbb{R}^n}\int_{\mathbb{R}^n}|2\pi k|^2|\widetilde{\psi}(k,y)|^2\mathrm{d}k\mathrm{d}y - \|\nabla G\|_2^2\|\psi\|_2^2. \tag{1}$$

证明 在 12.8(2) 两边同乘以 $|2\pi k|^2$ 且关于 k 积分 (利用 Fubini 定理), 则

$$\int_{\mathbb{R}^n}\int_{\mathbb{R}^n}|2\pi k|^2|\widetilde{\psi}(k,y)|^2\mathrm{d}k\mathrm{d}y = \int_{\mathbb{R}^n}\int_{\mathbb{R}^n}|2\pi k|^2|\widehat{\psi}(k-q)|^2|\widehat{G}(q)|^2\mathrm{d}k\mathrm{d}q. \tag{2}$$

记 $|k|^2 = |k-q|^2 + |q|^2 + 2(q,(k-q))$, 并在 (2) 中做 k 到 k, 以及 q 到 $k-q$ 的变量替换. 回忆定理 7.9, 除一个形为 $A \cdot B$ 的额外项外, 等式 (2) 和 (1) 可视为相同的, 其中 $A^i = \int_{\mathbb{R}^n}2\pi k^i|\widehat{\psi}(k)|^2\mathrm{d}k$, $B^i = \int_{\mathbb{R}^n}2\pi k^i|\widehat{G}(k)|^2\mathrm{d}k$. 因为 $\widehat{\psi}, \widehat{G}, |k|\widehat{\psi}$ 以及 $|k|\widehat{G}$ 都在 L^2 中, 所以这些积分都有意义. 从 $G(x) = G(-x)$ 可得 $\widehat{G}(k) = \widehat{G}(-k)$, 而从 $G(x) = \overline{G}(x)$ 可得 $\widehat{G}(k) = \widehat{\overline{G}}(-k)$. 不论哪种情形 $|\widehat{G}(k)|^2 = |\widehat{G}(-k)|^2$ 都成立, 从而 $B = 0$. ∎

● 关于相对论动能, 没有如定理 12.9 那样简单的公式, 但也有实用的上下界. 除了 $\sqrt{p^2 + m^2} - m$, 这种想法很容易推广到 p 的函数.

12.10 相对论动能的界

设 12.7(1) 中的 G 在 $H^{1/2}(\mathbb{R}^n)$ 中 (不要求 G 有对称性), 则对于任意 $\psi \in H^{1/2}(\mathbb{R}^n)$ 以及 $m \geqslant 0$, 有

$$\int_{\mathbb{R}^n}\int_{\mathbb{R}^n}[(|2\pi k|^2 + m^2)^{1/2} - m]|\widetilde{\psi}(k,y)|^2\mathrm{d}k\mathrm{d}y - \|(-\Delta)^{1/4}G\|_2^2\|\psi\|_2^2 \tag{1}$$

$$\leqslant \|[(-\Delta + m^2)^{1/2} - m]^{1/2}\psi\|_2^2 \tag{2}$$

$$\leqslant \int_{\mathbb{R}^n}\int_{\mathbb{R}^n}[(|2\pi k|^2 + m^2)^{1/2} - m]|\widetilde{\psi}(k,y)|^2\mathrm{d}k\mathrm{d}y + \|(-\Delta)^{1/4}G\|_2^2\|\psi\|_2^2. \tag{3}$$

证明 回忆 (2) 即为 $\int_{\mathbb{R}^n}[(|2\pi k|^2 + m^2)^{1/2} - m]|\widehat{\psi}(k)|^2\mathrm{d}k$, 且

$$\|(-\Delta)^{1/4}G\|_2^2 = (2\pi)^{-n}\int|k||\widehat{G}(k)|^2\mathrm{d}k.$$

接着如定理 12.9 那样, 在 12.8(2) 两边同乘以 $(|2\pi k|^2 + m^2)^{1/2} - m$, 再关于 k 积分. 为证 (1), 我们用不等式

$$(|k|^2 + m^2)^{1/2} - m \leqslant |q| + (|k - q|^2 + m^2)^{1/2} - m.$$

后者容易验证, 只需视 $A = (k^1, k^2, k^3, m)$ 和 $B = (q^1, q^2, q^3, 0)$ 为 $\mathbb{R}^4$ 中的向量, 利用三角不等式 $|A| \leqslant |B| + |A - B|$, 即得 (2). 同理可证 (3). ∎

● 现在可以把相干态应用于区域 Ω 内的特征值问题. 定义集合 $\Omega \in \mathbb{R}^n$ 的边界 $\partial\Omega$ 的**边界面积** $\mathcal{A}(\Omega)$. 定义此面积有很多方式, 适合我们的是以下这种, 称为 $\partial\Omega$ 的 $n - 1$ 维 **Minkowski 容量**. (当然它有可能是无穷, 但显然是可定义的.)

$$\mathcal{A}(\Omega) := \limsup_{r\downarrow 0} \frac{1}{2r}[\mathcal{L}^n\{x \in \Omega^c : \operatorname{dist}(x, \Omega) < r\}$$
$$+ \mathcal{L}^n\{x \in \Omega : \operatorname{dist}(x, \Omega^c) < r\}]. \tag{4}$$

12.11　区域上前 N 个特征值之和

设 $\Omega \subset \mathbb{R}^n$ 为开集, 具有有限体积 $|\Omega|$ 以及有限边界面积 $\mathcal{A}(\Omega)$, 则对 Ω 上 $-\Delta$ 的前 N 个 Dirichlet 特征值之和, 渐近公式 12.6(2) 成立. 而且 12.6(2) 中的误差项有如下的界:

$$0 \leqslant o(N^{1+2/n}) \leqslant (\text{const.}) N \left(\frac{\mathcal{A}(\Omega)}{|\Omega|}\right)^{2/3} \left(\frac{n}{|\mathbb{S}^{n-1}|}\right)^{4/3n} \left(\frac{N}{|\Omega|}\right)^{4/3n}. \tag{1}$$

注　证明将用到相干态. 虽然由定理 12.3 可知误差项必须是正的, 但我们还是要用相干态推导它的下界. 虽然不如定理 12.3 那样精确, 然而可以了解相干态的用途, 而且这种论证方法对估计 Schrödinger 特征值的界很有用.

证明　设 B_R 为中心在原点、半径为 R 的球. R 待定, 依赖于 N, $\mathcal{A}(\Omega)$ 以及 Ω, 但此时它是取定的. 选取 G 为 $H_0^1(B_R)$ 中范数为 1 的球面对称函数. 存在一个普适常数 C, 可使得 $\|\nabla G\|_2^2 < Cn^2 R^{-2}$ (见习题).

设 $\psi_0, \psi_1, \cdots$ 为 $-\Delta$ 的对应于特征值 $E_0 < E_1 \leqslant \cdots$ 的标准正交特征函数. 由 12.8(3) 和 12.8(10), 它们的相干态变换满足

$$\rho(k, y) := \sum_{i=0}^{N-1} |\widetilde{\psi}(k, y)|^2 \leqslant 1 \quad \text{以及} \quad \int_{\mathbb{R}^n} \int_{\mathbb{R}^n} \rho = N. \tag{2}$$

另一方面注意到以下重要事实: supp $\psi_i \subset \Omega$ 蕴含

$$\text{supp } \rho(k,\cdot) \subset \Omega^* := \Omega \cup \{x \in \Omega^c : \text{dist}(x,\Omega) < R\}$$

对于任意 $k \in \mathbb{R}^n$ 成立 (为什么?). 再注意到对小的 R, $|\Omega| < |\Omega^*| \leqslant |\Omega|+2R\mathcal{A}(\Omega)$.

利用 12.9(1), 关于 $0 \leqslant j \leqslant N-1$ 作和, 我们有

$$\sum_{j=0}^{N-1} E_j = \int_{\mathbb{R}^n} \int_{\Omega^*} |2\pi k|^2 \rho(k,y)\mathrm{d}k\mathrm{d}y - N\|\nabla G\|_2^2. \tag{3}$$

就像定理 12.3 的证明, 利用条件 (2) 以及对 (3) 用浴缸原理可得 $S(N) = \sum_{j=0}^{N-1} E_j$ 的一个下界. 极小元 ρ 是 $\chi_{B_\kappa}(k)\chi_{\Omega^*}(y)$, 其中半径 $\kappa = nN^{1/n}(|\Omega^*||\mathbb{S}^{n-1}|)^{1/n}$, 于是

$$S(N) := \sum_{j=0}^{N-1} E_j \geqslant (2\pi)^2 \frac{n}{n+2} \left(\frac{n}{|\mathbb{S}^{n-1}|}\right)^{2/n} N^{1+2/n}|\Omega^*|^{-2/n} - CNn^2/R^2. \tag{4}$$

这个下界显然不如定理 12.3 的那么好, 但它却给出了关于大的 N 的主要的阶. 选取

$$R = n \left(2\frac{\mathcal{A}(\Omega)}{|\Omega|}\right)^{-1/3} \left(\frac{n}{|\mathbb{S}^{n-1}|}\right)^{-2/3n} \left(\frac{N}{|\Omega|}\right)^{-2/3n}, \tag{5}$$

就可得到定理中所需的误差项 (但是有个负号).

$S(N)$ 的上界估计具有新特点, 此处将用到广义的极小极大原理 (定理 12.2), 而相干态非常适合用来构造那里提到的 "试验函数".

第一步 设 $M(k,y)$ 为相空间上的函数, 满足

$$0 \leqslant M(k,y) \leqslant 1 \quad \text{且} \quad \int_{\mathbb{R}^n} \int_{\mathbb{R}^n} M(k,y)\mathrm{d}k\mathrm{d}y = N+\varepsilon, \tag{6}$$

其中 $\varepsilon > 0$. 构造积分核 (见 12.8(3,4))

$$K(x,z) = \int_{\mathbb{R}^n} \int_{\mathbb{R}^n} M(k,y)\pi_{k,y}(x,z)\mathrm{d}k\mathrm{d}y. \tag{7}$$

由定理 12.8, 我们有 (因为 $M(k,y) \leqslant 1$)

$$(f,f) \geqslant \int_{\mathbb{R}^n} \int_{\mathbb{R}^n} \overline{f}(x)K(x,z)f(z)\mathrm{d}x\mathrm{d}z =: (f,Kf) \geqslant 0,$$
$$N+\varepsilon = \int_{\mathbb{R}^n} K(x,x)\mathrm{d}x. \tag{8}$$

其次, 我们构造 K 的相应于特征函数 $f_j(x)$ 的特征值 $\lambda_1 \geqslant \lambda_2, \cdots$. 这些特征值和特征函数都是用通常方式构造的, 首先是在 $\|f\|_2 = 1$ 的条件下极大化 (f, Kf), 证明存在极大元 f_1, 接着在 $(f, f_1) = 0$ 的附加条件下求 (f, Kf) 的极大值, 如此继续下去. 因为 K 是一个好的核, 所以此时这些步骤都很容易进行 (见习题). 这些特征函数构成一个标准正交集, 且由 (8) 可知 $0 \leqslant \lambda_j \leqslant 1$.

对于任意整数 $J > 0$, 可定义核

$$K_J(x, z) := \sum_{j=1}^{J} \lambda_j f_j(x) \overline{f_j}(z), \tag{9}$$

且由 K 的特征值定义易见 (i) $K - K_J \geqslant 0$ 在如下意义下成立: 对于任意 f, $(f, Kf) \geqslant (f, K_J f)$ 成立; (ii) J 趋于无穷时, $\sum_{j=1}^{J} \lambda_j$ 收敛到 $\int_{\mathbb{R}^n} K(x, x)\mathrm{d}x = N + \varepsilon$. 从而对某个有限整数 L, 我们有 $\sum_{j=1}^{L} \lambda_j > N$.

第二步　我们将证实函数 f_j 的支集均在区域 Ω 内. 定义 $\Omega \supset \Omega^{**} := \{x \in \Omega : \mathrm{dist}(x, \Omega^c) > R\}$, 所以对于较小的 R, $|\Omega^{**}| \geqslant |\Omega| - 4R\mathcal{A}(\Omega)$. 对于任意 $k \in \mathbb{R}^n$, 选取 $\mathrm{supp}M(k, \cdot) \subset \Omega^{**}$, 则支集条件即可满足.

第三步　采用广义极小极大原理 12.2(1) 中的函数 $f_1, f_2, \cdots, f_L$ 得到

$$\sum_{i=0}^{N-1} E_i \leqslant \sum_{j=1}^{L} \lambda_j (\nabla f_j, \nabla f_j) = \int_{\mathbb{R}^n} \nabla_x \cdot \nabla_z K_L(x, z)|_{x=z}\mathrm{d}x.$$

另一方面, 上式最后的积分不大于

$$\int_{\mathbb{R}^n} \int_{\mathbb{R}^n} M(k, y)(\nabla F_{k,y}, \nabla F_{k,y})\mathrm{d}k\mathrm{d}y.$$

这只要在 Fourier 空间中考虑到不等式 $K - K_L \geqslant 0$ 表示的意义即可, 我们把它留作一个简单的练习.

计算易得

$$\int_{\mathbb{R}^n} \int_{\mathbb{R}^n} M(k, y)(\nabla F_{k,y}, \nabla F_{k,y})\mathrm{d}k\mathrm{d}y$$
$$= \int_{\mathbb{R}^n} \int_{\mathbb{R}^n} |2\pi k|^2 M(k, y)\mathrm{d}k\mathrm{d}y + (N + \varepsilon)\|\nabla G\|^2. \tag{10}$$

除了最后一项符号的改变, 这个公式就像 (3). (10) 给出了上界, 而 (3) 给出了下界.

当然, 可以取极限 $\varepsilon \to 0$. 正如在求下界时所做的, 我们用浴缸原理且选取 $M(k, y) = \chi_{B_\kappa}(k)\chi_{\Omega^{**}}(y)$, 其中半径 $\kappa = nN^{1/n}(|\Omega^{**}||\mathbb{S}^{n-1}|)^{1/n}$. 于是除误差项符号外, 结果和 (1) 形式相同. ∎

● 相干态的第二种解释涉及 $p^2 + V(x)$ 的特征值. 为了获得一个 "大 N" 极限, 需要考虑一列有许多特征值的位势. 我们给出非相对论情形下的证明, 而把相对论情形的证明留给读者. 这次不会估计误差项, 因为这要对位势 V 加某种正则性条件. 以下结果除了 $V_- \in L^{1+n/2}(\mathbb{R}^n)$, 没有其他假设. 注意到下面简单的伸缩与 μ 无关:

$$\mu^{-(1+n/2)} \Sigma(\mu V)^{\text{class}}. \tag{11}$$

12.12　Schrödinger 特征值之和的大 N 渐近性

设 V 满足 11.3(14) 中的条件, 又设 $V_- \in L^{1+n/2}(\mathbb{R}^n)$, 设 $\sum(\mu V) := \sum_{j \geqslant 0} |E_j(\mu V)|$, 其中 $E_j(\mu V)$ 是 $-\Delta + \mu V(x)$ 的负特征值 (记入重数), 则类似于 12.6(8), 有

$$\lim_{\mu \to \infty} \mu^{-(1+n/2)} \Sigma(\mu V) = \mu^{-(1+n/2)} \Sigma(\mu V)^{\text{class}}$$
$$= (2\pi)^{-n} \frac{2|\mathbb{S}^{n-1}|}{n(n+2)} \int_{\mathbb{R}^n} (V)_-^{1+n/2}(x) \mathrm{d}x. \tag{1}$$

证明　我们用类似定理 12.11 证明中的相干态, 其中 $G \in H_0^1(B_R)$, 半径为 R. 现在, 把 V 换为 $\widehat{V} := V * G^2$, 于是对于任意 $\psi \in H^1(\mathbb{R}^n)$,

$$\int_{\mathbb{R}^n} \widehat{V}(x) |\psi|^2(x) \mathrm{d}x = \int_{\mathbb{R}^n} \int_{\mathbb{R}^n} V(y) |\widetilde{\psi}|^2(k,y) \mathrm{d}k \mathrm{d}y. \tag{2}$$

从而

$$\mathcal{E}(\psi) = \int_{\mathbb{R}^n} \int_{\mathbb{R}^n} |\widetilde{\psi}|^2(k,y) \{|2\pi k|^2 + \mu V(y)\} \mathrm{d}k \mathrm{d}y - \|\nabla G\|_2^2. \tag{3}$$

下面类似定理 12.11 的证明, 分三步进行. 为求得 ΣE_j 的上界, 用极小极大原理, 且选取 $M(k,y)$ 为集合 $\{(k,y): p^2 + \mu V(y) < 0\}$ 的特征函数. 这样就推出 (回忆 $\|\nabla G\|_2^2 = Cn^2 R^{-2}$)

$$-\sum_{j \geqslant 0} E_j(\mu \widehat{V}) = \Sigma(\mu \widehat{V}) \geqslant \Sigma(\mu V)^{\text{class}} - Cn^2 R^{-2} N(\mu \widehat{V}), \tag{4}$$

其中 $N(\mu \widehat{V})$ 为 $\widehat{V}$ 的负特征值的个数.

类似于 12.11, 可得下界

$$-\sum_{j \geqslant 0} E_j(\mu \widehat{V}) = \Sigma(\mu \widehat{V}) \leqslant \Sigma(\mu V)^{\text{class}} + Cn^2 R^{-2} N(\mu \widehat{V}), \tag{5}$$

注意到在 (4) 中是 $-C$, 而在 (5) 中是 $+C$.

(4) 式和 (5) 式提出两个问题:

a) 如何估计 $\Sigma(\mu\widehat{V})$ 和 $\Sigma(\mu V)$ 之差?

b) 如何估计负特征值的个数 $N(\mu\widehat{V})$?

这些问题带来一系列烦琐的近似讨论, 我们希望这不致遮掩了含于 (4) 和 (5) 中的证明 (1) 的实质性.

第一步 首先给出将使用两次的一般性论证方法. 假设可以记 $V = V^{(1)} + V^{(2)}$, 其中 $V^{(2)} \leqslant 0$ 且满足 $\|V_-^{(2)}\|_{1+n/2} < \varepsilon < 1$. 记能量为 $\mathcal{E} = \mathcal{E}^{(1)} + \mathcal{E}^{(2)}$, 其中

$$\mathcal{E}^{(1)}(\psi) = \int (1-\varepsilon)|\nabla\psi|^2 + \mu V^{(1)}|\psi|^2,$$
$$\mathcal{E}^{(2)}(\psi) = \int \varepsilon|\nabla\psi|^2 + \mu V^{(2)}|\psi|^2.$$

我们有

$$\Sigma(\mu V^{(1)}) \leqslant \Sigma(\mu V) \leqslant \Sigma^{(1)} + \Sigma^{(2)}, \tag{6}$$

其中 $\Sigma^{(1)}$ 是关于 $\mathcal{E}^{(1)}$ 的 $|E_j|$ 的和, 等等. 第一个不等式是 $V \leqslant V^{(1)}$ 的简单推论, 而第二个不等式 (甚至在 $V^{(2)} \not\leqslant 0$ 时也成立) 是应用极小极大原理的简单练习, 只要把 $\mathcal{E}(\psi)$ 的特征函数看作关于 $\mathcal{E}^{(1)}(\psi)$ 和关于 $\mathcal{E}^{(2)}(\psi)$ 的变分函数. 由定理 12.4 可知 $\Sigma^{(2)} \leqslant L_{1,n}\varepsilon^{-n/2}\int_{\mathbb{R}^n}(\mu V_-^{(2)})^{1+n/2}$, 从而 $\Sigma^{(2)} \leqslant L_{1,n}\mu^{1+n/2}\varepsilon$. 同时也可得 $\Sigma^{(1)} = (1-\varepsilon)\Sigma((1-\varepsilon)^{-1}\mu V^{(1)})$.

假设对于位势 $V^{(1)}$ 和 $(1-\varepsilon)^{-1}V^{(1)}$ 我们可证得定理, 于是有

$$(1-\varepsilon)^{-n/2}\Sigma(V^{(1)})^{\text{class}} + L_{1,n}\varepsilon \geqslant \limsup_{\mu\to\infty} \mu^{-(1+n/2)}\Sigma(\mu V)$$
$$\geqslant \liminf_{\mu\to\infty} \mu^{-(1+n/2)}\Sigma(\mu V) \geqslant \Sigma(V^{(1)})^{\text{class}}. \tag{7}$$

最后, 假设对于任意 $\varepsilon > 0$, 有如上的 $V = V^{(1)} + V^{(2)}$ 分解, 则不等式 (7) 可推得本定理, 即 (1) 式.

第二步 上述论证方法的第一个应用是在某个大的 μ 值以及某个大的半径 ρ 处截断 V_- (但不是 V_+), 使得 V_- 被截去的项有小的 $L^{1+n/2}(\mathbb{R}^n)$ 范数. 换句话说, 只要对 V_- 有界且具有紧支集时 (下面都作这样的假设) 证明定理即可.

第三步 要解决上述问题 a), 首先记 $V = \widehat{V} + V^{(2)}$, 注意到 $\widehat{V}$ 有下界且有紧支集. 对于任意 $\varepsilon > 0$, 只要取 $R = R(\varepsilon)$ 充分小, 就可以保证 $\|V_-^{(2)}\|_{1+n/2} < \varepsilon$ (为什么?). 很遗憾, $V^{(2)}$ 不是负的, 但是 (7) 式右边还是成立的, 我们可得到单

边的界

$$(1-\varepsilon)^{-n/2}\Sigma(\widehat{V}) + L_{1,n}\varepsilon \geqslant \limsup_{\mu \to \infty} \mu^{-(1+n/2)}\Sigma(\mu V). \tag{8}$$

另一方向的界如下求得: 注意到因为 $\int_{\mathbb{R}^n} G^2 = 1$, 所以 $\widehat{V}$ 是 V 的平移的 "凸组合". 换句话说, 若把定义 $\widehat{V}$ 的积分换成截径为 δ 的离散 Riemann 和, 则 有 $\mathcal{E} = \delta\sum_y G^2(y)\mathcal{E}_y$, 其中 $\mathcal{E}_y$ 是初始能量函数的平移, 平移量为 $y \in \mathbb{R}^n$, 即把 $V(x)$ 变为 $V(x-y)$. 迭代 (7) 式的右边, 且注意到所有的 $\mathcal{E}_y$ 有相同的负特征 值, 即得

$$\Sigma(\mu V) \geqslant \Sigma(\mu\widehat{V}). \tag{9}$$

虽然这里表达很粗略, 但这种常规的凸性论证法值得注意. 更直接的模仿 (6) 的 证明将在习题中讨论.

利用这些结果可解决问题 a)(但和 (7) 略有不同). 结合 (9) 和 (4), 可得

$$\liminf_{\mu \to \infty} \mu^{-(1+n/2)}\Sigma(\mu V) \geqslant \Sigma(V)^{\text{class}} - Cn^2R(\varepsilon)^{-2}\limsup_{\mu \to \infty}\mu^{-(1+n/2)}N(\mu\widehat{V}). \tag{10}$$

同样地, 结合 (8) 和 (5) 可得

$$\limsup_{\mu \to \infty}\mu^{-(1+n/2)}\Sigma(\mu V) \leqslant L_{1,n}\varepsilon + (1-\varepsilon)^{-n/2}$$

$$\times \left[\Sigma(V)^{\text{class}} + Cn^2R(\varepsilon)^{-2}\limsup_{\mu \to \infty}\mu^{-(1+n/2)}N(\mu\widehat{V})\right]. \tag{11}$$

如能证明当 $\mu \to \infty$ 时, $\mu^{-(1+n/2)}N(\mu\widehat{V}) \to 0$, 则 (10) 和 (11) 证明了定理. 这是 问题 b), 将在以下讨论.

第四步 如习题所述, 若存在满足 $U \leqslant \widehat{V}$ 的位势 U, 则 $N(\mu\widehat{V})$ 不超过 $N(\mu U)$. 我们选取的 U 满足在 $x \in \Gamma$ 时 $U(x) = -v$, 而在其他地方 $U(x) = 0$. 此 处, Γ 是边长为 l 的立方体, 且为 $\widehat{V}_-$ 的支集, 而 $-v$ 是 $\widehat{V}$ 的一个下界. 习题中 还表明, μU 在 $H^1(\mathbb{R}^n)$ 中负特征值的个数也不会超过在 $H^1(\Gamma)$ 中的个数. 后者 是 Neumann 特征值. 所有这些结论都来自极小极大原理.

现在要计算的是 $-\Delta$ 在 μv 下的 Neumann 特征值的个数. 另一个习题表 明此时的大 N 渐近 (亦即 μ 渐近) 和 Dirichlet 问题的相同. 据 12.3(6), 其中 $E_N = \mu v$, 可知存在常数 τ_n 使得特征值的个数满足

$$N(\mu\widehat{V}) < \tau_n l^n (\mu v)^{n/2}. \tag{12}$$

回忆 l 和 v 与 μ 无关. 即得 (10,11) 中的误差项以 μ^{-1} 的速度趋于 0. ∎

习题

1. 在 12.2(4) 前我们曾断言区域 Ω 上 Dirichlet 问题特征值的极小元是存在的. 利用第十一章的方法, 证明此事对于任意 $k \geqslant 0$ 成立.

2. (i) 计算 $\mathbb{R}^n$ 中超立方体上 Dirichlet 问题的特征值和特征函数, 验证 12.3(7) 给出的 Pólya 猜想, 以及 12.6(2) 的渐近估计.

   (ii) 利用相同的能量表示式 $\int_\Gamma |\nabla \psi|^2$, 只是要求 ψ 在比 $H_0^1(\Gamma)$ 大的空间 $H^1(\Gamma)$ 中, 以此定义 **Neumann 特征值**. 证明它们满足和 Dirichlet 特征值相同的大 N 渐近.

3. 证明 $n=1$ 时的 Pólya 猜想 12.3(7).

4. 验证 12.6(5) 中的第二个等式.

5. 在开始证明定理 12.11 时我们指出存在常数 C 使得 $-\Delta$ 在 $\mathbb{R}^n$ 中半径为 1 的球内的最小特征值有上界 Cn^2. 证明此事并说明对于大的 n, 指数 2 是最佳的.

6. 验证关于 N 个规范正交函数的凝聚态变换大小的 12.8(10) 式.

7. 在定理 12.11 的证明中, 证明核 K 有规范正交特征函数以及特征值.

8. 证明定理 12.11 的证明中提到的事实: 若考虑到在 Fourier 空间中 $K \geqslant K_J$, 则可得

$$\int_{\mathbb{R}^n} \nabla_x \cdot \nabla_z K_J(x,z)|_{x=z} \mathrm{d}x \leqslant \int_{\mathbb{R}^n} \int_{\mathbb{R}^n} M(k,y)(\nabla F_{k,y}, \nabla F_{k,y}) \mathrm{d}k \mathrm{d}y.$$

9. (i) 证明以下在定理 12.12 的证明中用到的事实: 若 $\mathcal{E}(\psi) \leqslant \mathcal{E}^{(1)}(\psi) + \mathcal{E}^{(2)}(\psi)$, 则 $\Sigma \leqslant \Sigma^{(1)} + \Sigma^{(2)}$, 其中符号按通常方式理解.

   (ii) 类似地证明若 $\widehat{V} = V * G^2$ 且 $\int G^2 = 1$, 则 $\Sigma(V) \geqslant \Sigma(\widehat{V})$.

   (iii) 若在某开集 Γ 外 $V_- = 0$, 则由 $\mathcal{E}(\psi) = \int_{\mathbb{R}^n} |\nabla \psi|^2 + V|\psi|^2$ (其中 $\psi \in H^1(\mathbb{R}^n)$) 定义的负特征值每个都比由 $\mathcal{E}(\psi) = \int_\Gamma |\nabla \psi|^2 + V|\psi|^2$ (其中 $\psi \in H^1(\Gamma)$) 定义的负特征值大. 后面的特征值是 $-\Delta + V$ 在 Γ 上的 **Neumann 特征值**.

10. 证明在定理 12.12 的证明中用到的事实: 若 $V^{(1)} \leqslant V^{(2)}$, 则 $V^{(1)}$ 的负特征值的个数不少于 $V^{(2)}$ 的负特征值的个数.

11. 证明定理 12.4 中的一个断言: 若 Birman-Schwinger 核有特征值 1 (相应地有一个 $L^2(\mathbb{R}^n)$ 特征函数), 则 $-e$ 是 $p^2 - U(x)$ 的一个特征值.

12. 定理 12.4 断言当 γ 在 12.4(2) 给出的范围之外时, 不可能成立 12.4(1) 型的不等式. 对于这样的一个 γ 以及相应的 $L_{\gamma,n}$ 构造一个不满足 12.4(1) 的位势. 最困难的情形是 $n=2, \gamma=0$.

13. 证明定理 12.5 后注记 3 指出的: 若把

$$\psi(x_1, x_2, \cdots, x_N) := (N!)^{-1/2} \det\{\phi^i(x_j)\}|_{i,j=1}^N$$

代入 12.5(4),(5), 则结果是 12.5(1), (2).

14. 证明定理 12.5 后的注记 4 指出的: 若去掉正交性条件, 则 12.5(2) 仍然成立, 但在右边多一个 $N^{-2/n}$ 的因子.

15. 由定理 12.5 推出定理 12.4, 其中 K_n 和 $L_{1,n}$ 的关系由 12.5(3) 给出. 以此说明 $\gamma = 1$ 时定理 12.4 和定理 12.5 等价.

16. 利用定理 12.5 求出关于 Dirichlet 特征值之和的 12.3(1) 式, 但右边是一个更小的常数.

17. 12.4 (Schrödinger 特征值和的界) 的证明中指出定义 Birman-Schwinger 核 12.4(6) 的特征函数的上确界存在. 证明此事.

符号表

$\bar{A}$	集 A 的闭包
A^c	集 A 的补集
A^*	集 $A \subset \mathbb{R}^n$ 的对称重排
$|A|$	集 A 的体积
$\mathcal{B}$	Borel σ-代数
$B_{x,R}$	中心在 x、半径为 R 的球
$\mathbb{C}$	复数域
$C^k(\Omega)$	$\Omega \subset \mathbb{R}^n$ 上 k 阶可微函数
$C_{\mathrm{loc}}^{k,\alpha}(\Omega)$	k 阶导数是 α 阶 Hölder 连续的函数
$C^\infty(\Omega)$	$\Omega \subset \mathbb{R}^n$ 上无穷次可微函数
$C_c(\Omega)$	$\Omega \subset \mathbb{R}^n$ 内有紧支集的连续函数
$C_c^\infty(\Omega)$	$\Omega \subset \mathbb{R}^n$ 内有紧支集的无穷次可微函数
$\mathcal{D}(\Omega)$	试验函数空间
$\mathcal{D}'(\Omega)$	分布
$D(f,g)$	Coulomb 能量
$D^1(\mathbb{R}^n)$	无穷远处趋于 0 且梯度属于 L^2 的函数
$D^{1/2}(\mathbb{R}^n)$	无穷远处趋于 0 且有 $\frac{1}{2}$-导数的函数
D^α	多重导数

$e^{t\triangle}(x,y)$	热核
ess supp$\{f\}$	可测函数的本性支集
$f_{\pm}$	函数 f 的正(负)部
f^*	函数的对称递减重排
$\langle f \rangle$	函数 f 的平均
$\langle f \rangle_{x,R}$	函数 f 在球上的平均
$[f]_{x,R}$	函数 f 在球面上的平均
$\hat{f}$	f 的 Fourier 变换
$f^{\vee}$	f 的 Fourier 逆变换
$G_y(x)$	源在 y 的 Laplace 算子的 Green 函数
$\mathcal{H}$	Hilbert 空间
$H^1(\Omega)$	"一阶导数" 的 Sobolev 空间
$H_0^1(\Omega)$	$C_c^{\infty}(\Omega)$ 在 H^1 范数下的完备化
$H^{1/2}(\mathbb{R}^n)$	"半阶导数" 的 Sobolev 空间
$H_A^1(\mathbb{R}^n)$	与磁场有关的 Sobolev 空间
Im z	$z \in \mathbb{C}$ 的虚部
j_{ε}	标准软化子
$\mathcal{L}^n$	$\mathbb{R}^n$ 上的 Lebesgue 测度
$L^p(\Omega)$	p 次可积函数空间
$L_w^p(\Omega)$	弱 $L^p(\Omega)$ 空间
$L^p(\Omega)^*$	$L^p(\Omega)$ 的对偶空间
$L_{\text{loc}}^p(\Omega)$	局部 p 次可积函数
$M^{\perp}$	M 的正交补
$O(n)$	正交变换群
p^2	$-\triangle$ 在物理学中的记号
$\mathbb{R}$	实数域
$\mathbb{R}^n$	n 维 Euclid 空间
Rez	$z \in \mathbb{C}$ 的实部
$S_f(t)$	函数 f 的水平集
$S_{x,R}$	中心在 x、半径为 R 的球面
$\mathbb{S}^{n-1}$	$\mathbb{R}^n$ 中的单位球面
$|\mathbb{S}^{n-1}|$	$\mathbb{S}^{n-1}$ 的面积
sgn	符号函数

$\mathrm{supp}\{f\}$	连续函数 f 的支集
$W^{m,p}(\Omega)$	Sobolev 空间
$W_{\mathrm{loc}}^{m,p}(\Omega)$	Sobolev 空间(局部)
$W_0^{1,p}(\Omega)$	Sobolev 空间
δ_y	集中在 $y \in \mathbb{R}^n$ 的 Delta 测度或函数
$\triangle$	Laplace 算子
∇	梯度
μ	测度
$\mu\text{-a.e.}$	关于 μ 几乎处处
$\partial\Omega$	Ω 的边界
Σ	σ-代数
χ_A	集 A 的特征函数
$\chi_{\{f>t\}}$	水平集 $S_f(t)$ 的特征函数
(Ω, Σ, μ)	测度空间
$\varnothing$	空集
$\|f\|_{H^1(\Omega)}$	f 的 H^1 范数
$\|f\|_{H^{1/2}(\mathbb{R}^n)}$	f 的 $H^{1/2}$ 范数
$\|f\|_p, \|f\|_{L^p}$	f 的 L^p 范数
$\bar{z}$	z的复共轭
$|x|$	$x \in \mathbb{R}^n$ 的 Euclid 长度
$|\alpha|$	多重指标之长
$\cap$	交
$\cup$	并
$\oplus$	直和
$A \times B$	直积, $\{(a,b) : a \in A, b \in B\}$
$f * g$	f 与 g 的卷积
$B \sim A$	A 在 B 中的补集
(x,y)	x 与 y 的内积
(f,g)	两个 L^2 函数的内积
(a,b)	$\mathbb{R}$ 中的开区间
$[a,b]$	$\mathbb{R}$ 中的闭区间
$\{a : b\}$	具有性质 b 的 a 型元素
$\in$	属于

$a := b$ a 由 b 定义

$\subset$ 包含

$\rightharpoonup$ 弱收敛性

$x \mapsto f(x)$ x 被映到 $f(x)$

参考文献

Adams, R. A., *Sobolev spaces*, Academic Press, New York, 1975.

Aizenman, M. and Lieb, E. H., *On semi-classical bounds for eigenvalues of Schrödinger operators*, Phys. Lett. **66A** (1978), 427~429.

Aizenman, M. and Simon, B., *Brownian motion and Harnack's inequality for Schrödinger operators*, Comm. Pure Appl. Math. **35** (1982), 209~271.

Almgren, F. J. and Lieb, E. H., *Symmetric decreasing rearrangement is sometimes continuous*, J. Amer. Math. Soc. **2** (1989), 683~773.

Babenko, K. I., *An inequality in the theory of Fourier integrals*, Izv. Akad. Nauk SSSR, Ser. Mat. **25** (1961), 531~542; English transl. in Amer. Math. Soc. Transl. Ser. 2 **44** (1965), 115~128.

Ball, K., Carlen, E., and Lieb, E. H., *Sharp uniform convexity and smoothness in equalities for trace norms*, Invent. Math. **115** (1994), 463~482.

Banach, S. and Saks, S., *Sur la convergence forte dans les espaces L^p*, Studia Math. **2** (1930), 51~57.

Beckner, W., *Inequalities in Fourier analysis*, Ann. of Math. **102** (1975), 159~182.

Benguria, R. and Loss, M., *A simple proof of a theorem of Laptev and Weidl*, Math. Res. Lett. **7** (2000), 195~203.

Berezin, F. A., *Covariant and contravariant symbols of operators*, [English transl.], Math USSR Izv. **6** (1972), 1117~1151.

Birman, M., *The spectrum of singular boundary problems*, Math. Sb. **55** (1961), 124~174; English transl. in Amer. Math. Soc. Transl. Ser. 2 **53** (1966), 23~80.

Blanchard, Ph. and Brüning, E., *Variational methods in mathematical physics*, Springer-Verlag, Heidelberg, 1992.

Bliss, G. A., *An integral inequality*, J. London Math. Soc. **5** (1930), 404~406.

Brascamp, H. J. and Lieb, E. H., *Best constants in Young's inequality, its converse, and its generalization to more than three functions*, Adv. in Math. **20** (1976), 151~173.

Brascamp, H. J., Lieb, E. H. and Luttinger, J. M., *A general rearrangement inequality for multiple integrals*, J. Funct. Anal. **17** (1974), 227~237.

Brézis, H., *Analyse fonctionelle: Théorie et applications*, Masson, Paris, 1983.

Brézis, H. and Lieb, E. H., *A relation between pointwise convergence of functions and convergence of functionals*, Proc. Amer. Math. Soc. **88** (1983), 486~490.

Brothers, J. and Ziemer, W. P., *Minimal rearrangements of Sobolev functions*, J. Reine Angew. Math. **384** (1988), 153~179.

Burchard, A., *Cases of equality in the Riesz rearrangement inequality*, Ann. of Math. **143** (1996), 499~527.

Carlen, E. A., *Superadditivity of Fisher's information and logarithmic Sobolev inequalities*, J. Funct. Anal. **101** (1991), 194~211.

Carlen, E. A. and Loss, M., *Extremals of functionals with competing symmetries*, J. Funct. Anal. **88** (1990), 437~456.

Carlen, E. A. and Loss, M., *Optimal smoothing and decay estimates for viscously damped conservation laws, with application to the 2-D Navier-Stokes equation*, Duke Math. J. **81** (1995), 135~157.

Carlen, E. A. and Loss, M., *Sharp constants in Nash's inequality*, Internat. Math. Res. Notices **1993**, 213~215.

Chiarenza, F., Fabes, E., and Garofalo, N., *Harnack's inequality for Schrödinger operators and the continuity of solutions*, Proc. Amer. Math. Soc. **98** (1986), 415~425.

Chiti, G., *Rearrangement of functions and convergence in Orlica spaces*, Appl.

Anal. **9** (1979), 23~27.

Conlon, J., *A new proof of the Cwikes-Lieb-Rosenbljum bound*, Rocky Mountain
J. Math. **15** (1985), 117~122.

Crandall, M. G. and Tartar, L., *Some relations between nonexpansive and order
preserving mappings*, Proc. Amer. Math. Soc. **78** (1980), 385~390.

Cwikel, M., *Weak type estimates for singular values and the number of bound
states of Schrödinger operators*, Ann. of Math. **106** (1977), 93~100.

Daubechies, I., *An uncertainty principle for fermions with generalized kinetic
energy*, Commun. Math. Phys. **90** (1983), 511~520.

Davies, E. B., *Explicit constants for Gaussian upper bounds on heat kernels*,
Amer. J. Math. **109** (1987), 319~334.

Davies, E. B. and Simon, B., *Ultracontractivity and the heat kernel for Schrödinger
semigroups*, J. Funct. Anal. **59** (1984), 335~395.

Dubrovin, A., Fomenko, A. T., and Novikov, S. P., *Modern geometry—Methods
and applications*, Vol. 1, Springer-Verlag, Heidelberg, 1984.

Earnshaw, S., *On the nature of the molecular forces which regulate the consti-
tution of the luminiferous ether*, Trans. Cambridge Philos. Soc. **7** (1842),
97~112.

Egoroff, D. Th., *Sur les suites des fonctions mesurables*, Comptes Rendus Acad.
Sci. Paris **152** (1911), 244~246.

Erdelyi, A., Magnus, W., Oberhettinger, F., and Tricomi, F. G., *Tables of integral
transforms*, Vol. 1, Mc Graw Hill, New York, 1954. See 2.4 (35).

Evans, L.C., *Partial differential equations*, Amer. Math. Soc. Graduate Studies
in Math. **19** (1998).

Fabes, E. B. and Stroock, D. W., *The L^p integrability of Green's functions and
fundamental solutions for elliptic and parabolic equations*, Duke Math. J. **51**
(1984), 997~1016.

Federbush, P., *Partially alternate derivation of a result of Nelson*, J. Math. Phys.
10 (1969), 50~52.

Fröhlich, J., Lieb, E. H. and Loss, M., *Stability of Coulomb systems with mag-
netic fields I. The One-Electron Atom*, Commun. Math. Phys. **104** (1986),
251~270.

Gilbarg, D. and Trudinger, N. S., *Elliptic partial differetial equations of second order*, second edition, Springer-Verlag, Heidelberg, 1983.

Gross, L., *Logarithmic Sobolev inequalities*, Amer. J. Math. **97** (1976), 1061~1083.

Hanner, O., *On the uniform convexity of L^p and l^p*, Ark. Math. **3** (1956), 239~244.

Hardy, G. H. and Littlewood, J. E., *On certain inequalities connected with the calculus of variations*, J. London Math. Soc. **5** (1930), 34~39.

Hardy, G. H. and Littlewood, J. E., *Some properties of fractional integrals* (1), Math. Z. **27** (1928), 565~606.

Hardy, G. H., Littlewood, J. E., and Pólya, G., *Inequalities*, Cambridge University Press, 1959.

Hausdorff, F., *Eine Ausdehnung des Parsevalschen Satzes über Fourierreihen*, Math. Z. **16** (1923), 163~169.

Helffer, B. and Robert, D., *Riesz means of bounded states and semi-classical limit connected with a Lieb-Thirring conjecture I, II*, I-J. Asymp. Anal. **3** (1990), 91~103; II-Ann. Inst. H. Poincare **53** (1990), 139~147.

Hilden, K., *Symmetrization of functions in Sobolev spaces and the isoperimetric inequality*, Manuscripta Math. **18** (1976), 215~235.

Hinz, A. and Kalf, H., *Subsolution estimates and Harnack's inequality for Schrödinger operators*, J. Reine Angew. Math. **404** (1990), 118~134.

Hörmander, L., *The analysis of linear partial differential operators*, second edition, Springer-Verlag, Heidelberg, 1990.

Hundertmark, D., Lieb, E. H. and Thomas, L. E., *A sharp bound for an eigenvalue moment of the one-dimensional Schrödinger operator*, Adv. Theor. Math. Phys. **2** (1998), 719~731.

Kato, T., *Schrödinger operators with singular potentials*, Israel J. Math. **13** (1972), 133~148.

Laptev, A., *Dirichlet and Neumann eigenvalue problems on domains in Euclidean spaces*, J. Funct. Anal. **151** (1997), 531~545.

Laptev, A. and Weidl, T., *Sharp Lieb-Thirring inequalities in high dimensions*, Acta Mach. **184** (2000), 87~111.

Leinfelder, H. and Simader, C. G., *Schrödinger operators with singular magnetic vector potentials*, Math. Z. **176** (1981), 1~19.

Li, P. and Yau, S-T., *On the Schrödinger equation and the eigenvalue problem*, Commun. Math. Phys. **88** (1983), 309~318.

Lieb, E. H., *Gaussian kernels have only Gaussian maximizers*, Invent. Math. **102** (1990), 179~208.

Lieb[a], E. H., *Sharp constants in the Hardy-Littlewood-Sobolev and related inequalities*, Ann. of Math. **118** (1983), 349~374.

Lieb[b], E. H., *On the lowest eigenvalue of the Laplacian for the intersection of two domains*, Invent. Math. **74** (1983), 441~448.

Lieb, E. H., *Thomas-Fermi and related theories of atoms and molecules*, Rev. Modern Phys. **53** (1981), 603~641. Errata, **54** (1982), 311.

Lieb, E. H., *The number of bound states of one body Schrödinger operators and the Weyl problem*, Proc. A.M.S. Symp. Pure Math. **36** (1980), 241~252; See also *Bounds on the eigenvalues of the Laplace and Schrödinger operators*, Bull. Amer. Math. Soc. **82** (1976), 751~753.

Lieb, E. H. and Simon, B., *Thomas-Fermi theory of atoms, molecules and solids*, Adv. in Math. **23** (1977), 22~116.

Lieb, E. H. and Thirring, W., *Inequalities for the moments of the eigenvalues of the schrödinger hamiltonian and their relation to Sobolev inequalities*, E. H. Lieb, B. Simon, A. Wightman, eds., Studies in Mathematical Physics (1976), Princeton University Press, 269~303.

Mazur, S., *Über konvexe Mengen in linearen normierten Räumen*, Studia Math. **4**(1933), 70~84.

Meyers, N. and Serrin, J., *H=W*, Proc. Nat. Acad. Sci. U.S.A. **51** (1964), 1055~1056.

Morrey, C., *Multiple integrals in the calculus of variations*, Springer-Verlag, Heidelberg, 1966.

Nash, J., *Continuity of solutions of parabolic and elliptic equations*, Amer. J. Math. **80** (1958), 931~954.

Nelson, E., *The free Markoff field*, J. Funct. Anal. **12** (1973), 211~227.

Newton, I., *Philosphia Naturalis Principia Mathematica* (1687), Book 1, Propositions 71, 76, Transl. A. Motte, revised by F. Cajori, University of California Press, Berkeley, 1934.

Pólya, G., *On the eigenvalues of vibrating membranes*, Proc. London Math Soc. **11**(1961), 419~433.

Pólya, G. and Szegö, G., *Isoperimetric inequalities in mathematical physics*,

Princeton University Press, Princeton, 1951.

Reed, M. and Simon, N., *Methods of modern mathematical physics*, Academic Press, New York, 1975.

Riesz, F., *Sur une inégalité intégrale*, J. London Math. Soc. **5** (1930), 162~168.

Rosenbljum, G. V., *Distribution of the discrete spectrum of singular differential operators*, Izv. Vyss. Ucebn. Zaved. Matematika **164** (1976), 75~86; English transl. Soviet Math. (Iz. VUZ) **20** (1976), 63~71.

Rudin, W., *Functional analysis*, second edition, McGraw Hill, New YOrk, 1991.

Rudin, W., *Real and complex analysis*, third edition, McGraw Hill, New York, 1987.

Schrödinger, E., *Quantisierung als Eigenwertproblem*, Annalen Phys. **79** (1926), 361~376. See also ibid **79** (1926), 489~527, **80** (1926), 437~490, **81** (1926), 109~139.

Schwartz, L., *Théorie des distributions*, Hermann, Paris, 1966.

Schwinger, J., *On the bound states of a given potential*, Proc. Nat. Acad. Sci. U. S. A. **47** (1961), 122~129.

Simon, B., *Maximal and minimal Schrödinger forms*, J. Operator Theory **1** (1979), 37~47.

Sobolev, S. L., *On a theorem of functional analysis*, Mat. Sb. (N.S.) **4** (1938), 471~479; English transl. in Amer. Math. Soc. Transl. Ser. 2 **34** (1963), 39~68.

Sperner, E., Jr., *Symmetrisierung für Funktionen mehrerer reller Variablen*, Manuscripta Math. **11** (1974), 159~170.

Stam, A. J., Some *inequalities satisfied by the quantities of information of Fisher and Shannon*, Inform. And Control **2** (1959), 255~269.

Stein, E. M., *Singular integrals and differentiability properties of functions*, Princeton University Press, Princeton, 1970.

Stein, E. M. and Weiss, G., *Introduction to Fourier analysis on Euclidean spaces*, Princeton University Press, Princeton, 1971.

Talenti, G., *Best constant in Sobolev inequality*, Ann. Mat. Pura Appl. **110** (1976), 353~372.

Thomson, W., *Demonstration of a fundamental proposition in the mechanical theory of electricity*, Cambridge Math. J. **4** (1845), 223~226.

Titchmarsh, E. C., *A contribution to the theory of Fourier transforms*, Proc. London Math. Soc. (2) **23** (1924), 279~289.

Weidl, T., *On the Lieb-Thirring constants $L_{\gamma,1}$ for $\gamma \geq 1/2$*, Commun. Math. Phys. **178** (1996), 135~146.

Weyl, H., *Das asymptotische Verteilungsgesetz der Eigenwerte Linearer partieller Differentialgleichungen*, Math. Ann. **71** (1911), 441~469.

Young, L. C., *Lectures on the calculus of variations and optimal control theory*, Saunders, Philadelphia, 1969.

Young, W. H., *On the determination of the summability of a function by means of its Fourier constants*, Proc. London Math. Soc. (2) **12** (1913), 71~88.

Ziemer, W. P., *Weakly differentiable functions*, Springer-Verlag, Heidelberg, 1989.

索　引

译者后记

  为促进中国数学的发展和数学人才的培养, 高等教育出版社陆续出版了丘成桐教授主编的系列翻译丛书. E. Lieb 教授和 M. Loss 教授编著的《分析学》(第二版), 由丘成桐教授推荐列入该丛书系列并委托我翻译①. 倍感荣幸亦深感责任重大.

  由于教学科研任务的繁重, 仅靠个人力量是无法完成的. 幸好在校的浙大博士生张纯洁, 青年教师贾厚玉博士和王梦博士分别翻译了 1~3 章, 4~9 章以及 10~12 章. 最后由我统一整理成书, 终于可以和读者见面了.

  有关实分析的研究生教材, 也常见诸国内. 而 E. Lieb 教授和 M. Loss 教授编著的《分析学》(第二版) 是一本极具特色的实分析教材. 它从较基础的测度与积分论出发, 在不很长的篇幅中向读者讲授了实分析一些较深刻的课题, 既注意实分析理论本身的系统性, 又重视在物理上的应用, 介绍了许多相关的例子. 因此, 本书译成中文, 对于我国高等学校数学系研究生实分析课程的教学, 以及物理专业对分析工具感兴趣的研究生都有很好的参考价值.

  本书能够与读者见面, 是与几位译者的辛苦努力分不开的. 初译之后, 高等教育出版社苗晨霞、张小萍和郭伟编辑, 对译文进行了精心加工, 他们的努力使得译文增色不少. 本书最后由普林斯顿大学博士生鲁剑锋审校, 他在本书的校对中所给予的宝贵帮助和辛苦努力, 使本书更臻完善. 真切地希望本书的问世

_____
①本书再版, 列入 "现代数学基础" 丛书.

能帮助读者从一个新的视角来看待实分析, 亦期盼对实分析的教学有一个新的
启示与帮助.

译者

2006年1月

郑重声明